TEMES CLAU 08

CÁLCULO PARA INGENIERÍA INFORMÁTICA

José A. Lubary Martínez

Josep M. Brunat Blay

UPC **Edicions UPC**

UNIVERSITAT POLITÈCNICA DE CATALUNYA

Diseño de la cubierta: Ernest Castelltort
Diseño de colección: Tono Cristòfol
Maquetación: Mercè Aicart

Primera edición: julio de 2008
Reimpresión: junio de 2010

©   los autores, 2008

©   Edicions UPC, 2008
       Edicions de la Universitat Politècnica de Catalunya, SL
       Jordi Girona Salgado 31, Edifici Torre Girona, D-203, 08034 Barcelona
       Tel.: 934 015 885   Fax: 934 054 101
       Edicions Virtuals: www.edicionsupc.es
       E-mail: edicions-upc@upc.edu

Producción: LIGHTNING SOURCE

Depósito legal: B-33.319-2008
ISBN: 978-84-8301-959-7

Índice

Prólogo

En este texto hemos seleccionado los temas típicos de los cursos de cálculo de las ingenierías informáticas. Sin embargo, otros estudios técnicos tienen numerosos temas en común; por ello, pensamos que el texto puede ser útil también en las asignaturas de cálculo de otras ingenierías. Por otra parte, que el texto incluya de forma coherente los conceptos y las técnicas del cálculo de bachillerato necesarios para este curso, sirve para que el estudiante los repase si no los recuerda o, en el peor de los casos, estudie lo que debería ya saber pero no sabe. El libro es, pues, esencialmente utilitario.

El texto está dividido en ocho capítulos. En los dos primeros (números reales y complejos y funciones), predominan los temas de bachillerato, aunque con un enfoque más formal que el usual en este nivel. En los tres siguientes (sucesiones, primitivas e integración), los niveles de bachillerato y universidad están más repartidos. Los últimos tres capítulos, (series numéricas, polinomios de Taylor series de potencias y series de Taylor y funciones de varias variables), en cambio, son de nivel exclusivamente universitario. El símbolo ☐ significa que lo que sigue debería ser comprendido por un estudiante de bachillerato, mientras que el símbolo ■ corresponde al nivel universitario. En los resúmenes teóricos, algunos aspectos están a medio camino: son conceptos que el estudiante debe haber visto, pero quizás en un contexto menos general. Por ejemplo, un estudiante de bachillerato debería tener una idea de lo que significa la integral definida de una función continua; sin embargo, en el texto se trata el concepto de función acotada integrable. No es un concepto completamente nuevo, pero tampoco se supone que el estudiante lo domine en esta versión. Hemos indicado estas situaciones ambiguas con el símbolo ◨. A pesar de todo, hay que reconocer que la división en niveles tiene un alto grado de arbitrariedad, dependiendo del tipo de cursos que se hayan recibido en bachillerato, de los temas en los que se haya hecho mayor hincapié y, naturalmente, de la capacidad de cada estudiante.

El intento de abarcar niveles distintos provoca, de forma natural, una dificultad poco uniforme. Hay ejercicios rutinarios y elementales típicos del bachillerato. Otros problemas ilustran técnicas bien conocidas y sirven como modelo. Algunos requieren algo de ingenio. Otros –muy pocos– son mencionados a menudo en textos teóricos y prácticos, pero no detallados tan a menudo, y nos ha parecido oportuno incluirlos.

Agradeceremos a los lectores que detecten errores de cualquier tipo que nos lo hagan saber enviando un correo electrónico a cualquiera de las dos direcciones

Jose.A.Lubary@upc.edu   Josep.M.Brunat@upc.edu

José Antonio Lubary, Josep M. Brunat   Barcelona, abril de 2008

1 Números reales y complejos

El cuerpo de los números reales

☐ El conjunto $\mathbb{R}$ de los *números reales* se construye de forma que a cada punto de una recta corresponda un número real, y viceversa. Independientemente de la construcción formal, resumimos las propiedades, que se suponen conocidas.

En $\mathbb{R}$ está definida una *suma* que hace corresponder a cada dos números reales a y b otro número real $a + b$. Esta operación tiene las siguientes propiedades:

- (Asociativa) $a + (b + c) = (a + b) + c$ para todo $a, b, c \in \mathbb{R}$.
- (Conmutativa) $a + b = b + a$ para todo $a, b \in \mathbb{R}$.
- (Existencia de elemento neutro) Existe un número real 0 tal que $a + 0 = a$ para todo $a \in \mathbb{R}$.
- (Existencia de opuestos) Para cada número real a, existe un número real $-a$ tal que $a + (-a) = 0$.

En $\mathbb{R}$ está definida una segunda operación, el *producto*, que también hace corresponder a cada dos números reales a y b otro número real ab. Esta operación tiene las siguientes propiedades:

- (Asociativa) $a(bc) = (ab)c$ para todo $a, b, c \in \mathbb{R}$.
- (Conmutativa) $ab = ba$ para todo $a, b \in \mathbb{R}$.
- (Existencia de elemento neutro) Existe un número real 1 tal que $a \cdot 1 = a$ para todo $a \in \mathbb{R}$.
- (Existencia de inversos) Para todo $a \in \mathbb{R} \setminus \{0\}$, existe un número real a^{-1} (denotado también $1/a$) tal que $a \cdot a^{-1} = 1$.

Finalmente, la propiedad distributiva relaciona ambas operaciones:

- $a(b + c) = ab + ac$ para todo $a, b, c \in \mathbb{R}$.

Un conjunto con dos operaciones que cumplen todas las propiedades anteriores se denomina un *cuerpo*. Estas propiedades justifican convenios usuales, como no escribir paréntesis cuando hay más de dos sumandos o factores, escribir $a - b$ por $a + (-b)$, etc. De ellas también se deducen propiedades bien conocidas, como $-(a + b) = -a - b$, las leyes de simplificación para la suma ($a + c = b + c \Leftrightarrow a = b$) y para el producto ($ac = bc \Leftrightarrow a = b$, si $c \neq 0$), etc.

Relación de orden

☐ En $\mathbb{R}$ está definida una relación de orden $\leq$. La notación $a < b$ significa $a \leq b$ y $a \neq b$. Esta relación es *total*, lo que significa que, dados dos reales a y b, se cumple exactamente una de las tres propiedades $a < b$, $a = b$ o $a > b$. El comportamiento de la relación de orden respecto a las operaciones es el siguiente. Para todo $a, b, c \in \mathbb{R}$,

- $a < b \Leftrightarrow a + c < b + c$.
- Si $c > 0$, entonces $a < b \Leftrightarrow ac < bc$.
- Si $c < 0$, entonces $a < b \Leftrightarrow ac > bc$.

Los números naturales

☐ El conjunto de los *números naturales* es el subconjunto $\mathbb{N}$ de $\mathbb{R}$ formado por los números obtenidos sumando 1 consigo mismo repetidamente: $\mathbb{N} = \{1, 2, 3, \ldots\}$. La suma y el producto de dos naturales es un natural. Ciertamente, las propiedades válidas para todos los reales (asociativas, conmutativas, distributiva, etc.) son en particular válidas para los naturales. Observemos, sin embargo, que el neutro de la suma 0 no es natural, que el opuesto de un natural no es un natural y que el inverso de un natural tampoco es un natural, con la excepción de 1, que es su propio inverso.

■ Restringido al conjunto de los naturales, la relación de orden tiene al menos dos propiedades particulares relevantes. La primera es que, si A es un subconjunto de $\mathbb{N}$ no vacío, entonces existe un elemento $m \in A$ tal que $m \leq a$ para todo $a \in A$; este elemento se denomina *mínimo* o *primer elemento de A*. La segunda es la siguiente.

Principio de inducción. Sea A un subconjunto no vacío de $\mathbb{N}$ y m su mínimo. Si $n \in A$ implica $n + 1 \in A$, entonces $A = \{n \in \mathbb{N} : n \geq m\}$.

Los números enteros

☐ El conjunto $\mathbb{Z}$ de los *números enteros* está formado por los naturales, el 0 y los opuestos de todos los naturales: $\mathbb{Z} = \{\ldots, -3, -2, -1, 0, 1, 2, 3, \ldots\}$. La suma y el producto de dos enteros son enteros. En los enteros, estas operaciones tienen las mismas propiedades que la suma y el producto de números reales, con la excepción de que en los enteros no es cierto que cada entero $a \neq 0$ tenga inverso entero para el producto (de hecho, sólo 1 y -1 tienen inverso). La definición de *anillo conmutativo* es similar a la de cuerpo, excepto que no se exige la existencia de inversos para el producto. Así, $\mathbb{Z}$, con la suma y el producto, es un anillo conmutativo.

Si a, b y c son números enteros y $a = bc$, se dice que b es un *divisor* de a o que *divide* a a y que a es un *múltiplo* de b. Un número entero *primo* es un entero $p > 1$ tal que no tiene ningún divisor positivo d tal que $1 < d < p$. Los números primos tienen la siguiente propiedad.

Teorema fundamental de la aritmética. Si $n \neq 0$ es un número entero, entonces existen $\alpha \in \{+1, -1\}$, números primos $p_1, \ldots, p_k$ y números naturales $n_1, \ldots, n_k$ únicos tales que

$$n = \alpha p_1^{n_1} \cdots p_k^{n_k}, \qquad p_1 < p_2 < \cdots < p_k.$$

Señalemos que las demostraciones conocidas de este teorema *no* son constructivas, es decir, no indican cómo, dado n, hallar los primos $p_1, \ldots, p_k$ que lo dividen; además, los métodos conocidos para hallar la factorización son poco eficientes si n es suficientemente grande.

Supondremos conocidos otros conceptos y propiedades relativos a los números enteros, como el máximo común divisor y el mínimo común múltiplo; enteros relativamente primos (o primos entre sí); que si p es un primo que divide a un producto ab, entonces divide a uno de los factores, etc.

Los números racionales

El conjunto $\mathbb{Q}$ de los *números racionales* está formado por todos los números reales de la forma $a/b = ab^{-1}$ con $a, b \in \mathbb{Z}$ y $b \neq 0$. Nótese que, si $a, b, c, d \in \mathbb{Z}$ y $b \neq 0 \neq d$, entonces $a/b = c/d$ si, y sólo si, $ad = bc$. Si $q = a/b \in \mathbb{Q}$, con a y b relativamente primos, la fracción a/b se denomina *irreducible*. Los números reales no racionales se llaman *irracionales*; por ejemplo, $\sqrt{2}$ es irracional (v. problemas 1 y 5). La suma y el producto de dos racionales es un racional y, con estas operaciones, $\mathbb{Q}$ es un cuerpo.

Cada número real admite una expresión *decimal*. Los números racionales se caracterizan como los números reales que admiten una expresión decimal *periódica*, por ejemplo $108/33 = 3{,}272727\ldots$

Respecto al orden, hay que señalar:

- Dados dos números reales distintos cualesquiera $a < b$, existen infinitos racionales q e infinitos irracionales r tales que $a < q < b$ y $a < r < b$. En particular, entre cada dos números racionales distintos hay infinitos números racionales (v. problema 2).

Valor absoluto, intervalos y cotas

El *valor absoluto* de un número real a es el número real

$$|a| = \begin{cases} a \text{ si } a \geq 0, \\ -a \text{ si } a < 0. \end{cases}$$

Tiene las siguientes propiedades. Para cualesquiera $a, b, x \in \mathbb{R}$,

- $|a| \geq 0$; $|a| = 0 \Leftrightarrow a = 0$;
- $|a + b| \leq |a| + |b|$;
- $|ab| = |a| \cdot |b|$;
- Si $a > 0$, entonces $|x| < a \Leftrightarrow -a < x < a$.

La *distancia* entre dos números reales a y b es el número $|a - b|$.

Los *intervalos* son subconjuntos de $\mathbb{R}$ especialmente destacados. Sean $a, b \in \mathbb{R}$ con $a < b$. El conjunto $[a, b] = \{x \in \mathbb{R} \mid a \leq x \leq b\}$ se denomina *intervalo cerrado de extremos* a y b; el conjunto $(a, b) = \{x \in \mathbb{R} \mid a < x < b\}$ se denomina *intervalo abierto de extremos* a y b; los conjuntos $(a, b] = \{x \in \mathbb{R} \mid a < x \leq b\}$ y $[a, b) = \{x \in \mathbb{R} \mid a \leq x < b\}$ son *intervalos semiabiertos* o *semicerrados*. Finalmente, los conjuntos

$$(-\infty, a] = \{x \in \mathbb{R} \mid x \leq a\}, (-\infty, a) = \{x \in \mathbb{R} \mid x < a\},$$

$$[a, +\infty) = \{x \in \mathbb{R} \mid x \geq a\}, (a, +\infty) = \{x \in \mathbb{R} \mid x > a\},$$

se denominan *intervalos no acotados*. A veces, también se escribe $\mathbb{R} = (-\infty, +\infty)$.

Sean a y $\delta > 0$ números reales. El *entorno de centro* a y *radio* δ es el intervalo abierto $(a - \delta, a + \delta)$.

Nótese la equivalencia

$$x \in (a - \delta, a + \delta) \Leftrightarrow |x - a| < \delta.$$

Los *semientornos derecho e izquierdo* de a y radio δ son los intervalos abiertos $(a, a + \delta)$ y $(a - \delta, a)$, respectivamente. Un *entorno de* $+\infty$ es un intervalo de la forma $(a, +\infty)$ y un *entorno de* $-\infty$ es un intervalo de la forma $(-\infty, a)$.

Sea A un subconjunto de $\mathbb{R}$. Un número k es una *cota superior* de A si $a \leq k$ para todo $a \in A$. Si A tiene cotas superiores, la menor de ellas se llama el *supremo* de A. Análogamente, k es una *cota inferior* de A si $k \leq a$ para todo $a \in A$. Si A tiene cotas inferiores, la mayor de todas ellas se llama el *ínfimo* de A. Se cumple el siguiente teorema.

Teorema del extremo. Todo conjunto de números reales no vacío acotado superiormente (resp. inferiormente) tiene supremo (resp. ínfimo).

Si A tiene supremo m y m es un elemento de A, entonces m se denomina *máximo* de A y se denota máx A; si A tiene ínfimo m y m es un elemento de A, entonces m se denomina *mínimo* de A y se denota mín A.

Sea x un número real. La *parte entera inferior* de x es el número entero

$$\lfloor x \rfloor = \text{máx } \{m \in \mathbb{Z} : m \leq x\}.$$

La *parte entera superior* de un número real x es el número entero

$$\lceil x \rceil = \text{mín } \{m \in \mathbb{Z} : m \leq x\}.$$

Si x es un entero, entonces $x = \lfloor x \rfloor = \lceil x \rceil$. Si x no es entero, entonces $\lfloor x \rfloor$ y $\lceil x \rceil$ son, respectivamente, el primer entero a la izquierda y el primer entero a la derecha de x en la representación de los números reales en una recta.

Los números complejos

En el conjunto $\mathbb{C} = \mathbb{R} \times \mathbb{R}$ de pares ordenados de números reales, definimos la suma y el producto por

$$(a, b) + (c, d) = (a + c, b + d), \quad (a, b)(c, d) = (ac - bd, ad + bc).$$

Estas operaciones tienen propiedades semejantes a las de la suma y el producto de números reales: la suma es asociativa y conmutativa, tiene $(0, 0)$ como elemento neutro, cada par (a, b) tiene opuesto $-(a, b) = (-a, -b)$; el producto es asociativo y conmutativo, tiene elemento neutro $(1, 0)$ y cada elemento $(a, b) \neq (0, 0)$ tiene inverso, que es $(a/(a^2 + b^2), -b/(a^2 + b^2))$ y, finalmente, es distributivo respecto a la suma. Tenemos, pues, un cuerpo, denominado *cuerpo de los números complejos*. Cada elemento $(a, b) \in \mathbb{C}$ es un *número complejo* o, simplemente, un *complejo*.

Si representamos cada complejo (a, b) como un punto del plano, las operaciones sobre el eje de abscisas dan resultados sobre el eje de abscisas:

$$(a, 0) + (c, 0) = (a + c, 0), \quad (a, 0)(c, 0) = (ac, 0).$$

Así como los números enteros se identifican con los racionales de denominador 1, los números reales se identifican con los complejos de segunda coordenada 0, y se escribe simplemente a en lugar de $(a, 0)$.

Podemos, pues, considerar $\mathbb{R}$ como un subconjunto de $\mathbb{C}$ y las operaciones de $\mathbb{C}$ una extensión de las de $\mathbb{R}$. El complejo $i = (0, 1)$ se denomina *unidad imaginaria*. Tenemos

$$(a, b) = (a, 0) + (b, 0)(0, 1) = a + bi,$$

que es la forma habitual de escribir un complejo, llamada *forma binómica*. Con esta notación, las operaciones anteriores se escriben

$$(a + bi) + (c + di) = (a + c) + (b + d)i, \quad (a + bi)(c + di) = (ac - bd) + (ad + bc)i.$$

Nótese que

$$i^2 = (0, 1)(0, 1) = (-1, 0) = -1.$$

Si a es un real positivo, la ecuación $x^2 + a = 0$ no tiene soluciones reales. La extensión de los reales a los complejos permite resolver esta ecuación:

$$x^2 + a = 0 \implies x^2 = -a \implies x^2 = i^2 a \implies x = \pm i \sqrt{a},$$

aunque, naturalmente, las soluciones no son reales.

La *parte real* de un complejo $z = a + bi$ es $\mathscr{R}e(z) = a$ y la *parte imaginaria* es $\mathscr{I}m(z) = b$. El *conjugado* de un complejo z es el complejo $\bar{z} = a - bi$. Para cualesquiera complejos z y w, se cumplen las siguientes propiedades:

- $\overline{z + w} = \bar{z} + \bar{w}$.
- $\overline{zw} = \bar{z} \cdot \bar{w}$.
- $\bar{\bar{z}} = z$.
- $z \in \mathbb{R} \Leftrightarrow \bar{z} = z$.

Módulo y argumento. Raíces n-ésimas

El *módulo* de un complejo $z = a + bi$ es el número real no negativo $|z| = \sqrt{z\bar{z}} = \sqrt{a^2 + b^2}$. Nótese que, si $a \in \mathbb{R}$, el valor absoluto de a coincide con su módulo si se le considera como complejo. Para cualesquiera complejos u y w, se cumplen las siguientes propiedades:

- $|z| \geq 0; \quad |z| = 0 \Leftrightarrow z = 0$.
- $|z + w| \leq |z| + |w|$.
- $|zw| = |z| \cdot |w|$.

El *argumento* de un complejo $z = a + bi$ es el ángulo α entre el vector de origen $(0, 0)$ y extremo (a, b) y el semieje positivo de abscisas. Entonces, si $r = |z|$, tenemos

$$z = a + bi = r \cos \alpha + ir \operatorname{sen} \alpha = r(\cos \alpha + i \operatorname{sen} \alpha),$$

expresión que se denomina *forma trigonométrica* de z.

A menudo, el complejo de módulo r y argumento α se simboliza mediante la forma abreviada r_α, que se denomina *forma polar* del complejo. Observemos que

$$r_\alpha = s_\beta \iff r = s \text{ y } \alpha - \beta = 2\pi k \text{ para algún } k \in \mathbb{Z}.$$

El comportamiento de la forma polar respecto a productos y potencias se describe en las siguientes propiedades. Si $z = r_\alpha$, $w = s_\beta$ y $n \in \mathbb{N}$, entonces

$$zw = (rs)_{\alpha+\beta}, \qquad \frac{z}{w} = \left(\frac{r}{s}\right)_{\alpha-\beta}, \qquad z^n = (r^n)_{n\alpha}.$$

La última de estas propiedades para complejos de módulo 1 y expresada en forma trigonométrica es la llamada *fórmula de De Moivre*:

$$(\cos \alpha + i \operatorname{sen} \alpha)^n = \cos n\alpha + i \operatorname{sen} n\alpha.$$

Para todo número complejo $z = r_\alpha$, $z \neq 0$, y todo natural n, existen exactamente n números complejos s_β tales que $(s_\beta)^n = r_\alpha$. Estos complejos se denominan *raíces n-ésimas* de z, y son los n complejos que tienen como módulo la (única) raíz n-ésima positiva del número real positivo r y, como argumentos, los n ángulos

$$\beta_k = \frac{\alpha + 2\pi k}{n}, \quad (k = 0, 1, \ldots, n-1).$$

La extensión de los números reales a los complejos permite calcular raíces n-ésimas de todos los complejos, y en particular raíces cuadradas de números reales negativos. El módulo de un número complejo generaliza el concepto de valor absoluto de un número real. También, como veremos en el siguiente apartado, permite garantizar que todo polinomio tiene alguna raíz compleja. Sin embargo, hay un tipo de propiedades que se pierden en la ampliación de $\mathbb{R}$ a $\mathbb{C}$, que son las relativas al orden. Señalemos que no es posible extender la relación de orden de $\mathbb{R}$ a $\mathbb{C}$ de forma satisfactoria.

Polinomios

Un *polinomio*[1] con coeficientes en $\mathbb{R}$ es una aplicación $f \colon \mathbb{R} \to \mathbb{R}$ de la forma

$$f(x) = a_n x^n + a_{n-1} x^{n-1} + \cdots + a_1 x + a_0.$$

donde $n \geq 0$ es un natural y $a_0, \ldots, a_n$ son números reales, denominados *coeficientes* del polinomio. Si $a_n \neq 0$, el número n se llama *grado* del polinomio f y se denota $\deg f(x)$. Convenimos que el polinomio definido por $f(x) = 0$ tiene grado $-\infty$. El conjunto de todos los polinomios con coeficientes en $\mathbb{R}$ se denota $\mathbb{R}[x]$.

Notemos que, si $f(x) = a_n x^n + \cdots + a_0$ es un polinomio y $m > n$, el polinomio $f(x)$ también puede escribirse en la forma $f(x) = a_m x^m + \cdots + a_n x^n + \cdots + a_0$ simplemente tomando $a_m = a_{m-1} = \cdots = a_{n+1} = 0$.

La *suma* de dos polinomios $f(x) = a_n x^n + \cdots + a_0$ y $g(x) = b_n x^n + \cdots + b_0$ es el polinomio definido por

$$(f + g)(x) = f(x) + g(x) = (a_n + b_n)x^n + (a_{n-1} + b_{n-1})x^{n-1} + \cdots + (a_0 + b_0).$$

Esta suma es asociativa y conmutativa; admite elemento neutro, que es el polinomio definido por $e(x) = 0$; y cada polinomio $f(x)$ tiene opuesto, que es el polinomio $-f(x)$, que se obtiene cambiando de signo todos los coeficientes de $f(x)$.

---

[1] En ciertos contextos, conviene distinguir los conceptos de polinomio y de función polinómica. Sin embargo, a nuestros efectos los podemos identificar sin ningún inconveniente, por lo que los consideraremos sinónimos.

El *producto* de dos polinomios $f(x) = a_nx^n + \cdots + a_0$ y $g(x) = b_mx^m + \cdots + b_0$ es el polinomio definido por

$$(f \cdot g)(x) = f(x)g(x) = c_{n+m}x^{n+m} + \cdots + c_0, \quad \text{con} \quad c_k = a_kb_0 + a_{k-1}b_1 + \cdots + a_0b_k,$$

para todo $k \in \{0, \ldots, n + m\}$. Este producto es asociativo y conmutativo; admite elemento neutro, que es el polinomio definido por $u(x) = 1$; y es distributivo respecto a la suma. Así, $\mathbb{R}[x]$, con la suma y el producto, es un anillo conmutativo.

Sea $a \in \mathbb{R}$. El *polinomio constante* a es el polinomio definido por $f(x) = a$. La suma y el producto de polinomios constantes tienen las mismas propiedades que la suma y el producto de los números reales, por lo cual cada polinomio constante $f(x) = a$ se identifica con el número real a.

Con la suma y el producto que hemos definido, $\mathbb{R}[x]$ no es un cuerpo, porque no es cierto que todo polinomio tenga inverso para el producto. Los únicos polinomios que tienen inverso son los constantes distintos de cero.

Teorema de la división. Sean $f(x), g(x) \in \mathbb{R}[x]$, con $g(x) \neq 0$. Entonces existen polinomios $q(x), r(x) \in \mathbb{R}[x]$ únicos tales que

$$f(x) = g(x)q(x) + r(x), \quad \text{y} \quad r = 0 \quad \text{o} \quad \deg r(x) < \deg g(x).$$

Los polinomios $q(x)$ y $r(x)$ se denominan, respectivamente, *cociente* y *resto* de la divivión de $f(x)$ por $g(x)$.

Si $r(x) = 0$, se dice que $f(x)$ es *divisible* por $g(x)$ y que $f(x)$ se *descompone* en producto de los dos *factores* $g(x)$ y $q(x)$.

Regla de Ruffini. Sea $f(x)$ un polinomio y $a \in \mathbb{R}$. El valor $f(a)$ es el resto de la división de $f(x)$ por $x - a$.

Con frecuencia, se denomina también *regla de Ruffini* a un algoritmo bien conocido (que no detallamos aquí) para dividir un polinomio $f(x)$ por un polinomio de la forma $x - a$.

Una *raíz* de un polinomio $f(x)$ es un número a tal que $f(a) = 0$. Un número real a es una raíz de un polinomio $f(x)$ si, y sólo si, $f(x)$ es divisible por $x - a$.

− Si $f(x) = a_nx^n + \cdots + a_0$ es un polinomio con todos los coeficientes enteros y $a \in \mathbb{Z}$ es una raíz de $f(x)$, entonces a es un divisor de a_0.

■ La discusión anterior puede repetirse sin cambios, sustituyendo $\mathbb{R}$ por cualquier otro cuerpo, por ejemplo $\mathbb{C}$. Así, las propiedades enunciadas acerca de las raíces, la regla de Ruffini, etc., son igualmente válidas en $\mathbb{C}[x]$. Sin embargo, respecto de la existencia de raíces, los polinomios de $\mathbb{R}[x]$ y de $\mathbb{C}[x]$ se comportan de forma esencialmente distinta.

Polinomios de grado dos

□ Consideremos los polinomios de segundo grado con coeficientes reales $f(x) = ax^2 + bx + c \in \mathbb{R}[x]$, $a \neq 0$. El número real $\Delta = b^2 - 4ac$ se denomina *discriminante*. Si $\Delta > 0$, entonces $f(x)$ tiene las dos raíces reales distintas

$$x_1 = \frac{-b + \sqrt{\Delta}}{2a}, \quad x_2 = \frac{-b - \sqrt{\Delta}}{2a}$$

y $f(x)$ factoriza como $f(x) = a(x - x_1)(x - x_2)$. Si $\Delta = 0$, entonces $f(x)$ tiene una única raíz $x_0 = -b/(2a)$, y $f(x) = a(x - x_0)^2$. Finalmente, si $\Delta < 0$, entonces $f(x)$ no tiene raíces reales y no admite ninguna factorización como producto de polinomios con coeficientes reales de grado 1.

■ Consideremos ahora los polinomios de segundo grado $f(x) = ax^2 + bx + c \in \mathbb{C}[x]$, con $a \neq 0$. El discriminante $\Delta = b^2 - 4ac$ es ahora un número complejo. Si $\Delta = 0$, entonces hay una única raíz que, como antes, es $z_0 = -b/(2a)$. Si $\Delta \neq 0$, entonces Δ tiene dos raíces cuadradas complejas, digamos d y $-d$, y $f(x)$ tiene las dos raíces

$$z_1 = \frac{-b + d}{2a}, \quad z_2 = \frac{-b - d}{2a}$$

y $f(x)$ admite la factorización $f(x) = a(x - z_1)(x - z_2)$.

La factorización de polinomios

■ Respecto a la factorización de polinomios, tenemos las siguientes propiedades:

- Todo polinomio $f(x)$ con coeficientes reales es producto de polinomios con coeficientes reales de grado 1 y de grado 2 con discriminante negativo.

- (**Teorema fundamental del álgebra.**) Todo polinomio $f(x)$ con coeficientes complejos es producto de polinomios de grado 1 con coeficientes complejos.

- Si $f(x)$ es un polinomio con coeficientes reales y z_1 es una raíz compleja, entonces su conjugado $z_2 = \overline{z_1}$ también es una raíz de $f(x)$.

El binomio de Newton

□ Definimos el *factorial* de un entero no negativo n, denotado $n!$, como $0! = 1$, $1! = 1$ y $n! = n(n-1) \cdots 2 \cdot 1$ si $n \geq 2$.

Si n y k son enteros no negativos, el número binomial n *sobre* k se define como

$$\binom{n}{k} = \begin{cases} 0 & \text{si } k > n, \\ \dfrac{n!}{k!(n-k)!} & \text{si } k \leq n. \end{cases}$$

Observemos que, en el caso $k \leq n$, simplificando $(n - k)!$ en la fracción se obtiene

$$\binom{n}{k} = \frac{n(n - 1)(n - 2) \cdots (n - k + 1)}{n!}.$$

Se cumplen las siguientes propiedades:

- $\dbinom{n}{0} = \dbinom{n}{n} = 1, \quad (n \geq 0)$.

- $\dbinom{n}{1} = \dbinom{n}{n - 1} = n, \quad (n \geq 1)$.

- $\dbinom{n}{k} = \dbinom{n}{n-k}$, $(0 \le k \le n)$.

- $\dbinom{n-1}{k-1} + \dbinom{n-1}{k} = \dbinom{n}{k}$, $(1 \le k \le n)$.

Los números binomiales aparecen en la fórmula del *binomio de Newton*. Aunque esta fórmula será aplicada esencialmente a polinomios, hay que remarcar que es válida en todo anillo conmutativo. Si $n \ge 0$ es un natural, y a y b son elementos de un anillo conmutativo (por ejemplo, polinomios), entonces

$$(a+b)^n = \binom{n}{0}a^n + \binom{n}{1}a^{n-1}b + \binom{n}{2}a^{n-2}b^2 + \cdots + \binom{n}{n-1}ab^{n-1} + \binom{n}{n}b^n.$$

En el caso de los polinomios, esta fórmula puede interpretarse como una factorización del término de la derecha. Otras factorizaciones a menudo útiles son las siguientes:

- $a^n - b^n = (a-b)(a^{n-1} + a^{n-2}b + \cdots ab^{n-1} + b^{n-1})$.
- Si n es impar, $a^n + b^n = (a+b)(a^{n-1} - a^{n-2}b + \cdots - ab^{n-2} + b^{n-1})$.

Como casos particulares:

- $a^2 - b^2 = (a+b)(a-b)$.
- $a^n - 1 = (a-1)(a^{n-1} + a^{n-2} + \cdots + a + 1)$.
- Si n es impar, $a^n + 1 = (a+1)(a^{n-1} - a^{n-2} + \cdots - a + 1)$.

☐ Problemas resueltos

1

Demostrar que $\sqrt{2}$ es un número irracional.

[Solución]

Notemos, en primer lugar, que $\sqrt{2}$ es un número real, ya que es la longitud de la diagonal de un cuadrado de lado 1, y dicha longitud corresponde ciertamente a un punto de la recta real.

Notemos también que, si m es un entero, entonces m y m^2 tienen los mismos factores primos. Por tanto, m es par si, y sólo si, m^2 es par.

Razonaremos por reducción al absurdo. Supongamos que $\sqrt{2}$ es racional, y sea m/n la fracción irreducible correspondiente a dicho racional:

$$\sqrt{2} = \frac{m}{n}, \quad m \in \mathbb{Z}, \quad n \in \mathbb{Z} \setminus \{0\}, \quad m \text{ y } n \text{ primos entre sí.}$$

Deducimos que $m^2 = 2n^2$, luego m^2 es par y, por tanto, m también; es decir, $m = 2p$ para algún entero p. Entonces

$$m^2 = 2n^2 \;\Rightarrow\; 4p^2 = 2n^2 \;\Rightarrow\; 2p^2 = n^2,$$

luego n^2 es par y, en consecuencia, n es par. Pero entonces m y n son ambos pares y resulta que la fracción m/n no es irreducible, lo que es contradictorio. Por tanto hemos de concluir que $\sqrt{2}$ no es racional.

2

Sean a y b números reales con $a < b$. Demostrar:

1) $a < (a + b)/2 < b$.

2) Si a y b son racionales, entonces $(a + b)/2$ es racional.

[Solución]

1) Sumando a a los dos términos de $a < b$, resulta $2a < a + b$; dividiendo por 2, se obtiene $a < (a + b)/2$. Análogamente, sumando b, tenemos $a + b < 2b$ y, dividiendo por 2, resulta $(a + b)/2 < b$.

2) Si a y b son racionales, son de la forma $a = p/q$ y $b = r/s$ con p, q, r, s enteros y $q \neq 0 \neq s$. Entonces

$$\frac{a + b}{2} = \frac{1}{2}\left(\frac{p}{q} + \frac{r}{s}\right) = \frac{ps + qr}{2qs},$$

que es un número racional.

3

Sean $a \geq 0$ y $b \geq 0$ números reales. Demostrar que $\sqrt{ab} \leq \dfrac{a + b}{2}$ (es decir, la media geométrica de dos números es menor o igual que su media aritmética[2]).

[Solución]

Puesto que $\left(\sqrt{a} - \sqrt{b}\right)^2 \geq 0$, tenemos $a - 2\sqrt{a}\sqrt{b} + b \geq 0$, de donde $a + b \geq 2\sqrt{ab}$. Dividiendo por 2 se obtiene la desigualdad.

4

Hallar todos los números reales que satisfacen la desigualdad $x^2 > 3x + 4$.

[Solución]

Observemos que $x^2 > 3x + 4 \Leftrightarrow x^2 - 3x - 4 > 0$.

Descomponemos el polinomio $x^2 - 3x + 4$ resolviendo la ecuación de segundo grado $x^2 - 3x - 4 = 0$. Obtenemos las soluciones $x_1 = -1$ y $x_2 = 4$. Entonces, la desigualdad es equivalente a

$$(x + 1)(x - 4) > 0,$$

que se satisfará si ambos factores son positivos o ambos negativos:

$$x + 1 > 0, \ x - 4 > 0 \Leftrightarrow x > -1, \ x > 4 \Leftrightarrow x > 4.$$
$$x + 1 < 0, \ x - 4 < 0 \Leftrightarrow x < -1, \ x < 4 \Leftrightarrow x < -1.$$

En consecuencia, el conjunto de números reales pedido es $(-\infty, -1) \cup (4, +\infty)$.

---

[2] Una generalización de este resultado puede verse en el problema 553.

Utilizando terminología del capítulo 2, puede argumentarse también como sigue: la gráfica de la función $f(x) = x^2 - 3x - 4$ es una parábola que tiene un mínimo porque el coeficiente de x^2 es positivo. Las raíces $x_1 = -1$ y $x_2 = 4$ dan las intersecciones con el eje de abscisas. La gráfica aproximada de la parábola permite inmediatamente obtener el conjunto pedido, que es $(-\infty, -1) \cup (4, +\infty)$.

■ Problemas resueltos ▬▬▬▬▬▬▬▬▬▬▬▬▬▬▬▬▬▬▬

5

Demostrar que $\sqrt{2} + \sqrt{3}$ es irracional.

[Solución]

Notemos que un entero a y su cuadrado a^2 tienen los mismos factores primos. Por tanto, a es múltiplo de 6 (es decir, tiene los factores primos 2 y 3) si y sólo si m^2 es múltiplo de 6.

Razonamos por reducción al absurdo. Supongamos que $\sqrt{2} + \sqrt{3}$ es racional, es decir, $\sqrt{2} + \sqrt{3} = p/q$, con p y q enteros primos entre sí. Tenemos:

$$\sqrt{2} + \sqrt{3} = \frac{p}{q} \;\Rightarrow\; 2 + 3 + 2\sqrt{6} = \frac{p^2}{q^2} \;\Rightarrow\; \sqrt{6} = \frac{p^2}{2q^2} - \frac{5}{2}.$$

Como p y q son enteros, resulta que $\sqrt{6}$ es racional, digamos que $\sqrt{6} = a/b$, con a y b primos entre sí. Entonces, $6b^2 = a^2$ implica que a^2 es múltiplo de 6, por lo que a también es múltiplo de 6, digamos que $a = 6t$ para cierto entero t. Tenemos $6b^2 = a^2 = (6t)^2 = 36t^2$, es decir, $b^2 = 6t^2$. Esto indica que b^2 y b son múltiplos de 6. Concluimos que a y b son ambos múltiplos de 6, en contradicción con el hecho de ser primos entre sí.

6

Hallar un polinomio con coeficientes enteros del que $\sqrt[3]{3} + \sqrt{2}$ sea una raíz.

[Solución]

Sea $x = \sqrt[3]{3} + \sqrt{2}$. Entonces x satisface $x - \sqrt{2} = \sqrt[3]{3}$ y, elevando al cubo,

$$x^3 - 3x^2\sqrt{2} + 6x - 2\sqrt{2} = 3, \quad x^3 + 6x - 3 = \sqrt{2}(3x^2 + 2).$$

Elevando al cuadrado, x cumple

$$x^6 + 12x^4 - 6x^3 + 36x^2 - 36x + 9 = 2(9x^4 + 12x^2 + 4), \quad x^6 - 6x^4 - 6x^3 + 12x^2 - 36x + 1$$

y, por tanto, el polinomio $f(x) = x^6 - 6x^4 - 6x^3 + 12x^2 - 36x + 1$ admite $\sqrt[3]{3} + \sqrt{2}$ como raíz.

7

Hallar las soluciones complejas de la ecuación $z^6 - 2z^3 + 2 = 0$.

[Solución]

La ecuación puede escribirse $u^2 - 2u + 2 = 0$, donde $u = z^3$. Las raíces de $u^2 - 2u + 2$ son

$$u_1 = \frac{2 + \sqrt{-4}}{2} = 1 + i, \quad u_2 = \frac{2 - \sqrt{-4}}{2} = 1 - i.$$

Las soluciones pedidas son las raíces cúbicas de $1 - i$ y las raíces cúbicas de $1 - i$.

Tenemos $|1 + i| = \sqrt{2}$ y $\arg(1 + i) = \pi/4$. Las raíces cúbicas de $1 + i$ son los complejos de módulo $\sqrt[6]{2}$ y argumentos

$$\frac{\pi/4}{3} = \frac{\pi}{12}, \quad \frac{\pi/4}{3} + \frac{2\pi}{3} = \frac{3\pi}{4}, \quad \frac{\pi/4}{3} + \frac{4\pi}{3} = \frac{17\pi}{12}.$$

Tenemos $|1 - i| = \sqrt{2}$ y $\arg(1 - i) = -\pi/4$. Las raíces cúbicas de $1 - i$ son los complejos de módulo $\sqrt[6]{2}$ y argumentos

$$-\frac{\pi/3}{3} = \frac{\pi}{12}, \quad -\frac{\pi/3}{3} + \frac{2\pi}{3} = \frac{7\pi}{12}, \quad -\frac{\pi/3}{3} + \frac{4\pi}{3} = \frac{15\pi}{12}.$$

8

Factorizar en $\mathbb{C}[x]$ y en $\mathbb{R}[x]$ el polinomio $x^6 - x^5 - 2x^4 + 4x^2 - 4x - 8$.

[Solución]

Entre los divisores enteros de 8, encontramos que -1 es una raíz. Dividiendo por $x + 1$, obtenemos

$$x^6 - x^5 - 2x^4 + 4x^2 - 4x - 8 = (x + 1)(x^5 - 2x^4 + 4x - 8).$$

Para el polinomio $x^5 - 2x^4 + 4x - 8$, encontramos que 2 es una raíz. Dividimos por $x - 2$ y obtenemos

$$x^6 - x^5 - 2x^4 + 4x^2 - 4x - 8 = (x + 1)(x - 2)(x^4 + 4).$$

El polinomio $x^4 + 4$ no tiene raíces reales, ya que ningún número real puede verificar la ecuación $x^4 = -4$. Pero esta ecuación tiene cuatro soluciones complejas r_1, r_2, r_3, r_4, que son precisamente las raíces cuartas de -4. Las hallamos primero en forma polar. El número -4 tiene módulo 4 y argumento π. Por tanto, sus raíces cuartas tienen módulo $\sqrt[4]{4} = \sqrt{2}$ y argumentos $\pi/4$, $3\pi/4$, $5\pi/4$ y $7\pi/4$. Es decir:

$$r_1 = \sqrt{2}(\cos(\pi(4)) + i\,\text{sen}\,(\pi/4) = \sqrt{2}(\sqrt{2}/2 + i\,\sqrt{2}/2) = 1 + i$$
$$r_2 = \sqrt{2}(\cos(3\pi(4)) + i\,\text{sen}\,(3\pi/4)) = \sqrt{2}(-\sqrt{2}/2 + i\,\sqrt{2}/2) = -1 + i$$
$$r_3 = \sqrt{2}(\cos(5\pi(4)) + i\,\text{sen}\,(5\pi/4)) = \sqrt{2}(-\sqrt{2}/2 - i\,\sqrt{2}/2) = -1 - i$$
$$r_4 = \sqrt{2}(\cos(7\pi(4)) + i\,\text{sen}\,(7\pi/4)) = \sqrt{2}(\sqrt{2}/2 - i\,\sqrt{2}/2) = 1 - i$$

Así pues, la factorización en $\mathbb{C}[x]$ del polinomio dado es

$$x^6 - x^5 - 2x^4 + 4x^2 - 4x - 8 = (x + 1)(x - 2)(x - 1 - i)(x + 1 - i)(x + 1 + i)(x - 1 + i).$$

Para obtener la factorización en $\mathbb{R}[x]$, agrupamos los factores que presentan raíces complejas conjugadas:

$$(x - 1 - i)(x - 1 + i) = (x - 1)^2 - i^2 = x^2 - 2x + 2$$
$$(x + 1 - i)(x + 1 + i) = (x + 1)^2 - i^2 = x^2 + 2x + 2$$

Entonces:

$$x^6 - x^5 - 2x^4 + 4x^2 - 4x - 8 = (x - 1)(x + 2)(x^2 - 2x + 2)(x^2 + 2x + 2).$$

9

Hallar condiciones sobre los reales p y q de forma que el polinomio $x^2 + px + q$ tenga una raíz real y dos raíces complejas conjugadas de módulo $\sqrt{2}$. En este caso, hallar las raíces.

[Solución]

Sean a la raíz real y $c+di$ y $c-di$ las raíces complejas conjugadas. Como éstas son de módulo $\sqrt{2}$, tenemos $c^2+d^2 = 2$. Entonces:

$$\begin{aligned}
x^3 + px + q &= (x-a)(x-(c+di))(x-(c-di)) \\
&= x^3 - (a+c+di+c-di)x^2 + (a(c+di)+a(c-di)+(c+di)(c-di))x - a(c+di)(c-di) \\
&= x^3 - (a+2c)x^2 + (2ac+c^2+d^2)x - a(c^2+d^2) \\
&= x^3 - (a+2c)x^2 + (2ac+2)x - 2a
\end{aligned}$$

Igualando coeficientes, resulta:

$$a + 2c = 0, \quad 2ac + 2 = p, \quad q = -2a.$$

De la última igualdad obtenemos $a = -q/2$. De la primera, $0 = a + 2c = (-q/2) + 2c$ y $c = q/4$. La segunda da la condición pedida:

$$p = 2ac + 2 = 2(-q/2)(q/4) + 2 = -q^2/4 + 2 = (8 - q^2)/4.$$

La condición anterior puede escribirse $q^2 = 8 - 4p$. Nótese que, como q debe ser real, los valores de p están restringidos a $p \leq 2$. Tenemos la raíz real, $a = -q/2$, y la parte real $c = q/4$ de las raíces complejas conjugadas. La parte imaginaria se obtiene de la condición $c^2 + d^2 = 2$:

$$d^2 = 2 - c^2 = 2 - \frac{q^2}{16} = \frac{32 - q^2}{16}.$$

Las raíces son, pues,

$$-\frac{q}{4}, \qquad \frac{1}{4}(q + i\sqrt{32 - q^2}), \qquad \frac{1}{4}(q - i\sqrt{32 - q^2}).$$

10

Resolver la ecuación $z^3 - (8 + 6i)z^2 + (16 + 31i)z - (3 + 39i) = 0$ sabiendo que tiene una solución real.

[Solución]

Sea z la solución real. Las partes real $r(z)$ e imaginaria $s(z)$ del primer término de la ecuación son cero:

$$r(z) = z^3 - 8z^2 + 16z - 3 = 0$$
$$s(z) = -6z^2 + 31z - 39 = 0$$

La segunda ecuación es equivalente a $6z^2 - 31z + 39 = 0$, tiene discriminante $\Delta = 31^2 - 4 \cdot 6 \cdot 39 = 25$ y soluciones $z = (31 \pm 5)/12$, es decir, $z_1 = 3$ y $z_2 = 26/12 = 13/6$. Veamos si estos dos valores anulan también la parte imaginaria. Tenemos $r(3) = 0$ y $r(13/6) \neq 0$. Por tanto, 3 es la única raíz real.

Para hallar las otras raíces, dividimos el polinomio $z^3 - (8 + 6i)z^2 + (16 + 31i)z - (3 + 39i)$ por $(x - 3)$:

$$\begin{array}{r|rrr} & 1 & -8 - 6i & 16 + 31i & -3 - 39i \\ 3 & & 3 & -15 - 18i & 3 + 39i \\ \hline & 1 & -5 - 6i & 1 + 13i & 0 \end{array}$$

El cociente es $z^2 - (5 + 6i)z + (1 + 13i)$ y las dos soluciones que faltan son las raíces de este polinomio. Su discriminante es

$$\Delta = (5 + 6i)^2 - 4(1 + 13i) = -15 + 8i.$$

Las raíces cuadradas de $-15 + 8i$ son los números complejos $a + bi$ (a y b reales) tales que

$$-15 + 8i = (a + bi)^2 = a^2 - b^2 + 2abi.$$

Igualando las partes real e imaginaria, obtenemos $a^2 - b^2 = -15$ y $2ab = 8$, es decir, $ab = 4$. Tenemos $a = 4/b$ y, sustituyendo en la primera igualdad, resulta

$$\frac{16}{b^2} - b^2 = -15, \quad b^4 - 15b^2 - 16 = 0.$$

Ésta es una ecuación bicuadrada. Su discriminante es $15^2 + 4 \cdot 16 = 289 = 17^2$. Entonces, $b^2 = (15 \pm 17)/2$. En principio, obtenemos dos posibles valores de b^2, que son 16 y -1, pero ciertamente -1 no es tal. Así, $b^2 = 16$, es decir, $b = 4$ y $b = -4$. Utilizando ahora $a = 4/b$, obtenemos las dos soluciones $(a, b) = (1, 4)$ y $(a, b) = (-1, -4)$. Por tanto, las raíces cuadradas de $\Delta = -18 + 8i$ son $1 + 4i$ y $-1 - 4i$. Así pues, las raíces de $z^2 - (5 + 6i)z + (1 + 13i)$ son

$$\frac{5 + 6i + 1 + 4i}{2} = 3 + 5i \quad \text{y} \quad \frac{5 + 6i - 1 - 4i}{2} = 2 + i.$$

En definitiva, las tres soluciones de la ecuación son 3, $3 + 5i$ y $2 + i$.

11

Sean a un número real y n un número natural. Hallar el resto de la división de $(\cos a + x \operatorname{sen} a)^n$ por $x^2 + 1$.

[Solución]

Sea $q(x)$ el cociente de la división. Puesto que $x^2 + 1$ es de grado 2, el resto será de grado menor o igual que 1, digamos $sx + t$. Se trata de calcular s y t. Tenemos

$$(\cos a + x \operatorname{sen} a)^n = q(x)(x^2 + 1) + (sx + t).$$

Sustituimos en esta igualdad x por i y x por $-i$. Por la fórmula de De Moivre, y dado que $(-i)^2 + 1 = i^2 + 1 = 0$, obtenemos

$$\cos na + i \operatorname{sen} na = si + t, \quad \cos na - i \operatorname{sen} na = -si + t.$$

Sumando ambas igualdades, tenemos $2 \cos na = 2t$, es decir, $t = \cos na$. Restando ambas igualdades, tenemos $2i \operatorname{sen} na = 2si$, es decir, $s = \operatorname{sen} na$. Por tanto, el resto es $(\operatorname{sen} na)x + \cos na$.

12

Sea $n \geq 2$ un natural y $\omega = \cos\dfrac{2\pi}{n} + i\,\mathrm{sen}\,\dfrac{2\pi}{n}$. Demostrar:

1) ω es una raíz n-ésima de 1.

2) Las raíces n-ésimas de 1 son $\omega_0 = 1$, $\omega_1 = \omega$, $\omega_2 = \omega^2$, $\ldots \omega_{n-1} = \omega^{n-1}$.

3) La suma de las raíces n-ésimas de 1 es 0.

4) $\omega^{n(n-1)/2} = (-1)^{n+1}$.

5) El producto de las raíces n-ésimas de 1 es -1 si n es par y 1 si n es impar.

[Solución]

1) $\omega^n = \left(\cos\dfrac{2\pi}{n} + i\,\mathrm{sen}\,\dfrac{2\pi}{n}\right)^n = \cos\dfrac{2\pi n}{n} + i\,\mathrm{sen}\,\dfrac{2\pi n}{n} = \cos 2\pi + i\,\mathrm{sen}\,2\pi = 1$.

2) Las n raíces n-ésimas de 1 son los complejos

$$\cos\frac{2\pi k}{n} + i\,\mathrm{sen}\,\frac{2\pi k}{n} = \left(\cos\frac{2\pi}{n} + i\,\mathrm{sen}\,\frac{2\pi}{n}\right)^k = \omega^k$$

para $k = 0, \ldots, n-1$.

3) Utilizando la fórmula de la suma de una progresión geométrica y que $\omega^n = 1$, tenemos

$$\omega_0 + \omega_1 + \omega_2 + \cdots + \omega_{n-1} = 1 + \omega + \omega^2 + \cdots + \omega^{n-1} = \frac{\omega^n - 1}{\omega - 1} = 0.$$

4) El enunciado equivale a decir que $\omega^{n(n-1)/2} = 1$ si n es impar y $\omega^{n(n-1)/2} = -1$ si n es par.
   Supongamos, primero, que n es impar. Entonces, $k = (n-1)/2$ es un entero y tenemos

$$\omega^{n(n-1)/2} = (\omega^n)^k = 1^k = 1.$$

Si n es par, tenemos $\left(\omega^{n(n-1)/2}\right)^2 = (\omega^n)^{n-1} = 1^{n-1} = 1$. Por tanto, $\omega^{n(n-1)/2} \in \{+1, -1\}$. Ahora bien, el argumento de $\omega^{n(n-1)/2}$ es

$$\frac{2(n(n-1)/2)\pi}{n} = \frac{2(n-1)\pi}{n},$$

que no es un múltiplo entero de 2π. Por tanto, $\omega^{n(n-1)/2} \neq 1$ y debe ser $\omega^{n(n-1)/2} = -1$.

5) Aplicando la fórmula de la suma de los primeros n naturales y el apartado anterior, obtenemos

$$\omega_0\omega_1\omega_2\cdots\omega_{n-1} = \omega\omega^2\cdots\omega^{n-1} = \omega^{1+2+\cdots+(n-1)} = \omega^{n(n-1)/2} = (-1)^{n+1},$$

valor que es -1 si n es par y $+1$ si n es impar.

13

Sean a y b números racionales con $b > a$. Demostrar que $a + \sqrt{2}(b - a)/2$ es un número irracional comprendido entre a y b.

14

Sean a, b y x números reales, con $0 < a < b$ y $0 < x$. Ordenar de menor a mayor

$$\frac{a}{b}, \quad \frac{a+x}{b+x}, \quad \frac{a+2x}{b+2x}.$$

15

Sean a y b números reales, con $a < b$, y sea $c = (2a + 3b)/5$. Demostrar:

1) $a < c < b$.

2) $|b - c| < |a - c|$ (es decir, c está más cerca de b que de a).

16

Sean a y b números reales. Demostrar:

1) máx $\{a, b\} = \dfrac{a + b + |a - b|}{2}$.

2) mín $\{a, b\} = \dfrac{a + b - |a - b|}{2}$.

17

Resolver la inecuación $\left| \dfrac{x}{x - 2} \right| > 10$.

18

Consideremos el polinomio

$$f(x) = x^6 - 3x^5 + 4x^4 - 5x^3 + 2x^2 - 3x + 5.$$

Calcular $f(1)$, $f(-1)$ y $f(2)$.

19

Hallar las raíces enteras del polinomio

$$x^4 + 2x^3 - 10x^2 + 19x - 30.$$

20

Hallar p y q para que las raíces de la ecuación $x^2 + px + q$ sean p y q.

21

Consideremos los polinomios

$$f(x) = 6x^6 - x^5 - 2x^4 + 7x^3 - 26x^2 + 47x - 34,$$
$$g(x) = 2x^3 - x^2 + 3x - 5,$$

Calcular:

1) $f(x) + g(x)$.   2) $f(x)g(x)$.

3) El cociente y el resto de dividir $f(x)$ por $g(x)$.

22

Sea $n \geq 0$ un entero. Demostrar que

$$\binom{n}{0} + \binom{n}{1} + \cdots + \binom{n}{n} = 2^n.$$

Indicación: Desarrollar $2^n = (1+1)^n$ por el binomio de Newton.

23

Determinar, si existe, el ínfimo, el mínimo, el máximo y el supremo de cada uno de los siguientes conjuntos.

1) $\{1/n : n \in \mathbb{N}\}$.

2) $[-2, 3)$.

3) $\{x : |x - 5| < 3\}$.

4) $\{x : |x + 3| \leq 2$.

5) $\{-n^2 : n \in \mathbb{N}\}$.

6) $\{1/p^2 : p$ es un entero primo$\}$.

■ **Problemas propuestos** ▬▬▬▬▬▬▬▬▬

Expresar en forma binómica los siguientes números complejos:

24

$$\frac{(i - 1)(2i + 1)}{3 - 4i}.$$

25

$$\frac{\left((2-i)^2 + i^{27}\right)(1-i)}{(i^{29}+3)(1+i)^2}.$$

26

$$(1-3i)^4.$$

27

$$(1+i)^{12}.$$

28

Resolver en $\mathbb{C}$ el sistema de ecuaciones

$$\left.\begin{array}{r}(1-i)x + (4-i)y = -9+8i \\ (-3+i)x + (-1+3i)y = -8-6i\end{array}\right\}.$$

29

Hallar todos los números complejos de módulo 1 cuya séptima potencia coincida con su conjugado.

30

Hallar dos números complejos tales que su cociente sea 2, la suma de sus módulos sea 6 y la suma de sus argumentos sea $\pi/3$.

31

Sean x, y, z y t números complejos. Demostrar que

$$|y||x-z| + |z||y-t| \le |xy-zt|.$$

32

Sean x e y números complejos. Demostrar que

$$|x-y|^2 + |x+y|^2 = 2\left(|x|^2 + |y|^2\right).$$

33

Resolver en $\mathbb{C}$ la ecuación

$$z^4 + 2z^2 + 1 = 0.$$

34

Resolver en $\mathbb{C}$ la ecuación

$$3z^3 - z^2 - z - 1 = 0.$$

35

Hallar todas las raíces complejas del polinomio

$$z^4 - z^3 + z^2 - z + 1.$$

Indicación: $z^5 + 1 = (z+1)(z^4 - z^3 + z^2 - z + 1)$. Las raíces pedidas son todas las raíces quintas de -1, a excepción de -1:

$$\cos(\pi/5) + i\,\text{sen}(\pi/5), \cos(3\pi/5) + i\,\text{sen}(3\pi/5),$$

$$\cos(7\pi/5) + i\,\text{sen}(7\pi/5), \cos(9\pi/5) + i\,\text{sen}(9\pi/5).$$

36

Resolver en $\mathbb{C}$ la ecuación

$$1 + z + z^2 + \cdots + z^7 = 0.$$

Indicación: El miembro de la izquierda es la suma de ocho términos de una progresión geométrica. Las soluciones son las raíces octavas de 1, excepto 1.

37

Factorizar en $\mathbb{C}[x]$ y en $\mathbb{R}[x]$ el polinomio

$$f(x) = x^3 - x^2 + 2.$$

38

Sea $f(x) = x^4 - 6x^3 + 23x^2 - 50x + 50$.

1) Comprobar que $x^2 - 2x + 10$ es divisor de $f(x)$.
2) Factorizar $f(x)$ en $\mathbb{C}[x]$ y en $\mathbb{R}[x]$.

39

Factorizar en $\mathbb{C}[x]$ el polinomio

$$f(z) = z^3 + 2(1-2i)z^2 - 2(5+6i)z - 8(1-2i)$$

sabiendo que tiene una raíz real.

Funciones

2

Funciones reales de una variable real

◻ Una función real de variable real es una aplicación $f : D \to \mathbb{R}$, donde D es un subconjunto de $\mathbb{R}$ denominado *dominio* de f. La función f hace corresponder a cada elemento $x \in D$ exactamente un elemento $y \in \mathbb{R}$, el cual se denota por $y = f(x)$; en este caso, se dice que y es *la imagen* de x y que x es *una antiimagen* de y. El conjunto de imágenes se denota por $f(D)$ y se denomina *recorrido* o la *imagen* de f. El conjunto de puntos del plano $(x, f(x))$, con $x \in D$, se denomina *gráfica* de f.

Con frecuencia, una función se define mediante una expresión que permite calcular la imagen que corresponde a cada elemento, pero sin explicitar el dominio. En este caso, se sobreentiende que el dominio es el conjunto de números para los que la expresión dada tiene sentido, es decir, el conjunto de números para los que es posible calcular la imagen.

Una función $f : D \to \mathbb{R}$ es *inyectiva* si cada par de elementos diferentes de D tienen imágenes diferentes; equivalentemente, si para cada $x_1, x_2 \in D$, la igualdad $f(x_1) = f(x_2)$ implica $x_1 = x_2$. En este caso, existe una función f^{-1} de dominio $f(D)$ tal que $f^{-1}(f(x)) = x$ para todo $x \in D$. Esta función se denomina *inversa* de f, y su gráfica es simétrica de la de f respecto a la recta $y = x$.

Supongamos que $D \subseteq \mathbb{R}$ cumple que $x \in D \Leftrightarrow -x \in D$. Una función f de dominio D es *par* si $f(-x) = f(x)$ para todo $x \in D$ y es *impar* si $f(-x) = -f(x)$ para todo $x \in D$. La gráfica de una función par es simétrica respecto al eje de ordenadas, y la gráfica de una función impar es simétrica respecto al origen.

Una función f de dominio D es *periódica* de *periodo* $p \in \mathbb{R}$ si para cada $x \in D$ se cumple que $x + p \in D$ y $f(x + p) = f(x)$. Si se conoce la gráfica de una función f de periodo p en un intervalo $[a, a + p)$, entonces la gráfica de f se obtiene de la gráfica en el intervalo repitiéndola en cada intervalo $[a + kp, a + (k + 1)p)$, $k \in \mathbb{Z}$.

La *suma* $f + g$ y el *producto* fg de dos funciones f y g sólo están definidos si los dominios de f y de g tienen intersección no vacía. En este caso, se definen por

$$(f + g)(x) = f(x) + g(x), \qquad (fg)(x) = f(x)g(x),$$

para todo x en la intersección de los dominios de f y g. Sea $D \subseteq \mathbb{R}$ y consideremos todas las funciones de dominio D. En este conjunto, la suma de funciones es asociativa y conmutativa; la función $e(x) = 0$ para todo $x \in D$ es el elemento neutro; toda función f tiene opuesta $-f$, definida mediante $(-f)(x) = -f(x)$

para todo $x \in D$. El producto también es asociativo y conmutativo, así como distributivo respecto a la suma; la función $f(x) = 1$ para todo $x \in D$ es el elemento neutro. Así, pues, el conjunto de las funciones de dominio D con la suma y el producto forman un anillo conmutativo. Nótese que sólo tienen inversa respecto al producto aquellas funciones f tales que $f(x) \neq 0$ para todo $x \in D$; en este caso, la inversa está definida por $(1/f)(x) = 1/f(x)$ para todo $x \in D$.

Sea f una función de dominio D y g una función cuyo dominio contiene el recorrido $f(D)$ de f. La *composición* de f y g es la función $g \circ f$ definida por $(g \circ f)(x) = g(f(x))$ para todo $x \in D$. Esta operación es asociativa en el sentido que si f, g y h son funciones tales que existe una de las funciones $(h \circ g) \circ f$ y $h \circ (g \circ f)$, entonces existe la otra y son iguales. La composición no es conmutativa. Existe un elemento neutro, que es la función *identidad*, definida por $I(x) = x$ para todo x; en efecto, para toda función f se cumple $f \circ I = I \circ f = f$. Las funciones inyectivas tienen inversa respecto a esta operación: la inversa de una función f es la función f^{-1} definida anteriormente, y se tiene $(f \circ f^{-1})(x) = (f^{-1} \circ f)(x) = I(x) = x$ para todo x.

■ Sea f una función de dominio D y $A \subseteq D$. Si existe $k \in \mathbb{R}$ tal que $f(x) \leq k$ para todo $x \in A$, se dice que k es una *cota superior* de f en A, y que f está *acotada superiormente* en A; en ese caso, la menor de las cotas superiores de A se denomina *supremo* de f en A. Si existe $k \in \mathbb{R}$ tal que $k \leq f(x)$ para todo $x \in A$, se dice que k es una *cota inferior de f en A* y que f está *acotada inferiormente* en A; en ese caso, la mayor de las cotas inferiores de A se denomina *ínfimo* de f en A. Si f está acotada superior e inferiormente en A, se dice que f está *acotada* en A. Si no se explicita el conjunto A, entonces se sobreentiende que es todo el dominio.

Límites

□ Sea f una función de dominio D y a un número real tal que todos los entornos de a tengan puntos de D distintos de a.

El *límite* de f en a es el número real ℓ si para cada entorno $(\ell - \epsilon, \ell + \epsilon)$ de ℓ existe un entorno $(a - \delta, a + \delta)$ de a tal que todos los puntos $x \in D \cap (a - \delta, a + \delta)$, $x \neq a$, tienen la imagen en $(\ell - \epsilon, \ell + \epsilon)$. Equivalentemente, si para cada $\epsilon > 0$ existe un $\delta > 0$ tal que

$$x \in D \ \text{y} \ 0 < |x - a| < \delta \ \Rightarrow \ |f(x) - \ell| < \epsilon.$$

La notación

$$\lim_{x \to a} f(x) = \ell$$

significa que el límite de f en a existe y que es ℓ.

El *límite* de f en a es $+\infty$, y se escribe $\lim_{x \to a} f(x) = +\infty$, si para cada $K > 0$ existe un $\delta > 0$ tal que

$$x \in D \ \text{y} \ 0 < |x - a| < \delta \Rightarrow f(x) > K.$$

El *límite* de f en a es $-\infty$, y se escribe $\lim_{x \to a} f(x) = -\infty$, si para cada $K < 0$ existe un $\delta > 0$ tal que

$$x \in D \ \text{y} \ 0 < |x - a| < \delta \Rightarrow f(x) < K.$$

Sea f una función de dominio D y a un número real tal que todos sus semientornos derechos (resp. izquierdos) tengan puntos de D. El *límite por la derecha* (resp. *izquierda*) de f en a es ℓ, y se escribe $\lim_{x \to a^+} f(x) = \ell$ (resp. $\lim_{x \to a^-} f(x) = \ell$), si para cada $\epsilon > 0$ existe un $\delta > 0$ tal que

$$x \in D \ \text{y} \ 0 < x - a < \delta \ (\text{resp } 0 < a - x < \delta) \ \Rightarrow \ |f(x) - \ell| < \epsilon.$$

De manera análoga se definen los cuatro límites $\lim\limits_{x \to a^{\pm}} f(x) = \pm\infty$.

Sea f una función tal que todo entorno de $+\infty$ tenga puntos de D. El límite de f en $+\infty$ es ℓ, y se denota $\lim\limits_{x \to +\infty} f(x) = \ell$, si para todo $\epsilon > 0$ existe $K > 0$ tal que $x \in D$ y $K < x$ implica $|f(x) - \ell| < \epsilon$. Análogamente se definen los límites

$$\lim_{x \to +\infty} f(x) = \pm\infty, \quad \lim_{x \to -\infty} f(x) = \ell \quad \text{y} \quad \lim_{x \to -\infty} f(x) = \pm\infty.$$

■ Podemos enunciar una única definición que englobe todas las anteriores. Para ello, además de los entornos de $\pm\infty$ y de un número real a, definamos un *entorno de* a^{+} como un semientorno derecho de a y un *entorno de* a^{-} como un semientorno izquierdo de a. Con esto, todas las definiciones anteriores responden al mismo esquema: sea $\triangle \in \{a, a^{+}, a^{-}, +\infty, -\infty\}$ y $\square \in \{\ell, +\infty, -\infty\}$. Sea f una función de dominio D tal que todo entorno de $\triangle$ tenga puntos de D distintos de $\triangle$. Entonces

$$\lim_{x \to \triangle} f(x) = \square$$

si para cada entorno de V de $\square$ existe un entorno U de $\triangle$ tal que $x \in D \cap U$ y $x \neq \triangle$ implica $f(x) \in V$.

□ Enunciaremos ahora propiedades de los límites, pero debemos hacer dos observaciones previas. La primera es que algunas de las propiedades involucran operaciones con dos límites. Si los dos límites son números reales, el significado de la operación es claro, pero si uno de ellos o los dos son $+\infty$ o $-\infty$, entonces debe entenderse lo siguiente (con las propiedades conmutativas de la suma y el producto sobreentendidas):

- $(+\infty) + \ell = +\infty; \quad (-\infty) + \ell = -\infty.$
  $(+\infty) + (+\infty) = +\infty; \quad (-\infty) + (-\infty) = -\infty.$

- si $\ell > 0, \quad (+\infty) \cdot \ell = +\infty \ \text{y} \ (-\infty) \cdot \ell = -\infty;$
  si $\ell < 0, \quad (+\infty) \cdot \ell = -\infty \ \text{y} \ (-\infty) \cdot \ell = +\infty;$
  $(+\infty)(+\infty) = +\infty; \quad (+\infty)(-\infty) = -\infty; \quad (-\infty)(-\infty) = +\infty.$

- si $\ell > 0, \quad (+\infty)^{\ell} = +\infty;$
  si $\ell < 0, \quad (+\infty)^{\ell} = 0;$
  si $1 < \ell, \quad \ell^{+\infty} = +\infty \ \text{y} \ \ell^{-\infty} = 0;$
  si $0 < \ell < 1, \quad \ell^{+\infty} = 0 \ \text{y} \ \ell^{-\infty} = +\infty;$
  $(+\infty)^{+\infty} = +\infty.$

La segunda observación es que numerosas propiedades admiten múltiples versiones, dependiendo de donde se toman los límites y de los valores de estos límites. Por razón de brevedad, adoptaremos ciertos convenios de notación. Las letras a, ℓ, r y s representarán números reales; $\triangle$ representará un elemento del conjunto $\{a, a^{+}, a^{-}, +\infty, -\infty\}$, es decir, uno de los valores en los que se toma el límite, y $\square$ un elemento de $\{\ell, +\infty, -\infty\}$, es decir, uno de los valores que puede tener el límite.

El comportamiento de los límites respecto a las operaciones con funciones se describe en las siguientes propiedades:

- Si existe el límite de f en $\triangle$, entonces este límite es único.

- Si existen los dos límites laterales de f en a, entonces

$$\lim_{x \to a} f(x) = \ell \ \Leftrightarrow \ \lim_{x \to a^{+}} f(x) = \lim_{x \to a^{-}} f(x) = \ell.$$

- Si existen $\lim_{x \to \triangle} f(x)$ y $\lim_{x \to \triangle} g(x)$, entonces $\lim_{x \to \triangle} (f + g)(x) = \lim_{x \to \triangle} f(x) + \lim_{x \to \triangle} g(x)$, con excepción de los casos $+\infty + (-\infty)$ y $-\infty + \infty$.

- Si existen $\lim_{x \to \triangle} f(x)$ y $\lim_{x \to \triangle} g(x)$, entonces $\lim_{x \to \triangle} (f \cdot g)(x) = \lim_{x \to \triangle} f(x) \cdot \lim_{x \to \triangle} g(x)$, con excepción de los casos $0 \cdot (\pm \infty)$.

- Si existen $\lim_{x \to \triangle} f(x)$ y $\lim_{x \to \triangle} g(x) = \ell \neq 0$, entonces $\lim_{x \to \triangle} (f/g)(x) = \dfrac{1}{\ell} \left(\lim_{x \to \triangle} f(x) \right)$.

- Si $\lim_{x \to \triangle} f(x) = \square$ y $\lim_{x \to \triangle} g(x) = \Diamond$, y la función $h(x) = f(x)^{g(x)}$ está definida en un entorno de $\triangle$, entonces $\lim_{x \to \triangle} f(x)^{g(x)} = \square^{\Diamond}$, excepto en los casos $1^{\pm\infty}$, 0^0 y $(+\infty)^0$.

- Si $\lim_{x \to \triangle} g(x) = \square$ y $\lim_{x \to \square} f(x) = \Diamond$, entonces $\lim_{x \to \triangle} (f(g(x))) = \Diamond$.

Los casos en que los límites de f y g en $\triangle$ son conocidos pero esto no permite calcular directamente el límite de $f + g$, $f \cdot g$, f/g o f^g se denominan *casos de indeterminación*. Si una de las funciones, digamos f, tiene límite $+\infty$ y g tiene límite $-\infty$, ninguna de las propiedades anteriores permite determinar directamente el límite de $f + g$; esta indeterminación se suele representar $\infty - \infty$. Análogamente, tenemos las indeterminaciones $\infty \cdot 0$, ∞/∞, $0/0$, 1^∞, 0^0 y ∞^0. El cálculo de límites consiste, esencialmente, en estudiar métodos que permitan decidir, cuando se presenta una de estas indeterminaciones, si el límite existe y calcularlo. El problema 51 es un ejemplo de solución de una indeterminación $\infty - \infty$. El problema 46 ilustra una indeterminación del tipo 0/0. La regla de L'Hôpital (página 36) permite resolver frecuentemente los casos $0/0$, ∞/∞ e $\infty \cdot 0$, que son esencialmente equivalentes (v. problemas 53, 54 y 65). En la página 43 puede verse como, en ciertas condiciones que han de cumplir las funciones base y exponente, puede resolverse la indeterminación 1^∞ (v. problema 52). Las indeterminaciones 0^0 y ∞^0 se transforman frecuentemente en las indeterminaciones $0/0$, ∞/∞ o $0 \cdot \infty$ mediante el uso de logaritmos (v. problemas 66 y 67).

■ Otras propiedades de los límites, éstas relacionadas con el valor absoluto, las desigualdades y las cotas, son las siguientes:

- $\lim_{x \to \triangle} |f(x)| = +\infty \Leftrightarrow \lim_{x \to \triangle} (1/f(x)) = 0$.

- $\lim_{x \to \triangle} f(x) = \ell \Rightarrow \lim_{x \to \triangle} |f(x)| = |\ell|$; $\quad \lim_{x \to \triangle} |f(x)| = 0 \Leftrightarrow \lim_{x \to \triangle} f(x) = 0$.

- Si el límite de f en $\triangle$ es $\square \neq 0$, entonces existe un entorno de $\triangle$ en el que los valores de $f(x)$ tienen el mismo signo que $\square$.

- Si $f(x) \leq g(x)$ para todo x en un entorno de $\triangle$, y $\lim_{x \to \triangle} f(x) = \ell$, $\lim_{x \to \triangle} g(x) = r$, entonces $\ell \leq r$.

- Si $g(x) \leq f(x) \leq h(x)$ para todo x de un entorno de $\triangle$, y $\lim_{x \to \triangle} g(x) = \ell = \lim_{x \to \triangle} h(x)$, entonces $\lim_{x \to \triangle} f(x) = \ell$.

- Si $\lim_{x \to \triangle} f(x) = 0$ y g es una función acotada en un entorno de $\triangle$, entonces $\lim_{x \to \triangle} f(x)g(x) = 0$.

- Si $\lim_{x \to \triangle} f(x) = +\infty$ y g es una función acotada inferiormente en un entorno de $\triangle$, entonces $\lim_{x \to \triangle} (f + g)(x) = +\infty$. Análogamente, si $\lim_{x \to \triangle} f(x) = -\infty$ y g es una función acotada superiormente en un entorno de $\triangle$, entonces $\lim_{x \to \triangle} (f + g)(x) = -\infty$.

- Si $\lim_{x \to \triangle} f(x) = \pm\infty$ y g tiene una cota inferior positiva en un entorno de $\triangle$, entonces $\lim_{x \to \triangle} (fg)(x) = \pm\infty$.

Asíntotas

■ La recta $x = a$ es una *asíntota vertical* de la curva $y = f(x)$ si $\lim\limits_{x \to a^-} f(x) = \pm\infty$ o $\lim\limits_{x \to a^+} f(x) = \pm\infty$.

La recta $y = b$ es una *asíntota horizontal por la izquierda* o en $-\infty$ de la curva $y = f(x)$ si $\lim\limits_{x \to -\infty} f(x) = b$, y es una *asíntota horizontal por la derecha* o en $+\infty$ de la curva $y = f(x)$ si $\lim\limits_{x \to +\infty} f(x) = b$.

La recta $y = ax + b$, con $a \neq 0$, es una *asíntota oblicua por la izquierda* o en $-\infty$ de la curva $y = f(x)$ si $\lim\limits_{x \to -\infty} (f(x) - (ax + b)) = 0$. En este caso,

$$a = \lim_{x \to -\infty} \frac{f(x)}{x} \quad \text{y} \quad b = \lim_{x \to -\infty} (f(x) - ax).$$

Recíprocamente, si existen los dos límites anteriores y $a \neq 0$, la recta $y = ax + b$ es una asíntota oblicua en $-\infty$.

Análogamente, la recta $y = ax + b$, con $a \neq 0$, es una *asíntota oblicua por la derecha* o en $+\infty$ si $\lim\limits_{x \to +\infty} (f(x) - (ax + b)) = 0$ y, en este caso, se tiene

$$a = \lim_{x \to +\infty} \frac{f(x)}{x} \quad \text{y} \quad b = \lim_{x \to +\infty} (f(x) - ax).$$

Recíprocamente, si existen los dos límites anteriores y $a \neq 0$, la recta $y = ax + b$ es una asíntota oblicua en $+\infty$.

Continuidad

■ Sea f una función de dominio D. El límite de f en un punto a es independiente del valor de f en a; incluso puede existir el límite sin que a pertenezca a D. El límite de f en a sólo depende de los valores de $f(x)$ para los $x \in D$ cercanos a a y diferentes de a. La definición de continuidad es más restrictiva.

Una función f de dominio D es *continua* en a si

$$\lim_{x \to a} f(x) = f(a).$$

Nótese que esta condición equivale a las tres siguientes.

(i) existe $\ell = \lim\limits_{x \to a} f(x)$ y es un número real;   (ii) $a \in D$;   (iii) $\ell = f(a)$.

Si se cumple la condición (i), pero no la (ii) o la (iii), entonces se dice que f tiene una *discontinuidad evitable* en a. En este caso, se puede definir una nueva función F por $F(a) = \ell$ y $F(x) = f(x)$ para todo $x \in D$, $x \neq a$. La función F difiere de f sólo en el punto a, en el que F es continua y f no.

Si f no es continua en a y la discontinuidad no es evitable, se dice que f tiene una *discontinuidad esencial* en a. En este caso:

1) Si existen los dos límites laterales de f en a pero son números reales distintos, la discontinuidad se denomina *de salto* o *de primera especie*.

2) Si uno o ambos límites laterales no existen o son infinitos, la discontinuidad se denomina *de segunda especie*. Si uno o los dos límites laterales son infinitos, también se dice que la discontinuidad es *asintótica* (porque entonces la recta $x = a$ es una asíntota vertical de $y = f(x)$.)

Una función f es *continua* en $A \subseteq \mathbb{R}$ si es continua en todo $a \in A$.

Algunas propiedades relevantes de la continuidad son las siguientes.

- Si f es continua en a, entonces $|f|$ también es continua en a.
- Si f y g son continuas en a, entonces $f \pm g$ y fg también son continuas en a. Si, además, $g(a) \neq 0$, entonces f/g es continua en a.
- Si f es continua en a y g es continua en $f(a)$, entonces $g \circ f$ es continua en a.
- Si f es continua e inyectiva en $[a, b]$, entonces f^{-1} es continua en $f([a, b])$.
- **(Teorema de Bolzano)** Si f es continua en $[a, b]$ y $f(a)f(b) < 0$, entonces existe $c \in (a, b)$ tal que $f(c) = 0$.
- **(Teorema de Weierstrass)** Si f es continua en $[a, b]$, entonces $f([a, b])$ tiene un máximo M y un mínimo m, y el recorrido de f es $f([a, b]) = [m, M]$.

Derivación

Una función f es *derivable* en un punto a de su dominio si existe el límite

$$f'(a) = \lim_{x \to a} \frac{f(x) - f(a)}{x - a} = \lim_{h \to 0} \frac{f(a + h) - f(a)}{h},$$

y es un número real. El número $f'(a)$ se denomina *derivada de f en a*.

Si f es derivable en a, entonces f es continua en a. El recíproco no es cierto: hay funciones continuas en un punto no derivables en ese punto.

Geométricamente, la derivabilidad de f en a significa la existencia de la *recta tangente* a la gráfica de la función f en el punto $(a, f(a))$; en este caso, la ecuación de la recta tangente es

$$y = f(a) + f'(a)(x - a).$$

Así pues, $f'(a)$ es la *pendiente de la recta tangente* a la gráfica de f en el punto $(a, f(a))$. La función correspondiente a la tangente $x \mapsto f(a) + f'(a)(x - a)$ es una función polinómica de primer grado que aproxima la función f cerca del punto a.

Las siguientes propiedades expresan el comportamiento de la derivación respecto a las operaciones.

- Si f y g son derivables en a, entonces $f + g$ es derivable en a y

$$(f \pm g)'(a) = f'(a) \pm g'(a).$$

- Si f y g son derivables en a, entonces fg es derivable en a y

$$(fg)'(a) = f'(a)g(a) + f(a)g'(a).$$

- Si f y g son derivables en a y $g(a) \neq 0$, entonces

$$(f/g)'(a) = (f'(a)g(a) - f(a)g'(a))/g(a)^2.$$

- **(Regla de la cadena)** Si f es derivable en a y g es derivable en $f(a)$, entonces $g \circ f$ es derivable en a y

$$(g \circ f)'(a) = g'(f(a))f'(a).$$

Sea f una función de dominio D y sea D' el conjunto de puntos de D en los que la función f es derivable. La función $f' : D' \to \mathbb{R}$ que hace corresponder a cada punto $x \in D'$ el valor $f'(x)$ de la derivada de f en x se denomina *función derivada* o *derivada* de f. Si f' es también una función derivable, su derivada se denota por f'' y se denomina *segunda derivada* de f. Recurrentemente, la *n-ésima derivada* de f, denotada $f^{(n)}$, es la derivada de la función $f^{(n-1)}$.

Monotonía

Sea f una función e I un intervalo (de cualquier tipo) contenido en el dominio de f.

La función f es *creciente* (resp. *estrictamente creciente*) en I si, para todo $x_1, x_2 \in I$, $x_1 < x_2$ implica $f(x_1) \leq f(x_2)$ (resp. $f(x_1) < f(x_2)$). La función f es *decreciente* (resp. *estrictamente decreciente*) en I si, para todo $x_1, x_2 \in I$, $x_1 < x_2$ implica $f(x_1) \geq f(x_2)$ (resp. $f(x_1) > f(x_2)$). Se dice que la función f es *monótona* en I si es creciente o decreciente en I, y *estrictamente monótona* si es estrictamente creciente o estrictamente decreciente en I.

Si f es derivable en I, la relación entre f' y la monotonía de f en I se deduce del teorema del valor medio y es la siguiente:

- Si $f'(x) > 0$ para todo $x \in I$, entonces f es estrictamente creciente en I.
- Si $f'(x) < 0$ para todo $x \in I$, entonces f es estrictamente decreciente en I.
- Si f es creciente en I, entonces $f'(x) \geq 0$ para todo $x \in I$.
- Si f es decreciente en I, entonces $f'(x) \leq 0$ para todo $x \in I$.

Extremos relativos

Sea f una función y a un punto de su dominio. La función f tiene un *máximo relativo* en a si existe un entorno U de a tal que $f(x) \leq f(a)$ para todo $x \in U$. La función f tiene un *mínimo relativo* en a si existe un entorno U de a tal que $f(a) \leq f(x)$ para todo $x \in U$. Un *extremo relativo* es un máximo o un mínimo relativo.

Ciertas condiciones de derivabilidad sobre f dan unas condiciones necesarias y otras suficientes de existencia de extremos relativos.

- Si f tiene un extremo relativo en a y existe $f'(a)$, entonces $f'(a) = 0$.
- Si $f'(a) = 0$ y $f''(a) > 0$, entonces f tiene un mínimo relativo en a.
- Si $f'(a) = 0$ y $f''(a) < 0$, entonces f tiene un máximo relativo en a.
- Si $f'(a) = 0$ y existe $\delta > 0$ tal que para todo x con $a - \delta < x < a$ se cumple $f'(x) < 0$ y para todo x con $a < x < a + \delta$ se cumple $f'(x) > 0$, entonces f tiene un mínimo relativo en a.
- Si $f'(a) = 0$ y existe $\delta > 0$ tal que para todo x con $a - \delta < x < a$ se cumple $f'(x) > 0$ y para todo x con $a < x < a + \delta$ se cumple $f'(x) < 0$, entonces f tiene un máximo relativo en a.

Teoremas del valor medio

Los teoremas de Rolle, de Cauchy y del valor medio que enunciamos a continuación están entre los resultados teóricos más importantes relativos a funciones derivables. Las demostraciones de estos teoremas aparecen como problema 88, junto con la del teorema fundamental. Véase también el problema propuesto 123.

Teorema de Rolle. Si f es una función continua en un intervalo $[a, b]$, derivable en el intervalo (a, b) y $f(a) = f(b)$, entonces existe un punto $c \in (a, b)$ tal que $f'(c) = 0$.

Geométricamente, en las condiciones del teorema de Rolle, hay un punto de la curva $y = f(x)$ con tangente horizontal.

Teorema de Cauchy. Si f y g son funciones continuas en un intervalo $[a, b]$ y derivables en el intervalo (a, b), entonces existe un punto $c \in (a, b)$ tal que

$$g'(c)(f(b) - f(a)) = f'(c)(g(b) - g(a)).$$

Si $g(x) = x$, obtenemos el teorema del valor medio.

Teorema del valor medio. Si f es una función continua en un intervalo $[a, b]$ y derivable en el intervalo (a, b), entonces existe un punto $c \in (a, b)$ tal que

$$f(b) - f(a) = f'(c)(b - a).$$

Geométricamente, esto significa que la curva $y = f(x)$ contiene por lo menos un punto $(c, f(c))$ en el que la tangente es paralela a la recta que pasa por los puntos $(a, f(a))$ y $(b, f(b))$.

La derivada de una función constante es cero. Para funciones definidas en un intervalo abierto, el recíproco también es cierto:

Teorema fundamental. Si f es una función derivable en un intervalo abierto (a, b) y $f'(x) = 0$ para todo $x \in (a, b)$, entonces la función f es constante en (a, b).

La regla de L'Hôpital

Otra consecuencia del teorema del valor medio es la *Regla de L'Hôpital* para el cálculo de límites.

Regla de L'Hôpital. Sean $\triangle \in \{a, a^+, a^-, +\infty, -\infty\}$ y f y g funciones tales que

$$\lim_{x \to \triangle} f(x) = \lim_{x \to \triangle} g(x) \in \{0, +\infty, -\infty\}.$$

Si existe el límite $\lim\limits_{x \to \triangle} f'(x)/g'(x)$, entonces también existe el límite $\lim\limits_{x \to \triangle} f(x)/g(x)$ y se cumple

$$\lim_{x \to \triangle} \frac{f(x)}{g(x)} = \lim_{x \to \triangle} \frac{f'(x)}{g'(x)}.$$

La regla de L'Hôpital también puede aplicarse cuando una de las funciones tiende a $+\infty$ y la otra a $-\infty$.

Por ejemplo, supongamos que $\lim\limits_{x \to \triangle} f(x) = -\infty$ y $\lim\limits_{x \to \triangle} g(x) = +\infty$. Entonces,

$$\lim_{x \to \triangle} \frac{f(x)}{g(x)} = -\lim_{x \to \triangle} \frac{-f(x)}{g(x)} = -\lim_{x \to \triangle} \frac{-f'(x)}{g'(x)} = \lim_{x \to \triangle} \frac{f'(x)}{g'(x)}.$$

Convexidad

Sea I un intervalo contenido en el dominio de una función f. La función f es *convexa*[3] en I si, para todo $a, x, b \in I$, con $a < x < b$, se cumple

$$\frac{f(x) - f(a)}{x - a} < \frac{f(b) - f(a)}{b - a}. \tag{2.1}$$

Análogamente, la función f es *cóncava* en I si, para todo $a, x, b \in I$, con $a < x < b$, se cumple

$$\frac{f(x) - f(a)}{x - a} > \frac{f(b) - f(a)}{b - a}. \tag{2.2}$$

Las condiciones (2.1) y (2.2) pueden escribirse equivalentemente:

$$f(x) < f(a) + \frac{f(b) - f(a)}{b - a}(x - a), \quad f(x) > f(a) + \frac{f(b) - f(a)}{b - a}(x - a).$$

En ambas desigualdades, el término de la derecha corresponde a una función cuya gráfica es la recta que pasa por los dos puntos $(a, f(a))$ y $(b, f(b))$. Así pues, geométricamente, la función f es convexa o cóncava en I, según que la gráfica de la función en cada intervalo $[a, b] \subseteq I$ quede por debajo o por encima del segmento de extremos $(a, f(a))$ y $(b, f(b))$.

En el caso de funciones derivables, la convexidad o concavidad se relacionan con las derivadas como sigue.

Sea f una función derivable en un intervalo I. Entonces:

- Si f es convexa en I, se cumple $f(x) > f(a) + f'(a)(x - a)$ para todo $a, x \in I$, $x \neq a$.
- Si f es cóncava en I, se cumple $f(x) < f(a) + f'(a)(x - a)$ para todo $a, x \in I$, $x \neq a$.

Geométricamente, las condiciones anteriores aseguran que si f es convexa (resp. cóncava), la tangente en todo punto de la gráfica queda por debajo (resp. por encima) de la función.

El criterio más usual de convexidad o concavidad es el siguiente. Sea f una función tal que existe f'' en un intervalo I.

- Si $f''(x) > 0$ para todo $x \in I$, entonces f es convexa en I.
- Si $f''(x) < 0$ para todo $x \in I$, entonces f es cóncava en I.

Sean f una función y a un punto de su dominio tal que existe un entorno $(a - \delta, a + \delta)$ de a contenido en el dominio de f. Si f es convexa en $(a - \delta, a)$ y cóncava en $(a, a + \delta)$, o bien cóncava en $(a - \delta, a)$

---

[3] En algunos libros, se denomina función *cóncava* a la que aquí definimos como *convexa* y viceversa. La definición que hemos adoptado se corresponde con sus generalizaciones en múltiples contextos matemáticos. En el problema 62 puede encontrarse una definición equivalente de función convexa.

y convexa en $(a, a+\delta)$, se dice que a es un *punto de inflexión* de la función. Tenemos la condición necesaria siguiente:

- Si a es un punto de inflexión de f y en un entorno de a existe f'' y es continua, entonces $f''(a) = 0$.

Funciones elementales

La forma más habitual de definir una función es mediante operaciones que involucran funciones bien conocidas. Las más utilizadas son las llamadas *funciones elementales*, que son las funciones polinómicas, racionales, potenciales, exponenciales, logarítmicas, circulares y sus inversas, y las hiperbólicas y sus incersas. A continuación, definimos estas funciones y resumimos sus propiedades.

Polinomios

Sea $f(x) = a_n x^n + \cdots + a_0$ una función polinómica con coeficientes reales. Se cumplen las siguientes propiedades.

- El dominio de f es $\mathbb{R}$.
- La función f es derivable (y, por tanto, también continua) en todo punto del dominio. La derivada de f es 0 si f es constante y

$$f'(x) = na_n x^{n-1} + \cdots + a_1$$

en otro caso.

- Si $n = 0$, la función f es la función constante a_0, la gráfica de $y = f(x)$ es la recta horizontal $y = a_0$, y los límites cuando $x \to \pm\infty$ son ambos a_0.
- Si $n \geq 1$ es par

$$\lim_{x \to -\infty} f(x) = \lim_{x \to +\infty} f(x) = \begin{cases} +\infty \text{ si } a_n > 0; \\ -\infty \text{ si } a_n < 0. \end{cases}$$

- Si n es impar

$$\lim_{x \to -\infty} f(x) = \begin{cases} -\infty \text{ si } a_n > 0; \\ +\infty \text{ si } a_n < 0. \end{cases} \qquad \lim_{x \to +\infty} f(x) = \begin{cases} +\infty \text{ si } a_n > 0; \\ -\infty \text{ si } a_n < 0. \end{cases}$$

Los polinomios de grado 1 son de la forma $f(x) = mx + n$ com $m \neq 0$. La gráfica de $f(x)$ es una recta oblicua; el número $m = f'(x)$ se denomina *pendiente* de la recta. La función f es estrictamente creciente en todo el dominio si $m > 0$ y estrictamente decreciente si $m < 0$. El número $n = f(0)$ se denomina *ordenada en el origen*. El polinomio $f(x) = mx + n$ tiene una única raíz, que es $x_0 = -n/m$.

Los polinomios de grado 2 son de la forma $f(x) = ax^2 + bx + c$, con $a \neq 0$. Sus gráficas son parábolas de vértice $(-b/2a, c - (b^2/4a))$, el cual corresponde a un mínimo o a un máximo según que $a > 0$ o $a < 0$. El valor de a regula la abertura de la parábola, que es tanto más cerrada cuanto mayor es $|a|$. Los límites de $f(x)$ en $+\infty$ y $-\infty$ son ambos $+\infty$ si $a > 0$ y $-\infty$ si $a < 0$. En la página 17 ya hemos discutido sus raíces.

Una función polinómica de grado $n \geq 3$ tiene un máximo de $n - 1$ extremos relativos que separan un máximo de n intervalos de monotonía.

Funciones racionales

☐ Una *función racional* es una función definida como cociente de dos polinomios,

$$f(x) = \frac{a(x)}{b(x)}, \quad a(x), b(x) \in \mathbb{R}[x], \quad b(x) \neq 0.$$

Supongamos que $a(x) = a_m x^m + \cdots + a_0$ es de grado m y que $b(x) = b_n x^n + \cdots + b_0$ es de grado n. Si $n = 0$, es decir, si $b(x)$ es constante, entonces $f(x)$ es un polinomio. Supondremos, pues, $n \geq 1$. La función racional $f(x) = a(x)/b(x)$ cumple las siguientes propiedades:

- El dominio es el conjunto de todos los números reales excepto aquellos en los que se anula el denominador $b(x)$.

- Es derivable (y, por tanto, continua) en todos los puntos de su dominio.

- $\lim\limits_{x \to \pm\infty} f(x) = \lim\limits_{x \to \pm\infty} \frac{a_m}{b_n} x^{m-n}$. En el caso $m > n$, de acuerdo con los límites de polinomios en $\pm\infty$ (página 38), este límite es $\pm\infty$; el signo del límite en $+\infty$ coincide con el signo de a_m/b_n, mientras que el signo del límite en $-\infty$ depende también de la paridad de $n - m$. Si $m < n$ el límite es 0, y si $m = n$ es a_m/b_n.

Funciones potenciales

☐ Una *función potencial* es una función de la forma $f(x) = x^a$, con $a \in \mathbb{R}$. Si a es un natural, entonces se trata de una función polinómica. Supondremos, pues, que a no es natural.

La función potencial $f(x) = x^a$ tiene las siguientes propiedades:

- Su dominio es $[0, +\infty)$ si $a > 0$ y $(0, +\infty)$ si $a < 0$.

- Es derivable (y por tanto continua) en todo su dominio. Su función derivada es $f'(x) = ax^{a-1}$.

- Si $a > 0$, entonces $\lim\limits_{x \to +\infty} x^a = +\infty$ y $\lim\limits_{x \to 0^+} x^a = 0$.

- Si $a < 0$, $\lim\limits_{x \to +\infty} x^a = 0$ y $\lim\limits_{x \to 0^+} x^a = +\infty$.

Funciones circulares

☐

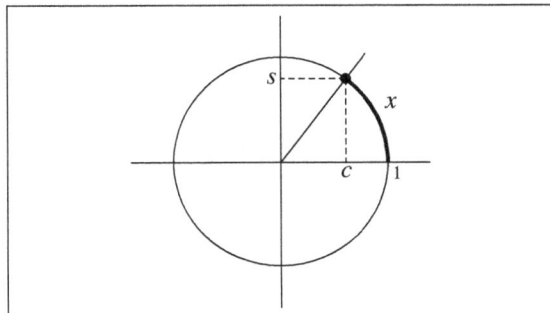

Fig. 2.1

Los ángulos, salvo indicación contraria, se miden en *radianes*. La equivalencia con los grados sexagesimales es $180° = \pi$ rad, es decir, 1 rad $= (180/\pi) \cdot 1°$ (aproximadamente, 1 rad $= 57{,}296° = 57°17'45''$).

Sea x un número real. Sobre la circunferencia de centro el origen y radio 1, consideremos un arco de circunferencia de origen el punto $(1, 0)$ y longitud $|x|$ y en sentido antihorario si $x > 0$, y en sentido horario si $x < 0$. Sea $P = (c, s)$ el extremo de este arco (v. figura 2.1). El ángulo que tiene el semieje positivo de abscisas como el primer lado y la recta OP como segundo mide, precisamente, x radianes. El seno y el coseno de x se definen por $\operatorname{sen} x = s$, $\cos x = c$.

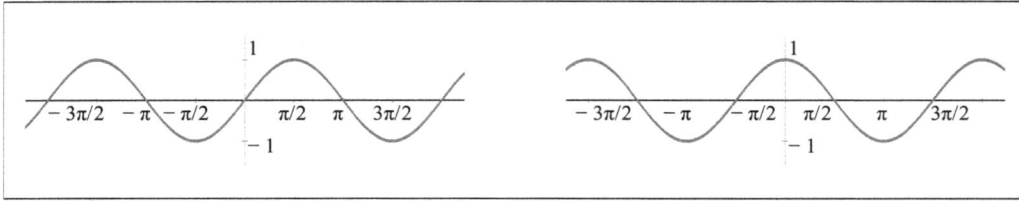

Fig. 2.2

El seno y el coseno de un ángulo se definen como el seno y el coseno de su medida en radianes.

Si x es uno de los ángulos agudos de un triángulo rectángulo, a y b son los catetos opuesto y contiguo, respectivamente, al ángulo x, y c es la hipotenusa, entonces $\operatorname{sen} x = c/a$ y $\cos x = b/a$.

Las funciones seno y coseno tienen las siguientes propiedades:

- Tienen dominio $\mathbb{R}$ y recorrido el intervalo $[-1, 1]$.
- Son periódicas de periodo 2π.
- La función seno es impar y la función coseno es par.
- Son derivables (y, por tanto, continuas) en todo su dominio. La derivada de $f(x) = \operatorname{sen} x$ es $f'(x) = \cos x$. La derivada de $f(x) = \cos x$ es $f'(x) = -\operatorname{sen} x$.

En la figura 2.2 se representan gráficamente las funciones seno (izquierda) y coseno (derecha).

Se define la función *tangente* por $\tan x = \operatorname{sen} x / \cos x$. La función tangente tiene las siguientes propiedades (v. figura 2.3).

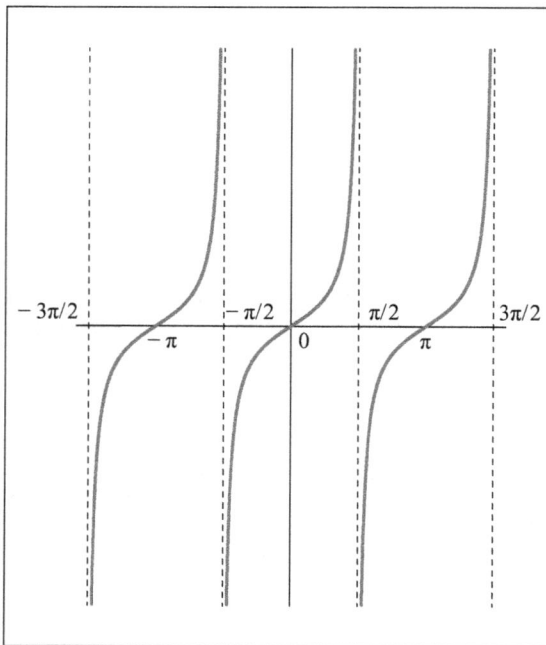

Fig. 2.3

- Su dominio es el conjunto de todos los números reales excepto los que tienen el coseno igual a cero, es decir, los números de la forma $x = (2n+1)\pi/2$, con $n \in \mathbb{Z}$. El recorrido de la función tangente es $\mathbb{R}$, es decir, todo número real es la tangente de algún número.
- Es periódica de periodo π.
- Es impar.
- Es derivable (y, por tanto, continua) en todo punto de su dominio. La derivada de $f(x) = \tan x$ es $f'(x) = 1 + \tan^2 x = 1/\cos^2 x$.
- Es estrictamente creciente en todo su dominio.
- Si $a = (2n+1)\pi/2$, con $n \in \mathbb{Z}$, entonces

$$\lim_{x \to a^-} \tan x = +\infty \quad \text{y} \quad \lim_{x \to a^+} \tan x = -\infty.$$

Para todo $x, y \in \mathbb{R}$, las funciones seno, coseno y tangente cumplen las siguientes propiedades:

- $\operatorname{sen}^2 x + \cos^2 x = 1$.

- (Fórmulas de adición)

$$\operatorname{sen}(x \pm y) = \operatorname{sen} x \cos y \pm \cos x \operatorname{sen} y, \qquad \cos(x \pm y) = \cos x \cos y \mp \operatorname{sen} x \operatorname{sen} y.$$

$$\tan(x+y) = \frac{\tan x + \tan y}{1 - \tan x \tan y}.$$

- (Fórmulas del ángulo doble)

$$\operatorname{sen}(2x) = 2 \operatorname{sen} x \cos x, \qquad \cos(2x) = \cos^2 x - \operatorname{sen}^2 x, \qquad \tan(2x) = \frac{2 \tan x}{1 - \tan^2 x}.$$

- (Fórmulas del ángulo mitad)

$$\cos^2(x/2) = \frac{1 + \cos x}{2}, \qquad \operatorname{sen}^2(x/2) = \frac{1 - \cos x}{2};$$

- (Fórmulas de transformación de sumas en productos)

$$\operatorname{sen} x + \operatorname{sen} y = 2 \operatorname{sen} \frac{x+y}{2} \cos \frac{x-y}{2}, \quad \cos x + \cos y = 2 \cos \frac{x+y}{2} \cos \frac{x-y}{2}$$

$$\operatorname{sen} x - \operatorname{sen} y = 2 \cos \frac{x+y}{2} \operatorname{sen} \frac{x-y}{2}, \quad \cos x - \cos y = -2 \operatorname{sen} \frac{x+y}{2} \operatorname{sen} \frac{x-y}{2}.$$

Los dos límites siguientes son destacables.

- $\displaystyle \lim_{x \to 0} \frac{\operatorname{sen} x}{x} = \lim_{x \to 0} \frac{\tan x}{x} = 1.$

Otras funciones circulares son la *cotangente*, definida por $\cot x = 1/\tan x = \cos x / \operatorname{sen} x$; la *secante*, definida por $\sec x = 1/\cos x$; y la *cosecante*, definida por $\operatorname{cosec} x = 1/\operatorname{sen} x$.

Mencionemos también las funciones circulares *inversas*.

La función seno es inyectiva en el intervalo $[-\pi/2, \pi/2]$. Por tanto, en este intervalo tiene inversa, denominada función *arco seno* y denotada arc sen. La función $f(x) = \operatorname{arc sen} x$ tiene las siguientes propiedades:

- El dominio es $[-1, 1]$ y su recorrido $[-\pi/2, \pi/2]$.
- Es estrictamente creciente en todo su dominio.
- Es derivable en todo su dominio y su derivada es $f'(x) = 1/\sqrt{1 - x^2}$.

La función coseno es inyectiva en el intervalo $[0, \pi]$. Por tanto, en este intervalo tiene inversa, llamada función *arco coseno* y denotada arc cos. La función $f(x) = \operatorname{arc cos} x$ tiene las siguientes propiedades:

- El dominio es $[-1, 1]$ y su recorrido $[0, \pi]$.
- Es estrictamente decreciente en todo su dominio.
- Es derivable en todo su dominio y su derivada es $f'(x) = -1/\sqrt{1 - x^2}$.

La función tangente es inyectiva en el intervalo $(-\pi/2, \pi/2)$. Por tanto, en este intervalo tiene inversa, denominada función *arco tangente* y denotada arctan. La función $f(x) = \arctan x$ tiene las siguientes propiedades:

- Su dominio es $\mathbb{R}$ y su recorrido $(-\pi/2, \pi/2)$.
- Es estrictamente creciente en todo su dominio.

- $\lim\limits_{x \to -\infty} \arctan x = -\pi/2$, $\quad \lim\limits_{x \to +\infty} \arctan x = +\pi/2$.

- Es derivable en todo su dominio y su derivada es $f'(x) = 1/(1 + x^2)$.

Funciones exponenciales y logarítmicas

◻ Sea $a \in \mathbb{R}$, $a > 0$, $a \neq 1$. La función *exponencial de base a* es la función definida por $f(x) = a^x$.

La función $f(x) = a^x$ es inyectiva en $\mathbb{R}$ y, por tanto, tiene inversa, que se llama *función logaritmo en base a*, y se denota $\log_a$. Tenemos:

$$y = a^x \Leftrightarrow x = \log_a y.$$

Si se omite la base a, entonces se sobreentiende que es 10, es decir:[4] $\log x = \log_{10} x$.

El límite

$$\lim_{x \to +\infty} \left(1 + \frac{1}{x} \right)^x = \lim_{x \to 0} (1 + x)^{1/x} = e$$

existe y es un número real e de valor aproximado $e = 2{,}7182818\ldots$ La función exponencial de base e es la más utilizada. La función logaritmo en base e se denomina función *logaritmo natural* o *neperiano* y se denota por ln.

Consideremos la función exponencial de base a, es decir, la función $f(x) = a^x$.

- Su dominio es $\mathbb{R}$ y su recorrido $(0, +\infty)$.

- Es estrictamente monótona en todo el dominio, creciente si $a > 1$ y decreciente si $a < 1$.

- Es derivable en todo el dominio. La derivada de $f(x) = a^x$ es $f'(x) = a^x \ln a$; en particular, la derivada de $f(x) = e^x$ es $f'(x) = e^x$.

- Si $a > 1$, entonces $\lim\limits_{x \to -\infty} a^x = 0$ $\quad$ y $\quad$ $\lim\limits_{x \to +\infty} a^x = +\infty$.

- Si $a < 1$, entonces $\lim\limits_{x \to -\infty} a^x = +\infty$ $\quad$ y $\quad$ $\lim\limits_{x \to +\infty} a^x = 0$.

- $a^0 = 1$.

- $a^{x+y} = a^x a^y$, $\quad a^{x-y} = a^x/a^y$, $\quad (a^x)^y = a^{xy}$, $\quad$ para todo $x, y \in \mathbb{R}$.

Señalemos que dos funciones logarítmicas difieren solamente en un factor constante: si a y b son bases de logaritmos,

$$\log_a x = \frac{1}{\log_b a} \log_b x = (\log_a b) \log_b x.$$

Consideremos una función logaritmo $f(x) = \log_a x$.

- Su dominio es $(0, +\infty)$ y su recorrido $\mathbb{R}$.

- Es estrictamente monótona en todo el dominio, creciente si $a > 1$ y decreciente si $a < 1$.

---

[4] En cada contexto, la base más utilizada es la que se sobreentiende. En los estudios de complejidad algorítmica, por ejemplo, se suele adoptar el convenio $\log x = \log_2 x$.

- Es derivable en todo el dominio. La derivada de $f(x) = \log_a x$ es $f'(x) = 1/(x \ln a) = (1/x) \log_a e$; en particular, la derivada de $f(x) = \ln x$ es $f'(x) = 1/x$.

- Si $a > 1$, entonces $\lim\limits_{x \to 0^+} \log_a x = -\infty$ y $\lim\limits_{x \to +\infty} \log_a x = +\infty$.

- Si $a < 1$, entonces $\lim\limits_{x \to 0^+} \log_a x = +\infty$ y $\lim\limits_{x \to +\infty} \log_a x = -\infty$.

- $\log_a 1 = 0$.

- $\log_a (xy) = \log_a x + \log_a y$, $\quad \log_a (x/y) = \log_a x - \log_a y$, $\quad \log_a x^r = r \log_a x$, para todos x, y reales positivos y todo real r.

Sea por aplicación de la regla de L'Hôpital o bien utilizando la continuidad de la función $\ln$ y el límite $\lim\limits_{x \to 0} (1 + x)^{1/x} = e$ se demuestra que

$$\lim_{x \to 0} \frac{\ln (1 + x)}{x} = 1$$

(v. problema 53).

Funciones potenciales-exponenciales

Las funciones del tipo $f(x) = u(x)^{v(x)}$, donde u y v son funciones, se denominan *potenciales-exponenciales*. Argumentos que involucran logaritmos permiten calcular su derivada y resolver ciertas indeterminaciones del tipo 1^∞, ∞^0 y 0^0.

Para calcular la derivada de $f(x) = u(x)^{v(x)}$ se utiliza la llamada *derivación logarítmica*. Supongamos que u y v son funciones derivables y que $f(x) = u(x)^{v(x)}$ toma valores positivos. Tomando logaritmos, obtenemos $\ln f(x) = v(x) \ln u(x)$. Derivando ambos miembros de la igualdad, se obtiene

$$\frac{f'(x)}{f(x)} = v'(x) \ln u(x) + v(x) \frac{u'(x)}{u(x)},$$

de donde

$$f'(x) = u(x)^{v(x)} v'(x) \ln u(x) + v(x) u(x)^{v(x)-1} u'(x).$$

Una regla mnemotécnica para recordar la fórmula anterior consiste en derivar $f(x) = u(x)^{v(x)}$ primero como si $u(x)$ fuera constante, lo que da el primer sumando, y después como si $v(x)$ fuera constante, lo que da el segundo sumando.

Respecto a indeterminaciones, tenemos el siguiente resultado, que se ilustra en el problema 52.

- Sea $\triangle \in \{a^+, a^-, a, +\infty, -\infty\}$. Supongamos que

1) $u(x) \neq 1$ para todo x en un entorno de $\triangle$;

2) $\lim\limits_{x \to \triangle} u(x) = 1$;

3) $\lim\limits_{x \to \triangle} |v(x)| = +\infty$;

4) existe $\lim\limits_{x \to \triangle} v(x) (u(x) - 1) = \square \in \{\ell, +\infty, -\infty\}$.

Entonces, $\lim\limits_{x \to \triangle} u(x)^{v(x)} = e^\square$.

Funciones hiperbólicas

Las funciones *seno hiperbólico, coseno hiperbólico* y *tangente hiperbólica*, se definen, respectivamente, por

$$\operatorname{senh} x = \frac{e^x - e^{-x}}{2}, \quad \cosh x = \frac{e^x + e^{-x}}{2}, \quad \tanh x = \frac{\operatorname{senh} x}{\cosh x}.$$

La función $f(x) = \operatorname{senh} x$ tiene las siguientes propiedades:

- El dominio y el recorrido son $\mathbb{R}$.
- Es una función impar.
- Es estrictamente creciente en todo el dominio.
- $\displaystyle\lim_{x \to -\infty} \operatorname{senh} x = -\infty, \quad \lim_{x \to +\infty} \operatorname{senh} x = +\infty.$
- Es derivable en todo el dominio y su derivada es $f'(x) = \cosh x$.

La función $f(x) = \cosh x$ tiene las siguientes propiedades:

- El dominio es $\mathbb{R}$ y el recorrido es $[1, +\infty)$.
- Es una función par.
- Es estrictamente decreciente en $(-\infty, 0]$, estrictamente creciente en $[0, +\infty)$, y tiene un mínimo en $(0, 1)$.
- $\displaystyle\lim_{x \to -\infty} \cosh x = +\infty, \quad \lim_{x \to +\infty} \cosh x = +\infty.$
- Es derivable en todo el dominio y su derivada es $f'(x) = \operatorname{senh} x$.

La función $f(x) = \tanh x$ tiene las siguientes propiedades:

- El dominio es $\mathbb{R}$ y el recorrido el intervalo $(-1, 1)$.
- Es una función impar.
- $\displaystyle\lim_{x \to -\infty} \tanh x = -1, \quad \lim_{x \to +\infty} \tanh x = 1.$
- Es derivable en todo punto de su dominio y su derivada es $f'(x) = 1/\cosh^2 x$.

Para todo $x, y \in \mathbb{R}$, se cumplen las siguientes fórmulas:

- $\cosh^2 x - \operatorname{senh}^2 x = 1$.
- (Fórmulas de adición)
$$\operatorname{senh}(x + y) = \operatorname{senh} x \cosh y + \cosh x \operatorname{senh} y, \quad \cosh(x + y) = \cosh x \cosh y + \operatorname{senh} x \operatorname{senh} y,$$
$$\tanh(x + y) = \frac{\tanh x + \tan hy}{1 + \tanh x \tanh y}.$$

- (Fórmulas del argumento doble)
$$\operatorname{senh}(2x) = 2 \operatorname{senh} x \cosh x, \quad \cosh(2x) = \cosh^2 x + \operatorname{senh}^2 x,$$
$$\tanh 2x = \frac{2 \tanh x}{1 + \tanh^x x}.$$

- (Fórmulas del argumento mitad)

$$\cosh^2(x/2) = \frac{1 + \cosh x}{2}, \qquad \operatorname{senh}^2(x/2) = \frac{\cosh x - 1}{2}.$$

- (Fórmulas de transformación de sumas en productos)

$$\operatorname{senh} x + \operatorname{senh} y = 2\operatorname{senh}\frac{x+y}{2}\cosh\frac{x-y}{2}, \quad \cosh x + \cosh y = 2\cosh\frac{x+y}{2}\cosh\frac{x-y}{2},$$

$$\operatorname{senh} x - \operatorname{senh} y = 2\operatorname{senh}\frac{x-y}{2}\cosh\frac{x+y}{2}, \quad \cosh x - \cosh y = 2\sinh\frac{x+y}{2}\sinh\frac{x-y}{2}.$$

La función seno hiperbólico es inyectiva. Por tanto, tiene una función inversa, denominada *argumento seno hiperbólico* y denotada **arg senh**. Tenemos $y = \operatorname{arg senh} x \Leftrightarrow x = \operatorname{senh} y$. La función *argumento seno hiperbólico* admite también la siguiente expresión explícita (v. problema 64):

$$\operatorname{arg senh} x = \ln\left(x + \sqrt{x^2 + 1}\right).$$

La función $f(x) = \operatorname{arg senh} x$ tiene las siguientes propiedades:

- El dominio y el recorrido son $\mathbb{R}$.
- Es una función impar.
- Es estrictamente creciente en todo su dominio.
- $\lim\limits_{x\to-\infty} \operatorname{arg senh} x = -\infty$, $\quad \lim\limits_{x\to+\infty} \operatorname{arg senh} x = +\infty$.
- Es derivable en todo su dominio y su derivada es $f'(x) = 1/\sqrt{x^2 + 1}$.

La función coseno hiperbólico no es inyectiva, pero restringida a $[0, +\infty)$, sí lo es. En este intervalo tiene inversa, denominada función *argumento coseno hiperbólico* y denotada **arg cosh**. Tenemos $y = \operatorname{arg cosh} x \Leftrightarrow \cosh y = x$. La función *argumento coseno hiperbólico* admite también la siguiente expresión explícita:

$$\operatorname{arg cosh} x = \ln\left(x + \sqrt{x^2 - 1}\right).$$

La función $f(x) = \operatorname{arg cosh} x$ tiene las siguientes propiedades:

- Su dominio es $[1, +\infty)$ y su recorrido $[0, +\infty)$.
- Es estrictamente creciente en todo su dominio.
- $\lim\limits_{x\to+\infty} \operatorname{arg cosh} x = +\infty$.
- Es derivable en todo su dominio y su derivada es $f'(x) = 1/\sqrt{x^2 - 1}$.

La función tangente hiperbólica es inyectiva. Por tanto, tiene inversa, denominada *argumento tangente hiperbólica* y denotada **arg tanh**. Tenemos $y = \operatorname{arg tanh} x \Leftrightarrow \tanh y = x$. La función $f(x) = \operatorname{arg tanh} x$ admite también la siguiente expresión explícita:

$$\operatorname{arg tanh} x = \ln\sqrt{\frac{1+x}{1-x}}.$$

La función $f(x) = \operatorname{arg\,tanh} x$ tiene las siguientes propiedades:

- Su dominio es $(-1, 1)$ y su recorrido es $\mathbb{R}$.

- Es una función impar.

- Es estrictamente creciente en todo su dominio.

- $\displaystyle\lim_{x \to -1^+} \operatorname{arg\,tanh} x = -\infty$, $\displaystyle\lim_{x \to 1^-} \operatorname{arg\,tanh} x = +\infty$.

- Es derivable en todo su dominio y la derivada es $f'(x) = 1/(1 - x^2)$.

Tabla de derivadas

Para facilitar consultas, incluimos una tabla con las derivadas de funciones consideradas en este resumen. En ella, $f(x)$ es de la forma $f(x) = g(u(x))$ para ciertas funciones u y g. Implícitamente, se suponen las condiciones de existencia y derivabilidad de las funciones involucradas.

f	f'	
k	0	$(k \in \mathbb{R})$
u^k	$ku^{k-1}u'$	$(0 \neq k \in \mathbb{R})$
$\log_a u$	$u'/(u \ln a)$	$(a > 0)$
a^u	$u'a^u \ln a$	$(a > 0)$
$\operatorname{sen} u$	$u' \cos u$	
$\cos u$	$-u' \operatorname{sen} u$	
$\tan u$	$u'/\cos^2 u$	
$\operatorname{arc\,sen} u$	$u'/\sqrt{1 - u^2}$	

f	f'
$\operatorname{arc\,cos} u$	$-u'/\sqrt{1 - u^2}$
$\arctan u$	$u'/(1 + u^2)$
$\operatorname{senh} u$	$u' \cosh u$
$\cosh u$	$u' \operatorname{senh} u$
$\tanh u$	$u'/\cosh^2 u$
$\operatorname{arg\,senh} u$	$u'/\sqrt{u^2 + 1}$
$\operatorname{arg\,cosh} u$	$u'/\sqrt{u^2 - 1}$
$\operatorname{arg\,tanh} u$	$u'/(1 - u^2)$

☐ Problemas resueltos

40

Simplificar la expresión de la función $f(x) = \dfrac{2x^3 + 13x^2 + 24x + 9}{x^3 + 6x^2 + 9x}$.

[Solución]

Descomponemos en factores los polinomios del numerador y del denominador. Los coeficientes del numerador son todos enteros. Entre los divisores enteros de 9, encontramos que -3 es una raíz. Dividimos, pues, por $x + 3$ y obtenemos

$$2x^3 + 13x^2 + 24x + 9 = (x + 3)(2x^2 + 7x + 3).$$

El polinomio $2x^2 + 7x + 3$ también es divisible por $x + 3$ y el cociente es $2x + 1$, es decir, $2x^2 + 7x + 3 = (x + 3)(2x + 1)$. Tenemos:

$$2x^2 + 7x + 3 = (x + 3)(2x^2 + 7x + 3) = (x + 3)^2(2x + 1).$$

La factorización del denominador es

$$x^3 + 6x^2 + 9x = x(x^2 + 6x + 9) = x(x + 3)^2,$$

por lo que el dominio de f es $D = \mathbb{R} \setminus \{0, -3\}$, y para todo $x \in D$ tenemos

$$f(x) = \frac{2x^3 + 13x^2 + 24x + 9}{x^3 + 6x^2 + 9x} = \frac{(x + 3)^2(2x + 1)}{x(x + 3)^2} = \frac{2x + 1}{x}.$$

41

Hallar el dominio de la función $f(x) = \dfrac{\sqrt{x - 1}}{x^2 - 3}$.

[Solución]

Hay que buscar todos los números reales x para los cuales $f(x)$ es un número real. El numerador $\sqrt{x - 1}$ es un número real si, y sólo si, $x - 1 \geq 0$, es decir, $x \geq 1$. Por otra parte, el denominador $x^2 - 3$ es un número real para todo x, pero la división no es posible si dicho denominador es cero, lo cual ocurrirá si $x^2 = 3$, es decir, si $x = \pm \sqrt{3}$.

Por tanto, el dominio de f es el conjunto

$$[1, +\infty) \setminus \{-\sqrt{3}, \sqrt{3}\} = [1, +\infty) \setminus \{\sqrt{3}\} = [1, \sqrt{3}) \cup (\sqrt{3}, +\infty).$$

42

Hallar el dominio de la función $f(x) = \sqrt{\cos 5x}$.

[Solución]

El dominio está formado por los reales x tales que $\cos 5x \geq 0$. Tenemos

$$\cos 5x \geq 0 \iff \frac{-\pi}{2} + 2k\pi \leq 5x \leq \frac{\pi}{2} + 2k\pi \qquad (k \in \mathbb{Z})$$

$$\iff \frac{(4k - 1)\pi}{2} \leq 5x \leq \frac{(4k + 1)\pi}{2} \qquad (k \in \mathbb{Z})$$

$$\iff \frac{(4k - 1)\pi}{10} \leq x \leq \frac{(4k + 1)\pi}{10} \qquad (k \in \mathbb{Z}).$$

Por tanto, el dominio está formado por la reunión de todos los intervalos $[(4k - 1)\pi/10, (4k + 1)\pi/10]$ con $k \in \mathbb{Z}$.

43

Hallar el dominio de la función $f(x) = \log(x^3 - 4x^2 - 11x + 30)$.

Sea $p(x) = x^3 - 4x^2 - 11x + 30$. El dominio está formado por todos los números reales x tales que $p(x) > 0$. Observamos que 2 es una raíz de $p(x)$. Dividiendo $p(x)$ por $x - 2$ obtenemos $p(x) = (x - 2)(x^2 - 2x - 15)$. Las raíces del polinomio de segundo grado $x^2 - 2x - 15$ son -3 y 5, por lo que obtenemos la factorización

$$p(x) = (x + 3)(x - 2)(x - 5).$$

Si $x \leq -3$, entonces $p(x) \leq 0$; si $-3 < x < 2$, entonces $p(x) > 0$; si $2 \leq x \leq 5$, entonces $p(x) \leq 0$; finalmente, si $5 < x$, entonces $p(x) > 0$. Por tanto, el dominio es la reunión $(-3, 2) \cup (5, +\infty)$.

44

Demostrar que la función $f(x) = \dfrac{3x - 1}{x - 2}$ es inyectiva y hallar su inversa.

Para ver que f es inyectiva, comprobamos que, para todo x_1, x_2 del dominio de f, que es $\mathbb{R} \setminus \{2\}$, se cumple que $f(x_1) = f(x_2) \Rightarrow x_1 = x_2$:

$$\begin{aligned}
f(x_1) = f(x_2) &\Rightarrow \frac{3x_1 - 1}{x_1 - 2} = \frac{3x_2 - 1}{x_2 - 2} \\
&\Rightarrow (3x_1 - 1)(x_2 - 2) = (3x_2 - 1)(x_1 - 2) \\
&\Rightarrow 3x_1x_2 - 6x_1 - x_2 + 2 = 3x_1x_2 - 6x_2 - x_1 + 2 \\
&\Rightarrow -6x_1 - x_2 = -6x_2 - x_1 \\
&\Rightarrow -5x_1 = -5x_2 \\
&\Rightarrow x_1 = x_2.
\end{aligned}$$

Para encontrar la expresión de la inversa, ponemos $y = f(x)$ e intentamos encontrar x como función de y:

$$\begin{aligned}
y = \frac{3x - 1}{x - 2} &\Rightarrow (x - 2)y = 3x - 1 \\
&\Rightarrow xy - 2y = 3x - 1 \\
&\Rightarrow xy - 3x = 2y - 1 \\
&\Rightarrow x(y - 3) = 2y - 1 \\
&\Rightarrow x = \frac{2y - 1}{y - 3}.
\end{aligned}$$

Esto quiere decir que $f^{-1}(y) = \dfrac{2y - 1}{y - 3}$; en la notación habitual, $f^{-1}(x) = \dfrac{2x - 1}{x - 3}$.

45

Demostrar la igualdad

$$\arctan \frac{1}{x^2 + x + 1} = \arctan(x + 1) - \arctan x$$

para todo real x en el que ambos miembros estén definidos.

Apliquemos la fórmula de la tangente del ángulo doble al segundo miembro de la igualdad.

$$\tan(\arctan(x+1) - \arctan x) = \frac{(x+1) - x}{1 + (x+1)x} = \frac{1}{x^2 + x + 1}.$$

Aplicando ahora la función arco tangente se obtiene la igualdad pedida.

46

Calcular $\displaystyle\lim_{x \to 2} \frac{x^4 - 8x^3 + 22x^2 - 45x + 50}{x^3 - 5x^2 + 6x}$.

Numerador y denominador se anulan para $x = 2$, por lo que ambos admiten el factor $x - 2$:

$$\begin{aligned}
\lim_{x \to 2} \frac{x^4 - 8x^3 + 22x^2 - 45x + 50}{x^3 - 5x^2 + 6x} &= \lim_{x \to 2} \frac{(x-2)(x^3 - 6x^2 + 10x - 25)}{(x-2)(x^2 - 3x)} \\
&= \lim_{x \to 2} \frac{x^3 - 6x^2 + 10x - 25}{x^2 - 3x} \\
&= \frac{-21}{-2} = \frac{21}{2}.
\end{aligned}$$

47

Calcular $\displaystyle\lim_{x \to 2} \log_2 \frac{x^2 + x - 6}{x^2 + 6x - 16}$.

Numerador y denominador de la fracción se anulan para $x = 2$. Tenemos

$$x^2 + x - 6 = (x - 2)(x + 3), \quad x^2 + 6x - 16 = (x - 2)(x + 8).$$

Entonces

$$\lim_{x \to 2} \log_2 \frac{x^2 + x - 6}{x^2 + 6x - 16} = \lim_{x \to 2} \log_2 \frac{x + 3}{x + 8} = \log_2 \lim_{x \to 2} \frac{x + 3}{x + 8} = \log_2 \frac{5}{10} = \log_2 \frac{1}{2} = -1.$$

48

Calcular a y b para que se cumpla $\displaystyle\lim_{x \to +\infty} \left(ax + b - \frac{2x^3 - x^2 + 1}{3x^2 - 4} \right) = 0$.

$$ax + b - \frac{2x^3 - x^2 + 1}{3x^2 - 4} = \frac{(ax+b)(3x^2 - 4) - 2x^3 + x^2 - 1}{3x^2 - 4}$$
$$= \frac{(3a-2)x^3 + (3b+1)x^2 - 4ax - (4b+1)}{3x^2 - 4}.$$

Para que el límite de esta fracción en $+\infty$ sea 0, el numerador ha de ser de grado menor que el denominador, es decir, debe cumplirse $3a - 2 = 0$ y $3b + 1 = 0$, lo que implica $a = 2/3$ y $b = -1/3$.

49

Calcular $\lim\limits_{x \to 3^+} \dfrac{\sqrt{x^2 - 2x - 3}}{\sqrt[3]{x^2 - 3x}}$.

Se trata de una indeterminación del tipo $0/0$. La técnica consiste en reducir las raíces al mismo índice y tratar la función racional resultante.

$$\lim_{x \to 3^+} \frac{\sqrt{x^2 - 2x - 3}}{\sqrt[3]{x^2 - 3x}} = \lim_{x \to 3^+} \frac{\sqrt[6]{(x^2 - 2x - 3)^3}}{\sqrt[6]{(x^2 - 3x)^2}}$$
$$= \lim_{x \to 3^+} \sqrt[6]{\frac{(x-3)^3(x+1)^3}{x^2(x-3)^2}}$$
$$= \lim_{x \to 3^+} \sqrt[6]{\frac{(x-3)(x+1)^3}{x^2}}$$
$$= 0.$$

50

Hallar el valor de a para que la función definida por

$$f(x) = \begin{cases} \dfrac{2x^3 + x^2 - 14x + 3}{x^3 + 6x^2 - x - 30} & \text{si } x < -3, \\ ax + 4 & \text{si } x \geq -3, \end{cases}$$

tenga límite en $x = -3$.

Hay que hallar el valor de a para que los dos límites laterales de $f(x)$ en $x = -3$ existan y sean iguales.

El límite por la derecha es

$$\lim_{x \to -3^+} f(x) = \lim_{x \to -3^+} (ax + 4) = -3a + 4.$$

El límite por la izquierda es

$$\lim_{x \to -3^+} f(x) = \lim_{x \to -3} \frac{2x^3 + x^2 - 14x + 3}{x^3 + 6x^2 - x - 30}.$$

En $x = -3$, se anulan tanto el numerador como el denominador:

$$2x^3 + x^2 - 14x + 3 = (x + 3)(2x^2 - 5x + 1),$$
$$x^3 + 6x^2 - x - 30 = (x + 3)(x^2 + 3x - 10).$$

Por tanto:

$$\lim_{x \to -3^+} f(x) = \lim_{x \to -3} \frac{2x^3 + x^2 - 14x + 3}{x^3 + 6x^2 - x - 30} = \lim_{x \to -3} \frac{(x + 3)(2x^2 - 5x + 1)}{(x + 3)(x^2 + 3x - 10)} =$$

$$= \lim_{x \to -3} \frac{2x^2 - 5x + 1}{x^2 + 3x - 10}$$

$$= \frac{34}{-10} = -\frac{17}{5}.$$

Tenemos, pues, $-3a + 4 = -17/5$, de donde $-3a = -37/5$, y concluimos que $a = 37/15$.

51

Calcular $\displaystyle\lim_{x \to +\infty} \left(\sqrt{x^2 + 5x - 9} - \sqrt{x^2 - 6x + 8} \right)$.

[Solución]

El límite de ambas raíces en $+\infty$ es $+\infty$, así que tenemos una indeterminación del tipo $\infty - \infty$. Utilizamos la igualdad $a - b = (a^2 - b^2)/(a + b)$, con $a = \sqrt{x^2 + 5x - 9}$ y $b = \sqrt{x^2 - 6x + 8}$. Tenemos

$$\sqrt{x^2 + 5x - 9} - \sqrt{x^2 - 6x + 8} = \frac{(x^2 + 5x - 9) - (x^2 - 6x + 8)}{\sqrt{x^2 + 5x - 9} + \sqrt{x^2 - 6x + 8}}$$

$$= \frac{11x - 17}{\sqrt{x^2 + 5x - 9} + \sqrt{x^2 - 6x + 8}}.$$

Tanto el numerador como el denominador de esta última fracción tienen límite $+\infty$ en $+\infty$, por lo que tenemos ahora una indeterminación del tipo ∞/∞. Dividiendo numerador y denominador por x y tomando límites, obtenemos

$$\lim_{x \to +\infty} \left(\sqrt{x^2 + 5x - 9} - \sqrt{x^2 - 6x + 8} \right) = \lim_{x \to +\infty} \frac{11x - 17}{\sqrt{x^2 + 5x - 9} + \sqrt{x^2 - 6x + 8}}$$

$$= \lim_{x \to +\infty} \frac{11 - \dfrac{17}{x}}{\sqrt{1 + \dfrac{5}{x} - \dfrac{9}{x^2}} + \sqrt{1 - \dfrac{6}{x} + \dfrac{8}{x^2}}}$$

$$= \frac{11}{2}.$$

Calcular $\displaystyle\lim_{x\to+\infty}\left(\frac{x-1}{x+2}\right)^{\frac{x^2}{x+1}}$.

[Solución]

La función de la base $u(x) = (x-1)/(x+2)$ tiene límite 1 en $+\infty$, mientras que la función exponente $v(x) = x^2/(x+1)$ cumple

$$\lim_{x\to+\infty} |v(x)| = \lim_{x\to+\infty} v(x) = +\infty.$$

Entonces,

$$v(x)\,(u(x)-1) = \frac{x^2}{x+1}\left(\frac{x-1}{x+2}-1\right) = \frac{-3x^2}{x^2+3x+2},$$

que tiene límite -3 en $+\infty$. En consecuencia,

$$\lim_{x\to+\infty}\left(\frac{x-1}{x+2}\right)^{\frac{x^2}{x+1}} = e^{-3}.$$

53

Calcular $\displaystyle\lim_{x\to0}\frac{\ln(1+x)}{x}$.

[Solución]

Numerador y denominador tienen límite 0. La aplicación de la regla de L'Hôpital da

$$\lim_{x\to0}\frac{\ln(1+x)}{x} = \lim_{x\to0}\frac{1/(1+x)}{1} = \lim_{x\to0}\frac{1}{1+x} = 1.$$

Alternativamente, podemos utilizar la continuidad de la función logaritmo y que

$$\lim_{x\to0}(1+x)^{1/x} = e$$

para obtener

$$\lim_{x\to0}\frac{\ln(1+x)}{x} = \lim_{x\to0}(\ln(1+x))^{1/x} = \ln\lim_{x\to0}(1+x)^{1/x} = \ln e = 1.$$

54

Calcular $\displaystyle\lim_{x\to+\infty}\frac{\ln(1+e^x)}{x}$.

Pongamos

$$f(x) = \frac{\ln(1 + e^x)}{x}.$$

En $+\infty$, tanto el numerador como el denominador tienen límite $+\infty$. Tenemos, pues, una indeterminación del tipo ∞/∞. Aplicamos la regla de L'Hôpital y obtenemos

$$\lim_{x \to +\infty} f(x) = \lim_{x \to +\infty} \frac{\dfrac{e^x}{1 + e^x}}{1} = \frac{e^x}{1 + e^x}.$$

Puesto que $\lim_{x \to +\infty} e^x = +\infty$, si $y = e^x$, tenemos

$$\lim_{x \to +\infty} f(x) = \lim_{y \to +\infty} \frac{y}{1 + y} = 1.$$

55

Estudiar la continuidad de la función f definida por $f(0) = 1$ y $f(x) = \dfrac{\operatorname{sen}|x|}{x}$ si $x \neq 0$.

La función $x \mapsto \operatorname{sen}|x|$ es la composición de las dos funciones continuas $g_1(x) = |x|$ y $g_2(x) = \operatorname{sen} x$, y por tanto es continua. La función $f(x) = \operatorname{sen}|x|/x$ es un cociente de funciones continuas y, por tanto, es continua en todo punto en el que no se anule el denominador. Así pues, $f(x)$ es continua en todo $x \neq 0$. Para estudiar la continuidad en $x = 0$, calculamos los límites laterales.

$$\lim_{x \to 0^+} \frac{\operatorname{sen}|x|}{x} = \lim_{x \to 0^+} \frac{\operatorname{sen} x}{x} = 1,$$

$$\lim_{x \to 0^-} \frac{\operatorname{sen}|x|}{x} = \lim_{x \to 0^-} \frac{\operatorname{sen}(-x)}{x} = \lim_{x \to 0^-} \frac{-\operatorname{sen} x}{x} = -1.$$

Como los dos límites laterales en $x = 0$ son finitos y distintos, $f(x)$ tiene una discontinuidad de salto o primera especie en el origen.

56

Estudiar la continuidad de la función

$$f(x) = \begin{cases} \dfrac{x+1}{x^2 - 1} & \text{si } x \leq 0, \\[2mm] \dfrac{x-1}{x-3} & \text{si } x > 0. \end{cases}$$

El denominador de la expresión de f para $x \leq 0$ se anula en $x = 1$ y $x = -1$, pero obsérvese que $x = 1$ corresponde a la región $x > 0$. Tenemos

$$\lim_{x \to -1} f(x) = \lim_{x \to -1} \frac{x+1}{x^2-1} = \lim_{x \to -1} \frac{x+1}{(x+1)(x-1)} = \lim_{x \to -1} \frac{1}{x-1} = -\frac{1}{2},$$

luego f tiene en $x = -1$ una discontinuidad evitable.

La expresión de f correspondiente a la región $x > 0$ tiene denominador nulo en $x = 3$. Tenemos

$$\lim_{x \to 3^-} f(x) = \lim_{x \to 3^-} \frac{x-1}{x-3} = -\infty, \quad \lim_{x \to 3^+} f(x) = \lim_{x \to 3^+} \frac{x-1}{x-3} = +\infty,$$

luego f tiene en $x = 3$ una discontinuidad esencial o de segunda especie.

Finalmente,

$$\lim_{x \to 0^-} f(x) = \lim_{x \to 0^-} \frac{x+1}{x^2-1} = -1 \text{ y } \lim_{x \to 0^+} f(x) = \lim_{x \to 0^+} \frac{x-1}{x-3} = 1/3,$$

luego f tiene en $x = 0$ una discontinuidad de primera especie o de salto.

En todos los demás puntos, f es continua.

57

Calcular la derivada de la función $f(x) = (\arctan x)^{e^x}$.

[Solución]

Se trata de una función potencial exponencial. La derivada se calcula derivando primero como si el exponente fuera constante, después como si la base fuera constante, y sumando ambos resultados.

$$f'(x) = e^x (\arctan x)^{e^x - 1} \frac{1}{1 + x^2} + (\arctan x)^{e^x} (\ln \arctan x) e^x$$

$$= e^x (\arctan x)^{e^x} \left(\frac{1}{(\arctan x)(1 + x^2)} + \ln \arctan x \right).$$

58

Hallar la función derivada de $f(x) = |x - 2| + |x + 1|$.

[Solución]

De las igualdades

$$|x - 2| = \begin{cases} x - 2 & \text{si } x \geq 2, \\ -x + 2 & \text{si } x \leq 2. \end{cases} \quad \text{y} \quad |x + 1| = \begin{cases} x + 1 & \text{si } x \geq -1, \\ -x - 1 & \text{si } x \leq -1. \end{cases}$$

resulta

$$f(x) = \begin{cases} -2x + 1 & \text{si } x \leq -1, \\ 3 & \text{si } -1 \leq x \leq 2, \\ 2x - 1 & \text{si } x \geq 2. \end{cases}$$

Por tanto:

$$f'(x) = \begin{cases} -2 & \text{si } x < -1, \\ 0 & \text{si } -1 < x < 2, \\ 2 & \text{si } x > 2. \end{cases}$$

Además, f no es derivable en los puntos $x = -1$ y $x = 2$.

59

Representar gráficamente la función $f(x) = x^3(x - 1)$.

[Solución]

Se trata de una función polinómica: su dominio es $\mathbb{R}$, es continua y derivable en todo punto, y no tiene asíntotas. Tenemos

$$f'(x) = 3x^2(x - 1) + x^3 = 4x^3 - 3x^2 = x^2(4x - 3),$$

que se anula para $x = 0$ y $x = 3/4$. Si $0 \neq x < 3/4$, entonces $f'(x) < 0$ y f es decreciente. Si $x > 3/4$, entonces $f'(x) > 0$ y f es creciente. Así, f es decreciente en $(-\infty, 3/4)$, creciente en $(3/4, +\infty)$, y tiene un mínimo en el punto $M = (3/4, f(3/4)) = (3/4, -27/256)$.

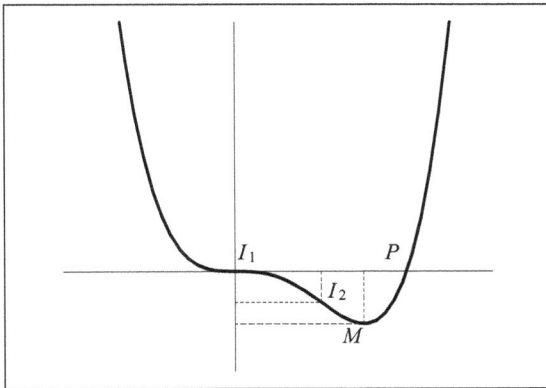

Por otro lado,

$$f''(x) = 12x^2 - 6x = 6x(2x - 1),$$

que se anula para $x = 0$ y $x = 1/2$; es negativa para $0 < x < 1/2$, y positiva para $x < 0$ y $x > 1/2$. Por tanto, f es convexa en $(-\infty, 0) \cup (1/2, +\infty)$, cóncava en $(0, 1/2)$, y son puntos de inflexión el $I_1 = (0, 0)$ y el $I_2 = (1/2, -1/16)$.

Mencionemos, finalmente, que la gráfica de f corta a los ejes en los puntos $(0, 0)$ y $P = (1, 0)$.

La figura 2.4 esboza la gráfica de $f(x)$.

Fig. 2.4

60

Representar gráficamente la función $f(x) = \dfrac{x^3}{2(4 - x^2)}$.

[Solución]

Se trata de una función racional. Su dominio es $\mathbb{R} \setminus \{-2, 2\}$. Presenta asíntotas verticales para $x = -2$ y $x = 2$:

$$\lim_{x \to -2^-} f(x) = +\infty, \quad \lim_{x \to -2^+} f(x) = -\infty, \quad \lim_{x \to 2^-} f(x) = +\infty, \quad \lim_{x \to 2} f(x) = -\infty.$$

El numerador tiene grado mayor que el denominador, luego no hay asíntotas horizontales. Respecto de las asíntotas oblicuas, tenemos

$$\lim_{x \to \pm\infty} \frac{f(x)}{x} = -\frac{1}{2} \quad \text{y} \quad \lim_{x \to \pm\infty} (f(x) + x/2) = \lim_{x \to \pm\infty} \frac{2x}{4 - x^2} = 0,$$

luego f tiene una asíntota oblicua de ecuación $y = -x/2$.

Calculemos la primera y segunda derivadas:

$$f'(x) = \frac{6x^2(4 - x^2) + x^3 \cdot 4x}{4(4 - x^2)^2} = \frac{12x^2 - x^4}{2(4 - x^2)^2} = \frac{x^2(12 - x^2)}{2(4 - x^2)^2},$$

$$f''(x) = \frac{48x(4 - x^2)^2 + (12x^2 - x^4)8x(4 - x^2)}{4(4 - x^2)^4} = \frac{4x^3 + 48x}{(4 - x^2)^3} = \frac{4x(x^2 + 12)}{(4 - x^2)^3}.$$

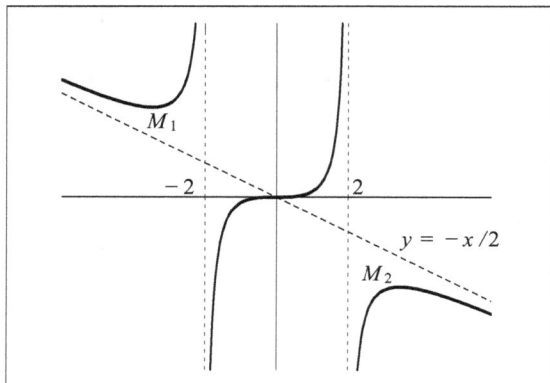

Fig. 2.5

Observamos que f' se anula para $x = 0$ y $x = \pm 2\sqrt{3}$, es negativa en $(-\infty, -2\sqrt{3}) \cup (2\sqrt{3}, +\infty)$ y positiva en $(-2\sqrt{3}, -2) \cup (-2, 2) \cup (2, 2\sqrt{3})$. Se deduce que f es decreciente en $(-\infty, -2\sqrt{3}) \cup (2\sqrt{3}, +\infty)$, creciente en $(-2\sqrt{3}, -2) \cup (-2, 2) \cup (2, 2\sqrt{3})$, que en el punto $M_1 = (-2\sqrt{3}, 3\sqrt{3}/2)$ tiene un mínimo relativo y que en el punto $M_2 = (2\sqrt{3}, -3\sqrt{3}/2)$ tiene un máximo relativo.

La segunda derivada f'' se anula en $x = 0$, es positiva en $(-\infty, -2) \cup (0, 2)$ y negativa en $(-2, 0) \cup (2, +\infty)$. Por tanto, f es cóncava en $(-2, 0) \cup (2, +\infty)$ y convexa en $(-\infty, -2) \cup (0, 2)$, y en $(0, 0)$ hay un punto de inflexión.

La figura 2.5 muestra un esbozo de la gráfica de $f(x)$.

Problemas resueltos

61

Resolver la inecuación $2 \le |x^2 - 4x - 10| \le 11$.

[Solución]

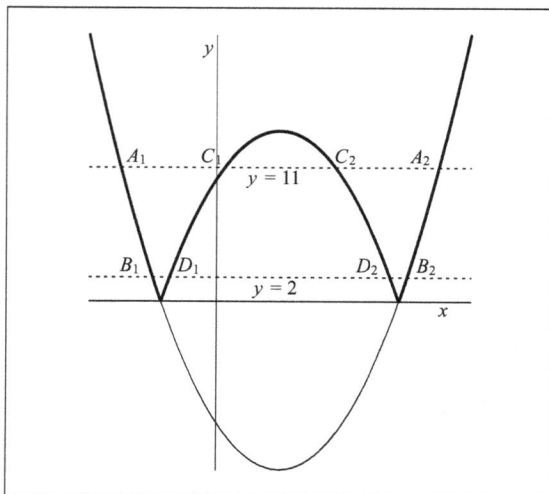

Fig. 2.6

Representemos la gráfica de $g(x) = x^2 - 4x - 10$. El discriminante es $\Delta = 16 + 40 = 56$, por lo que las raíces son

$$x = \frac{4 \pm \sqrt{56}}{2} = \frac{4 \pm 2\sqrt{14}}{2} = 2 \pm \sqrt{14}.$$

Además, el mínimo está en el punto $v = (2, -14)$. La representación gráfica de

$$f(x) = |g(x)| = |x^2 - 4x - 10|$$

coincide con la de $g(x)$ excepto en el intervalo $(2 - \sqrt{14}, 2 + \sqrt{14})$, en el que es su simétrica respecto al eje de abscisas (v. figura 2.6). Las abscisas a_1 y a_2 de los puntos A_1 y A_2 son las soluciones de $x^2 - 4x - 10 = 11$, es decir, las soluciones de $x^2 - 4x - 21 = 0$, que son

$a_1 = -3$ y $a_2 = 7$. Las abscisas b_1 y b_2 de los puntos B_1 y B_2 son las soluciones de $x^2 - 4x - 10 = 2$, es decir, las soluciones de $x^2 - 4x - 12 = 0$, que son $b_1 = -2$ y $b_2 = 6$. Análogamente, para las abscisas c_1, c_2, d_1, d_2 de los puntos C_1, C_2, D_1 y D_2, tenemos

$$-x^2 + 4x + 10 = 11, \quad x^2 - 4x + 1 = 0,$$

$$c_1 = 2 - \sqrt{3}, \qquad c_2 = 2 + \sqrt{3},$$

$$-x^2 + 4x + 10 = 2, \quad x^2 - 4x - 8 = 0,$$

$$d_1 = 2 - 2\sqrt{3}, \qquad d_2 = 2 + 2\sqrt{3}.$$

Por tanto, el conjunto solución es

$$[a_1, b_1] \cup [d_1, c_1] \cup [c_2, d_2] \cup [b_2, a_2] =$$
$$[-3, -2] \cup [2 - 2\sqrt{3}, 2 - \sqrt{3}] \cup [2 + \sqrt{3}, 2 + 2\sqrt{3}] \cup [6, 7].$$

62

Recordemos que una función es convexa (ver página 37) en un intervalo I contenido en su dominio si para todo $a, x, b \in I$, con $a < x < b$, se cumple

$$f(x) < f(a) + \frac{f(b) - f(a)}{b - a}(x - a).$$

1) Sean $a, b \in \mathbb{R}$, con $a < b$. Demostrar que $[a, b] = \{(1 - t)a + tb \; : \; t \in [0, 1]\}$.

2) Demostrar que una función es convexa en un intervalo I si y sólo si, para cada $a, b \in I$, $a \neq b$, y cada $t \in (0, 1)$, se cumple

$$f((1 - t)a + tb) < (1 - t)f(a) + tf(b).$$

3) Demostrar que si f es convexa en I, entonces

$$f\left(\frac{a + b}{2}\right) \leq \frac{1}{2}(f(a) + f(b)),$$

para todo $a, b \in I$.

4) Demostrar que si a y b son números reales positivos y n es un natural, entonces

$$\left(\frac{a + b}{2}\right)^n \leq \frac{a^n + b^n}{2}.$$

[Solución]

1) Sea $T = \{(1 - t)a + tb \; : \; t \in [0, 1]\}$. Si $x \in T$, entonces $x = (1 - t)a + tb$ para cierto $t \in [0, 1]$. Puesto que $a < b$, $t \geq 0$ y $1 - t \geq 0$, tenemos

$$x = (1 - t)a + tb \geq (1 - t)a + ta = a, \quad y \quad x = (1 - t)a + tb \leq (1 - t)b + tb = b,$$

luego $x \in [a, b]$.

Recíprocamente, sea $x \in [a, b]$. Definamos $t = (x - a)/(b - a)$ y veamos que $x = (1 - t)a + tb$, con $t \in [0, 1]$. Puesto que $0 \le x - a \le b - a$ y $a < b$, claramente $t \in [0, 1]$. Además,

$$(1 - t)a + tb = \left(1 - \frac{x - a}{b - a}\right)a + \frac{x - a}{b - a}b$$

$$= \frac{(b - a)a + (x - a)(b - a)}{b - a}$$

$$= a + x - a$$

$$= x.$$

2) Primero, observemos que si $x = (1 - t)a + tb$ tenemos

$$f(a) + \frac{f(b) - f(a)}{b - a}(x - a) = f(a) + \frac{f(b) - f(a)}{b - a}((1 - t)a + tb - a)$$

$$= f(a) + \frac{f(b) - f(a)}{b - a}t(b - a)$$

$$= (1 - t)f(a) + tf(b).$$

Supongamos que f es convexa. Queremos probar que $f((1 - t)a + tb) < (1 - t)f(a) + tf(b)$ para todo $a, b \in I$, $a \ne b$ y todo $t \in (0, 1)$. Si $a = b$, la desigualdad es la igualdad $f(a) = f(a)$. Consideremos primero el caso $a < b$. Sea $x = (1 - t)a + tb$. Como f es convexa, tenemos

$$f((1 - t)a + tb) = f(x) < f(a) + \frac{f(b) - f(a)}{b - a}(x - a) = (1 - t)f(a) + tf(b).$$

En el caso $b < a$, sea $s = 1 - t \in [0, 1]$ y apliquemos lo anterior intercambiando a por b y t por s:

$$f((1 - t)a + tb) = f((1 - s)b + sa) < (1 - s)f(b) + sf(a) = (1 - t)f(a) + tf(b).$$

Recíprocamente, supongamos que se cumple $f((1 - t)a + tb) < (1 - t)f(a) + tf(b)$ para todo $a, b \in I$, $a \ne b$ y todo $t \in (0, 1)$, y veamos que f es convexa. Dado $x \in (a, b)$, existe $t \in (0, 1)$ tal que $x = (1 - t)a + tb$. Entonces

$$f(x) = f((1 - t)a + tb) < (1 - t)f(a) + tf(b) = f(a) + \frac{f(b) - f(a)}{b - a}(x - a).$$

3) Si $a = b$ se cumple la igualdad. Si $a \ne b$, no hay más que aplicar el apartado anterior para $t = 1/2$.

4) Si $n = 1$ la desigualdad es una igualdad obvia. Supongamos, pues, $n \ge 2$. Consideremos la función $f(x) = x^n$. Puesto que

$$f'(x) = nx^{n-1}, \quad f''(x) = (n - 1)nx^{n-2},$$

tenemos $f''(x) > 0$ para todo $x > 0$, por lo que f es convexa en $(0, +\infty)$. Aplicando el apartado anterior, obtenemos

$$\left(\frac{a + b}{2}\right)^n = f\left(\frac{a + b}{2}\right) < \frac{f(a) + f(b)}{2} = \frac{a^n + b^n}{2}.$$

63

Demostrar que si una función f es convexa en un intervalo $[a, b]$, entonces es continua en todo punto $x_0 \in (a, b)$.

Sea x con $a < x_0 < x < b$. Por la convexidad de f en $[x_0, b]$, tenemos

$$f(x) < f(x_0) + \frac{f(b) - f(x_0)}{b - x_0}(x - x_0).$$

Análogamente, por la convexidad de f en $[a, x]$, tenemos

$$f(x_0) < f(a) + \frac{f(x) - f(a)}{x - a}(x_0 - a),$$

que puede escribirse equivalentemente

$$f(a) + \frac{f(x_0) - f(a)}{x_0 - a}(x - a) < f(x).$$

Entonces,

$$f(a) + \frac{f(x_0) - f(a)}{x_0 - a}(x - a) < f(x) < f(x_0) + \frac{f(b) - f(x_0)}{b - x_0}(x - x_0).$$

Tomando límites cuando x tiende a x_0 por la derecha, obtenemos

$$f(x_0) \leq \lim_{x \to x_0^+} f(x) \leq f(x_0),$$

es decir, $f(x_0) = \lim_{x \to x_0^+} f(x)$. Un argumento similar prueba que $f(x_0) = \lim_{x \to x_0^-} f(x)$. Por tanto, concluimos que $\lim_{x \to x_0} f(x) = f(x_0)$, es decir, que f es continua en x_0.

64

Demostrar que $\operatorname{arg senh} x = \ln\left(x + \sqrt{x^2 + 1}\right)$.

Se trata de despejar x en la igualdad $y = (e^x - e^{-x})/2$. Tenemos,

$$y = \frac{e^x - e^{-x}}{2} \Leftrightarrow 2y = e^x - \frac{1}{e^x}$$

$$\Leftrightarrow (e^x)^2 - 2ye^x - 1 = 0$$

$$\Leftrightarrow e^x = \frac{2y \pm 2\sqrt{y^2 + 1}}{2}$$

$$\Leftrightarrow e^x = y \pm \sqrt{y^2 + 1}$$

Puesto que $e^x > 0$ para todo x, el signo que debe tomarse en la raíz es el positivo. Entonces, tomando logaritmos,

$$x = \ln(y + \sqrt{y^2 + 1}).$$

En definitiva, $\operatorname{arg senh} x = \ln(x + \sqrt{x^2 + 1})$.

65

Calcular $\lim\limits_{x \to 0} \dfrac{1}{x} \ln \sqrt{\dfrac{1+x}{1-x}}$

[Solución]

Sea

$$f(x) = \frac{1}{x} \ln \sqrt{\frac{1+x}{1-x}}.$$

Los límites laterales del factor $1/x$ en $x = 0$ por la izquierda y por la derecha son, repectivamente, $-\infty$ y $+\infty$. Por otra parte,

$$\lim_{x \to 0} \ln \sqrt{\frac{1+x}{1-x}} = \ln 1 = 0.$$

Tenemos, pues, una indeterminación del tipo $\infty \cdot 0$.

En primer lugar, transformemos la expresión de $f(x)$ utilizando las propiedades de los logaritmos.

$$f(x) = \frac{1}{x} \cdot \frac{1}{2} \cdot \ln \frac{1+x}{1-x} = \frac{\ln(1+x) - \ln(1-x)}{2x}.$$

En $x = 0$, numerador y denominador tienen límite 0, así que podemos aplicar la regla de L'Hôpital.

$$\lim_{x \to 0} f(x) = \lim_{x \to 0} \frac{\dfrac{1}{1+x} - \dfrac{-1}{1-x}}{2} = \lim_{x \to 0} \frac{2}{2(1-x^2)} = 1.$$

Alternativamente, utilizando que $\lim\limits_{x \to 0} \dfrac{\ln(1+x)}{x} = 1$ (v. problema 53), tenemos

$$\lim_{x \to 0} f(x) = \lim_{x \to 0} \frac{1}{2} \left(\frac{\ln(1+x)}{x} - \frac{\ln(1-x)}{x} \right) = \lim_{x \to 0} \frac{1}{2} \left(\frac{\ln(1+x)}{x} + \frac{\ln(1-x)}{-x} \right) = \frac{1}{2}(1+1) = 1.$$

66

Calcular $\lim\limits_{x \to 0} x^{\operatorname{sen} x}$.

[Solución]

Sea $\ell = \lim\limits_{x \to 0} x^{\operatorname{sen} x}$. Tenemos

$$\ln \ell = \ln \lim_{x \to 0} x^{\operatorname{sen} x} = \lim_{x \to 0} \ln x^{\operatorname{sen} x} = \lim_{x \to 0} \operatorname{sen} x \ln x = \lim_{x \to 0} \frac{\operatorname{sen} x}{x} x \ln x.$$

Sabemos que $\lim\limits_{x \to 0} (\operatorname{sen} x / x) = 1$. Por otra parte,

$$\lim_{x \to 0} x \ln x = \lim_{x \to 0} \frac{\ln x}{1/x} = \lim_{x \to 0} \frac{1/x}{-1/x^2} = \lim_{x \to 0} (-x) = 0$$

Entonces,

$$\ln \ell = \lim_{x \to 0} \frac{\operatorname{sen} x}{x} x \ln x = 1 \cdot 0 = 0.$$

Por tanto, $\ell = e^0 = 1$.

67

Calcular $\lim_{x \to +\infty} x^{1/x}$.

[Solución]

Sea $\ell = \lim_{x \to +\infty} x^{1/x}$. Mediante la aplicación de las propiedades del logaritmo respecto a los límites y de la regla de L'Hôpital, obtenemos

$$\ln \ell = \ln \lim_{x \to \infty} x^{1/x} = \lim_{x \to \infty} \ln x^{1/x} = \lim_{x \to \infty} \frac{\ln x}{x} = \lim_{x \to \infty} \frac{1/x}{1} = 0.$$

Tomando exponenciales, $\ell = e^0 = 1$.

68

Calcular $\lim_{x \to 0} \dfrac{\sqrt[3]{27 + x} - 3}{x}$.

[Solución]

Calcularemos el límite por tres métodos.

Primero. De la factorización $a^3 - b^3 = (a - b)(a^2 + ab + b^2)$, se desprende

$$a - b = \frac{a^3 - b^3}{a^2 + ab + b^2}.$$

Tomando ahora $a = \sqrt[3]{27 + x}$ y $b = 3$, resulta

$$\sqrt[3]{27 + x} - 3 = \frac{27 + x - 27}{\sqrt[3]{(27 + x)^2} + 3\sqrt[3]{27 + x} + 9} = \frac{x}{\sqrt[3]{(27 + x)^2} + 3\sqrt[3]{27 + x} + 9}.$$

Por tanto,

$$\lim_{x \to 0} \frac{\sqrt[3]{27 + x} - 3}{x} = \lim_{x \to 0} \frac{1}{\sqrt[3]{(27 + x)^2} + 3\sqrt[3]{27 + x} + 9} = \frac{1}{27}.$$

Segundo. Pongamos $y = \sqrt[3]{27 + x}$. Ciertamente, el límite de y en $x = 0$ es 3. Por tanto,

$$\lim_{x \to 0} \frac{\sqrt[3]{27 + x} - 3}{x} = \lim_{y \to 3} \frac{y - 3}{y^3 - 27} = \lim_{y \to 3} \frac{y - 3}{(y - 3)(y^2 + 3y + 9)} = \lim_{y \to 3} \frac{1}{y^2 + 3y + 9} = \frac{1}{27}.$$

Tercero. Las funciones del numerador y del denominador son derivables en un entorno de 0 y ambas tienen límite 0 en $x = 0$. Así, podemos aplicar la regla de L'Hôpital:

$$\lim_{x \to 0} \frac{\sqrt[3]{27 + x} - 3}{x} = \lim_{x \to 0} \frac{(1/3)(27 + x)^{-2/3}}{1} = \lim_{x \to 0} \frac{1}{3\sqrt[3]{(27 + x)^2}} = \frac{1}{27}.$$

69

Calcular $\lim\limits_{x \to 0} (\cos x)^{1/x}$.

[Solución]

Puesto que $\lim\limits_{x \to 0} \cos x = \cos 0 = 1$ y $\lim\limits_{x \to 0} |1/x| = +\infty$, si existe el límite

$$\ell = \lim_{x \to 0} (\cos x - 1)\frac{1}{x} = \lim_{x \to 0} \frac{\cos x - 1}{x},$$

entonces el límite buscado es e^ℓ. Ahora bien, $\lim\limits_{x \to 0} (\cos x - 1) = 0$ y $\lim\limits_{x \to 0} x = 0$, luego podemos calcular ℓ mediante la regla de L'Hôpital:

$$\ell = \lim_{x \to 0} \frac{\cos x - 1}{x} = \lim_{x \to 0} \frac{-\operatorname{sen} x}{1} = 0.$$

Por tanto,

$$\lim_{x \to 0} (\cos x)^{1/x} = e^0 = 1.$$

70

Calcular $\lim\limits_{x \to +\infty} \dfrac{x - \operatorname{sen} x}{x + \operatorname{sen} x}$.

[Solución]

Como $|\operatorname{sen} x| \le 1$, tanto el numerador como el denominador tienen límite $+\infty$ en $+\infty$. Tenemos, pues, una indeterminación del tipo ∞/∞. La aplicación de la Regla de L'Hôpital daría

$$\lim_{x \to +\infty} \frac{1 - \cos x}{1 + \cos x},$$

límite que no existe (de hecho, se trata de una función periódica de período 2π y, además, con infinitas asíntotas verticales). Por tanto, la regla de L'Hôpital no es aplicable. Sin embargo, el límite pedido sí existe; lo calculamos dividiendo numerador y denominador por x:

$$\lim_{x \to +\infty} \frac{x - \operatorname{sen} x}{x + \operatorname{sen} x} = \lim_{x \to +\infty} \frac{1 - \dfrac{\operatorname{sen} x}{x}}{1 + \dfrac{\operatorname{sen} x}{x}} = \frac{1 - 0}{1 + 0} = 1.$$

71

Recordemos que la *parte entera inferior* de un número real x es el número entero $\lfloor x \rfloor = \text{máx } \{m \in \mathbb{Z} : m \leq x\}$. Estudiar el tipo de discontinuidad en el origen de la función $f(x) = x\lfloor 1/x \rfloor$.

[Solución]

Por definición de parte entera inferior, para todo real x tenemos

$$\frac{1}{x} - 1 < \left\lfloor \frac{1}{x} \right\rfloor \leq \frac{1}{x}.$$

Para $x > 0$, obtenemos $1 - x < x\lfloor 1/x \rfloor \leq 1$. Tomando límites cuando $x \to 0$, resulta

$$\lim_{x \to 0^+} x\left\lfloor \frac{1}{x} \right\rfloor = 1.$$

Análogamente, para $x < 0$, obtenemos $1 - x > x\lfloor 1/x \rfloor \geq 1$ y resulta

$$\lim_{x \to 0^-} x\left\lfloor \frac{1}{x} \right\rfloor = 1.$$

Por tanto, $\displaystyle\lim_{x \to 0} x\left\lfloor \frac{1}{x} \right\rfloor = 1$ y la discontinuidad es evitable.

72

1) Sea $a \in \mathbb{R}$ y f una función derivable en $(a, +\infty)$. Supongamos que existe $\displaystyle\lim_{x \to +\infty} f'(x)$. Demostrar que

$$\lim_{x \to +\infty} (f(x + 1) - f(x)) = \lim_{x \to +\infty} f'(x).$$

2) Calcular

$$\lim_{x \to +\infty} \left(\sqrt[3]{(x + 1)^3 - 3} - \sqrt[3]{x^3 - 3} \right).$$

[Solución]

1) Por el teorema del valor medio, para cada $x \in (a, +\infty)$ existe un punto $c(x) \in (x, x+1)$ tal que $f(x+1) - f(x) = f'(c(x))$. Además, $\displaystyle\lim_{x \to +\infty} c(x) = +\infty$ y, por tanto,

$$\lim_{x \to +\infty} (f(x + 1) - f(x)) = \lim_{x \to +\infty} f'(c(x)) = \lim_{x \to +\infty} f'(x).$$

2) Aplicamos el apartado anterior a la función $f(x) = \sqrt[3]{x^3 - 3}$. Tenemos

$$f'(x) = \frac{1}{3}(x^3 - 3)^{-2/3} \cdot 3x^2 = \frac{x^2}{\sqrt[3]{(x^3 - 3)^2}}.$$

Entonces,

$$\lim_{x \to +\infty} \left(\sqrt[3]{(x+1)^3 - 3} - \sqrt[3]{x^3 - 3} \right) = \lim_{x \to +\infty} \left(f(x+1) - f(x) \right)$$

$$= \lim_{x \to +\infty} f'(x)$$

$$= \lim_{x \to +\infty} \frac{x^2}{\sqrt[3]{(x^3 - 3)^2}}$$

$$= 1.$$

Ciertamente, este límite puede también calcularse sin la ayuda del primer apartado utilizando las siguientes indicaciones. La igualdad

$$a - b = \frac{a^3 - b^3}{a^2 + ab + b^2}$$

aplicada a $a = \sqrt[3]{(x+1)^3 - 3} = \sqrt[3]{x^3 + 3x^2 + 3x - 2}$ y $b = \sqrt[3]{x^3 - 3}$ da

$$\sqrt[3]{(x+1)^3 - 3} - \sqrt[3]{x^3 - 3} = \frac{3x^2 + 3x + 1}{\sqrt[3]{(x^3 + 3x^2 + 3x - 2)^2} + \sqrt[3]{(x^3 + 3x^2 + 3x - 2)(x^3 - 3)} + \sqrt[3]{(x^3 - 3)^2}}.$$

Dividiendo numerador y denominador por x^2, el límite del numerador resulta ser 3 y el límite de cada una de las raíces del denominador resulta ser 1. La fracción, por tanto, tiene límite $3/3 = 1$.

73

1) Sea $f \colon \mathbb{R} \to \mathbb{R}$ una función continua tal que para cierto natural impar n se cumple

$$\lim_{x \to +\infty} \frac{f(x)}{x^n} = \lim_{x \to -\infty} \frac{f(x)}{x^n} = 0.$$

Demostrar que existe $a \in \mathbb{R}$ tal que $a^n + f(a) = 0$.

2) Demostrar que todo polinomio con coeficientes reales de grado impar tiene una raíz real.

[Solución]

1) Si la función $x \mapsto x^n + f(x)$ toma dos valores de signo diferente, entonces el teorema de Bolzano garantiza que existe una raíz a. Supongamos, pues, que $x^n + f(x)$ tiene signo constante.

Si $x^n + f(x) > 0$ para todo x, entonces, $x^n > -f(x)$ y, como para $x < 0$ es $x^n < 0$, resulta $1 < -f(x)/x^n$. Tomando límites cuando $x \to -\infty$, obtenemos $1 < 0$, lo que es contradictorio.

Análogamente, si $x^n + f(x) < 0$ para todo x, entonces $x^n < -f(x)$, y para $x > 0$ resulta $1 < -f(x)/x^n$. Tomando límites cuando $x \to +\infty$, obtenemos $1 \leq 0$, lo que también es contradictorio.

2) Consideremos primero polinomios mónicos, es decir, con el coeficiente de grado máximo igual a 1. Sea $g(x) = x^n + c_{n-1}x^{n-1} + \cdots + c_0$ un polinomio mónico con coeficientes reales de grado n impar. Definamos $f(x) = c_{n-1}x^{n-1} + \cdots + c_0$, que es una función continua. Tenemos

$$\frac{f(x)}{x^n} = \frac{c_{n-1}}{x} + \cdots + \frac{c_0}{x^n}.$$

Por tanto,

$$\lim_{x \to +\infty} \frac{f(x)}{x^n} = \lim_{x \to -\infty} \frac{f(x)}{x^n} = 0.$$

Por el apartado anterior, existe a tal que $0 = a^n + f(a) = g(a)$. Así, a es una raíz de $g(x)$.

Si $g(x) = c_n x^n + \cdots + c_0$ es un polinomio con coeficientes reales (no necesariamente mónico) de grado impar n, entonces $g(x)/c_n$ es un polinomio mónico que tiene una raíz a. Entonces, a también es raíz de $g(x)$.

Este apartado puede probarse fácilmente sin ayuda del primero. En efecto, si $f(x) = a_n x^n + \cdots + a_0$ es un polinomio de grado n impar y $a > 0$, entonces

$$\lim_{x \to -\infty} f(x) = -\infty, \quad \text{y} \quad \lim_{x \to +\infty} f(x) = +\infty.$$

Esto implica que existen $x_1 < 0$ y $x_2 > 0$ tales que $f(x_1) < 0$ y $f(x_2) > 0$. Puesto que f es continua en $[x_1, x_2]$, por el teorema de Bolzano existe $a \in [x_1, x_2]$ tal que $f(a) = 0$. El argumento es análogo si $a_n < 0$. Así, aun cuando el problema sugiere demostrar el segundo apartado a partir del primero, cabe más bien considerar que el primero es una generalización del segundo.

74

Sean b y c números reales, con $b \neq 0$.

1) Demostrar que existe un número real $r > 0$ tal que $b^2 - 4tc > 0$ para todo $t \in (-r, r)$.

2) Para cada $t \in (-r, r)$, el polinomio $tx^2 + bx + c$ tiene dos raíces reales distintas. Sean $\alpha(t)$ la menor y $\beta(t)$ la mayor. Calcular los límites laterales de $\alpha(t)$ y $\beta(t)$ en $t = 0$.

[Solución]

1) Tomemos

$$r = \frac{b^2}{4|c|}$$

y sea $t \in (-r, r)$, es decir, $-r < t < r$.

Si $c > 0$, tenemos

$$t < r = \frac{b^2}{4|c|} = \frac{b^2}{4c},$$

lo que implica $4tc < b^2$, o sea, $b^2 - 4tc > 0$, como queríamos demostrar. Análogamente, si $c < 0$, tenemos

$$t > -r = -\frac{b^2}{4|c|} = -\frac{b^2}{4(-c)} = \frac{b^2}{4c}$$

y, como $4c < 0$, resulta $4ct < b^2$, es decir, $b^2 - 4ct > 0$.

2) El apartado anterior prueba que, si $r = b^2/(4|c|)$, entonces para $t \in (-r, r)$ el polinomio $tx^2 + bx + c$ tiene discriminante positivo, por lo que tiene dos raíces $\alpha(t) < \beta(t)$, que son

$$\frac{-b + \sqrt{b^2 - 4tc}}{2t} \quad \text{y} \quad \frac{-b - \sqrt{b^2 - 4tc}}{2t}.$$

Calculemos primero los límites laterales por la derecha, es decir, para $t > 0$. Puesto que $2t > 0$ y $\sqrt{b^2 - 4tc} > 0$, la menor raíz es la segunda:

$$\alpha(t) = \frac{-b - \sqrt{b^2 - 4tc}}{2t} \quad y \quad \beta(t) = \frac{-b + \sqrt{b^2 - 4tc}}{2t}.$$

Calculemos $\lim_{t \to 0^+} \alpha(t)$. Tenemos $\lim_{t \to 0^+} (-b - \sqrt{b^2 - 4tc}) = -2b$ y $\lim_{t \to 0^+} 2t = 0$ tomando $2t$ valores positivos. Concluimos que el límite depende del signo de b como sigue:

$$\lim_{t \to 0^+} \alpha(t) = \begin{cases} +\infty & \text{si } b < 0, \\ -\infty & \text{si } b > 0. \end{cases}$$

Calculemos $\lim_{x \to 0^+} \beta(t)$. En este caso, numerador y denominador tienen límite 0. Apliquemos la regla de L'Hôpital:

$$\lim_{t \to 0^+} \beta(t) = \lim_{t \to 0^+} \frac{-4c/(2\sqrt{b^2 - 4tc})}{2} = \lim_{t \to 0^+} \frac{-c}{\sqrt{b^2 - 4tc}} = \frac{-c}{b}.$$

Calculemos los límites por la izquierda. Como $2t < 0$ y $\sqrt{b^2 - 4tc} > 0$, ahora tenemos que la menor raíz es

$$\alpha(t) = \frac{-b + \sqrt{b^2 - 4tc}}{2t},$$

y la mayor

$$\beta(t) = \frac{-b - \sqrt{b^2 - 4tc}}{2t}.$$

Argumentos similares a los del caso anterior dan

$$\lim_{x \to 0^-} \alpha(t) = \frac{-c}{b} \quad y \quad \lim_{t \to 0^-} \alpha(t) = \begin{cases} -\infty & \text{si } b < 0, \\ +\infty & \text{si } b > 0. \end{cases}$$

Vemos pues que, en todos los casos, a medida que el coeficiente t en el polinomio $tx^2 + bx + c$ se acerca a 0, una de las raíces tiende al número fijo $-c/b$, mientras que la otra tiende a $+\infty$ o $-\infty$. Nótese que, para $t = 0$, el polinomio $tx^2 + bx + c$ deviene $bx + c$, polinomio que tiene por gráfica una recta que corta el eje de abscisas precisamente en $-b/c$, el punto límite de una de las raíces.

75

Sea $f : [a, +\infty) \to \mathbb{R}$ una función continua tal que el límite $\lim_{x \to +\infty} f(x)$ existe y es finito. Demostrar que f es una función acotada.

[Solución]

Sea $\ell = \lim_{x \to +\infty} f(x)$. Por definición de límite, para $\epsilon = 1$ existe un real $K > a$ tal que $|f(x) - \ell| < 1$ para todo $x > K$ o, equivalentemente, $\ell - 1 < f(x) < \ell + 1$ para todo $x > K$.

Consideremos ahora la función f restringida al intervalo $[a, K]$. La función f es continua en este intervalo, por lo que $f([a, K])$ es un intervalo $[m, M]$. Sean $c = \min \{\ell - 1, m\}$ y $C = \max \{\ell + 1, M\}$. Para todo $x \in [a, +\infty)$, tenemos

$$c \leq \ell - 1 < f(x) < \ell + 1 < C \quad \text{si } x > K$$
$$c \leq m \leq f(x) \leq M \leq C \quad \text{si } a \leq x \leq K$$

En definitiva, c y C son, respectivamente, una cota inferior y una cota superior de f.

76

Considérense las funciones f y g de dominio $(-\pi/2, \pi/2)$ y definidas por

$$f(x) = \frac{1}{2}x, \quad g(x) = \arctan \frac{\sen x}{1 + \cos x}.$$

1) Demostrar que $f'(x) = g'(x)$ para todo $x \in (-\pi/2, \pi/2)$.
2) Demostrar que para todo $x \in (-\pi/2, \pi/2)$ se cumple

$$\arctan \frac{\sen x}{1 + \cos x} = \frac{1}{2}x.$$

[Solución]

1) Ciertamente, $f'(x) = 1/2$. Calculemos $g'(x)$.

$$g'(x) = \frac{1}{1 + \left(\dfrac{\sen x}{1 + \cos x}\right)^2} \frac{\cos x(1 + \cos x) + \sen^2 x}{(1 + \cos x)^2}$$

$$= \frac{\cos x + \cos^2 x + \sen^2 x}{(1 + \cos x)^2 + \sen^2 x}$$

$$= \frac{1 + \cos x}{1 + 2\cos x + \cos^2 x + \sen^2 x}$$

$$= \frac{1 + \cos x}{2(1 + \cos x)}$$

$$= \frac{1}{2}.$$

2) Puesto que $f'(x) = g'(x)$ para todo x del dominio, que es un intervalo, las dos funciones difieren en una constante. Por tanto, existe k tal que $f(x) = g(x) + k$ para todo $x \in (-\pi/2, \pi/2)$. Ahora bien, $f(0) = 0 = g(0)$ y $f(0) = g(0) + k$ implican $k = 0$, de donde $f(x) = g(x)$ para todo $x \in (-\pi/2, \pi/2)$.

77

Sean α y β números reales, con $\alpha > \beta > 0$. Demostrar:

1) $\displaystyle\lim_{x \to +\infty} \frac{\ln(1 + x^\alpha)}{\ln(1 + x^\beta)} = \frac{\alpha}{\beta}$.

2) $\dfrac{\ln(1 + x^\alpha)}{\ln(1 + x^\beta)} < \dfrac{\alpha}{\beta}$ para todo número real $x \in (0, 1]$.

3) $(1 + x^\alpha)^\beta < (1 + x^\beta)^\alpha$ para todo número real $x > 0$.

4) $\dfrac{\ln(1 + x^\alpha)}{\ln(1 + x^\beta)} < \dfrac{\alpha}{\beta}$ para todo número real x.

1) Los límites del numerador y del denominador en $+\infty$ son ambos $+\infty$. Apliquemos la regla de L'Hôpital. El cociente de las derivadas es

$$\frac{\alpha x^{\alpha-1}/(1+x^{\alpha})}{\beta x^{\beta-1}/(1+x^{\beta})} = \frac{\alpha}{\beta} \cdot \frac{x^{\alpha-1}+x^{\alpha+\beta-1}}{x^{\beta-1}+x^{\alpha+\beta-1}} = \frac{\alpha}{\beta} \cdot \frac{1/x^{\beta}+1}{1/x^{\alpha}+1},$$

que tiene límite α/β en $+\infty$.

2) Sea $x \in (0, 1]$. Las funciones $f(t) = \ln(1+t^{\alpha})$ y $g(t) = \ln(1+t^{\beta})$ son continuas en $[0, x]$ y derivables en $(0, x)$. Apliquemos el teorema de Cauchy: existe $c \in (0, x)$ tal que $f'(c)(g(x)-g(0)) = g'(c)(f(x)-f(0))$, es decir,

$$\frac{\alpha c^{\alpha-1}}{1+c^{\alpha}} \ln(1+x^{\beta}) = \frac{\beta c^{\beta-1}}{1+c^{\beta}} \ln(1+x^{\alpha}).$$

Entonces,

$$\frac{\ln(1+x^{\alpha})}{\ln(1+x^{\beta})} = \frac{\alpha}{\beta} c^{\alpha-\beta} \frac{1+c^{\beta}}{1+c^{\alpha}} = \frac{\alpha}{\beta} \frac{c^{\alpha-\beta}+c^{\alpha}}{1+c^{\alpha}}.$$

Puesto que $0 < c < x \le 1$ y $\alpha > \beta$, resulta $c^{\alpha-\beta} < 1$. Entonces, $(c^{\alpha-\beta}+c^{\alpha})/(1+c^{\alpha}) < 1$ y obtenemos

$$\frac{\ln(1+x^{\alpha})}{\ln(1+x^{\beta})} < \frac{\alpha}{\beta}.$$

3) Supongamos, primero, $0 < x \le 1$. De acuerdo con el apartado anterior,

$$\frac{\ln(1+x^{\alpha})}{\ln(1+x^{\beta})} < \frac{\alpha}{\beta},$$

de donde $\beta \ln(1+x^{\alpha}) < \alpha \ln(1+x^{\beta})$. Entonces, $\ln(1+x^{\alpha})^{\beta} < \ln(1+x^{\beta})^{\alpha}$ y, tomando la función exponencial (que es estrictamente creciente) en ambos términos, se tiene $(1+x^{\alpha})^{\beta} < (1+x^{\beta})^{\alpha}$.[5]

Sea ahora $x > 1$. Puesto que $0 < 1/x < 1$, el resultado anterior asegura

$$\left(1+\frac{1}{x^{\alpha}}\right)^{\beta} < \left(1+\frac{1}{x^{\beta}}\right)^{\alpha}.$$

Operando,

$$\frac{(x^{\alpha}+1)^{\beta}}{x^{\alpha\beta}} < \frac{(x^{\beta}+1)^{\alpha}}{x^{\alpha\beta}}.$$

Simplificando $x^{\alpha\beta}$, obtenemos la desigualdad.

4) Puesto que la función logaritmo neperiano es estrictamente creciente, tomando logaritmos en la desigualdad del apartado 3, obtenemos $\beta \ln(1+x^{\alpha}) < \alpha \ln(1+x^{\beta})$. Puesto que $1+x^{\beta} > 1$, resulta $\ln(1+x^{\beta}) > 0$. Multiplicando ambos términos por $\ln(1+x^{\beta})/\beta$, obtenemos

$$\frac{\ln(1+x^{\alpha})}{\ln(1+x^{\beta})} < \frac{\alpha}{\beta}.$$

---

[5] Véase en el problema 87 una forma alternativa de probar esta desigualdad.

78

Sean $a, b \in \mathbb{R}$, con $a < b$, y sean f y g dos funciones continuas en $[a, b]$ tales que $f(a) < g(a)$ y $f(b) > g(b)$. Demostrar que existe $c \in (a, b)$ tal que $f(c) = g(c)$.

[Solución]

Consideremos la función h definida en $[a, b]$ por $h(x) = f(x) - g(x)$. La función h es continua en $[a, b]$ por ser diferencia de funciones continuas. Además, $h(a) = f(a) - g(a) < 0$ y $h(b) = f(b) - g(b) > 0$. Por el teorema de Bolzano, existe $c \in (a, b)$ tal que $0 = h(c) = f(c) - g(c)$, es decir, $f(c) = g(c)$.

79

Resolver la ecuación $e^x + x = 0$ con un error inferior a $0,01$.

[Solución]

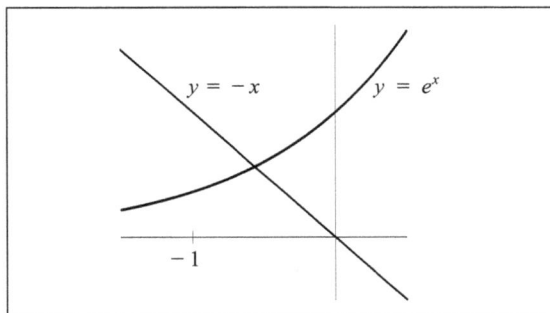

Fig. 2.7

La función $f(x) = e^x + x$ es continua en $\mathbb{R}$, ya que es suma de dos funciones continuas. La ecuación dada es equivalente a $e^x = -x$. Representando gráficamente las funciones $y = e^x$ e $y = -x$ (v. figura 2.7) vemos que tienen un único punto de intersección, cuya abscisa es la solución pedida, y que parece estar en el intervalo $[-1, 0]$. En efecto, $f(-1) = 1/e - 1 < 0$ y $f(0) = 1 > 0$, luego el teorema de Bolzano asegura que existe un punto en el intervalo $[-1, 0]$ en el cual f se anula. Observamos, además, que $f(-0,5)$ tiene signo opuesto a $f(-1)$; el teorema dice ahora que la solución está en $[-1, -0,5]$. Procedemos así sucesivamente hasta que la solución quede confinada en un intervalo de longitud menor o igual que el error deseado. Los resultados se muestran en la siguiente tabla:

x	0	-1	$-0,5$	$-0,75$	$-0,6$	$-0,55$	$-0,57$	$-0,56$
$f(x)$	1	$-0,63$	$0,11$	$-0,28$	$-0,05$	$0,027$	$-0,004$	$0,011$

Deducimos que la solución aproximada es $x = -0,57$, con error inferior a $0,01$.

80

Sea $f: [a, b] \to \mathbb{R}$ una función continua tal que $f(x) \in \mathbb{Q}$ para todo $x \in [a, b]$. Demostrar que f es constante.

[Solución]

Por reducción al absurdo, supongamos que f toma sólo valores racionales pero que no es constante. Por el teorema de Weierstrass, $f([a, b])$ tiene un mínimo m y un máximo M, y el recorrido de f es $[m, M]$. Puesto que f no es constante, tenemos $m < M$. Entre cada dos reales distintos existe algún irracional; por tanto, existe un irracional $\alpha \in [m, M] \setminus \mathbb{Q}$. Como α pertenece al recorrido de f, existe un $c \in [a, b]$ tal que $f(c) = \alpha$ es irracional, lo que es contradictorio.

Representar gráficamente la función $f(x) = x^5 + 4x^4 + x^3 - 10x^2 - 4x + 8$.

[Solución]

La función es polinómica, por lo que el dominio es $\mathbb{R}$. Su grado es mayor que 1, lo que implica que no hay asíntotas. Además, como es de grado impar y el coeficiente de grado máximo es positivo, tenemos

$$\lim_{x \to -\infty} f(x) = -\infty, \quad \lim_{x \to +\infty} f(x) = +\infty.$$

Todos los coeficientes son enteros. Si $f(x)$ tiene raíces enteras, serán divisores de 8. Probando $x = -2$, obtenemos

$$\begin{aligned} f(x) &= (x+2)(x^4 + 2x^3 - 3x^2 - 4x + 4) \\ &= (x+2)^2(x^3 - 3x + 2) \\ &= (x+2)^3(x^2 - 2x + 1) \\ &= (x+2)^3(x-1)^2. \end{aligned}$$

Estudiemos la monotonía. La derivada primera es

$$\begin{aligned} f'(x) &= 3(x+2)^2(x-1)^2 + (x+2)^3 2(x-1) \\ &= (x+2)^2(x-1)(3(x-1) + 2(x+2)) \\ &= (x+2)^2(x-1)(5x+1), \end{aligned}$$

que se anula para $x = -2$, $x = -1/5$ y $x = 1$. Si $x < -2$, $f'(x) > 0$ y $f(x)$ es creciente. Si $-2 < x < -1/5$, $f'(x) > 0$ y $f(x)$ es creciente. Si $-1/5 < x < 1$, $f'(x) < 0$ y $f(x)$ es decreciente. Si $1 < x$, $f'(x) > 0$, y $f(x)$ es creciente. La discusión anterior comporta que en $M_1 = (-1/5, f(-1/5)) = (-1/5, 26244/3125) \simeq (-0,20, -8,40)$ hay un máximo y que en $M_2 = (1, 0)$ hay un mínimo. Notemos que en $x = -2$ se anula la derivada primera, pero no hay extremo relativo.

La segunda derivada es

$$\begin{aligned} f''(x) &= 2(x+2)(x-1)(5x+1) + (x+2)^2(5x+1) + (x+2)^2(x-1) \cdot 5 \\ &= (x+2)(20x^2 + 8x - 10) \\ &= 2(x+2)(10x^2 + 4x - 5). \end{aligned}$$

Las raíces de $10x^2 + 4x - 5$ son $\alpha = (-2 - 3\sqrt{6})/10 \simeq -0,93$ y $\beta = (-2 + 3\sqrt{6})/10 \simeq 0,53$. Así, la factorización de $f''(x)$ es

$$f''(x) = 20(x+2)(x-\alpha)(x-\beta)$$

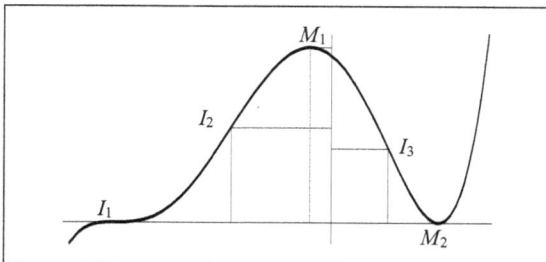

Si $x < -2$, $f''(x) < 0$ y $f(x)$ es cóncava. Si $-2 < x < \alpha$, $f''(x) > 0$ y $f(x)$ es convexa. Si $\alpha < x < \beta$, $f''(x) < 0$ y $f(x)$ es cóncava. Si $\beta < x$, $f''(x) > 0$ y $f(x)$ es convexa. Los puntos de inflexión son $I_1 = (-2, 0)$, $I_2 = (\alpha, f(\alpha)) \simeq (-0,93, 4,52)$ y $I_3 = (\beta, f(\beta)) \simeq (0,53, 3,52)$.

La figura 2.8 es un esbozo de la gráfica de $f(x)$.

Fig. 2.8

82

Representar gráficamente la función $f(x) = 2x + 3\sqrt[3]{x^2}$.

[Solución]

El dominio es $\mathbb{R}$. Calculemos los límites en $\pm\infty$. Tenemos

$$\lim_{x\to-\infty} f(x) = \lim_{x\to-\infty} \left(2x + 3\sqrt[3]{x^2}\right) = \lim_{x\to-\infty}\left(2\sqrt[3]{x^3} + 3\sqrt[3]{x^2}\right) = \lim_{x\to-\infty} \sqrt[3]{x^2}\left(2\sqrt[3]{x} + 3\right).$$

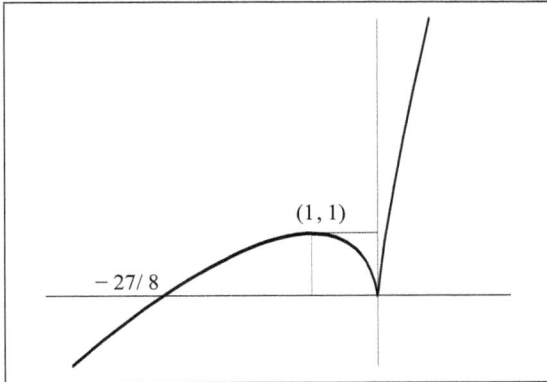

Ahora bien,

$$\lim_{x\to-\infty} \sqrt[3]{x^2} = +\infty, \qquad \lim_{x\to-\infty}\left(2\sqrt[3]{x} + 3\right) = -\infty,$$

por lo que

$$\lim_{x\to-\infty} f(x) = -\infty.$$

Por otra parte, es claro que

$$\lim_{x\to+\infty} f(x) = +\infty.$$

Fig. 2.9

Así pues, no hay asíntotas horizontales. Veamos si las hay oblicuas. Si $y = ax + b$ es una asíntota oblicua por la izquierda, tenemos

$$a = \lim_{x\to-\infty} \frac{f(x)}{x} = \lim_{x\to-\infty}\left(2 + 3\sqrt[3]{\frac{1}{x}}\right) = 2$$

y

$$b = \lim_{x\to-\infty} (f(x) - ax) = \lim_{x\to-\infty} (2x + 3\sqrt[3]{x^2} - 2x) = \lim_{x\to-\infty} 3\sqrt[3]{x^2} = +\infty,$$

lo que indica que no hay asíntota oblicua por la izquierda. Análogamente, se demuestra que tampoco hay asíntota oblicua por la derecha.

La ecuación $f(x) = 0$ equivale a $3\sqrt[3]{x^2} = -2x$. Tenemos $27x^2 = -8x^3$, que tiene las dos soluciones $x = 0$ y $x = -27/8$. Así pues, la gráfica corta a los ejes en los puntos $(0, 0)$ y $(-27/8, 0)$.

Estudiemos la monotonía. La derivada primera es

$$f'(x) = 2 + 3 \cdot \frac{2}{3}x^{-1/3} = 2 + \frac{2}{\sqrt[3]{x}} = \frac{2(\sqrt[3]{x} + 1)}{\sqrt[3]{x}},$$

que se anula sólo para $x = -1$. Si $x < -1$, entonces $f'(x) > 0$ y f es estrictamente creciente en $(-\infty, -1)$; si $-1 < x < 0$, entonces $f'(x) < 0$ y f es estrictamente decreciente en el intervalo $(-1, 0)$; si $0 < x$, entonces $f'(x) > 0$ y f es estrictamente creciente en $(0, +\infty)$.

En -1, la función pasa de creciente a decreciente, luego en $(-1, f(-1)) = (-1, 1)$ hay un máximo; en $(0, 0)$ pasa de decreciente a creciente, luego en $(0, 0)$ hay un mínimo. Notemos que en 0 hay un mínimo sin que la función sea derivable en $x = 0$, aunque sí es continua en $x = 0$. El punto $(0, 0)$ es un mínimo, que es a la vez un punto anguloso.

La segunda derivada de f es

$$f''(x) = 2 \cdot \frac{-1}{3} x^{-4/3} = -\frac{2}{3} \cdot \frac{1}{\sqrt[3]{x^4}},$$

que es negativa para todo $x \neq 0$. Por tanto, f es cóncava en todo su dominio.

La figura 2.9 esboza la gráfica de $f(x)$.

83

Representar gráficamente la función $f(x) = \dfrac{x^2}{\sqrt{x^2 - 1}}$.

[Solución]

Nótese que la función es par. Por tanto, basta estudiarla para valores $x > 0$; su comportamiento para $x < 0$ se obtiene por simetría respecto al eje de ordenadas.

El dominio está formado por los puntos x tales que $x^2 - 1 > 0$, es decir, los valores $x > 1$ (y $x < -1$, que aquí no consideramos). En $x = 1$ hay una asíntota vertical. Como $f(x) > 0$ para todo $x > 1$, tenemos

$$\lim_{x \to 1^+} f(x) = +\infty.$$

La derivada de $f(x)$ es

$$f'(x) = \frac{2x\sqrt{x^2-1} - x^2 \dfrac{x}{\sqrt{x^2-1}}}{x^2-1} = \frac{2x(x^2-1) - x^3}{(x^2-1)\sqrt{x^2-1}} = \frac{x(x^2-2)}{(x^2-1)\sqrt{x^2-1}}.$$

Para $x > 1$, el signo de $f'(x)$ es el signo de $x^2 - 2$, es decir, negativo si $1 < x < \sqrt{2}$ y positivo si $x > \sqrt{2}$. Por tanto, $f(x)$ es decreciente para $1 < x < \sqrt{2}$ y creciente para $x > \sqrt{2}$. En $x = \sqrt{2}$ hay un mínimo de valor $f(\sqrt{2}) = 2$.

Finalmente, veamos si hay asíntotas oblicuas $y = ax + b$ en $+\infty$.

$$a = \lim_{x \to +\infty} \frac{f(x)}{x} = \lim_{x \to +\infty} \frac{x^2}{x\sqrt{x^2-1}} = \lim_{x \to +\infty} \frac{1}{\sqrt{1 - 1/x^2}} = 1.$$

$$b = \lim_{x \to +\infty} (f(x) - x)$$

$$= \lim_{x \to +\infty} \frac{x^2 - x\sqrt{x^2-1}}{\sqrt{x^2-1}} = \lim_{x \to +\infty} \frac{x(x - \sqrt{x^2-1})}{\sqrt{x^2-1}}$$

$$= \lim_{x \to +\infty} \frac{x(x^2 - (x^2-1))}{(x + \sqrt{x^2-1})\sqrt{x^2-1}} = \lim_{x \to +\infty} \frac{x}{(x + \sqrt{x^2-1})\sqrt{x^2-1}}$$

$$= \lim_{x \to +\infty} \frac{1}{(1 + \sqrt{1 - 1/x^2})\sqrt{x^2-1}}$$

$$= 0.$$

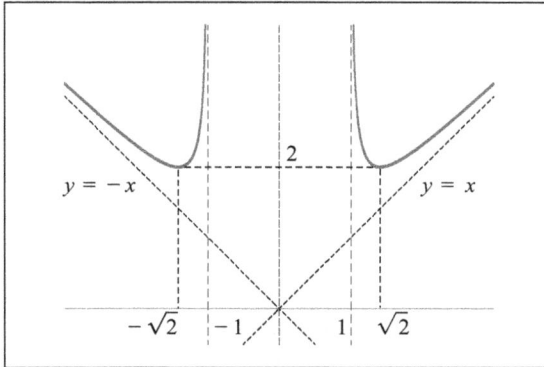

Fig. 2.10

Por tanto, $\lim\limits_{x \to +\infty} (f(x) - x) = 0$. Entonces la recta de ecuación $y = x$ es una asíntota oblicua. No detallamos el cálculo (rutinario) de la segunda derivada, que resulta ser

$$f''(x) = \frac{(x^2 + 2)\sqrt{x^2 - 1}}{(x^2 - 1)^3}.$$

Ciertamente, $f''(x) > 0$ para todo $x > 1$, por lo que la función es convexa en $(1 + \infty)$. Con todo ello puede esbozarse la gráfica para $x > 1$ y obtener la gráfica para $x < -1$ por simetría respecto al eje de ordenadas. El resultado puede verse en la figura 2.10.

84

Representar gráficamente la función $f(x) = \dfrac{\ln x}{x}$.

[Solución]

El dominio es el conjunto $(0, +\infty)$ de los números reales estrictamente positivos.

Estudiemos la monotonía. La derivada de f es

$$f'(x) = \frac{\dfrac{1}{x} x - \ln x}{x^2} = \frac{1 - \ln x}{x^2}.$$

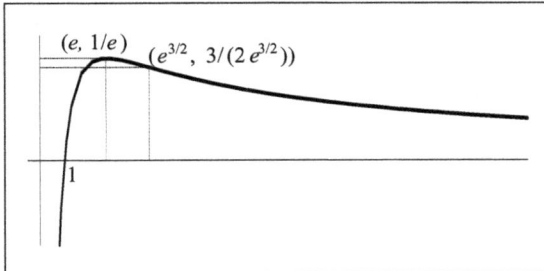

Fig. 2.11

La ecuación $1 - \ln x = 0$ tiene solución $x = e$, donde está el único posible extremo relativo. Si $x < e$, entonces $\ln x < 1$ y $f'(x) > 0$, por lo que f es creciente en $(0, e)$. Si $x > e$, entonces $\ln x > 1$ y $f'(x) < 0$, por lo que f es decreciente en $(e, +\infty)$. En $x = e$, la función pasa de creciente a decreciente, lo que implica que $(e, f(e)) = (e, 1/e) \simeq (2{,}7, 0{,}37)$ es un máximo.

Estudiemos la convexidad. La segunda derivada de f es

$$f''(x) = \frac{\dfrac{-1}{x} x^2 - (1 - \ln x)2x}{x^4} = \frac{-3 + 2\ln x}{x^3}.$$

La ecuación $-3 + 2\ln x = 0$ equivale a $\ln x = 3/2$, es decir, $x = e^{3/2}$. Si $x < e^{3/2}$, tenemos $-3 + 2\ln x < -3 + 2(3/2) = 0$, por lo que $f''(x) < 0$ y f es cóncava en $(0, e^{3/2})$; análogamente, f es convexa en $(e^{3/2}, +\infty)$. En $x = e^{3/2}$, la función pasa de cóncava a convexa, luego en $(e^{3/2}, f(e^{3/2})) = (e^{3/2}, 3/(2e^{3/2})) \simeq (4{,}48, 0{,}33)$ hay el único punto de inflexión.

La única posible asíntota vertical es $x = 0$. Tenemos

$$\lim_{x \to 0^+} \frac{\ln x}{x} = -\infty$$

porque el límite del numerador es $-\infty$ y el denominador es positivo de límite 0. Así pues, $x = 0$ es una asíntota vertical.

Aplicando la regla de L'Hôpital, tenemos

$$\lim_{x \to +\infty} \frac{\ln x}{x} = \lim_{x \to +\infty} \frac{1}{x} = 0,$$

por lo que el eje de abscisas $y = 0$ es una asíntota horizontal por la derecha.

Finalmente, la curva corta el eje de abscisas en $x = 1$.

Con toda la información anterior, podemos esbozar la representación gráfica de $f(x)$ que puede verse en la figura 2.11. Para visualizar la diferencia entre el máximo y el punto de inflexión, hemos tomado en la gráfica la unidad del eje de ordenadas muy grande comparada con la unidad del eje de abscisas . Aun así, la aproximación de la gráfica a la asíntota horizontal aparece muy lenta.

85

Representar gráficamente la función $f(x) = \dfrac{x^2 + e^x}{5(x - 1)}$.

[Solución]

El dominio es $\mathbb{R} \setminus \{1\}$.

Sólo en $x = 1$ puede haber una asíntota vertical. En $x = 1$, el numerador no se anula y el denominador sí, luego en $x = 1$ hay una asíntota vertical. A efectos de representación gráfica, notemos que los límites laterales son $\lim\limits_{x \to 1^-} f(x) = -\infty$ y $\lim\limits_{x \to 1^+} f(x) = +\infty$. Puesto que los límites $\lim\limits_{x \to \pm\infty} f(x)$ no son finitos, no hay asíntotas horizontales. Para decidir si hay asíntotas oblicuas, calculamos

$$\lim_{x \to -\infty} \frac{f(x)}{x} = \lim_{x \to -\infty} \frac{x^2 + e^x}{5x(x - 1)} = \lim_{x \to -\infty} \left(\frac{x^2}{5x(x - 1)} + \frac{e^x}{5x(x - 1)} \right) = \frac{1}{5} + 0 = \frac{1}{5}.$$

$$\lim_{x \to +\infty} \frac{f(x)}{x} = \lim_{x \to +\infty} \frac{x^2 + e^x}{5x^2 - 5x} = \lim_{x \to +\infty} \frac{2x + e^x}{10x - 5} = \lim_{x \to +\infty} \frac{2 + e^x}{10} = +\infty.$$

En el segundo límite se ha aplicado dos veces la regla de L'Hôpital. Sólo puede haber una asíntota oblicua $y = ax + b$ por la izquierda. Tenemos $a = 1/5$. Además,

$$b = \lim_{x \to -\infty} \left(f(x) - \frac{x}{5} \right) = \lim_{x \to -\infty} \frac{x + e^x}{5(x - 1)} = \frac{1}{5}.$$

Por tanto, la asíntota oblicua (sólo por la izquierda) es $y = (x + 1)/5$.

Calculemos la derivada

$$f'(x) = \frac{(2x + e^x) \cdot 5 \cdot (x - 1) - (x^2 - e^x) \cdot 5}{25(x - 1)^2} = \frac{x^2 - 2x + xe^x - 2e^x}{5(x - 1)^2} = \frac{(x - 2)(x + e^x)}{5(x - 1)^2}.$$

El signo de $f'(x)$ es el signo del numerador $(x - 2)(x + e^x)$ de esta fracción, que se anula para $x = 2$ y para la solución $x = a$ de la ecuación $x + e^x = 0$, que es aproximadamente $a \simeq -0{,}57$. En este punto el valor de $x + e^x$ pasa de negativo

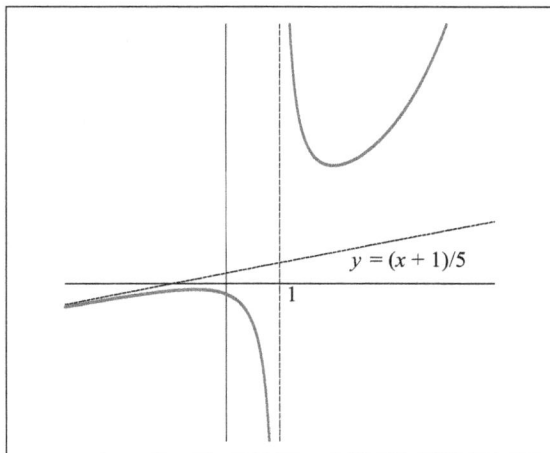
Fig. 2.12

a positivo (v. problema 79). Entonces, si $x < a$, se cumple $f'(x) > 0$; si $a < x < 2$, se cumple $f'(x) < 0$; finalmente, para $x > 2$, se cumple $f'(x) > 0$. Así pues, f es creciente en $(-\infty, a) \cup (2, +\infty)$ y decreciente en $(a, 2)$. Además, hay un máximo relativo en $x = a$ con valor

$$f(a) \simeq f(-0,57) \simeq -0,11$$

y un mínimo relativo en $x = 2$ con valor $f(2) \simeq 2,28$.

La segunda derivada, después de simplificar, es

$$f''(x) = \frac{2 + e^x x^2 - 4 e^x x + 5 e^x}{5(x-1)^3}$$

$$= \frac{2 + e^x(x^2 - 4x + 5)}{5(x-1)^3}.$$

El trinomio $x^2 - 4x + 5$ tiene discriminante negativo, por lo que $x^2 - 4x + 5 > 0$ para todo x. Entonces, el numerador de $f''(x)$ es positivo para todo x. El signo de $f''(x)$ es, pues, el de $(x-1)^3$. Si $x < 1$, se tiene $f''(x) < 0$ y la función es cóncava; si $x > 1$, se tiene $f''(x) > 0$ y la función es convexa.

La figura 2.12 es la gráfica pedida.

86

Estudiar la continuidad y la derivabilidad de la función

$$f(x) = \begin{cases} x \arctan \dfrac{1}{x} & \text{si } x \neq 0 \\ 0 & \text{si } x = 0. \end{cases}$$

[Solución]

Para $x \neq 0$, f es derivable (y, por tanto, continua), ya que es producto de la función identidad $x \mapsto x$, que es derivable, y la función $x \mapsto \arctan(1/x)$, que es composición de dos funciones derivables.

Estudiemos la continuidad en $x = 0$. Por una parte, $f(0) = 0$. Por otra, como la función arco tangente está acotada,

$$\lim_{x \to 0} f(x) = \lim_{x \to 0} x \arctan \frac{1}{x} = 0,$$

luego f es continua también en 0.

La función $f(x)$ es derivable en $x = 0$ si existe el límite

$$f'(0) = \lim_{x \to 0} \frac{x \arctan \frac{1}{x} - 0}{x - 0} = \lim_{x \to 0} \arctan \frac{1}{x}.$$

Ahora bien, puesto que los límites laterales

$$\lim_{x \to 0^-} \arctan \frac{1}{x} = \frac{-\pi}{2} \quad \text{y} \quad \lim_{x \to 0^+} \arctan \frac{1}{x} = \frac{\pi}{2}$$

son distintos, no existe $f'(0)$. Luego f no es derivable en 0.

87

Sean α, β y c números reales, con $\alpha > \beta > 0$ y $c > 0$.

1) Demostrar que la función de dominio $(0, +\infty)$ definida por $f(t) = (1 + c^t)^{1/t}$ es estrictamente decreciente en todo su dominio.

2) Demostrar que $(1 + c^\alpha)^\beta < (1 + c^\beta)^\alpha$.

[Solución]

1) Veamos que $f'(t) < 0$, para todo $t > 0$. Primero tomamos logaritmos, derivamos y despejamos $f'(t)$:

$$\ln f(t) = \frac{1}{t} \ln (1 + c^t).$$

$$\frac{f'(t)}{f(t)} = -\frac{1}{t^2} \ln (1 + c^t) + \frac{1}{t} \frac{c^t \ln c}{1 + c^t}$$

$$= \frac{1}{t^2(1 + c^t)} \left(-(1 + c^t) \ln (1 + c^t) + tc^t \ln c \right)$$

$$= \frac{1}{t^2(1 + c^t)} \left(-(1 + c^t) \ln (1 + c^t) + c^t \ln c^t \right).$$

$$f'(t) = \frac{(1 + c^t)^{1/t}}{t^2(1 + c^t)} \left(-(1 + c^t) \ln (1 + c^t) + c^t \ln c^t \right).$$

Como $1 + c^t > c^t$ y $\ln (1 + c^t) > \ln c^t$, resulta $-(1 + c^t) \ln (1 + c^t) + c^t \ln c^t < 0$ y, en consecuencia, $f'(t) < 0$. Así pues, $f'(t)$ es estrictamente decreciente.

2) Como $\beta < \alpha$, el apartado anterior implica $(1 + c^\beta)^{1/\beta} > (1 + c^\alpha)^{1/\alpha}$. Si elevamos a un número positivo, las desigualdades se mantienen. Elevando a $\alpha\beta$ resulta $(1 + c^\beta)^\alpha > (1 + c^\alpha)^\beta$.

88

1) (Teorema de Rolle) Sea f una función continua en un intervalo $[a, b]$ y derivable en (a, b) tal que $f(a) = f(b)$. Demostrar que existe $c \in (a, b)$ tal que $f'(c) = 0$.

2) (Teorema de Cauchy) Sean f y g funciones continuas en un intervalo $[a, b]$ y derivables en el intervalo (a, b). Demostrar que existe un $c \in (a, b)$ tal que

$$g'(c)(f(b) - f(a)) = f'(c)(g(b) - g(a)).$$

3) (Teorema del valor medio) Sea f una función continua en un intervalo $[a, b]$ y derivable en (a, b). Demostrar que existe $c \in (a, b)$ tal que $f(b) - f(a) = f'(c)(b - a)$.

4) (Teorema fundamental) Sea f una función derivable en (a, b), y supongamos que $f'(x) = 0$ para todo $x \in (a, b)$. Demostrar que f es constante en (a, b).

[Solución]

1) Si f es una función constante en $[a, b]$, entonces $f'(c) = 0$ en cualquier $c \in (a, b)$. Si f no es constante, entonces f toma valores estrictamente mayores o estrictamente menores que $f(a) = f(b)$. Según el teorema de Weierstrasse, f tiene un máximo y un mínimo. Por lo menos uno de los dos se toma en un punto $c \neq a, b$ porque hay valores estrictamente menores o estrictamente mayores que $f(a) = f(b)$. Entonces $f'(c) = 0$.

2) Consideremos la función $F(x) = g(x)(f(b) - f(a)) - f(x)(g(b) - g(a))$, que es continua en $[a, b]$ y derivable en (a, b) porque lo son f y g. Tenemos

$$F(a) = g(a)(f(b) - f(a)) - f(a)(g(b) - g(a)) = g(a)f(b) - f(a)g(b),$$
$$F(b) = g(b)(f(b) - f(a)) - f(b)(g(b) - g(a)) = -g(b)f(a) + f(b)g(a) = F(a).$$

Según el teorema de Rolle, existe $c \in (a, b)$ tal que

$$0 = F'(c) = g'(c)(f(b) - f(a)) - f'(c)(g(b) - g(a)),$$

como queríamos demostrar.

3) Sólo hay que aplicar el teorema de Cauchy a las funciones f y $g(x) = x$.

4) Hay que probar que dos puntos cualesquiera de $[a, b]$ tienen la misma imagen. Sean $a < x_1 < x_2 < b$. La función f es continua en $[x_1, x_2]$ y derivable en (x_1, x_2). Según el teorema del valor medio, existe $c \in (x_1, x_2)$ tal que $f(x_2) - f(x_1) = f'(c)(x_2 - x_1) = 0$, lo que implica $f(x_1) = f(x_2)$.

89

Demostrar que, si $0 < x < 1$, se verifica la desigualdad

$$\arccos x > \frac{\pi}{2} - \frac{x}{\sqrt{1 - x^2}}.$$

[Solución]

La desigualdad puede escribirse también en la forma

$$\frac{\arccos x - \dfrac{\pi}{2}}{x} > -\frac{1}{\sqrt{1 - x^2}}.$$

Apliquemos el teorema del valor medio a la función $f(x) = \arccos x$. La función f tiene por dominio el intervalo $[-1, 1]$, es continua en el intervalo $[0, x]$ y derivable en $(0, x)$. Tenemos que existe $c \in (0, x)$ tal que

$$\frac{f(x) - f(0)}{x - 0} = f'(c),$$

es decir,

$$\frac{\arccos x - \frac{\pi}{2}}{x} = -\frac{1}{\sqrt{1 - c^2}}.$$

Para concluir, basta observar que, si $0 < c < x$, se verifica

$$-\frac{1}{\sqrt{1 - c^2}} > -\frac{1}{\sqrt{1 - x^2}}.$$

90

1) Demostrar que $\ln x \le x - 1$ para todo $x > 0$ y que $\ln x = x - 1$ si, y sólo si, $x = 1$.

2) Sean $p_1, \ldots, p_n$, $q_1, \ldots, q_n$ números reales positivos tales que $p_1 + \cdots + p_n = 1$ y $q_1 + \cdots q_n \le 1$. Demostrar que

$$-\sum_{i=1}^{n} p_i \ln p_i \le -\sum_{i=1}^{n} p_i \ln q_i$$

y que vale la igualdad si, y sólo si, $p_i = q_i$ para todo $i \in \{1, \ldots, n\}$.[6]

[Solución]

1) Para $x = 1$, ambos términos son cero y se cumple la igualdad. Veamos que para $x \ne 1$ la desigualdad es estricta. Supongamos primero $0 < x < 1$. Consideremos la función $f(t) = \ln t$, que es continua en $[x, 1]$ y derivable en $(x, 1)$. Según el teorema del valor medio, existe un $c \in (x, 1)$ tal que $\ln 1 - \ln x = f'(c)(1 - x) = (1/c)(1 - x)$. Puesto que $0 < c < 1$, tenemos $1/c > 1$ y obtenemos $-\ln x = (1/c)(1 - x) > 1 - x$. Multiplicando por -1 la desigualdad cambia de sentido y obtenemos $\ln x < x - 1$.

Análogamente, si $x > 1$, aplicamos el teorema del valor medio al intervalo $[1, x]$. Entonces existe $c \in [1, x]$ tal que $\ln x - \ln 1 = (1/c)(x - 1) < x - 1$.

2) $\displaystyle -\sum_{i=1}^{n} p_i \ln p_i + \sum_{i=1}^{n} p_i \ln q_i = \sum_{i=1}^{n} p_i \ln \frac{q_i}{p_i}$

$$\le \sum_{i=1}^{n} p_i \left(\frac{q_i}{p_i} - 1 \right)$$

$$= \sum_{i=1}^{n} (q_i - p_i)$$

$$= \sum_{i=1}^{n} q_i - 1$$

$$\le 0.$$

Si en el enunciado se cumple la igualdad, entonces las desigualdades anteriores son igualdades. En particular, para todo $i = 1, \ldots, n$ se cumple $\ln (q_i/p_i) = q_i/p_i - 1$, es decir, $q_i/p_i = 1$ o, equivalentemente, $p_i = q_i$. Recíprocamente, si $p_i = q_i$ para cada i, es evidente que se cumple la igualdad en el enunciado.

□ **Problemas propuestos** ▬▬▬▬▬▬▬▬▬▬▬▬▬▬▬▬▬▬▬▬▬▬▬▬▬▬▬▬▬▬▬

91

Sean a, b y c tres números reales positivos. Demostrar que $a^{\log_c b} = b^{\log_c a}$.

Calcular los siguientes límites:

92

$$\lim_{x \to 4} \frac{\sqrt{x} - 2}{4 - x}.$$

93

$$\lim_{x \to 0} \frac{\sqrt{a + x} - \sqrt{a}}{x}, \quad \text{donde } a > 0.$$

94

$$\lim_{x \to 0} \left(\frac{x^3 - 2x^2 + 5x - 6}{x^3 + 2x + 2} \right)^{\frac{\operatorname{sen} x}{x}}.$$

---

[6] Este resultado se denomina *lema de Gibbs* y juega un papel relevante en la teoría de la información, en cuyo contexto los números $p_1, \ldots, p_n$ se interpretan como una distribución de probabilidades.

95

$$\lim_{x \to 0^+} \frac{2}{1 + e^{-1/x}}.$$

96

$$\lim_{x \to 0^+} \frac{\operatorname{sen} 3x}{\sqrt{x}}.$$

97

Calcular b y c para que

$$\lim_{x \to 3} \frac{x^3 - 5x^2 + 6x}{x^3 + bx^2 - x + c} = \frac{3}{8}.$$

98

Calcular k para que

$$\lim_{x \to +\infty} \left(\sqrt{\frac{x^2 + x + 1}{x^2}} \right)^{\frac{kx^2 + 1}{x}} = e^2.$$

99

Estudiar el tipo de discontinuidad en el origen de la función $f(x) = 1/(1 - e^{1/x})$.

100

Estudiar el tipo de discontinuidad en el origen de la función $f(x) = |\operatorname{sen} x|/x$.

Calcular las derivadas de las siguientes funciones:

101

$$f(x) = 3 \left(\frac{1}{\sqrt[3]{x^2}} - \frac{1}{x \sqrt[3]{x}} \right).$$

102

$$f(x) = \frac{\operatorname{sen} x + \cos x}{\operatorname{sen} x - \cos x}.$$

103

$$f(x) = \arctan \frac{1 + x}{1 - x}.$$

104

$$f(x) = \frac{1}{\sqrt{3}} \ln \frac{\tan \frac{x}{2} + 2 - \sqrt{3}}{\tan \frac{x}{2} + 2 + \sqrt{3}}.$$

105

$$f(x) = x^2 \, 10^{2x}.$$

106

$$f(x) = 2^{\operatorname{arc sen} 3x} + (1 - \operatorname{arc cos} 3x)^2.$$

107

$$f(x) = x^{x^2}.$$

108

Hallar el punto de la gráfica de la función

$$f(x) = (x - 2)^2$$

en el que la tangente es perpendicular a la recta de ecuación $2x - y + 2 = 0$.

109

Calcular a, b y c para que las gráficas de las funciones

$$f(x) = x^2 + ax + b \quad \text{y} \quad g(x) = x^3 - c$$

se corten en el punto $(1, 2)$ y tengan la misma tangente en ese punto.

110

Sean a, b, c y d números reales tales que

$$ad - bc \neq 0.$$

Demostrar que la función definida por

$$f(x) = \frac{ax + b}{cx + d}$$

no tiene extremos relativos ni puntos de inflexión.

Indicación: Probar que ni la primera derivada ni la segunda se anulan en ningún punto del dominio.

Estudiar y representar gráficamente las siguientes funciones:

111

$$f(x) = x^3 - 6x^2 + 9x.$$

112

$$f(x) = -x^4 + 4x^2.$$

113

$$f(x) = \frac{x^2 + 1}{x}.$$

114

$$f(x) = \frac{4x}{x^2 + 4}.$$

Problemas propuestos

115

Demostrar que

$$\operatorname{arg\,cosh} x = \ln\left(x + \sqrt{x^2 - 1}\right).$$

Indicación: Utilizar la técnica del problema 64.

116

Demostrar que para todo entero $n \geq 0$ y todo real x se cumple

$$(\cosh x + \operatorname{senh} x)^n = \cosh nx + \operatorname{senh} nx.$$

Indicación: Sustituir en ambos miembros las funciones $\cosh x$ y $\operatorname{senh} x$ por las expresiones que las definen.

117

Demostrar que una función f es cóncava en un intervalo I si, y sólo si, la función $-f$ es convexa en I.

118

Calcular $\lim\limits_{x \to +\infty} (a^x + b^x)^{1/x}$, donde $0 < a < b$.

119

Estudiar la continuidad de la función

$$f(x) = \begin{cases} e^{-1/x^2} & \text{si } x \leq 1; \\ e^{-1/(x(x-2))} & \text{si } x > 1. \end{cases}$$

120

Sean a, b y c números reales tales que $a^2 < 3b$. Demostrar que la gráfica de la función

$$f(x) = x^3 + ax^2 + bx + c$$

corta exactamente una vez el eje de abscisas.

Indicación: Aplicar el teorema de Bolzano y estudiar la monotonía.

121

Hallar las asíntotas, los intervalos de monotonía, los extremos relativos, los intervalos de convexidad y concavidad, y los puntos de inflexión de la función $y = (\ln x)^2/x$.

122

Sea $f: [0, 1] \to [0, 1]$ una función continua. Demostrar que existen $a, b \in [0, 1]$ tales que $f(a) = a$ y $f(b) = 1 - b$.

Indicación: Definamos

$$g(x) = x \quad \text{y} \quad h(x) = 1 - x.$$

Aplíquese el teorema de Bolzano a las funciones $f - g$ y $f - h$.

123

Sean f, g y h tres funciones continuas en un intervalo cerrado $[a, b]$ y derivables en (a, b). Consideremos la función

$$F(x) = \begin{vmatrix} f(x) & g(x) & h(x) \\ f(a) & g(a) & h(a) \\ f(b) & g(b) & h(b) \end{vmatrix}.$$

Demostrar:

1) $F(a) = F(b) = 0$.

2) La función F es continua en $[a, b]$ y derivable en (a, b).

3) La derivada de F es

$$F(x) = \begin{vmatrix} f'(x) & g'(x) & h'(x) \\ f(a) & g(a) & h(a) \\ f(b) & g(b) & h(b) \end{vmatrix}.$$

4) Existe $c \in (a, b)$ tal que $F'(c) = 0$.

5) El teorema de Cauchy (apartado 1 del problema 88) a partir del resultado anterior, mediante una particularización adecuada de la función h.

6) El teorema de Rolle mediante una particularización adecuada de las funciones g y h.

Indicación: 1) Para $x = a$ y $x = b$, el determinante tiene dos filas iguales.

2) y 3) Expresar $F(x)$ desarrollando el determinante por la primera fila.

4) Aplicar el teorema de Rolle.

5) Tomar $h(x) = 1$.

6) Tomar $h(x) = 1$ y $g(x) = x$.

3 Sucesiones

Sucesiones

Usualmente se define una sucesión (de números reales) como una aplicación $a\colon \mathbb{N} \to \mathbb{R}$; la imagen de un natural n se denota a_n y se denomina término n-ésimo de la sucesión. La sucesión a se denota también por (a_n).

La definición anterior implica que aplicaciones como las definidas por

$$a_n = \frac{n^2}{n^2 - 13n + 40}, \qquad b_n = \ln(n-5), \qquad c_n = \frac{2n}{n - (-1)^n n},$$

no son sucesiones: en los tres casos, el dominio no es $\mathbb{N}$, sino

$$\mathbb{N} \setminus \{5, 7\}, \qquad \mathbb{N} \setminus \{1, 2, 3, 4, 5\}, \qquad \mathbb{N} \setminus \{2k \;:\; k \in \mathbb{N}\}, \tag{3.1}$$

respectivamente. Para no excluir casos como los anteriores y que la definición esté acorde con la práctica habitual en los problemas, aquí daremos una definición de sucesión algo más general: en lugar de $\mathbb{N}$, el dominio puede ser cualquier subconjunto infinito de $\mathbb{N}$.

Una *sucesión* (de números reales) es una aplicación $a\colon D \to \mathbb{R}$ cuyo dominio D es un subconjunto infinito de $\mathbb{N}$. La imagen de un natural n del dominio se denota a_n (en lugar de $a(n)$, como es habitual en las aplicaciones) y se denomina *término n-ésimo* de la sucesión. La sucesión a se denota también mediante (a_n). En lo sucesivo, la condición de que n pertenezca al dominio de una sucesión a cuando se describen propiedades de los términos a_n de la misma quedará sobreentendida (de modo análogo a que escribir $f(x)$ para una función f presupone que x pertenece al dominio de f).

La forma más usual de definir una sucesión (a_n) consiste en dar explícitamente la imagen de cada natural n del dominio (por ejemplo, $a_n = n^2 - 3$). Sin embargo, en ciertos contextos (por ejemplo, en el cálculo de la complejidad de los algoritmos), la forma natural en que aparecen las sucesiones es la *recurrente*, que consiste en dar los primeros términos $a_0, \dots, a_{k-1}$ y una relación que, para $n \geq k$, permita calcular a_n a partir de los k términos anteriores $a_{n-1}, a_{n-2}, \dots, a_{n-k}$. Por ejemplo, una *progresión aritmética* es una sucesión en que cada término se obtiene del anterior sumando un número real fijo d denominado *diferencia*. En este caso, tenemos una sucesión definida mediante un primer término a_1 y la recurrencia $a_n = a_{n-1} + d$ para $n \geq 2$.

Cotas

◼ Sea (a_n) una sucesión. Si existe $k \in \mathbb{R}$ tal que $a_n \leq k$ para todo n, se dice que k es una *cota superior* de (a_n) y que (a_n) está *acotada superiormente*; en ese caso, la menor de las cotas superiores se denomina *supremo* de (a_n). Si existe $k \in \mathbb{R}$ tal que $k \leq a_n$ para todo n, se dice que k es una *cota inferior* de (a_n) y que (a_n) está acotada inferiormente; en ese caso, la mayor de las cotas inferiores se denomina *ínfimo* de (a_n). Si (a_n) está acotada superior e inferiormente, se dice que (a_n) está *acotada*.

Límites

◻ El *límite* de una sucesión (a_n) es

- el número real ℓ si para cada real $\epsilon > 0$ existe un natural N tal que $|a_n - \ell| < \epsilon$ para todo $n \geq N$.
- $+\infty$ si para cada número real $M > 0$ existe un natural N tal que $a_n > M$ para todo $n \geq N$.
- $-\infty$ si para cada número real $M < 0$ existe un natural N tal que $a_n < M$ para todo $n \geq N$.

Las notaciones

$$\lim_n a_n = \ell, \qquad \lim_n a_n = +\infty, \qquad \lim_n a_n = -\infty$$

indican, respectivamente, que el límite de (a_n) es el número real ℓ, $+\infty$ o $-\infty$, respectivamente. Si el límite de (a_n) es un número real ℓ, se dice que la sucesión es *convergente* y que *converge* hacia ℓ; si es $\pm\infty$, se dice que es *divergente*. Una sucesión que no es convergente ni divergente se denomina *oscilante*. Determinar el *carácter* de una sucesión es averiguar si es convergente, divergente u oscilante.

Una primera propiedad de las sucesiones convergentes es que son sucesiones acotadas. El recíproco no es cierto, como prueba, por ejemplo, la sucesión $a_n = (-1)^n$, que es acotada pero no convergente.

◼ Como en el caso de las funciones, las tres definiciones de límite pueden englobarse en una. Sea $\square \in \{\ell, +\infty, -\infty\}$ y (a_n) una sucesión de dominio D. El límite de (a_n) es $\square$ si, para cada entorno U de $\square$, existe un entorno $(N, +\infty)$ de $+\infty$ tal que, si $n \in (N, +\infty) \cap D$, entonces $a_n \in U$.

La similitud de los límites de sucesiones con los de funciones en $+\infty$ se refuerza con la siguiente propiedad.

- Sea $f(x)$ una función tal que existe $\lim_{x \to +\infty} f(x)$ y definamos la sucesión (a_n) por $a_n = f(n)$. Entonces, la sucesión (a_n) tiene límite y $\lim_n a_n = \lim_{x \to +\infty} f(x)$.

Los problemas 124 y 137 son ejemplos de aplicación de la propiedad anterior.

◼ Como en el caso de los límites de funciones, algunas propiedades involucran operaciones con dos límites. Si los dos límites son números reales, el significado de la operación es claro, pero si uno de ellos o los dos son $+\infty$ o $-\infty$, entonces debe entenderse lo siguiente (con las propiedades conmutativas de la suma y el producto sobreentendidas):

- $(+\infty) + \ell = +\infty$; $\quad (-\infty) + \ell = -\infty$.
  $(+\infty) + (+\infty) = +\infty$; $\quad (-\infty) + (-\infty) = -\infty$.
- si $\ell > 0$, $\quad (+\infty) \cdot \ell = +\infty$ y $(-\infty) \cdot \ell = -\infty$;
  si $\ell < 0$, $\quad (+\infty) \cdot \ell = -\infty$ y $(-\infty) \cdot \ell = +\infty$;
  $(+\infty)(+\infty) = +\infty$; $\quad (+\infty)(-\infty) = -\infty$; $\quad (-\infty)(-\infty) = +\infty$;

- si $\ell > 0$, $(+\infty)^{\ell} = +\infty$;
  $(+\infty)^{+\infty} = +\infty$;   si $1 < \ell$, $\ell^{+\infty} = +\infty$;   si $0 < \ell < 1$, $\ell^{+\infty} = 0$.

Los límites de sucesiones tienen las propiedades siguientes.

- Si una sucesión tiene límite, entonces este límite es único.

- Si existen $\lim\limits_{n} a_n$ y $\lim\limits_{n} b_n$, entonces $\lim\limits_{n} (a_n + b_n) = \lim\limits_{n} a_n + \lim\limits_{n} b_n$, con excepción del caso $+\infty + (-\infty)$.

- Si existen $\lim\limits_{n} a_n$ y $\lim\limits_{n} b_n$, entonces $\lim\limits_{n} (a_n \cdot b_n) = \lim\limits_{n} a_n \cdot \lim\limits_{n} b_n$, con excepción de los casos $0 \cdot (\pm\infty)$.

- Si existen $\lim\limits_{n} a_n$ y $\lim\limits_{n} b_n = \ell \neq 0$, entonces $\lim\limits_{n} (a_n/b_n) = \dfrac{1}{\ell}\left(\lim\limits_{n} a_n\right)$.

- $\lim\limits_{n} |a_n| = +\infty \Leftrightarrow \lim\limits_{n} (1/a_n) = 0$.

- Si $\lim\limits_{n} a_n = \square$ y $\lim\limits_{n} b_n = \Diamond$, y la sucesión $c_n = a_n^{b_n}$ está definida, entonces $\lim\limits_{n} c_n = \square^{\Diamond}$, excepto en los casos $1^{\pm\infty}$, 0^0 y $(+\infty)^0$.

Los casos en los que los límites de (a_n) y (b_n) son conocidos, pero ello no permite calcular directamente el límite de $(a_n + b_n)$, $(a_n b_n)$, (a_n/b_n) o $(a_n^{b_n})$ se denominan casos de *indeterminación*, que suelen representarse por $\infty - \infty$, $\infty \cdot 0$, ∞/∞, $0/0$, 1^{∞}, 0^0 y ∞^0. El cálculo de límites de sucesiones consiste, esencialmente, en estudiar métodos que permitan decidir, cuando se presenta una de estas indeterminaciones, si el límite existe y calcularlo.

Otras propiedades de los límites son las siguientes.

- Si el límite de una sucesión (a_n) es distinto de cero, entonces existe un término de la sucesión a partir del cual todos los restantes tienen el mismo signo que el límite.

- Si existe un natural N tal que $a_n \leq b_n \leq c_n$ para todo $n \geq N$, y $\lim\limits_{n} a_n = \ell$, $\lim\limits_{n} b_n = r$, $\lim\limits_{n} c_n = s$, entonces $\ell \leq r \leq s$.

- Si existe un natural N tal que $b_n \leq a_n \leq c_n$ para todo $n \geq N$, y $\lim\limits_{n} b_n = \ell = \lim\limits_{n} c_n$, entonces $\lim\limits_{n} a_n = \ell$.

- $\lim\limits_{n} a_n = \ell \Rightarrow \lim\limits_{n} |a_n| = |\ell|$; $\lim\limits_{n} |a_n| = 0 \Leftrightarrow \lim\limits_{n} a_n = 0$.

- Si $\lim\limits_{n} a_n = 0$ y (b_n) es una sucesión acotada, entonces $\lim\limits_{n} a_n b_n = 0$.

- Si $\lim\limits_{n} a_n = +\infty$ y (b_n) es una sucesión acotada inferiormente, entonces $\lim\limits_{n} (a_n + b_n) = +\infty$. Análogamente, si $\lim\limits_{n} a_n = -\infty$ y (b_n) es una sucesión acotada superiormente, entonces $\lim\limits_{n} (a_n + b_n) = -\infty$.

- Si $\lim\limits_{n} a_n = \pm\infty$ y (b_n) tiene una cota inferior positiva, entonces $\lim\limits_{n} a_n b_n = \pm\infty$.

Sucesiones monótonas

Una sucesión (a_n) es *creciente* si $a_m \leq a_n$ para todo $m < n$ y es *estrictamente creciente* si $a_m < a_n$ para todo $m < n$. Análogamente, (a_n) es *decreciente* si $a_n \leq a_m$ para todo $m < n$ y *estrictamente decreciente* si $a_n < a_m$ para todo $m < n$). Una sucesión *monótona* es una sucesión creciente o decreciente y una sucesión *estrictamente monótona* es una sucesión estrictamente creciente o estrictamente decreciente.

Se verifica el siguiente teorema.

Teorema de la convergencia monótona. Toda sucesión monótona y acotada es convergente.

De hecho, lo que ocurre es que, para las sucesiones acotadas y crecientes, el límite es el supremo, mientras que para las decrecientes el límite es el ínfimo.

Un ejemplo importante de sucesión monótona y acotada es

$$a_n = \left(1 + \frac{1}{n}\right)^n.$$

En muchos textos puede consultarse la demostración de que se trata de una sucesión estrictamente creciente y acotada entre 2 y 3. Su límite es un número irracional denominado número de Euler, denotado por e, y su valor aproximado es $2{,}71828183\ldots$

En relación con el límite anterior, también pueden demostrarse las propiedades siguientes

- Si (a_n) es una sucesión y $\displaystyle\lim_n |a_n| = +\infty$, entonces

$$\lim_n \left(1 + \frac{1}{a_n}\right)^{a_n} = e.$$

- Si (a_n) y (b_n) son sucesiones tales que

$$\lim_n a_n = 1, \quad \lim_n |b_n| = +\infty, \quad \lim_n b_n(a_n - 1) = L,$$

entonces

$$\lim_n (a_n)^{b_n} = \begin{cases} 0 & \text{si } L = -\infty, \\ e^L & \text{si } L \in \mathbb{R}, \\ +\infty & \text{si } L = +\infty. \end{cases}$$

Criterios para el cálculo de límites

Criterio de Stolz. Si (a_n) y (b_n) son sucesiones y (b_n) es estrictamente creciente y

$$\lim_n b_n = +\infty \quad \text{y} \quad \lim_n \frac{a_n - a_{n-1}}{b_n - b_{n-1}} = L \in \mathbb{R} \cup \{\pm\infty\}, \quad \text{entonces} \quad \lim_n \frac{a_n}{b_n} = L.$$

Criterio de la raíz. Si (a_n) es una sucesión tal que $\displaystyle\lim_n \sqrt[n]{|a_n|} = L \in \mathbb{R} \cup \{+\infty\}$, se cumple:

(i) si $L < 1$, entonces $\displaystyle\lim_n a_n = 0$;
(ii) si $L > 1$, entonces $\displaystyle\lim_n |a_n| = +\infty$.

Criterio del cociente. Sea (a_n) una sucesión tal que existe un natural N con la propiedad de que $a_n \neq 0$ para todo $n > N$. Supongamos que

$$\lim_n \frac{|a_n|}{|a_{n-1}|} = L \in \mathbb{R} \cup \{+\infty\}.$$

(i) Si $L < 1$, entonces $\displaystyle\lim_n a_n = 0$;
(ii) si $L > 1$, entonces $\displaystyle\lim_n |a_n| = +\infty$.

La semejanza entre los dos enunciados anteriores sugiere que hay alguna relación entre $\lim_n |a_n|/|a_{n-1}|$ y $\lim_n \sqrt[n]{|a_n|}$. En efecto, así es:

– Sea (a_n) una sucesión tal que existe un natural N con la propiedad de que $a_n \neq 0$ para todo $n > N$. Si

$$\lim_n \frac{|a_n|}{|a_{n-1}|} = L \in \mathbb{R} \cup \{+\infty\}, \quad \text{entonces} \quad \lim_n \sqrt[n]{|a_n|} = L.$$

Sin embargo, para una sucesión (a_n), puede ocurrir que la sucesión $(\sqrt[n]{|a_n|})$ tenga límite y la sucesión $(|a_n|/|a_{n-1}|)$ no lo tenga (v. problema 139).

Subsucesiones. Límites de oscilación

Intuitivamente una subsucesión de una sucesión (a_n) es una sucesión obtenida tomando infinitos términos de (a_n) manteniendo su posición relativa en la sucesión.

Formalmente, sea $a \colon D \to \mathbb{R}$ una sucesión de dominio D. Una subsucesión a es una sucesión obtenida restringiendo a a un dominio $D' \subseteq D$ (también infinito, pues la restricción de a debe ser también una sucesión).

Por ejemplo, la sucesión $a_n = n^2 - 15$ tiene dominio $D = \mathbb{N} \setminus \{1, 2, 3\}$. Si tomamos sólo los términos de subíndice par, es decir, $D' = \{2k \in \mathbb{N} : k \neq 1\}$, obtenemos la subsucesión $a_{2k} = (2k)^2 - 15 = 4k^2 - 15$.

Usualmente, si (a_n) es una sucesión, una subsucesión se denota por (a_{n_k}). En el ejemplo anterior, $n_k = 2k$.

- Una sucesión es convergente y tiene límite ℓ si, y sólo si, todas sus subsucesiones son también convergentes y de límite ℓ.

El resultado anterior se utiliza a veces para demostrar que una sucesión no es convergente mediante la obtención de dos subsucesiones de límites diferentes (v. problema 148).

Extendemos el orden de $\mathbb{R}$ al conjunto $\overline{\mathbb{R}} = \mathbb{R} \cup \{-\infty, +\infty\}$, poniendo $-\infty < x < +\infty$ para todo número real x. Observemos que todo subconjunto E de $\overline{\mathbb{R}}$ tiene supremo. En efecto, si E está acotado superiormente por un número real, entonces por el teorema del extremo tiene supremo en $\mathbb{R}$; si E no está acotado superiormente o si $+\infty \in E$, entonces el supremo de E es $+\infty$. Análogamente para ínfimos.

Sea (a_n) una sucesión. Un elemento de $\mathbb{R} \cup \{+\infty, -\infty\}$ es un *límite de oscilación* de (a_n) si es el límite de alguna subsucesión de (a_n). Consideremos el conjunto E de todos los límites de oscilación de (a_n). El supremo de E se denomina *límite superior* de (a_n) y se denota $\overline{\lim}_n a_n$. Análogamente, el ínfimo de E se denomina *límite inferior* de (a_n) y se denota $\underline{\lim}_n a_n$.

Supongamos que (a_n) es una sucesión que tiene r subsucesiones $(a_{n_k}^{(1)}), \ldots (a_{n_k}^{(r)})$ y que cada una de ellas tiene límite, digamos $\lim a_{n_k}^{(i)} = \ell_i \in \overline{\mathbb{R}}$. Si cada término de (a_n) pertenece exactamente a una de las subsucesiones $(a_{n_k}^{(1)}), \ldots (a_{n_k}^{(r)})$, entonces el conjunto de límites de oscilación de (a_n) es $E = \{\ell_1, \ldots, \ell_r\}$.

124

Sea $k \geq 1$ un natural y $a_0, \ldots a_k$ números reales, con $a_k \neq 0$. Calcular

$$\lim_n \ (a_k n^k + a_{k-1} n^{k-1} + \cdots + a_0).$$

[Solución]

$$\lim_n \ (a_k n^k + a_{k-1} n^{k-1} + \cdots + a_0) = \lim_n \ \left(n^k \left(a_k + \frac{a_{k-1}}{n} + \cdots + \frac{a_0}{n^k} \right) \right)$$

$$= \lim_n \ a_k n^k$$

$$= \begin{cases} -\infty \ \text{si } a_k < 0, \\ +\infty \ \text{si } a_k > 0. \end{cases}$$

Alternativamente, podemos considerar la función polinómica $f(x) = a_k x^k + a_{k-1} x^{k-1} + \cdots + a_0$. La sucesión de la que se quiere calcular el límite es $s_n = f(n)$. Entonces (v. página 38)

$$\lim_n \ s_n = \lim_{x \to +\infty} f(x) = \begin{cases} -\infty \ \text{si } a_k < 0, \\ +\infty \ \text{si } a_k > 0. \end{cases}$$

125

Calcular $\lim_n \ \left(n^2 \cdot \dfrac{(n+1)^4 - (n-1)^4}{3n^5 + 10} \right)$.

[Solución]

$$\lim_n \ \left(n^2 \cdot \frac{(n+1)^4 - (n-1)^4}{3n^5 + 10} \right) = \lim_n \ \left(n^2 \cdot \frac{n^4 + 4n^3 + 6n^2 + 4n + 1 - (n^4 - 4n^3 + 6n^2 - 4n + 1)}{3n^5 + 10} \right)$$

$$= \lim_n \ \frac{n^2(8n^3 + 8n)}{3n^5 + 10}$$

$$= \frac{8}{3}.$$

126

Calcular $\lim_n \ \dfrac{\sqrt{3}n^2 + \sqrt{2}n + n}{-\sqrt{2}n^2 + 5n + 2}$.

[Solución]

Dividimos numerador y denominador por n^2 y obtenemos

$$\lim_n \ \frac{\sqrt{3}n^2 + \sqrt{2}n + n}{-\sqrt{2}n^2 + 5n + 2} = \lim_n \ \frac{\sqrt{3} + \sqrt{2}/n + 1/n}{-\sqrt{2} + 5/n + 2/n^2} = \frac{\sqrt{3}}{-\sqrt{2}} = -\sqrt{3/2}.$$

127

Calcular $\lim\limits_{n} \dfrac{e^n + 3^n}{e^n - 3^n}$.

[Solución]

Como $2 < e < 3$, tenemos $0 < e/3 < 1$. Por tanto, $\lim\limits_{n} (e/3)^n = 0$. Entonces, dividiendo numerador y denominador por 3^n, resulta

$$\lim\limits_{n} \frac{e^n + 3^n}{e^n - 3^n} = \lim\limits_{n} \frac{(e/3)^n + 1}{(e/3)^n - 1} = \frac{0+1}{0-1} = -1.$$

128

Calcular $\lim\limits_{n} \dfrac{2^n \cdot 3^n + 5^{n+1}}{(2^n + 1)(3^{n-1} - 1)}$.

[Solución]

Dividiendo numerador y denominador por $2^n \cdot 3^n$ y teniendo en cuenta que si $0 < a < 1$ entonces $\lim\limits_{n} a^n = 0$, resulta

$$\lim\limits_{n} \frac{2^n \cdot 3^n + 5^{n+1}}{(2^n + 1)(3^{n-1} - 1)} = \lim\limits_{n} \frac{1 + 5 \cdot (5/6)^n}{(1 + 1/2^n)(1/3 - 1/3^n)} = \frac{1}{1/3} = 3.$$

129

Calcular $\lim\limits_{n} \left(\sqrt{n^2 + an + b} - \sqrt{n^2 + cn + d} \right)$, donde a, b, c y d son números reales.

[Solución]

Multiplicando y dividiendo la expresión del término general por

$$\sqrt{n^2 + an + b} + \sqrt{n^2 + cn + d},$$

obtenemos

$$\lim\limits_{n} \left(\sqrt{n^2 + an + b} - \sqrt{n^2 + cn + d} \right) = \lim\limits_{n} \frac{n^2 + an + b - n^2 - cn - d}{\sqrt{n^2 + an + b} + \sqrt{n^2 + cn + d}}$$

$$= \lim\limits_{n} \frac{(a - c)n + (b - d)}{\sqrt{n^2 + an + b} + \sqrt{n^2 + cn + d}}$$

$$= \lim\limits_{n} \frac{(a - c) + (b - d)/n}{\sqrt{1 + a/n + b/n^2} + \sqrt{1 + c/n + d/n^2}}$$

$$= \frac{a - c}{1 + 1} = \frac{a - c}{2}.$$

130

Calcular $\lim\limits_{n} \dfrac{\sqrt{n+a} - \sqrt{n+b}}{\sqrt{n+c} - \sqrt{n+d}}$, donde a, b, c y d son números reales, con $c \neq d$.

[Solución]

Multiplicamos numerador y denominador de la expresión del término general por

$$\left(\sqrt{n+a} + \sqrt{n+b} \right)\left(\sqrt{n+c} + \sqrt{n+d} \right),$$

y obtenemos

$$\lim_{n} \frac{\sqrt{n+a} - \sqrt{n+b}}{\sqrt{n+c} - \sqrt{n+d}} = \lim_{n} \frac{((n+a) - (n+b))\left(\sqrt{n+c} + \sqrt{n+d} \right)}{((n+c) - (n+d))\left(\sqrt{n+a} + \sqrt{n+b} \right)}$$

$$= \lim_{n} \frac{a-b}{c-d} \cdot \frac{\sqrt{1+c/n} + \sqrt{1+d/n}}{\sqrt{1+a/n} + \sqrt{1+b/n}}$$

$$= \frac{a-b}{c-d}.$$

131

Calcular $\lim\limits_{n} \dfrac{1 + 2 + \cdots + n}{3n^2 - 1}$.

[Solución]

La suma del numerador es la suma de los términos de una progresión aritmética de diferencia 1, por lo que

$$1 + 2 + \cdots + n = \frac{(1+n)n}{2}.$$

Entonces,

$$\lim_{n} \frac{1 + 2 + \cdots + n}{3n^2 - 1} = \lim_{n} \frac{(1+n)n/2}{3n^2 - 1} = \lim_{n} \frac{n^2 + n}{6n^2 - 2} = \frac{1}{6}.$$

132

Calcular $\lim\limits_{n} \left(\dfrac{n^2 + n + 1}{n^2 - n + 1} \right)^{\frac{n^2+2}{n+1}}$.

[Solución]

La base $a_n = (n^2 + n + 1)/(n^2 - n + 1)$ tiende a 1 y el exponente $b_n = (n^2 + 2)(n + 1)$ tiende a $+\infty$. Calculemos

$$\lim_{n} \ (a_n - 1)b_n = \lim_{n} \ \left(\frac{n^2 + n + 1}{n^2 - n + 1} - 1\right) \frac{n^2 + 2}{n + 1} = \lim_{n} \ \frac{2n}{n^2 - n + 1} \frac{n^2 + 2}{n + 1} = 2.$$

Por tanto, $\lim_{n} \ a_n^{b_n} = e^2$.

Problemas resueltos

133

Calcular $\lim_{n} \ \left(7n^2 + 4n\right)^{1/\ln(3n^2 + 1)}$.

[Solución]

La base $7n^2 + 4n$ del término general tiende a $+\infty$ y el exponente $1/\ln(3n^2 + 1)$ tiende a cero. Tenemos una indeterminación del tipo ∞^0. Sea (a_n) la sucesión de la que hay que hallar el límite. Calculemos $\lim_{n} \ln a_n$.

$$\lim_{n} \ \ln a_n = \lim_{n} \ \frac{1}{\ln(3n^2 + 1)} \cdot \ln(7n^2 + 4n)$$

$$= \lim_{n} \ \frac{\ln n^2(7 + 4/n)}{\ln n^2(3 + 1/n^2)}$$

$$= \lim_{n} \ \frac{2\ln n + \ln(7 + 4/n)}{2\ln n + \ln(3 + 1/n^2)}$$

$$= \lim_{n} \ \frac{2 + \ln(7 + 4/n)/\ln n}{2 + \ln(3 + 1/n^2)/\ln n}$$

$$= 1.$$

Tenemos $1 = \lim_{n} \ \ln a_n = \ln \lim_{n} \ a_n$, es decir, $\lim_{n} \ a_n = e$.

134

Recordemos que la parte entera inferior de un número real x es el número real $\lfloor x \rfloor$ definido por $\lfloor x \rfloor = $ máx $\{n \in \mathbb{Z} : n \le x\}$.

1) Demostrar que para todo entero n se cumple $\dfrac{n - 1}{2} \le \left\lfloor \dfrac{n}{2} \right\rfloor \le \dfrac{n}{2}$.

2) Calcular $\lim_{n} \ \left(1 + \dfrac{1}{n}\right)^{\left\lfloor \frac{n}{2} \right\rfloor}$.

[Solución]

1) Si n es par, $n/2$ es entero, luego $\lfloor n/2 \rfloor = n/2$ y se cumple $(n - 1)/2 < \lfloor n/2 \rfloor = n/2$. Si n es impar, entonces $n - 1$ es par, luego $(n - 1)/2 = \lfloor (n - 1)/2 \rfloor$ y se cumple $(n - 1)/2 = \lfloor (n - 1)/2 \rfloor < n/2$.

2) Puesto que $\lim_{n} \ (n-1)/2 = +\infty$ y $(n-1)/2 \le \lfloor n/2 \rfloor$, tenemos que $\lim_{n} \ \left\lfloor \dfrac{n}{2} \right\rfloor = +\infty$. Además, $\lim_{n} \ (1 + 1/n) = 1$.

Calculemos el límite de

$$\left(1 + \frac{1}{n} - 1\right)\left\lfloor \frac{n}{2} \right\rfloor = \frac{\lfloor n/2 \rfloor}{n}.$$

Dividiendo por n las desigualdades del primer apartado, tenemos

$$\frac{n-1}{2n} \le \frac{\lfloor n/2 \rfloor}{n} \le \frac{1}{2},$$

y, tomando límites, obtenemos

$$\lim_{n} \frac{\lfloor n/2 \rfloor}{n} = \frac{1}{2}.$$

Por tanto,

$$\lim_{n} \left(1 + \frac{1}{n}\right)^{\lfloor n/2 \rfloor} = e^{1/2}.$$

135

Sean a y b números reales positivos. Calcular $\displaystyle\lim_{n} \left(\frac{\ln(na)}{\ln(nb)}\right)^{\ln n}$.

[Solución]

El exponente $b_n = \ln n$ tiene límite $+\infty$. Calculemos el límite de la base a_n.

$$\lim_{n} a_n = \lim_{n} \frac{\ln(na)}{\ln(nb)} = \lim_{n} \frac{\ln n + \ln a}{\ln n + \ln b} = \lim_{n} \frac{1 + \ln a/\ln n}{1 + \ln b/\ln n} = \frac{1+0}{1+0} = 1.$$

Tenemos una indeterminación del tipo 1^{∞}. Calculemos

$$\lim_{n} (a_n - 1)b_n = \lim_{n} \left(\frac{\ln n + \ln a}{\ln n + \ln b} - 1\right)\ln n$$

$$= \lim_{n} \frac{(\ln a - \ln b)\ln n}{\ln n + \ln b}$$

$$= \lim_{n} \frac{\ln a - \ln b}{1 + \ln b/\ln n}$$

$$= \ln a - \ln b$$

$$= \ln(a/b).$$

Por tanto, el límite pedido es $e^{\ln(a/b)} = a/b$.

136

Calcular $\lim\limits_{n} \left(\cos \dfrac{1}{n}\right)^{n^2+3}$.

[Solución]

Puesto que $\lim\limits_{n} (1/n) = 0$, resulta $\lim\limits_{n} \cos(1/n) = 1$. Por otra parte, el exponente $n^2 + 3$ tiene límite $+\infty$. Utilizando que

$$\cos\frac{1}{n} - 1 = -2\operatorname{sen}^2\frac{1}{2n} \quad \text{y} \quad \lim\limits_{n} \frac{\operatorname{sen}(1/2n)}{1/2n} = 1,$$

tenemos,

$$\lim\limits_{n} (n^2 + 3)\left(\cos\frac{1}{n} - 1\right) = \lim\limits_{n} (n^2 + 3)\left(-2\operatorname{sen}^2\frac{1}{2n}\right)$$

$$= \lim\limits_{n} (n^2 + 3)\left(-2\operatorname{sen}^2\frac{1}{2n}\right)\frac{(1/2n)^2}{(1/2n)^2}$$

$$= \lim\limits_{n} (-2)(n^2 + 3)\left(\frac{1}{2n}\right)^2 \frac{\operatorname{sen}^2(1/2n)}{(1/2n)^2}$$

$$= \lim\limits_{n} \frac{-2n^2 + 6}{4n^2}$$

$$= -\frac{1}{2}.$$

Por tanto,

$$\lim\limits_{n} \left(\cos\frac{1}{n}\right)^{n^2+3} = e^{-1/2} = \frac{1}{\sqrt{e}}.$$

137

Calcular $\lim\limits_{n} \dfrac{\tan\dfrac{\pi n}{2n+1}}{\sqrt[3]{n^3 + 2n - 1}}$.

[Solución]

Sea (a_n) la sucesión de la que hay que calcular el límite. Tenemos

$$\lim\limits_{n} a_n = \lim\limits_{n} \frac{\tan\dfrac{\pi}{2 + 1/n}}{n\sqrt[3]{1 + \dfrac{2}{n^2} - \dfrac{1}{n^3}}} = \lim\limits_{n} \frac{1}{n}\tan\frac{\pi}{2 + 1/n}.$$

Tenemos una indeterminación del tipo $0 \cdot \infty$. Podemos cambiar n por x y calcular el límite cuando x tiende a $+\infty$ o, equivalentemente, cambiar $1/n$ por x y calcular el límite cuando x tiende a cero por la derecha. Entonces,

$$\lim_n a_n = \lim_{x \to 0^+} x \tan \frac{\pi}{2+x} = \lim_{x \to 0^+} \frac{x \operatorname{sen} \dfrac{\pi}{2+x}}{\cos \dfrac{\pi}{2+x}} = \lim_{x \to 0^+} \frac{x}{\cos \dfrac{\pi}{2+x}}.$$

Para calcular este límite, utilizaremos la regla de L'Hôpital.

$$\lim_n a_n = \lim_{x \to 0^+} \frac{1}{\left(-\operatorname{sen} \dfrac{\pi}{2+x}\right)\left(\dfrac{-\pi}{(2+x)^2}\right)} = \frac{1}{(-1)(-\pi/4)} = \frac{4}{\pi}.$$

138

Demostrar:

1) $\lim_n \sqrt[n]{n} = 1$.

2) $\lim_n \sqrt[n]{a} = 1$ para todo número real $a > 0$.

[Solución]

1) Pongamos $a_n = n$. Puesto que

$$\lim_n \frac{|a_n|}{|a_{n-1}|} = \lim_n \frac{n}{n-1} = 1,$$

resulta que

$$1 = \lim_n \sqrt[n]{|a_n|} = \lim_n \sqrt[n]{n}.$$

Una demostración alternativa es la siguiente. Sea $d_n = \sqrt[n]{n} - 1$. Bastará demostrar que $\lim_n d_n = 0$. Para ello, utilizamos el binomio de Newton. Para todo entero $n \geq 2$, tenemos

$$n = (1 + d_n)^n = \binom{n}{0} + \binom{n}{1} d_n + \binom{n}{2} d_n^2 + \cdots + \binom{n}{n} d_n^n.$$

Entonces, teniendo en cuenta que $d_n > 0$ para todo $n \geq 2$,

$$n > 1 + \frac{n(n-1)}{2} d_n^2 \implies n - 1 > \frac{n(n-1)}{2} d_n^2 \implies 1 > \frac{n}{2} d_n^2 \implies 0 \leq d_n \leq \sqrt{\frac{2}{n}}.$$

Basta tomar límites para obtener $0 \leq \lim_n d_n \leq 0$, es decir, $\lim_n d_n = 0$.

2) Estudiemos primero el caso $a > 1$. Sea n_0 un entero tal que $n_0 > a$. Para todo $n \geq n_0$ se tiene

$$\sqrt[n]{n} \geq \sqrt[n]{a} \geq 1,$$

Tomando límites y utilizando el apartado anterior, se obtiene

$$1 \geq \lim_n \sqrt[n]{a} \geq 1,$$

es decir, $\lim_n \sqrt[n]{a} = 1$.

Si $a = 1$, la sucesión es la sucesión constante 1 que tiene, obviamente, límite 1.

Finalmente, si $a < 1$, sea $b = 1/a > 1$. Entonces,

$$\lim_n \sqrt[n]{a} = \lim_n \sqrt[n]{\frac{1}{b}} = \lim_n \frac{1}{\sqrt[n]{b}} = \frac{1}{1} = 1.$$

139

Considérese la sucesión (a_n) definida por

$$a_n = \frac{1}{2^{n+1}} \left(1 + n + (-1)^n (1 - n)\right).$$

Demostrar que existe $\lim_n \sqrt[n]{a_n}$ y que no existe $\lim_n (a_{n+1}/a_n)$.

[Solución]

Notemos que

$$a_n = \begin{cases} \dfrac{1}{2^n} & \text{si } n \text{ es par,} \\[2mm] \dfrac{n}{2^n} & \text{si } n \text{ es impar.} \end{cases}$$

Por tanto,

$$\sqrt[n]{a_n} = \begin{cases} \dfrac{1}{2} & \text{si } n \text{ es par,} \\[2mm] \dfrac{\sqrt[n]{n}}{2} & \text{si } n \text{ es impar,} \end{cases} \qquad \text{y} \qquad \frac{a_{n+1}}{a_n} = \begin{cases} \dfrac{n+1}{2} & \text{si } n \text{ es par,} \\[2mm] \dfrac{1}{2n} & \text{si } n \text{ es impar.} \end{cases}$$

La subsucesión de $(\sqrt[n]{a_n})$ formada por los términos pares es la constante $1/2$, por lo que su límite es $1/2$. Puesto que la sucesión $(\sqrt[n]{n})$ tiene límite 1, la subsucesión de $(\sqrt[n]{a_n})$ formada por los términos impares tiene también límite $1/2$. Por tanto, $\lim_n \sqrt[n]{a_n} = 1/2$.

La subsucesión de (a_{n+1}/a_n) formada por los términos pares tiene límite $+\infty$, mientras que la formada por los términos impares tiene límite 0. Por tanto, la sucesión (a_{n+1}/a_n) no tiene límite.

140

Calcular $\lim_n \dfrac{\sqrt[n]{(n+1)(n+2)\cdots(n+n)}}{n}$.

[Solución]

Sea

$$a_n = \frac{(n+1)(n+2)\cdots(n+n)}{n^n}.$$

Se desea calcular el límite de $\sqrt[n]{a_n}$. Si existe el límite de a_{n+1}/a_n, digamos L, entonces también existe el de $\sqrt[n]{a_n}$ y es L.

Tenemos

$$\frac{a_{n+1}}{a_n} = \frac{(n+2)(n+3)\cdots(n+n)(2n+1)(2n+2)n^n}{(n+1)^{n+1}(n+1)(n+2)\cdots(n+n)} = \frac{(2n+1)(2n+2)}{(n+1)(n+1)}\left(\frac{n}{n+1}\right)^n$$

El primer factor es un cociente de polinomios en n del mismo grado y su límite es

$$\lim_n \frac{(2n+1)(2n+2)}{(n+1)(n+1)} = 4.$$

En el segundo factor, la base tiende a 1 y el exponente a $+\infty$. Por tanto, calculamos

$$\lim_n \left(\frac{n}{n+1} - 1\right)n = \lim_n \frac{-n}{n+1} = -1.$$

Obtenemos, pues,

$$\lim_n \left(\frac{n}{n+1}\right)^n = e^{-1}.$$

Finalmente,

$$\lim_n \sqrt[n]{a_n} = \lim_n \frac{a_{n+1}}{a_n} = 4e^{-1} = \frac{4}{e}.$$

141

Demostrar:

1) $2^{n-1} \leq n!$ para todo natural $n \geq 1$.

2) $\lim_n \dfrac{2^n}{n!} = 0$.

[Solución]

1) Por inducción sobre n. Para $n = 1$, los dos términos de la desigualdad son iguales a 1. Supongamos $n \geq 2$ y que la desigualdad se cumple para $n - 1$, es decir, que $2^{n-2} \leq (n-1)!$. Entonces,

$$2^{n-1} = 2 \cdot 2^{n-2} \leq 2 \cdot (n-1)! \leq n \cdot (n-1)! = n!.$$

2) Aplicando la desigualdad anterior para $n \geq 3$, tenemos

$$0 \leq \frac{2^n}{n!} = \frac{2^n}{n \cdot (n-1)!} \leq \frac{2^n}{n \cdot 2^{n-2}} = \frac{4}{n}.$$

Tomando límites, resulta

$$0 \leq \lim_n \frac{2^n}{n!} \leq \lim_n \frac{4}{n} = 0,$$

de donde $\lim_n \dfrac{2^n}{n!} = 0$.

Este límite puede calcularse también aplicando el criterio del cociente. En efecto, la sucesión $a_n = 2^n/n!$ no tiene términos nulos y la sucesión

$$\frac{a_n}{a_{n-1}} = \frac{2^n/n!}{2^{n-1}/(n-1)!} = \frac{2}{n}$$

tiene límite 0. Por tanto, $\lim\limits_{n} \dfrac{2^n}{n!}$ tiene también límite 0.

142

Demostrar:

1) $(n+2)n^n < (n+1)^{n+1}$ para todo natural $n \geq 1$.

2) $(n+1)! < n^n$ para todo natural $n \geq 3$.

3) $\lim\limits_{n} \dfrac{n!}{n^n} = 0$ utilizando las desigualdades anteriores.

[Solución]

1) Para $n = 1$, la desigualdad es $3 < 4$. Supongamos $n \geq 2$ y desarrollemos el término de la derecha por el binomio de Newton. Tenemos

$$(n+1)^{n+1} = n^{n+1} + (n+1)n^n + \cdots + 1 > n^{n+1} + 2n^n = (n+2)n^n.$$

2) (Notemos que, para $n \in \{1, 2\}$ la desigualdad no se cumple). Para $n = 3$, la desigualdad es $4! = 24 < 27 = 3^3$. Supongamos que $n \geq 4$ y que la desigualdad se cumple para $n - 1$, es decir, $n! < (n-1)^{n-1}$. Utilizaremos la desigualdad del apartado anterior cambiando n por $n - 1$, es decir, $(n+1) \cdot (n-1)^{n-1} < n^n$. Tenemos

$$(n+1)! = (n+1) \cdot n! < (n+1) \cdot (n-1)^{n-1} < n^n.$$

3) Utilizando las desigualdades anteriores, obtenemos, para $n \geq 3$,

$$0 \leq \frac{n!}{n^n} < \frac{n!}{(n+1)!} = \frac{1}{n+1}.$$

Tomando límites,

$$0 \leq \lim_{n} \frac{n!}{n^n} \leq \lim_{n} \frac{1}{n+1} = 0,$$

de donde $\lim\limits_{n} \dfrac{n!}{n^n} = 0$.

Este límite puede calcularse también mediante el criterio del cociente. La sucesión $a_n = n!/n^n$ no tiene términos nulos; calculemos el límite de la sucesión

$$\frac{a_n}{a_{n-1}} = \frac{n!/n^n}{(n-1)!/(n-1)^{n-1}} = = \frac{n! \cdot (n-1)^{n-1}}{n^n \cdot (n-1)!} = \frac{n \cdot (n-1)! \cdot (n-1)^{n-1}}{n \cdot n^{n-1} \cdot (n-1)!} = \left(\frac{n-1}{n}\right)^{n-1}.$$

La base tiene límite 1, y el exponente límite $+\infty$. Puesto que

$$\lim_n \left(\frac{n-1}{n} - 1 \right)(n-1) = \lim_n \frac{-n+1}{n} = -1,$$

tenemos $\lim_n \dfrac{a_n}{a_{n-1}} = e^{-1} = 1/e < 1$. Por tanto, $\lim_n \dfrac{n!}{n^n} = 0$.

143

Calcular $\lim_n \left(\dfrac{1}{n^2} + \dfrac{2}{n^2} + \dfrac{3}{n^2} + \ldots + \dfrac{n}{n^2} \right)$.

[Solución]

Este problema es similar al problema 131 y puede resolverse mediante el mismo procedimiento: El n-ésimo término de la sucesión es

$$a_n = \frac{1}{n^2} + \frac{2}{n^2} + \frac{3}{n^2} + \ldots + \frac{n}{n^2} = \frac{1+2+3+\ldots+n}{n^2}.$$

Puesto que $1 + 2 + \cdots + n = n(n+1)/2$, tenemos

$$\lim_n \, a_n = \lim_n \, \frac{n(n+1)}{2n^2} = \frac{1}{2}.$$

El criterio de Stolz permite también calcular el límite. En efecto, el denominador de $a_n = (1 + 2 + \cdots + n)/n^2$ es estrictamente creciente y tiene límite $+\infty$. Aplicamos el criterio de Stolz y obtenemos

$$\lim_n \frac{1+2+\ldots+n}{n^2} = \lim_n \frac{(1+2+\ldots+(n-1)+n)-(1+2+\ldots+(n-1))}{n^2-(n-1)^2}$$

$$= \lim_n \frac{n}{2n-1}$$

$$= \frac{1}{2}.$$

144

Calcular $\lim_n \left(\dfrac{n}{n^2+1} + \dfrac{n}{n^2+2} + \cdots + \dfrac{n}{n^2+n} \right)$.

[Solución]

Para cada entero i, con $1 \leq i \leq n$, tenemos

$$\frac{n}{n^2+n} \leq \frac{n}{n^2+i} \leq \frac{n}{n^2+1}.$$

Sumando las desigualdades para $i = 1, \ldots, n$, tenemos

$$n \cdot \frac{n}{n^2 + n} \le \frac{n}{n^2 + 1} + \frac{n}{n^2 + 2} + \cdots + \frac{n}{n^2 + n} \le n \cdot \frac{n}{n^2 + 1}.$$

Tomando límites, obtenemos

$$1 \le \lim_n \left(\frac{n}{n^2 + 1} + \frac{n}{n^2 + 2} + \cdots + \frac{n}{n^2 + n} \right) \le 1,$$

por lo que el límite pedido es 1.

145

Sea (a_n) una sucesión de límite ℓ.

1) Demostrar que la sucesión cuyo término n-ésimo es la media aritmética de los n primeros términos de (a_n) también tiene límite ℓ.

2) Supongamos que existe un real $K > 0$ tal que $a_n > K$ para todo n. Demostrar que la sucesión cuyo término n-ésimo es la media geométrica de los n primeros términos de (a_n) también tiene límite ℓ.

[Solución]

1) Hay que demostrar que la sucesión (b_n) definida por

$$b_n = \frac{a_1 + \cdots + a_n}{n}$$

tiene límite ℓ. Apliquemos el criterio de Stolz:

$$\lim_n \frac{a_1 + \cdots + a_n}{n} = \lim_n \frac{a_1 + \cdots + a_n - (a_1 + \cdots + a_{n-1})}{n - (n-1)} = \lim_n \frac{a_n}{1} = \ell.$$

2) Hay que demostrar que la sucesión (b_n) definida por $b = \sqrt[n]{a_1 \cdots a_n}$ tiene límite ℓ. Puesto que $a_n > K > 0$ para todo n, tenemos $\ell = \lim_n a_n \ge K > 0$. Utilizaremos el apartado anterior aplicado a la sucesión $(\ln a_n)$. Tenemos

$$\lim_n a_n = \ell \Rightarrow \lim_n \ln a_n = \ln \ell$$

$$\Rightarrow \lim_n \frac{\ln a_1 + \ln a_2 + \cdots + \ln a_n}{n} = \ln \ell$$

$$\Rightarrow \lim_n \ln \sqrt[n]{a_1 \cdots a_n} = \ln \ell$$

$$\Rightarrow \lim_n \sqrt[n]{a_1 \cdots a_n} = \ell.$$

146

Sea (a_n) una sucesión de límite ℓ y (b_n) una sucesión de términos positivos tal que $\lim_n (b_1 + b_2 + \ldots + b_n) = +\infty$. Demostrar que

$$\lim_n \frac{a_1 b_1 + a_2 b_2 + \ldots + a_n b_n}{b_1 + b_2 + \ldots + b_n} = \ell.$$

La sucesión del denominador, $c_n = b_1 + b_2 + \ldots + b_n$, tiene límite infinito y, como $b_n > 0$, tenemos que (c_n) es estrictamente creciente. Per tanto, podemos aplicar el criterio de Stolz:

$$\lim_n \frac{a_1 b_1 + a_2 b_2 + \ldots + a_n b_n}{b_1 + b_2 + \ldots + b_n} = \lim_n \frac{a_n b_n}{b_n} = \lim_n a_n = \ell.$$

147

Considérese la sucesión de (a_n) definida por

$$a_n = \frac{1}{n+1} + \frac{1}{n+2} + \cdots + \frac{1}{2n},$$

para todo $n \geq 1$.

1) Demostrar que (a_n) es convergente.

2) Hallar un intervalo de longitud menor o igual que 1/2 al que pertenezca el límite.

1) En primer lugar, observemos que

$$a_{n+1} - a_n = \frac{1}{2n+1} + \frac{1}{2n+2} - \frac{1}{n+1} = \frac{1}{2n+1} + \left(\frac{1}{2} - 1\right)\frac{1}{n+1} = \frac{1}{2n+1} - \frac{1}{2n+2} \geq 0.$$

Por tanto, la sucesión (a_n) es creciente. Por otro lado,

$$a_n \leq \frac{1}{n+1} + \frac{1}{n+1} + \cdots + \frac{1}{n+1} = \frac{n}{n+1} \leq 1,$$

por lo que la sucesión está acotada superiormente por 1. El teorema de la convergencia monótona implica que la sucesión (a_n) es convergente.

2) Tenemos que

$$a_n \geq \frac{1}{2n} + \frac{1}{2n} + \cdots + \frac{1}{2n} = \frac{n}{2n} \geq \frac{1}{2}.$$

Por tanto, $1/2 \leq a_n \leq 1$, para todo n. Si $\ell = \lim_n a_n$, tomando límites, obtenemos $1/2 \leq \ell \leq 1$, es decir, $\ell \in [1/2, 1]$.

148

Hallar los límites de oscilación y los límites superior e inferior de la sucesión

$$a_n = \frac{2n+3}{n} + (-1)^n \frac{n-5}{n}.$$

La subsucesión formada por los términos pares es

$$a_{2k} = \frac{4k + 3}{2k} + \frac{2k - 5}{2k} = \frac{3k - 1}{k},$$

que converge hacia 3.

La subsucesión formada por los términos impares es

$$a_{2k-1} = \frac{2(2k - 1) + 3}{2k - 1} - \frac{2k - 1 - 5}{2k - 1} = \frac{2k + 7}{2k - 1},$$

que converge hacia 1.

Como todo término de (a_n) pertenece exactamente a una de las dos subsucesiones anteriores, el conjunto de límites de oscilación de (a_n) es $\{1, 3\}$, el límite inferior es 1 y el superior es 3. Obsérvese que, puesto que hay dos subsucesiones de límites distintos, la sucesión dada no es convergente.

149

Sea (a_n) una sucesión de términos positivos, y definamos (b_n) por $b_{2k-1} = a_k$ y $b_{2k} = a_k^2 - 6$ para todo natural $k \geq 1$. Demostrar que, si (b_n) es convergente, entonces (a_n) también es convergente y, en este caso, calcular los límites respectivos.

[Solución]

La sucesión (a_n) es la subsucesión de (b_n) formada por los términos de índice impar. Por tanto, si (b_n) converge hacia un límite ℓ, entonces (a_n) también converge hacia ℓ. La subsucesión de (b_n) formada por los términos de índice par es $c_n = a_n^2 - 6$ y converge también hacia ℓ. Entonces,

$$\ell = \lim_n (a_n^2 - 6) = \ell^2 - 6.$$

La ecuación $\ell^2 - \ell - 6 = 0$ tiene por raíces 3 y -2. Como la sucesión (a_n) es de términos positivos, no puede tener por límite un número negativo. Por tanto, $\ell \neq -2$. Así pues, $\ell = 3$.

150

Consideremos la sucesión definida recurrentemente por

$$a_1 = 1, \qquad a_{n+1} = -1 + \sqrt{1 + 2a_n}, \quad n \geq 1.$$

1) Calcular los términos a_1, a_2, a_3 y a_4.
2) Demostrar que $a_n \geq 0$ para todo $n \in \mathbb{N}$.
3) Demostrar que (a_n) es decreciente.
4) Demostrar que (a_n) es convergente y calcular su límite.

1) $a_1 = 1$;

$$a_2 = -1 + \sqrt{3};$$

$$a_3 = -1 + \sqrt{1 + 2\left(-1 + \sqrt{3}\right)} = -1 + \sqrt{-1 + 2\sqrt{3}};$$

$$a_4 = -1 + \sqrt{1 + 2\left(-1 + \sqrt{-1 + 2\sqrt{3}}\right)} = -1 + \sqrt{-1 + 2\sqrt{-1 + \sqrt{3}}}$$

2) Por inducción. Desde luego, $a_1 = 1 \geq 0$. Si $n \geq 1$,

$$a_n \geq 0 \;\Rightarrow\; 2a_n \geq 0 \;\Rightarrow\; 1 + 2a_n \geq 1 \;\Rightarrow\; \sqrt{1 + 2a_n} \geq 1 \;\Rightarrow\; -1 + \sqrt{1 + 2a_n} \geq 0 \;\Rightarrow\; a_{n+1} \geq 0.$$

3) De nuevo por inducción. $a_2 = -1 + \sqrt{3} \leq 1 = a_1$. Para $n \geq 2$,

$$a_{n+1} \leq a_n \;\Rightarrow\; 1 + 2a_{n+1} \leq 1 + 2a_n \;\Rightarrow\; -1 + \sqrt{1 + 2a_{n+1}} \leq -1 + \sqrt{1 + 2a_n} \;\Rightarrow\; a_{n+2} \leq a_{n+1}.$$

4) La sucesión (a_n) es decreciente; por tanto, $a_1 = 1$ es una cota superior. Según el segundo apartado, 0 es una cota inferior. Entonces, (a_n) es monótona y acotada y, por tanto, es convergente.
   Sea ℓ su límite. Entonces, tenemos

$$\ell = \lim\ a_n = \lim\ a_{n+1} \;\Rightarrow\; \ell = -1 + \sqrt{1 + 2\ell} \;\Rightarrow\; (\ell + 1)^2 = 2\ell + 1 \;\Rightarrow\; \ell^2 + 2\ell + 1 = 2\ell + 1 \;\Rightarrow\; \ell = 0.$$

151

Definimos la sucesión (a_n) recurrentemente por $a_1 = 3$ y $a_{n+1} = \dfrac{1}{2}(a_n - 3)$ para todo $n \geq 1$. Demostrar que (a_n) es convergente y calcular su límite.

Veamos por inducción que (a_n) es estrictamente decreciente. Ciertamente, $a_2 = 0 < 3 = a_1$ y, para $n \geq 1$,

$$a_n < a_{n-1} \;\Rightarrow\; a_n - 3 < a_{n-1} - 3 \;\Rightarrow\; \frac{1}{2}(a_n - 3) < \frac{1}{2}(a_{n-1} - 3) \;\Rightarrow\; a_{n+1} < a_n.$$

Por tanto, (a_n) es estrictamente decreciente.

Veamos ahora, también por inducción, que está acotada inferiormente por -3. Ciertamente, $a_1 = 3 > -3$ y, para $n \geq 1$,

$$a_n > -3 \;\Rightarrow\; a_n - 3 > -6 \;\Rightarrow\; \frac{1}{2}(a_n - 3) > -3 \;\Rightarrow\; a_{n+1} > -3.$$

Por el teorema de la convergencia monótona, (a_n) es convergente.

Sea $\ell = \lim\limits_{n}\ a_n$. Tomando límites en la recurrencia, obtenemos

$$\ell = \frac{1}{2}(\ell - 3) \;\Rightarrow\; 2\ell = \ell - 3 \;\Rightarrow\; \ell = -3.$$

152

Un algoritmo admite como entradas números binarios. Si la entrada tiene un único bit, el algoritmo devuelve el resultado mediante una única operación. Si la entrada consta de n bits, entonces el algoritmo utiliza $4n$ operaciones para reducir la entrada a un nuevo número de $n-1$ bits y aplicar de nuevo el algoritmo a esta nueva entrada. Sea a_n el número de operaciones que realiza el algoritmo con una entrada de n bits.

1) Definir (a_n) recurrentemente.

2) Estudiar la monotonía de (a_n).

3) Hallar el límite de (a_n).

4) Probar que $|a_n - 2n^2| < 2n$ para todo n.

5) Demostrar que $\lim_n \dfrac{a_n}{2n^2} = 1$.

[Solución]

1) $a_1 = 1, \quad a_n = 4n + a_{n-1}$ para $n \geq 2$.

2) Puesto que $a_n - a_{n-1} = 4n > 0$, la sucesión es estrictamente creciente.

3) Claramente, $a_n > 0$ para todo n. Entonces, $a_n = 4n + a_{n-1} > 4n$. Como la sucesión $(4n)$ tiene límite $+\infty$, la sucesión (a_n) también.

4) Por inducción. Para $n = 1$, tenemos $|1-2| = 1 < 2$, luego se cumple la propiedad. Ahora, si $n \geq 1$ y, suponiendo que $|a_n - 2n^2| < 2n$, tenemos

$$
\begin{aligned}
|a_{n+1} - 2(n+1)^2| &= |4(n+1) + a_n - 2(n^2 + 2n + 1)| \\
&= |a_n - 2n^2 + 2| \\
&\leq |a_n - 2n^2| + 2 \\
&< 2n + 2 \\
&= 2(n+1).
\end{aligned}
$$

5) Dividiendo los dos términos de la desigualdad $|a_n - 2n^2| < 2n$ por $2n^2 > 0$, obtenemos

$$
\left| \frac{a_n}{2n^2} - 1 \right| < \frac{1}{n}.
$$

Tomando límites resulta $\lim_n \left| \dfrac{a_n}{2n^2} - 1 \right| = 0$, es decir, $\lim_n \dfrac{a_n}{2n^2} = 1$.

153

Para cada natural n, considérese el polinomio $f_n(x) = x^n + x^{n-1} + \cdots + x - 1$. Demostrar:

1) El polinomio $f_n(x)$ tiene exactamente una raíz positiva c_n.

2) La sucesión (c_n) es estrictamente decreciente.

3) La sucesión (c_n) tiene límite, y calcularlo.

1) El polinomio $f_1(x) = x - 1$ tiene una única raíz positiva, que es $c_1 = 1$. Supongamos, pues, que $n \geq 2$.

Tenemos $f_n(0) = -1 < 0$ y $f_n(1) = n - 1 \geq 1 > 0$. Según el teorema de Bolzano, existe $c_n \in (0, 1)$ tal que $f(c_n) = 0$. Por tanto, existe por lo menos una raíz real positiva. Veamos que es única. La derivada de $f(x)$ es

$$f'(x) = nx^{n-1} + (n-1)x^{n-2} + \cdots + x + 1 > 0, \quad \text{para todo } x > 0.$$

Entonces, $f(x)$ es estrictamente creciente en $(0, +\infty)$ y, por tanto, no puede tener dos raíces positivas.

2) Utilizaremos la factorización

$$x^m - y^m = (x - y)(x^{m-1} + x^{m-2}y + \cdots + xy^{m-2} + y^{m-1})$$

y denotaremos $g_m(x, y)$ al segundo factor del segundo miembro: $x^m - y^m = (x - y)g_m(x, y)$. Nótese que $g_m(x, y) > 0$ para todo $x, y > 0$.

Tenemos

$$\begin{aligned} f_n(c_n) &= c_n^n + c_n^{n-1} + \cdots + c_n - 1 &= 0 \\ f_{n-1}(c_{n-1}) &= \quad\quad c_{n-1}^{n-1} + \cdots + c_{n-1} - 1 &= 0 \end{aligned}$$

Restando,

$$\begin{aligned} 0 &= c_n^n + (c_n^{n-1} - c_{n-1}^{n-1}) + \cdots + (c_n - c_{n-1}) \\ &= c_n^n + (c_n - c_{n-1})g_{n-1}(c_n, c_{n-1}) + \cdots + (c_n - c_{n-1})g_1(c_n, c_{n-1}) \\ &= c_n^n + (c_n - c_{n-1})(g_{n-1}(c_n, c_{n-1}) + \cdots + g_1(c_n, c_{n-1})) \end{aligned}$$

Entonces obtenemos

$$(c_n - c_{n-1})(g_{n-1}(c_n, c_{n-1}) + \cdots + g_1(c_n, c_{n-1})) = -c_n^n < 0$$

y, puesto que el segundo factor es suma de números positivos, el primero debe ser negativo, es decir, $c_{n-1} > c_n$ para todo n. Concluimos que (c_n) es estrictamente decreciente.

3) La sucesión (c_n) es estrictamente decreciente y acotada inferiormente por 0; por tanto, tiene límite. Calculemos $f_n(1/2)$ para intentar mejorar la cota inferior.

$$f_n(1/2) = \frac{1}{2^n} + \cdots + \frac{1}{2} - 1 = \frac{1}{2^n}(1 + 2 + \cdots + 2^{n-1}) - 1 = \frac{1}{2^n}(2^n - 1) - 1 = -\frac{1}{2^n} < 0.$$

Entonces, $f_n(1/2) < 0$ y $f_n(1) > 0$, lo que implica $1/2 < c_n < 1$. Demostraremos que $\lim\limits_n c_n = 1/2$. Para ello, hay que probar que, para cada $a > 1/2$, existe un natural n_0 tal que $c_n \in (1/2, a)$ para todo $n \geq n_0$. Para ello, es suficiente probar que, para cada real a con $1/2 < a < 1$, existe un n_0 tal que $f_n(a) > 0$ para todo $n \geq n_0$. Tenemos

$$\begin{aligned} f_n(a) > 0 &\Leftrightarrow a^n + \cdots + a - 1 > 0 \\ &\Leftrightarrow a^n + \cdots + a > 1 \\ &\Leftrightarrow \frac{a^{n+1} - a}{a - 1} > 1 \\ &\Leftrightarrow a^{n+1} - a < a - 1 \\ &\Leftrightarrow a^{n+1} < 2a - 1. \end{aligned}$$

Puesto que $1/2 < a < 1$, el límite de (a^{n+1}) es 0. Por tanto, existe n_0 tal que $a^{n+1} < 2a - 1$ para todo $n \geq n_0$, lo que concluye la demostración.

Problemas propuestos

Calcular los siguientes límites:

154

$$\lim_{n} \ (-3n^2 + 5n - 2).$$

155

$$\lim_{n} \ \frac{6n^3 - 7n^2 - 5}{-3n^2 + 5n - 2}.$$

156

$$\lim_{n} \ \frac{6n^3 - 7n^2 - 5}{3n^2 + 5n - 2}.$$

157

$$\lim_{n} \ \frac{6n^2 - 5n - 1}{3n^3 + 5n^2 - 2n + 1}.$$

158

$$\lim_{n} \ \frac{4n^3 - 5n^2 - n + 3}{3n^3 + 2n^2 - 2n + 14}.$$

159

$$\lim_{n} \ \frac{(3n + 2)^{10}(5n - 4)^5}{n^3(5n + 2)^4(3n - 1)^8}.$$

160

$$\lim_{n} \ \left(\frac{n^2 + 2}{n - 1} - \frac{n^2 + 2n}{n + 1} \right).$$

161

$$\lim_{n} \ \frac{-8n \sqrt{n} + 2 \sqrt{n}}{\sqrt{4n^3 + n^2 - 2}}.$$

162

$$\lim_{n} \ \frac{2^n + 3^n + 5^n}{2^{n+1} + 5^{n-2}}.$$

163

$$\lim_{n} \ \frac{\sqrt[4]{n^2 + 3n + 1}}{\sqrt[6]{2n^3 - n + 5}}.$$

164

$$\lim_{n} \ \left(\sqrt{n^2 + 4n + 1} - \sqrt{n^2 + 8n + 1} \right).$$

165

$$\lim_{n} \ \frac{2 + 4 + 6 + \cdots + 2n}{(n + 1)^3 - (n - 1)^3}.$$

166

$$\lim_{n} \ \left(2n \left(\frac{1}{n^3} + \frac{2}{n^3} + \cdots + \frac{n}{n^3} \right) \right).$$

167

$$\lim_{n} \ \left(1 + \frac{1}{3} + \frac{1}{9} + \cdots + \frac{1}{3^n} \right)^{\frac{3n + 5}{6n - 7}}.$$

168

$$\lim_{n} \ \left(\frac{\sqrt{n} + 4}{\sqrt{n} + 8} \right)^{\sqrt{n+3}}.$$

169

$$\lim_{n} \ \left(\sqrt[5]{\frac{4n - 2}{4n + 3}} \right)^n.$$

170

$$\lim_{n} \ \left(\sqrt{\frac{2n^2 + n + 1}{2n^2 - 5n + 7}} \right)^{\sqrt{n^2+2}}.$$

171

Hallar los números reales a y b para que las dos sucesiones

$$a_n = \left(\frac{n+a}{n+1}\right)^{3n+a} \qquad y \qquad b_n = \left(\frac{n+3}{n+2}\right)^{bn}$$

tengan el mismo límite.

172

En numerosos libros, pueden verse enunciados de problemas del tipo siguiente: Hallar el término general de las sucesiones

i) $1, 2, 4, 8, 16, 32, \ldots$ ii) $1, 3, 5, 7, \ldots$

El objetivo de este problema es poner en evidencia que estos problemas están mal planteados.

1) Comprobar que las sucesiones $a_n = 2^{n-1}$ y

$$b_n = \frac{1}{120}n^5 - \frac{1}{12}n^4 + \frac{11}{24}n^3 - \frac{11}{12}n^2 + \frac{23}{15}n$$

tienen ambas los seis primeros términos dados en i), pero que $a_7 \neq b_7$.

2) Comprobar que las sucesiones $a_n = 2n - 1$ y

$$b_n = -\frac{1}{15}n^5 + \frac{13}{12}n^4 - \frac{13}{2}n^3 + \frac{215}{12}n^2 - \frac{613}{30}n + 9$$

tienen ambas los cuatro primeros términos dados en ii), pero que $a_5 \neq b_5$.

3) Justificar que, dados k números $c_1, c_2, \ldots, c_k$, existen infinitas sucesiones (a_n) tales que $a_i = c_i$ para $1 \leq i \leq k$.

173

Hallar el error en el siguiente argumento:

$$1 = \lim_n 1 = \lim_n \left(\frac{1}{n} + \overset{n)}{\cdots} + \frac{1}{n}\right) =$$

$$= \lim_n \frac{1}{n} + \overset{n)}{\cdots} + \lim_n \frac{1}{n} = 0 + \overset{n)}{\cdots} + 0 = 0.$$

Indicación: Precisar el teorema que relaciona el límite de una suma con la suma de los límites.

■ Problemas propuestos ▬▬▬▬▬▬▬▬▬▬▬▬

174

$$\lim_n \ n^{1/n^2}.$$

175

$$\lim_n \ (5n^2 + n - 4)^{1/\ln(2n+1)}.$$

176

Sea b un número real y sean (a_n) y (b_n) sucesiones tales que $\lim_n a_n = +\infty$ y $\lim_n b_n = b$. Calcular

$$\lim_n \left(1 + \frac{b_n}{a_n}\right)^{a_n}.$$

Estudiar la monotonía y calcular el límite de las sucesiones siguientes:

177

$$a_n = 3n^2 - 2n + 6.$$

178

$$a_n = \frac{\sqrt{n^2 - 1}}{n}.$$

179

$$a_n = \sqrt{n + 1} - \sqrt{n}.$$

180

$$a_n = \text{sen } \frac{\pi}{2n}.$$

Calcular los límites siguientes:

181

$$\lim_n \ \frac{n}{2^n}.$$

182

$$\lim_n \left(\frac{n^2 + 1}{2n} + (-1)^n \frac{3n}{n + 1}\right).$$

Indicación: Si una sucesión (a_n) tiene límite $+\infty$ y otra (b_n) está acotada, entonces el límite de $(a_n + b_n)$ es $+\infty$.

183

$$\lim_n \frac{(-1)^n n(n+1)}{n^2(5n+2)}.$$

Indicación: Si una sucesión (a_n) tiene límite 0 y otra (b_n) está acotada, entonces el límite de $(a_n b_n)$ es 0.

184

$$\lim_n \frac{(-1)^n}{n} \operatorname{sen}\left(\frac{n^3 + 4n + \log n}{n!}\right)^n.$$

185

$$\lim_n n\left(\frac{1}{\sqrt{2}} + \frac{1}{\sqrt[3]{3}} + \cdots + \frac{1}{\sqrt[n]{n}}\right)$$

Indicación: Acotar inferiormente el término general; el límite es $+\infty$.

186

$$\lim_n \frac{n + (-1)^n}{n + \cos n}.$$

187

$$\lim_n \frac{\cos 1 + \cos 2 + \cdots + \cos n}{n^2}.$$

188

$$\lim_n \sqrt[n]{a^n + b^n}, \text{ con } a > b > 0.$$

189

$$\lim_n \left(\frac{1}{2} \cdot \frac{3}{4} \cdots \frac{2n-1}{2n}\right).$$

Indicación: Demostrar por inducción que $a_n \le \dfrac{1}{\sqrt{2n+1}}$; el límite es 0.

190

$$\lim_n \frac{1}{\sqrt{n}}\left(\frac{1}{1+\sqrt{2}} + \frac{1}{\sqrt{2}+\sqrt{3}} + \cdots + \frac{1}{\sqrt{n-1}+\sqrt{n}}\right).$$

Indicación: Aplicar el criterio de Stolz; el límite es 1.

191

$$\lim_n \left(\frac{1}{\sqrt{n(n+1)}} + \frac{1}{\sqrt{n(n+2)}} + \cdots + \frac{1}{\sqrt{n(n+n)}}\right).$$

Indicación: Aplicar el criterio de Stolz; el límite es $2(\sqrt{2} - 1)$.

192

$$\lim_n \frac{\sqrt{1+2^2} + \sqrt{1+3^2} + \cdots + \sqrt{1+n^2}}{1+n^2}.$$

193

$$\lim_n \sqrt[n]{\tan \frac{\pi n}{2n+1}}.$$

Indicación: Utilizar la relación entre los criterios de la raíz y del cociente; el límite es 1.

194

$$\lim_n \left(\frac{1}{1 \cdot 2} + \frac{1}{2 \cdot 3} + \cdots + \frac{1}{n(n+1)}\right).$$

Indicación: $\dfrac{1}{k(k+1)} = \dfrac{1}{k} - \dfrac{1}{k+1}$; el límite es 1.

195

$$\lim_n \left(\frac{\sqrt[n]{a} + \sqrt[n]{b}}{2}\right)^n, \quad a > 0, \quad b > 0.$$

Indicación: Si $a_n = (\sqrt[n]{a} + \sqrt[n]{b})/2$, aplicar la regla de L'Hôpital para hallar $\lim_n (a_n - 1)n$. La respuesta es $\sqrt{ab}$.

196

Demostrar que la sucesión (a_n) definida recurrentemente por

$$a_0 = \sqrt{2}, \quad a_{n+1} = \sqrt{2 + a_n}$$

es convergente y calcular su límite.

Indicación: Para ver que (a_n) es convergente, comprobar que (a_n) es monótona acotada. Para calcular su límite, tomar límites en la recurrencia. El límite es 2.

197

Sea a un número real positivo. Calcular el límite de la sucesión definida por

$$a_1 = a, \qquad a_{n+1} = \frac{1}{n2^{a_n}}.$$

198

Sean a y b números reales, con $0 < a < b$. Definimos dos sucesiones (a_n) y (b_n) por

$$\frac{1}{a_1} = \frac{1}{2}\left(\frac{1}{a} + \frac{1}{b}\right), \qquad b_1 = \frac{a+b}{2},$$

$$\frac{1}{a_{n+1}} = \frac{1}{2}\left(\frac{1}{a_n} + \frac{1}{b_n}\right), \quad b_{n+1} = \frac{a_n + b_n}{2}.$$

(a_{n+1} es la media armónica de a_n y b_n, y b_n es la media aritmética de a_n y b_n). Demostrar:

1) $a < a_1 < b_1 < b$.

2) $a_n < b_n$, para todo n.

3) (a_n) es monótona creciente.

4) (b_n) es monótona decreciente.

5) (a_n) y (b_n) están acotadas.

6) (a_n) y (b_n) son convergentes.

199

Sea (a_n) una sucesión acotada. Para cada natural n, sea $b_n = \sup\{a_m : m \geq n\}$. Demostrar que la sucesión (b_n) es convergente.

Indicación: Demostrar que (b_n) es acotada y monótona decreciente.

200

Hallar los límites de oscilación y los límites superior e inferior de la sucesión

$$a_n = \frac{n^3 - n^2 + 2}{n^3 + n^2 + 5} \operatorname{sen} \frac{n\pi}{2} + (1 + (-1)^n) \cos n\pi.$$

Primitivas

4

Primitivas

☐ Sea $f(x)$ una función definida en un dominio D. El problema que abordamos en este capítulo es determinar las funciones $F(x)$ tales que $F'(x) = f(x)$ para todo $x \in D$. Una tal función $F(x)$ se denomina una *primitiva* de $f(x)$ en D. La igualdad $F'(x) = f(x)$ puede verse como una ecuación en la que $f(x)$ es un dato y la función $F(x)$ la incógnita. Ciertamente, si $F(x)$ es una primitiva de $f(x)$ en D, entonces, para toda constante K, la función $G(x) = F(x) + K$ también es una primitiva de $f(x)$ en D, pues, en efecto, $G'(x) = F'(x) + 0 = f(x)$. Sin embargo, no es cierto, en general, que dos primitivas de una función $f(x)$ difieran en una constante, como muestra el ejemplo siguiente.

Ejemplo

Considérese la función $f(x) = 1/x$ cuyo dominio es $\mathbb{R} \setminus \{0\}$. Se compueba fácilmente que las funciones

$$F_1(x) = \begin{cases} \ln x + 1 & \text{si } x > 0 \\ \ln(-x) + 2 & \text{si } x < 0 \end{cases} \quad \text{y} \quad F_2(x) = \begin{cases} \ln x + 2 & \text{si } x > 0 \\ \ln(-x) + 1 & \text{si } x < 0 \end{cases}$$

son dos primitivas de $f(x) = 1/x$. Nótese, sin embargo, que $F_1 - F_2$ *no* es constante, ya que $F_1(x) - F_2(x)$ vale -1 si $x < 0$ y vale 1 si $x > 0$.

En el ejemplo anterior, vemos que las dos primitivas $F_1(x)$ y $F_2(x)$ de la función $f(x)$ difieren en una constante *en cada intervalo* contenido en el dominio, pero que la constante puede ser distinta en intervalos distintos. Ahora bien, como consecuencia del teorema del valor medio, dos primitivas de una función *en un intervalo* sí difieren en una constante.

Si F es una primitiva de f, se escribe

$$\int f = F + K \quad \text{o} \quad \int f(x)\, dx = F(x) + K$$

y se entiende que el conjunto de primitivas de f en un cierto intervalo es el conjunto de funciones de la forma $x \mapsto F(x) + K$, con K constante. La expresión anterior también se lee *la integral (indefinida) de $f(x)$ es $F(x) + K$*.

De las propiedades de las derivadas se deduce inmediatamente que si α y β son números reales y f y g funciones con primitivas, entonces

$$\alpha \int f + \beta \int g = \int (\alpha f + \beta g).$$

Integrales inmediatas

Sea u una función derivable. Las reglas de derivación proporcionan las siguientes reglas de integración inmediata.

$$\int u^r u'\, dx = \frac{u^{r+1}}{r+1} + K \quad (r \neq -1) \qquad \int \frac{u'}{u}\, dx = \ln |u| + K$$

$$\int u' a^u\, dx = \frac{a^u}{\ln a} + K \quad (a > 0) \qquad \int u' e^u\, dx = e^u + K$$

$$\int u' \cos u\, dx = \operatorname{sen} u + K \qquad \int u' \operatorname{sen} u\, dx = -\cos u + K$$

$$\int \frac{u'}{\operatorname{sen} u}\, dx = \ln \left| \tan \frac{u}{2} \right| + K \qquad \int \frac{u'}{\cos^2 u}\, dx = \tan u + K$$

$$\int \frac{u'}{\operatorname{sen}^2 u}\, dx = -\cot u + K \qquad \int \frac{u'}{\sqrt{a^2 - u^2}}\, dx = \operatorname{arc\, sen} \frac{u}{a} + K$$

$$\int \frac{u'}{a^2 + u^2}\, dx = \frac{1}{a} \arctan \frac{u}{a} + K$$

$$\int u' \operatorname{senh} u\, dx = \cosh u + K \qquad \int u' \cosh u\, dx = \operatorname{senh} u + K$$

$$\int \frac{u'}{\cosh^2 u}\, dx = \tanh u + K \qquad \int \frac{u'}{\operatorname{senh}^2 u}\, dx = \coth u + K$$

$$\int \frac{u'}{\sqrt{u^2 - a^2}}\, dx = \operatorname{arg\, cosh} \frac{u}{a} + K \qquad \int \frac{u'}{\sqrt{u^2 + a^2}}\, dx = \operatorname{arg\, senh} \frac{u}{a} + K$$

$$\int \frac{u'}{a^2 - u^2}\, dx = \frac{1}{a} \operatorname{arg\, tanh} \frac{u}{a} + K$$

Cambio de variable

Supongamos que se desea calcular una primitiva $F(x)$ de $f(x)$. Si componemos F con una nueva función g derivable e inyectiva, por la regla de la cadena, tenemos

$$(F \circ g)'(t) = F'(g(t))g'(t) = f(g(t))g'(t).$$

Por tanto,

$$\int f(g(t))g'(t)dt = F(g(t)) + K.$$

Si, para una función g adecuada, se sabe calcular $\int f(g(t))g'(t)\,dt = F(g(t))$, entonces, sustituyendo $g(t)$ por x se obtiene $F(x)$ (v. problemas 206, 207 y 208).

Un caso simple y frecuente es el de calcular una primitiva de $f(ax+b)$, donde $a \neq 0$ y b son números reales y f es una función de primitiva conocida F. Puesto que la derivada de $F(ax+b)/a$ es $F'(ax+b)a/a = f(ax+b)$, tenemos

$$\int f(ax+b)\,dx = \frac{1}{a}F(ax+b) + K. \tag{4.1}$$

La fórmula anterior puede entenderse también en términos de cambio de variable: conocida una primitiva F de f, para calcular $\int f(ax+b)\,dx$ consideramos $t = ax+b$ o, si se quiere, $x = g(t) = (t-b)/a$. Entonces, $g'(t) = 1/a$ y tenemos

$$\int f(g(t))g'(t)\,dt = \int f\left(\frac{t-b}{a}\right)\frac{1}{a}\,dt = \frac{1}{a}\int f(t)\,dt = \frac{1}{a}F(t).$$

Por tanto,

$$\int f(ax+b)\,dx = \frac{1}{a}F(ax+b) + K$$

(v. problemas 203, 204 y 205).

Integración por partes

La fórmula de la derivada de un producto de dos funciones u y v es $(uv)' = u'v + uv'$. Tomando primitivas y pasando uno de los términos de la derecha a la izquierda, se obtiene

$$\int uv' = uv - \int vu',$$

que se denomina *fórmula de integración por partes*. Una notación más usual para esta fórmula es

$$\int u\,dv = uv - \int v\,du$$

(v. problemas 209, 210 y 211).

Integrales racionales

Recordemos que las funciones racionales son las de la forma $f(x) = P(x)/Q(x)$, donde $P(x)$ y $Q(x)$ son polinomios con coeficientes reales. Aquí discutiremos la integración de este tipo de funciones.

Si $\deg P(x) > \deg Q(x)$, entonces, por el algoritmo de la división de polinomios, existen polinomios $C(x)$

(cociente) y $R(x)$ (resto) tales que $P(x) = Q(x)C(x) + R(x)$ y $R(x) = 0$ o $\deg R(x) < \deg P(x)$. En este caso, tenemos

$$\frac{P(x)}{Q(x)} = C(x) + \frac{R(x)}{Q(x)}.$$

Puesto que $C(x)$ es un polinomio, se sabe integrar. Si $R(x) = 0$, el problema está terminado. Si no, queda reducido a calcular la integral de una función racional $R(x)/Q(x)$ con el grado del numerador menor que el del denominador. En adelante nos restringiremos a este tipo de funciones.

Una función racional $P(x)/Q(x)$, con $\deg P(x) < \deg Q(x)$, admite una descomposición única en suma de $\deg Q(x)$ funciones racionales determinadas por la descomposición de $Q(x)$ en factores irreducibles mónicos, de acuerdo con los criterios siguientes:

- Para cada factor de $Q(x)$ de la forma $(x - a)^n$, aparece una suma de n sumandos de la forma

$$\frac{A_1}{x - a} + \frac{A_2}{(x - a)^2} + \cdots + \frac{A_n}{(x - a)^n}.$$

- Para cada factor de $Q(x)$ de la forma $(x^2 + bx + c)^n$, aparece una suma de n sumandos de la forma

$$\frac{A_1 x + B_1}{x^2 + bx + c} + \frac{A_2 x + B_2}{(x^2 + bx + c)^2} + \cdots + \frac{A_n x + B_n}{(x^2 + bx + c)^n}.$$

Los coeficientes numéricos de los numeradores se obtienen igualando $P(x)$ con el numerador de la función resultante al efectuar la suma de las fracciones de la descomposición. Como resultan dos polinomios iguales, la igualación de los coeficientes del mismo grado da un sistema de ecuaciones lineales cuya solución proporciona los valores de los coeficientes. Alternativamente, pueden darse tantos valores arbitrarios a x como coeficientes (pero conviene darlos de forma que el cálculo sea lo más simple posible) y obtener también un sistema de ecuaciones lineales (v. problema 213).

La integración de una función racional se reduce a la integración de las fracciones simples en que se descompone. Aparecen los tipos siguientes:

- $\int \dfrac{1}{x - a}\, dx = \ln |x - a| + K$.

- $\int \dfrac{1}{(x - a)^n}\, dx = -\dfrac{A}{(n - 1)(x - a)^{n-1}} + K$, donde $n \geq 2$ es un natural.

- $\int \dfrac{1}{x^2 + bx + c}\, dx$, con $b^2 - 4c < 0$. En este caso, completando cuadrados tenemos $x^2 + bx + c = (x - p)^2 + q^2$ para ciertos reales p y q. Entonces

$$\int \frac{1}{x^2 + bx + c}\, dx = \int \frac{1}{(x - p)^2 + q^2}\, dx$$

$$= \frac{1}{q} \int \frac{1}{\left(\frac{x-p}{q}\right)^2 + 1}\, dx$$

$$= \arctan \frac{x - p}{q} + K.$$

- $\int \dfrac{Ax+B}{x^2+bx+c}\,dx$, con $b^2-4c<0$. En este caso, para ciertas constantes M y N se tiene $M(2x+b)+N = Ax+B$. Entonces

$$\int \frac{Ax+B}{x^2+bx+c}\,dx = M\int \frac{2x+b}{x^2+bx+c}\,dx + N\int \frac{1}{x^2+bx+c}\,dx.$$

La primera de estas integrales es inmediata

$$M\int \frac{2x+b}{x^2+bx+c}\,dx = M\ln(x^2+bx+c),$$

y la segunda es del tipo estudiado en el punto anterior.

El último tipo a considerar es algo más complicado.

- $\int \dfrac{Ax+B}{(x^2+bx+c)^n}\,dx$, con $b^2-4c<0$ y $n\geq 2$. Una descomposición similar a la anterior da

$$\int \frac{Ax+B}{(x^2+bx+c)^n}\,dx = M\int \frac{2x+b}{(x^2+bx+c)^n}\,dx + N\int \frac{1}{(x^2+bx+c)^n}\,dx.$$

La primera de estas dos integrales es inmediata:

$$\int \frac{2x+b}{(x^2+bx+c)^n}\,dx = -\frac{1}{(n-1)(x^2+bx+c)^{n-1}} + K.$$

Respecto a la segunda, expresando el denominador en la forma

$$x^2+bx+c = (x-p)^2 + q^2 = q^2\left\{\left(\frac{x-p}{q}\right)^2 + 1\right\}.$$

se reduce a una integral de la forma

$$I_n = \int \frac{1}{(x^2+1)^n}\,dx,$$

que puede calcularse mediante la fórmula de reducción

$$I_n = \frac{x}{2(n-1)(x^2+1)^{n-1}} + \frac{2n-3}{2n-2}I_{n-1},$$

cuya justificación puede verse en el problema 218.

Véanse los problemas 214, 215, 216 y 219.

Método de Hermite. Si $Q(x)$ tiene factores múltiples, para la integración de una función racional $P(x)/Q(x)$, con $\deg P(x) < \deg Q(x)$, puede utilizarse también el *método de Hermite* (llamado de Ostrogradski en algunos textos).

Sean $Q_1(x) = \mathrm{mcd}(Q(x), Q'(x))$ y $Q_2(x) = Q(x)/Q_1(x)$. Puesto que $Q(x)$ tiene factores múltiples, $Q_1(x)$ es un polinomio de grado ≥ 1. Además, $Q_2(x)$ es un polinomio de grado $\deg Q_2(x) < \deg Q(x)$.

El método consiste en hallar polinomios $P_1(x)$ y $P_2(x)$ tales que $\deg P_1(x) < \deg Q_1(x)$, $\deg P_2(x) < \deg Q_2(x)$ y

$$\int \frac{P(x)}{Q(x)}\, dx = \frac{P_1(x)}{Q_1(x)} + \int \frac{P_2(x)}{Q_2(x)}\, dx. \tag{4.2}$$

La fórmula anterior reduce la integral de $P(x)/Q(x)$ a la de $P_2(x)/Q_2(x)$, que tiene el denominador con multiplicidades menores que las de $Q(x)$.

Los coeficientes de $P_1(x)$ y $P_2(x)$ se toman indeterminados y, mediante derivación de la igualdad (4.2), se obtiene una igualdad de funciones racionales que permite calcularlos (v. problema 220).

Integrales trigonométricas

Una *función racional* en $u_1, \ldots, u_n$ es una función que se expresa a partir de constantes y de las variables $u_1, \ldots, u_n$, y utilizando exclusivamente las operaciones suma, producto y cociente.

Consideremos una integral de la forma

$$\int R(\operatorname{sen} x, \cos x)\, dx,$$

donde R es una función racional en $\operatorname{sen} x$ y $\cos x$. Si la función R tiene ciertas propiedades, el uso de cambios de variable adecuados y de fórmulas trigonométricas permite calcular la primitiva. Explicitamos a continuación algunos cambios y fórmulas de utilidad.

- Si $R(-\operatorname{sen} x, \cos x) = -R(\operatorname{sen} x, \cos x)$, se hace el cambio $t = \cos x$ y entonces se tiene

$$dt = -\operatorname{sen} x\, dx, \quad \cos x = t, \quad \operatorname{sen} x = \sqrt{1 - t^2}.$$

- Si $R(\operatorname{sen} x, -\cos x) = -R(\operatorname{sen} x, \cos x)$, se hace el cambio $t = \operatorname{sen} x$ y entonces se tiene

$$dt = \cos x\, dx, \quad \operatorname{sen} x = t, \quad \cos x = \sqrt{1 - t^2}.$$

- Si $R(-\operatorname{sen} x, -\cos x) = R(\operatorname{sen} x, \cos x)$, se hace el cambio $t = \tan x$ y entonces se tiene

$$dt = (1 + t^2)\, dx, \quad \operatorname{sen} x = \frac{t}{\sqrt{1 + t^2}}, \quad \cos x = \frac{1}{\sqrt{1 + t^2}}.$$

- Si R no está en ninguno de los tres casos anteriores, se hace el cambio $t = \tan(x/2)$ y entonces se tiene

$$dt = \frac{1}{2}(1 + t^2)\, dx, \quad \operatorname{sen} x = \frac{2t}{1 + t^2}, \quad \cos x = \frac{1 - t^2}{1 + t^2}.$$

- En alguno de estos casos, se puede reducir el grado de los polinomios involucrados en R utilizando las fórmulas

$$\operatorname{sen}^2 x = \frac{1 - \cos 2x}{2}, \quad \cos^2 x = \frac{1 + \cos 2x}{2}.$$

- Las integrales de funciones trigonométricas del tipo

$$\int \operatorname{sen} ax \cos bx\, dx, \quad \int \operatorname{sen} ax \operatorname{sen} bx\, dx, \quad \int \cos ax \cos bx\, dx$$

se transforman en integrales inmediatas mediante las fórmulas de transformación de sumas en productos.

$$2 \operatorname{sen} A \operatorname{sen} B = \cos(A - B) - \cos(A + B)$$

$$2 \cos A \cos B = \cos(A - B) + \cos(A + B)$$

$$2 \operatorname{sen} A \cos B = \operatorname{sen}(A - B) + \operatorname{sen}(A + B)$$

Véanse los problemas 221, 222, 223 y 224.

Integrales irracionales

En los casos siguientes, R representa una función racional. Algunos cambios de utilidad son los siguientes.

- Si $p_1/q_1, \ldots, p_k/q_k$ son fracciones irreducibles, las integrales del tipo

$$\int R\left(x, \left(\frac{ax + b}{cx + d}\right)^{p_1/q_1}, \ldots, \left(\frac{ax + b}{cx + d}\right)^{p_k/q_k}\right) dx$$

se transforman en integrales racionales mediante el cambio $t^n = (ax+b)/(cx+d)$ con $n = \operatorname{mcm}(q_1, \ldots, q_k)$. Veánse los problemas 228 y 229.

- Para las integrales del tipo

$$\int R\left(x, \sqrt{a^2 - x^2}\right) dx,$$

se utilizan los cambios $x = a \operatorname{sen} t$ o $x = a \tanh t$.

- Para las integrales del tipo

$$\int R(x, \sqrt{x^2 - a^2})\, dx,$$

se utilizan los cambios $x = a \cosh t$ o $x = a \sec t$.

- Para las integrales del tipo

$$\int R(x, \sqrt{x^2 + a^2})\, dx,$$

se utilizan los cambios $x = a \operatorname{senh} t$ o $x = a \tan t$.

Véanse los problemas 230 y 231.

Primitivas no expresables como combinación de funciones elementales

■ Las *funciones elementales* son las funciones racionales, las funciones circulares y sus inversas, y las funciones exponenciales y logarítmicas. Una *combinación de funciones elementales* es una función que se puede obtener a partir de las elementales mediante las operaciones suma, producto, cociente, composición e inversas. La casi totalidad de funciones que hemos considerado y que aparecen en los problemas son combinación de funciones elementales.

En las páginas anteriores, hemos descrito algunos métodos de cálculo de primitivas. El hecho de que existan muchas y diversas técnicas, cada una adecuada a tipos específicos de funciones, podría dar la falsa impresión de que cualquier función integrable tiene una primitiva que se puede expresar como combinación de funciones elementales, lo cual no es cierto. La existencia de técnicas tan variadas es más bien un indicio de la dificultad de obtener métodos suficientemente generales.

Es remarcable que existan funciones continuas de apariencia simple que tienen primitiva, pero cuya primitiva no se puede expresar como combinación de funciones elementales. Algunos ejemplos son los siguientes:

$$\int e^{-x^2}\, dx, \quad \int \frac{e^x}{x}\, dx, \quad \int x^x\, dx, \quad \int \frac{\operatorname{sen} x}{x}\, dx, \quad \int \frac{\sqrt{\operatorname{sen} x}}{x}.$$

☐ **Problemas resueltos** ▮▮▮

201

Calcular $\displaystyle\int \frac{(x^2+1)(x^2-2)}{\sqrt[3]{x}}\, dx$.

[Solución]

$$\int \frac{(x^2+1)(x^2-2)}{\sqrt[3]{x^2}}\, dx = \int \frac{x^4 - x^2 - 2}{\sqrt[3]{x^2}}\, dx$$

$$= \int (x^{4-2/3} - x^{2-2/3} - 2x^{-2/3})\, dx$$

$$= \int (x^{10/3} - x^{4/3} - 2x^{-2/3})\, dx$$

$$= \frac{3}{13}x^{13/3} - \frac{3}{7}x^{7/3} - 6x^{1/3} + K.$$

202

Calcular $\displaystyle\int \tan^2 x\, dx$.

[Solución]

$$\int \tan^2 x\, dx = \int \frac{\operatorname{sen}^2 x}{\cos^2 x}\, dx = \int \frac{1 - \cos^2 x}{\cos^2 x}\, dx = \int \frac{1}{\cos^2 x}\, dx - \int dx = \tan x - x + K.$$

203

Calcular $I = \displaystyle\int \left(\text{sen}\,(3x + 2) + 3\left(\frac{1}{2}x - 5\right)^4 - \frac{5}{6x + 2} \right) dx.$

[Solución]

Por las propiedades de linealidad, la integral a calcular es

$$I = \int \text{sen}\,(3x + 2)\,dx + 3\int \left(\frac{1}{2}x - 5\right)^4 dx - 5\int \frac{1}{6x + 2}\,dx.$$

En los tres casos, la integral es de la forma $\int f(ax + b)\,dx$, donde $f(x)$ es una función de primitiva conocida, digamos $F(x)$, de donde una primitiva de $f(ax + b)$ es $(1/a)F(ax + b)$.

Puesto que una primitiva de $\text{sen}\,x$ es $-\cos x$, para la primera integral tenemos

$$\int \text{sen}\,(3x + 2)\,dx = -\frac{1}{3}\cos\,(3x + 2).$$

Para la segunda, utilizamos que una primitiva de x^4 es $x^5/5$:

$$\int \left(\frac{1}{2}x - 5\right)^4 dx = \frac{2}{5}\left(\frac{1}{2}x - 5\right)^5.$$

Para la tercera, utilizamos que una primitiva de $1/x$ es $\ln|x|$:

$$\int \frac{1}{6x + 2}\,dx = \frac{1}{6}\ln|6x + 2|.$$

En definitiva, la integral pedida es

$$I = -\frac{1}{3}\cos\,(3x + 2) + \frac{6}{5}\left(\frac{1}{2}x - 5\right)^5 - \frac{5}{6}\ln|6x + 2| + K.$$

204

Calcular $\displaystyle\int \frac{2}{\sqrt{3x - 7}}\,dx.$

[Solución]

$$\begin{aligned}
\int \frac{2}{\sqrt{3x - 7}}\,dx &= \frac{2}{3}\int \frac{3\,dx}{\sqrt{3x - 7}} \\
&= \frac{2}{3}\int 3(3x - 7)^{-1/2}\,dx \\
&= \frac{2}{3}(3x - 7)^{1/2} + K \\
&= \frac{2}{3}\sqrt{3x - 7} + K.
\end{aligned}$$

(Alternativamente, hágase el cambio $t = 3x - 7$.)

205

Calcular $\int \dfrac{5}{3x^2 + 7}\,dx$.

[Solución]

$$\int \frac{5}{3x^2 + 7}\,dx = \frac{5}{\sqrt{3}} \int \frac{\sqrt{3}}{(\sqrt{3}x)^2 + 7} = \frac{5}{\sqrt{3}} \frac{1}{\sqrt{7}} \arctan \frac{\sqrt{3}x}{\sqrt{7}} + K = \frac{5}{\sqrt{21}} \arctan \frac{\sqrt{3}x}{\sqrt{7}} + K$$

Alternativamente, el cambio $t = \sqrt{3}x/\sqrt{7}$ da

$$x = \frac{\sqrt{7}}{\sqrt{3}}t, \quad dx = \frac{\sqrt{7}}{\sqrt{3}}\,dt,$$

y obtenemos

$$\int \frac{5}{3x^2 + 7}\,dx = \int \frac{5}{3\frac{7}{3}t^2 + 7} \frac{\sqrt{7}}{\sqrt{3}}\,dt = \frac{\sqrt{7}}{\sqrt{3}}\frac{5}{7} \int \frac{dt}{t^2 + 1} = \frac{5}{\sqrt{21}} \arctan t + K = \frac{5}{\sqrt{21}} \arctan \frac{\sqrt{3}x}{\sqrt{7}} + K.$$

206

Calcular $\int \dfrac{1}{x \ln x}\,dx$.

[Solución]

Hacemos el cambio $t = \ln x$, de donde $dt = dx/x$. Entonces

$$\int \frac{1}{x \ln x}\,dx = \int \frac{1}{t}\,dt = \ln|t| + K = \ln|\ln x| + K.$$

207

Calcular $\int \dfrac{3^x}{1 + 3^x}\,dx$.

[Solución]

Hacemos el cambio $t = 3^x$ y tenemos $dt = 3^x \ln 3\,dx$, así que $dx = dt/(3^x \ln 3) = dt/(t \ln 3)$. Entonces,

$$
\begin{aligned}
\int \frac{3^x}{1 + 3^x}\,dx &= \int \frac{t}{1 + t} \frac{dt}{t \ln 3} \\
&= \frac{1}{\ln 3} \int \frac{dt}{1 + t} \\
&= \frac{1}{\ln 3} \ln|1 + t| + K \\
&= \frac{1}{\ln 3} \ln(1 + 3^x) + K.
\end{aligned}
$$

208

Calcular $\displaystyle\int x\,\sqrt{2x+1}\,dx$.

[Solución]

Pongamos $t = \sqrt{2x+1}$, es decir, $x = (t^2 - 1)/2$ y, por tanto, $dx = t\,dt$:

$$
\begin{aligned}
\int x\,\sqrt{2x+1}\,dx &= \int \frac{1}{2}(t^2 - 1)t^2\,dt \\
&= \frac{1}{2}\int (t^4 - t^2)\,dt \\
&= \frac{1}{2}\left(\frac{t^5}{5} - \frac{t^3}{3}\right) + K \\
&= \frac{t^5}{10} - \frac{t^3}{6} + K \\
&= \frac{1}{10}(2x+1)^{5/2} - \frac{1}{6}(2x+1)^{3/2} + K \\
&= (2x+1)^{3/2}\left(\frac{2x+1}{10} - \frac{1}{6}\right) + K \\
&= \frac{3x-1}{15}(2x+1)^{3/2} + K.
\end{aligned}
$$

209

Calcular $\displaystyle\int xe^x\,dx$.

[Solución]

Integramos por partes. Hacemos

$$u = x, \quad dv = e^x dx, \quad du = dx, \quad v = e^x.$$

Resulta

$$\int xe^x\,dx = xe^x - \int e^x\,dx = xe^x - e^x + K.$$

210

Calcular $\displaystyle\int \ln x^{\alpha}\,dx$, donde α es un número real.

[Solución]

Puesto que $\ln x^{\alpha} = \alpha \ln x$, tenemos

$$\int \ln x^{\alpha}\,dx = \int \alpha \ln x\,dx = \alpha \int \ln x\,dx.$$

La integral de $\ln x$ la hacemos por partes tomando $u = \ln x$ y $dv = dx$, con lo cual tenemos $du = dx/x$ y $v = x$. Entonces,

$$\int \ln x \, dx = x \ln x - \int x \cdot \frac{1}{x} \, dx = x \ln x - x + K'.$$

Por tanto,

$$\int \ln x^\alpha \, dx = \alpha(x \ln x - x + K') = \alpha x (\ln x - 1) + K.$$

211

Calcular $\displaystyle\int x^2 \ln x \, dx$.

[Solución]

Integramos por partes haciendo

$$u = \ln x, \quad dv = x^2 dx, \quad du = \frac{1}{x} \, dx, \quad v = \frac{x^3}{3}.$$

Entonces,

$$\begin{aligned}
\int x^2 \ln x \, dx &= \frac{x^3}{3} \ln x - \int \frac{x^3}{3} \frac{1}{x} \, dx \\
&= \frac{x^3}{3} \ln x - \int \frac{x^2}{3} \, dx \\
&= \frac{x^3}{3} \ln x - \frac{1}{3} \frac{x^3}{3} + K \\
&= \frac{x^3}{3} \left(\ln x - \frac{1}{3} \right) + K.
\end{aligned}$$

212

Calcular $\displaystyle\int e^x \cos x \, dx$.

[Solución]

Sea I la integral a calcular. Integramos por partes tomando

$$u = e^x, \quad dv = \cos x \, dx, \quad du = e^x \, dx, \quad v = \operatorname{sen} x,$$

y obtenemos

$$I = e^x \operatorname{sen} x - \int e^x \operatorname{sen} x \, dx. \qquad (4.3)$$

Volvemos a tomar partes en esta nueva integral.

$$u = e^x, \quad dv = \operatorname{sen} x\, dx, \quad du = e^x\, dx, \quad v = -\cos x.$$

Resulta

$$\int e^x \operatorname{sen} x\, dx = -e^x \cos x - \int e^x(-\cos x)\, dx = -e^x \cos x + I.$$

Sustituyendo en (4.3), obtenemos

$$I = e^x \operatorname{sen} x - (-e^x \cos x + I) = e^x(\operatorname{sen} x + \cos x) - I,$$

de donde

$$I = \frac{1}{2}e^x(\operatorname{sen} x + \cos x) + K.$$

Problemas resueltos

213

Descomponer en fracciones simples la fracción $\dfrac{x(5x^2 + 16x + 6)}{(x+2)^2(x^2 + 2x + 4)}$.

[Solución]

El factor $(x+2)^2$ da lugar a dos sumandos con numerador constante. Por otra parte, como el trinomio $x^2 + 2x + 4$ no tiene raíces reales, da lugar a otro sumando, éste con numerador de primer grado:

$$\frac{x(5x^2 + 16x + 6)}{(x+2)^2(x^2 + 2x + 4)} = \frac{A}{x+2} + \frac{B}{(x+2)^2} + \frac{Cx + D}{x^2 + 2x + 4}.$$

Sumando las fracciones de la derecha, resulta una fracción con el mismo denominador que la de la izquierda, luego los numeradores son iguales:

$$x(5x^2 + 16x + 6) = A(x+2)(x^2 + 2x + 4) + B(x^2 + 2x + 4) + (Cx + D)(x+2)^2. \tag{4.4}$$

Dando a x los valores que se indican en la primera columna, se obtienen las ecuaciones de la segunda, que se simplifican como se indica en la tercera.

$x = -2$	$4B = 12$	$B = 3$
$x = 0$	$8A + 4B + 4D = 0$	$2A + D = -3$
$x = 1$	$21A + 7B + 9C + 9D = 27$	$7A + 3C + 3D = 2$
$x = -1$	$3A + 3B - C + D = 5$	$3A - C + D = -4$

La solución del sistema formado por las cuatro ecuaciones de la tercera columna es $(A, B, C, D) = (2, 3, 3, -7)$. Por tanto, la descomposición buscada es

$$\frac{x(5x^2 + 16x + 6)}{(x+2)^2(x^2 + x + 2)^2} = \frac{2}{x+2} + \frac{3}{(x+2)^2} + \frac{3x - 7}{x^2 + 2x + 4}.$$

Alternativamente, para obtener A, B, C, D se escribe la igualdad (4.4), en la forma

$$x(5x^2 + 16x + 6) = (A + C)x^3 + (4A + B + 4C + D)x^2 + (8A + 2B + 4C + 4D)x + (8A + 4B + 4D).$$

Igualando los coeficientes en los polinomios de los dos miembros, se obtiene el sistema

$$A + C = 5, \quad 4A + B + 4C + D = 16, \quad 8A + 2B + 4C + 4D = 6, \quad 8A + 4B + 4D = 0,$$

cuya solución es también $(A, B, C, D) = (2, 3, 3, -7)$.

214

Calcular $\displaystyle\int \frac{x + 14}{(x - 2)(x + 2)^2}$.

[Solución]

La descomposición del integrando en fracciones simples es

$$\frac{x + 14}{(x - 2)(x + 2)^2} = \frac{A}{x - 2} + \frac{B}{x + 2} + \frac{C}{(x + 2)^2}.$$

Haciendo la suma de la derecha e igualando los numeradores resultantes, obtenemos

$$x + 14 = A(x + 2)^2 + B(x + 2)(x - 2) + C(x - 2).$$

Dando a x sucesivamente los valores -2, 2 y 0, resulta el sistema

$$12 = -4C, \quad 16 = 16A, \quad 14 = 4A - 4B - 2C,$$

que tiene solución $(A, B, C) = (1, -1, -3)$. (Alternativamente,

$$x + 14 = A(x + 2)^2 + B(x + 2)(x - 2) + C(x - 2) = (A + B)x^2 + (4A + C)x + (4A - 4B - 2C)$$

produce el sistema

$$A + B = 0, \quad 4A + C = 1, \quad 4A - 4B - 2C = 0$$

de solución $(A, B, C) = (1, -1, -3)$. En este caso, es claro que el primer procedimiento para calcular A, B y C es menos costoso.)

Entonces,

$$\int \frac{x + 14}{(x - 2)(x + 2)^2} \, dx = \int \frac{dx}{x - 2} - \int \frac{dx}{x + 2} - 3 \int \frac{dx}{(x + 2)^2}$$
$$= \ln |x - 2| - \ln |x + 2| + \frac{3}{x + 2} + K.$$

215

Calcular $\int \dfrac{3x^2 + 2}{(x^2 + 2x + 2)(x - 1)}\,dx$.

[Solución]

Descomponemos la fracción a integrar en fracciones simples.

$$\frac{3x^2 + 2}{(x^2 + 2x + 2)(x - 1)} = \frac{Ax + B}{x^2 + 2x + 2} + \frac{C}{x - 1}.$$

Resulta

$$3x^2 + 2 = (Ax + B)(x - 1) + C(x^2 + 2x + 2) = (A + C)x^2 + (-A + B + 2C)x + (-B + 2C).$$

El sistema

$$A + C = 3, \quad -A + B + 2C = 0, \quad -B + 2C = 2,$$

tiene solución $(A, B, C) = (2, 0, 1)$. Entonces,

$$\int \frac{3x^2 + 2}{(x^2 + 2x + 2)(x - 1)}\,dx = \int \frac{2x}{x^2 + 2x + 2}\,dx + \int \frac{1}{x - 1}\,dx$$

$$= \int \frac{2x + 2}{x^2 + 2x + 2}\,dx + \int \frac{-2}{(x + 1)^2 + 1}\,dx + \int \frac{1}{x - 1}\,dx$$

$$= \ln(x^2 + 2x + 2) - 2\arctan(x + 1) + \ln|x - 1| + K.$$

216

Calcular $\int \dfrac{3x^3 + 9x^2 + 15x - 6}{(x - 1)(x + 2)(x^2 + 2x + 4)}\,dx$

[Solución]

Puesto que el factor $x^2 + 2x + 4$ no tiene raíces reales, la descomposición del integrando en fracciones simples es

$$\frac{3x^3 + 9x^2 + 15x - 6}{(x - 1)(x + 2)(x^2 + 2x + 4)} = \frac{A}{x - 1} + \frac{B}{x + 2} + \frac{Cx + D}{x^2 + 2x + 4}.$$

Sumando las fracciones de la derecha e igualando el numerador resultante con el numerador de la fracción de la izquierda, resulta

$$3x^3 + 9x^2 + 15x - 6 = A(x + 2)(x^2 + 2x + 4) + B(x - 1)(x^2 + 2x + 4) + (Cx + D)(x - 1)(x + 2).$$

Dando a x los valores que se indican en la primera columna, se obtienen las ecuaciones de la segunda, que se simplifican como se indica en la tercera.

$$
\begin{array}{llll}
x = 1 & 21A = 21 & A = 1 \\
x = -2 & -12B = -24 & B = 2 \\
x = 0 & 8A - 4B - 2D = -6 & D = 3 \\
x = -1 & 3A - 6B + 2C - 2D = -15 & C = 0
\end{array}
$$

Así, pues,

$$
\int \frac{3x^3 + 9x^2 + 15x - 6}{(x-1)(x+2)(x^2+2x+4)}\, dx = \int \frac{dx}{x-1} + \int \frac{2\, dx}{x+2} + \int \frac{3\, dx}{x^2+2x+4}
$$
$$
= \ln|x-1| + 2\ln|x+2| + 3\int \frac{dx}{x^2+2x+4}.
$$

Para esta última integral, completamos cuadrados:

$$
x^2 + 2x + 4 = (x+1)^2 + 3 = 3\left(\left(\frac{x+1}{\sqrt{3}}\right)^2 + 1\right),
$$

con lo que

$$
3\int \frac{dx}{x^2+2x+4} = \int \frac{dx}{\left(\frac{x+1}{\sqrt{3}}\right)^2 + 1} = \sqrt{3}\arctan\frac{x+1}{\sqrt{3}}.
$$

En definitiva,

$$
\int \frac{3x^3 + 9x^2 + 15x - 6}{(x-1)(x+2)(x^2+2x+4)}\, dx = \ln|x-1| + 2\ln|x+2| + \sqrt{3}\arctan\frac{x+1}{\sqrt{3}} + K.
$$

217

Calcular $\displaystyle\int \frac{x^5 - 9x^3 + 17x^2 - 36x + 47}{x^4 - 4x^3 + 7x^2 - 12x + 12}\, dx$.

[Solución]

Puesto que el grado del numerador del integrando es mayor que el del denominador, empezamos por dividir:

$$
x^5 - 9x^3 + 17x^2 - 36x + 47 = (x^4 - 4x^3 + 7x^2 - 12x + 12)(x+4) + x^2 - 1.
$$

El cociente es $x - 4$ y el resto $x^2 - 1$. Si denotamos por I la primitiva pedida, tenemos

$$
I = \int \left(x + 4 + \frac{x^2 - 1}{x^4 - 4x^3 + 7x^2 - 12x + 12} \right) dx
$$
$$
= \frac{x^2}{2} + 4x + \int \frac{x^2 - 1}{x^4 - 4x^3 + 7x^2 - 12x + 12}\, dx.
$$

Para calcular esta nueva integral, factorizamos el denominador, que se anula para $x = 2$. Se obtiene

$$
x^4 - 4x^3 + 7x^2 - 12x + 12 = (x-2)^2(x^2 + 3).
$$

Descomponemos en fracciones simples:

$$\frac{x^2 - 1}{(x - 2)^2(x^2 + 3)} = \frac{Ax + B}{x^2 + 3} + \frac{C}{x - 2} + \frac{D}{(x - 2)^2}.$$

Haciendo la suma de la derecha e igualando numeradores, se obtiene la igualdad de polinomios

$$x^2 - 1 = (Ax + B)(x - 2)^2 + C(x^2 + 3)(x - 2) + D(x^2 + 3)$$

$$= (A + C)x^3 + (-4A + B - 2C + D)x^2 + (4A - 4B + 3C)x + (4B - 6C + 3D),$$

que equivale al sistema

$$A + C = 0, \quad -4A + B - 2C + D = 1, \quad 4A + 3C - 4B = 0, \quad 4B - 6C + 3D = -1.$$

Resolviéndolo, resulta

$$A = \frac{-16}{49}, \quad B = \frac{-4}{49}, \quad C = \frac{16}{49}, \quad D = \frac{3}{7}.$$

Por tanto,

$$\begin{aligned} I &= \frac{x^2}{2} + 4x + \int \frac{x^2 - 1}{(x - 2)^2(x^2 + 3)} \\ &= \frac{x^2}{2} + 4x - \frac{4}{49} \int \frac{4x + 1}{x^2 + 3}\, dx + \frac{16}{49} \int \frac{1}{x - 2}\, dx + \frac{3}{7} \int \frac{1}{(x - 2)^2}\, dx \\ &= \frac{x^2}{2} + 4x - \frac{8}{49} \int \frac{2x}{x^2 + 3} - \frac{4}{49} \int \frac{1}{x^2 + 3} + \frac{16}{49} \ln|x - 2| - \frac{3}{7}\frac{1}{x - 2} \\ &= \frac{x^2}{2} + 4x - \frac{8}{49} \ln(x^2 + 3) - \frac{4}{49\sqrt{3}} \arctan\frac{x}{\sqrt{3}} + \frac{16}{49} \ln|x - 2| - \frac{3}{7}\frac{1}{x - 2} + K. \end{aligned}$$

218

Para cada natural $n \geq 1$, sea $I_n(x) = \displaystyle\int \frac{dx}{(x^2 + 1)^n}$. Demostrar que, para $n \geq 2$,

$$I_n(x) = \frac{x}{2(n - 1)(x^2 + 1)^{n-1}} + \frac{2n - 3}{2n - 2} I_{n-1}(x).$$

[Solución]

$$I_n(x) = \int \frac{x^2 + 1 - x^2}{(x^2 + 1)^n}\, dx = \int \frac{dx}{(x^2 + 1)^{n-1}} - \int \frac{2x}{(x^2 + 1)^n}\frac{x}{2}\, dx.$$

La primera de las dos integrales del segundo término es $I_{n-1}(x)$. La segunda la integraremos por partes haciendo

$$u = \frac{x}{2}, \quad dv = \frac{2x}{(x^2 + 1)^n}\, dx$$

con lo que se obtiene

$$du = \frac{1}{2}, \quad v = \frac{-1}{(n-1)(x^2+1)^{n-1}}$$

y

$$I_n(x) = I_{n-1}(x) + \frac{x}{2}\frac{1}{(n-1)(x^2+1)^{n-1}} - \frac{1}{2(n-1)}\int \frac{dx}{(x^2+1)^{n-1}}$$

$$= \frac{x}{2(n-1)(x^2+1)^{n-1}} + I_{n-1}(x) - \frac{1}{2(n-1)}I_{n-1}(x)$$

$$= \frac{x}{2(n-1)(x^2+1)^{n-1}} + \frac{2n-3}{2n-2}I_{n-1}(x).$$

219

Calcular $\int \frac{dx}{(x^2+2x+5)^3}$.

[Solución]

Observemos que el trinomio x^2+2x+5 tiene discriminante $4-4\cdot5 = -16$, negativo, luego no tiene raíces reales. Utilizaremos la fórmula de reducción enunciada en la página 113 y demostrada en el problema 218. Para ello, escribimos x^2+2x+5 completando cuadrados: $x^2+2x+5 = (x+1)^2+4$. Tenemos,

$$\int \frac{dx}{(x^2+2x+5)^3} = \int \frac{dx}{((x+1)^2+4)^3} = \frac{1}{4^3}\int \frac{dx}{\left(\left(\frac{x+1}{2}\right)^2+1\right)^3}.$$

Con el cambio $t = (x+1)/2$, tenemos

$$\int \frac{dx}{(x^2+2x+5)^3} = \frac{2}{4^3}\int \frac{dt}{(t^2+1)^3}$$

$$= \frac{1}{32}I_3(t)$$

$$= \frac{1}{32}\left(\frac{t}{2\cdot2(t^2+1)^2} + \frac{3}{4}I_2(t)\right)$$

$$= \frac{1}{32}\left(\frac{t}{4(t^2+1)^2} + \frac{3}{4}\left(\frac{t}{2(t^2+1)} + \frac{1}{2}I_1(t)\right)\right)$$

$$= \frac{t}{128(t^2+1)^2} + \frac{3t}{256(t^2+1)} + \frac{3}{256}\arctan t + K$$

$$= \frac{x+1}{16(x^2+2x+5)^2} + \frac{3(x+1)}{128(x^2+2x+5)} + \frac{3}{256}\arctan\left(\frac{x+1}{2}\right) + K.$$

220

Calcular, mediante el método de Hermite, $\int \frac{dx}{(x^3-1)^2}$.

El denominador del integrando es $Q(x) = (x^3 - 1)^2$, y su derivada $Q'(x) = 2(x^3 - 1)3x^2 = 6x^2(x^3 - 1)$. El máximo común divisor de $Q(x)$ y $Q'(x)$ es $Q_1(x) = x^3 - 1$ y el cociente $Q(x)/Q_1(x) = x^3 - 1$. Por tanto,

$$\int \frac{dx}{(x^3 - 1)^2} = \frac{Ax^2 + Bx + C}{x^3 - 1} + \int \frac{Dx^2 + Ex + F}{x^3 - 1}\, dx.$$

Derivando, se obtiene

$$\frac{1}{(x^3 - 1)^2} = \frac{(2Ax + B)(x^3 - 1) - 3x^2(Ax^2 + Bx + C)}{(x^3 - 1)^2} + \frac{Dx^2 + Ex + F}{x^3 - 1}$$

y

$$1 = (2Ax + B)(x^3 - 1) - 3x^2(Ax^2 + Bx + C) + (Dx^2 + Ex + F)(x^3 - 1).$$

Igualando los coeficientes de los polinomios de ambos miembros, se obtiene el sistema

$$D = 0, \quad E - A = 0, \quad F - 2B = 0, \quad D + 3C = 0, \quad E + 2A = 0, \quad B + F = -1,$$

cuya solución es

$$A = 0, \quad B = -1/3, \quad C = 0, \quad D = 0, \quad E = 0, \quad F = -2/3.$$

Así,

$$\int \frac{dx}{(x^3 - 1)^2} = -\frac{1}{3}\frac{x}{x^3 - 1} - \frac{2}{3}\int \frac{dx}{x^3 - 1}. \tag{4.5}$$

Para calcular esta última integral, descomponemos el integrando en fracciones simples atendiendo a la factorización del denominador: $x^3 - 1 = (x - 1)(x^2 + x + 1)$. Tenemos

$$\frac{1}{x^3 - 1} = \frac{L}{x - 1} + \frac{Mx + N}{x^2 + x + 1},$$

de donde

$$1 = L(x^2 + x + 1) + Mx(x - 1) + N(x - 1) = (L + M)x^2 + (L - M + N)x + (L - N).$$

El sistema

$$L + M = 0, \quad L - M + N = 0, \quad L - N = 1,$$

tiene solución $L = 1/3$, $M = -1/3$ y $N = -2/3$. Tenemos, pues,

$$\begin{aligned}
\int \frac{dx}{x^3 - 1} &= \frac{1}{3}\int \frac{dx}{x - 1} - \frac{1}{3}\int \frac{x + 2}{x^2 + x + 1} \\
&= \frac{1}{3}\ln|x - 1| - \frac{1}{3}\cdot\frac{1}{2}\int \frac{2x + 1 + 3}{x^2 + x + 1}\, dx \\
&= \frac{1}{3}\ln|x - 1| - \frac{1}{6}\ln|x^2 + x + 1| - \frac{1}{2}\int \frac{dx}{(x + 1/2)^2 + 3/4} \\
&= \frac{1}{3}\ln|x - 1| - \frac{1}{6}\ln|x^2 + x + 1| - \frac{1}{\sqrt{3}}\arctan\frac{2x + 1}{\sqrt{3}} + C.
\end{aligned}$$

Sustituyendo en (4.5), se obtiene finalmente

$$\int \frac{dx}{(x^3-1)^2} = -\frac{x}{3(x^3-1)} - \frac{2}{9}\ln|x-1| + \frac{1}{9}\ln|x^2+x+1| + \frac{2}{3\sqrt{3}}\arctan\frac{2x+1}{\sqrt{3}} + K.$$

221

Calcular $\displaystyle\int \mathrm{sen}^2\, x\, dx$ y $\displaystyle\int \cos^2 x\, dx$.

[Solución]

Utilizando las fórmulas del ángulo mitad,

$$\int \mathrm{sen}^2\, x\, dx = \int \frac{1-\cos 2x}{2}\, dx = \frac{1}{2}\int (1-\cos 2x)\, dx = \frac{1}{2}\left(x - \frac{1}{2}\,\mathrm{sen}\, 2x\right) + K.$$

Análogamente,

$$\int \cos^2 x\, dx = \int \frac{1+\cos 2x}{2}\, dx = \frac{1}{2}\int (1+\cos 2x)\, dx = \frac{1}{2}\left(x + \frac{1}{2}\,\mathrm{sen}\, 2x\right) + K.$$

Alternativamente, esta segunda integral puede hacerse utilizando la primera:

$$\int \cos^2 x\, dx = \int (1-\mathrm{sen}^2\, x)\, dx = x - \frac{1}{2}\left(x - \frac{1}{2}\,\mathrm{sen}\, 2x\right) + K = \frac{1}{2}\left(x + \frac{1}{2}\,\mathrm{sen}\, 2x\right) + K.$$

222

Calcular $\displaystyle\int \frac{\cos^2 x}{1+\mathrm{sen}^2\, x}\, dx$.

[Solución]

El integrando es la función racional en $\mathrm{sen}\, x$ y $\cos x$ dada por $R(\mathrm{sen}\, x, \cos x) = (\cos^2 x)/(1+\mathrm{sen}^2\, x)$, que cumple $R(-\mathrm{sen}\, x, -\cos x) = R(\mathrm{sen}\, x, \cos x)$, por lo que el cambio conveniente es $t = \tan x$. Entonces,

$$t = \tan x, \quad dx = \frac{dt}{1+t^2}, \quad \mathrm{sen}^2\, x = \frac{t^2}{1+t^2}, \quad \cos^2 x = \frac{1}{1+t^2}.$$

La integral I a calcular es, pues,

$$\int \frac{\cos^2 x}{1+\mathrm{sen}^2\, x}\, dx = \int \frac{\dfrac{1}{1+t^2}}{1+\dfrac{t^2}{1+t^2}}\, \frac{dt}{1+t^2} = \int \frac{dt}{(1+2t^2)(1+t^2)}.$$

Ésta es una función racional cuya descomposición en fracciones simples es de la forma

$$\frac{1}{(1 + 2t^2)(1 + t^2)} = \frac{At + B}{1 + 2t^2} + \frac{Ct + D}{1 + t^2}.$$

Efectuando la suma de las fracciones de la derecha e igualando numeradores, resulta

$$1 = (At + B)(1 + t^2) + (Ct + D)(1 + t^2) = (A + 2C)t^3 + (B + 2D)t^2 + (A + C)t + (B + D).$$

Así, obtenemos el sistema

$$A + 2C = 0, \quad B + 2D = 0, \quad A + C = 0, \quad B + D = 1,$$

que tiene solución $(A, B, C, D) = (0, 2, 0, -1)$. Por tanto,

$$
\begin{aligned}
\int \frac{1}{(1 + 2t^2)(1 + t^2)}\, dx &= 2 \int \frac{dt}{1 + 2t^2} - \int \frac{dt}{1 + t^2} \\
&= \frac{2}{\sqrt{2}} \int \frac{\sqrt{2}\,dt}{1 + (\sqrt{2}t)^2} - \int \frac{dt}{1 + t^2} \\
&= \sqrt{2} \arctan(\sqrt{2}t) - \arctan t + K \\
&= \sqrt{2} \arctan(\sqrt{2} \tan x) - \arctan \tan x + K \\
&= \sqrt{2} \arctan(\sqrt{2} \tan x) - x + K.
\end{aligned}
$$

223

Calcular $\displaystyle\int \frac{dx}{2 + \operatorname{sen} x + 2 \cos x}.$

[Solución]

Con el cambio $t = \tan(x/2)$, tenemos

$$\operatorname{sen} x = \frac{2t}{1 + t^2}, \quad \cos x = \frac{1 - t^2}{1 + t^2}, \quad dx = \frac{2\,dt}{1 + t^2}.$$

Entonces,

$$
\begin{aligned}
\int \frac{dx}{2 + \operatorname{sen} x + 2 \cos x} &= \int \frac{\dfrac{2\,dt}{1 + t^2}}{2 + \dfrac{2t}{1 + t^2} + 2\dfrac{1 - t^2}{1 + t^2}} \\
&= \int \frac{2\,dt}{4 + 2t} \\
&= \int \frac{dt}{2 + t} \\
&= \ln|2 + t| + K \\
&= \ln\left|2 + \tan \frac{x}{2}\right| + K.
\end{aligned}
$$

224

Calcular $\int \operatorname{sen} 5x \cos 6x \, dx$.

[Solución]

La fórmula

$$2 \operatorname{sen} A \cos B = \operatorname{sen}(A + B) + \operatorname{sen}(A - B)$$

para $A = 5x$ y $B = 6x$ proporciona (teniendo en cuenta que $\operatorname{sen}(-x) = -\operatorname{sen} x$)

$$\int \operatorname{sen} 5x \cos 6x \, dx = \frac{1}{2} \int (\operatorname{sen} 11x - \operatorname{sen} x) \, dx = \frac{1}{2} \left(-\frac{\cos 11x}{11} + \cos x \right) + K.$$

225

Calcular $\int \operatorname{sen}^2 x \cos^5 x \, dx$.

[Solución]

Sea $R(\operatorname{sen} x, \cos x) = \operatorname{sen}^2 x \cos^5 x$. Ciertamente, $R(\operatorname{sen} x, -\cos x) = -R(\operatorname{sen} x, \cos x)$, así que el cambio recomendado es $t = \operatorname{sen} x$, de donde $dt = \cos x \, dx$. Además $\cos^2 x = 1 - \operatorname{sen}^2 x$. Tenemos,

$$\begin{aligned}
\int \operatorname{sen}^2 x \cos^5 x \, dx &= \int \operatorname{sen}^2 x \cos^4 x \cos x \, dx \\
&= \int \operatorname{sen}^2 x (1 - \operatorname{sen}^2 x)^2 \cos x \, dx \\
&= \int t^2 (1 - t^2)^2 dt \\
&= \int t^2 (1 - 2t^2 + t^4) \, dt \\
&= \int (t^2 - 2t^4 + t^6) \, dt \\
&= \frac{t^3}{3} - \frac{2t^5}{5} + \frac{t^7}{7} + K \\
&= \frac{\operatorname{sen}^3 x}{3} - \frac{2 \operatorname{sen}^5 x}{5} + \frac{\operatorname{sen} x^7}{7} + K.
\end{aligned}$$

226

Calcular $I_1 = \int \dfrac{\cos t}{\operatorname{sen} t + \cos t} \, dt$ y $I_2 = \int \dfrac{\operatorname{sen} t}{\operatorname{sen} t + \cos t} \, dt$.

[Solución]

Ambos integrandos son funciones racionales en $\operatorname{sen} x$ y $\cos x$. De acuerdo con las recomendaciones teóricas, deberíamos ensayar el cambio $t = \tan(x/2)$. Sin embargo, resulta más sencillo calcular $I_1 + I_2$ y $I_1 - I_2$ y obtener de aquí I_1 y I_2.

$$I_1 + I_2 = \int \frac{\cos t + \operatorname{sen} t}{\operatorname{sen} t + \cos t}\, dt = \int dt = t + K,$$

$$I_1 - I_2 = \int \frac{\cos t - \operatorname{sen} t}{\operatorname{sen} t + \cos t}\, dt = \ln|\operatorname{sen} t + \cos t| + K.$$

Por tanto,

$$I_1 = \frac{1}{2}(t + \ln|\operatorname{sen} t + \cos t|) + K,$$

$$I_2 = \frac{1}{2}(t - \ln|\operatorname{sen} t + \cos t|) + K.$$

227

Calcular $\displaystyle\int \frac{dx}{x + \sqrt{1 - x^2}}$.

[Solución]

El integrando es una función racional en x y $\sqrt{1 - x^2}$. Ensayamos, pues, el cambio $x = \operatorname{sen} t$, con lo que obtenemos

$$t = \operatorname{arc\,sen} x, \quad dx = \cos t\, dt, \quad \sqrt{1 - x^2} = \cos t.$$

Entonces,

$$\int \frac{dx}{x + \sqrt{1 - x^2}} = \int \frac{\cos t\, dt}{\operatorname{sen} t + \cos t}.$$

Esta integral es la I_1 del problema 226; por tanto,

$$\int \frac{dx}{x + \sqrt{1 - x^2}} = \frac{1}{2}(t + \ln|\operatorname{sen} t + \cos t|) + K = \frac{1}{2}(\operatorname{arc\,sen} x + \ln|x + \sqrt{1 - x^2}|) + K.$$

228

Calcular $\displaystyle\int \frac{dx}{\sqrt[3]{x} + \sqrt{x}}$.

[Solución]

El integrando es una función racional en $x^{1/3}$ y $x^{1/2}$ y, como el mínimo común múltiplo de los denominadores 3 y 2 es 6, el cambio adecuado es $x = t^6$. Entonces,

$$dx = 6t^5\, dx, \quad \sqrt[3]{x} = t^2, \quad \sqrt{x} = t^3,$$

y resulta

$$\int \frac{dx}{\sqrt[3]{x} + \sqrt{x}} = \int \frac{6t^5 \, dt}{t^2 + t^3}$$

$$= 6 \int \frac{t^3 \, dt}{t + 1}$$

$$= 6 \int \left(t^2 - t + 1 - \frac{1}{t + 1} \right) dt$$

$$= 6 \left(\frac{t^3}{3} - \frac{t^2}{2} + t \right) - 6 \ln |t + 1| + K$$

$$= 2 \sqrt{x} - 3 \sqrt[3]{x} + 6 \sqrt[6]{x} - 6 \ln |1 + \sqrt[6]{x}| + K.$$

229

Calcular $\displaystyle\int \frac{dx}{\sqrt{2x - 1} - \sqrt[4]{2x - 1}}.$

[Solución]

El integrando es una función racional en $(2x - 1)^{1/2}$ y en $(2x - 1)^{1/4}$. Por tanto, el cambio adecuado es $t^4 = 2x - 1$. Entonces,

$$2dx = 4t^3 \, dt, \quad dx = 2t^3 \, dx, \quad \sqrt{2x - 1} = t^2, \quad \sqrt[4]{2x - 1} = t,$$

y resulta

$$\int \frac{dx}{\sqrt{2x - 1} - \sqrt[4]{2x - 1}} = \int \frac{2t^3 \, dt}{t^2 - t}$$

$$= 2 \int \frac{t^2 \, dt}{t - 1}$$

$$= 2 \int \left(t + 1 + \frac{1}{t - 1} \right) dx$$

$$= (t + 1)^2 + 2 \ln |t - 1| + K$$

$$= (1 + \sqrt[4]{2x - 1})^2 + 2 \ln |\sqrt[4]{2x - 1} - 1| + K.$$

230

Calcular $\displaystyle\int \sqrt{4 - x^2} \, dx.$

[Solución]

Hagamos el cambio $x = 2 \operatorname{sen} t$. Entonces

$$dx = 2 \cos t \, dt, \quad \sqrt{4 - x^2} = \sqrt{4 - 4 \operatorname{sen}^2 t} = 2 \sqrt{1 - \operatorname{sen}^2 t} = 2 \cos t.$$

Utilizando lo anterior y el resultado del problema 221, tenemos

$$\int \sqrt{4 - x^2}\, dx = \int 2\cos t\, 2\cos t\, dt$$

$$= 4 \int \cos^2 t\, dt$$

$$= 4 \cdot \frac{1}{2}\left(t + \frac{1}{2}\,\text{sen}\, 2t\right) + K$$

$$= 2t + \text{sen}\, 2t + K$$

$$= 2t + 2\,\text{sen}\, t \cos t + K$$

$$= 2\,\text{arc sen}\,\frac{x}{2} + \frac{x}{2}\sqrt{4 - x^2} + K.$$

231

Calcular $\displaystyle\int \frac{\sqrt{x^2 + 1}}{x^2}\, dx.$

[Solución]

El integrando es una función racional en $\sqrt{x^2 + 1}$ y x, de forma que un cambio conveniente es $x = \tan t$. Con esto,

$$dx = \frac{dt}{\cos^2 t}, \quad \sqrt{x^2 + 1} = \sqrt{\frac{\text{sen}^2 t}{\cos^2 t} + 1} = \sqrt{\frac{\text{sen}^2 t + \cos^2 t}{\cos^2 t}} = \frac{1}{\cos t}, \quad \frac{x}{\sqrt{x^2 + 1}} = \text{sen}\, t.$$

Tenemos, pues,

$$\int \frac{\sqrt{x^2 + 1}}{x^2}\, dx = \int \frac{\dfrac{1}{\cos t}}{\dfrac{\text{sen}^2 t}{\cos^2 t}} \frac{1}{\cos^2 t}\, dt$$

$$= \int \frac{1}{\cos t\, \text{sen}^2 t}\, dt$$

$$= \int \frac{\text{sen}^2 t + \cos^2 t}{\cos t\, \text{sen}^2 t}\, dt$$

$$= \int \frac{1}{\cos t}\, dt + \int \frac{\cos t}{\text{sen}^2 t}\, dt$$

$$= \int \frac{1}{\text{sen}\, (\pi/2 + t)}\, dt + \int \frac{\cos t}{\text{sen}^2 t}\, dt$$

$$= \ln\left|\tan\left(\frac{\pi}{4} + \frac{t}{2}\right)\right| - \frac{1}{\text{sen}\, t} + K$$

$$= \ln\left|\tan\left(\frac{\pi}{4} + \frac{\arctan x}{2}\right)\right| - \frac{\sqrt{x^2 + 1}}{x} + K.$$

Utilizando la fórmula de la tangente de una suma y la de la tangente del ángulo mitad, puede verse que el primer sumando de la expresión anterior es igual a $\ln\left(x + \sqrt{x^2 + 1}\right)$.

Otra opción es el cambio $x = \operatorname{senh} t$. En este caso, tenemos

$$dx = \cosh t\, dt, \quad \sqrt{x^2 + 1} = \sqrt{\operatorname{senh}^2 t + 1} = \sqrt{\cosh^2 t} = \cosh t, \quad x^2 = \operatorname{senh}^2 t.$$

Entonces,

$$
\begin{aligned}
\int \frac{\sqrt{x^2 + 1}}{x^2}\, dx &= \int \frac{\cosh t}{\operatorname{senh}^2 t} \cosh t\, dt \\
&= \int \frac{\cosh^2 t}{\operatorname{senh}^2 t}\, dt \\
&= \int \frac{1 + \operatorname{senh}^2 t}{\operatorname{senh}^2 t}\, dt \\
&= \int \frac{1}{\operatorname{senh}^2 t}\, dt + \int dt \\
&= -\coth t + t + K \\
&= -\frac{\sqrt{x^2 + 1}}{x} + \operatorname{arg\,senh} x + K.
\end{aligned}
\tag{4.6}
$$

232

Calcular $\displaystyle\int x^3 \operatorname{sen} x^2\, dx$.

[Solución]

Con el cambio $x^2 = t$, tenemos $2x\, dx = dt$. Entonces,

$$\int x^3 \operatorname{sen} x^2\, dx = \frac{1}{2} \int x^2 \operatorname{sen} x^2\, 2x\, dx = \frac{1}{2} \int t \operatorname{sen} t\, dt.$$

Esta integral la hacemos por partes poniendo

$$u = t, \quad dv = \operatorname{sen} t\, dt, \quad du = dt, \quad v = -\cos t.$$

Entonces,

$$\int t \operatorname{sen} t\, dt = -t \cos t + \int \cos t\, dt = -t \cos t + \operatorname{sen} t.$$

Deshaciendo el cambio, obtenemos finalmente

$$\int x^3 \operatorname{sen} x^2\, dx = \frac{1}{2}\left(-x^2 \cos x^2 + \operatorname{sen} x^2\right) + K.$$

233

Para cada entero $n \geq 0$, sea $I_n = \int x^n e^x \, dx$.

1) Calcular I_0.
2) Demostrar que $I_n + nI_{n-1} = x^n e^x$, para todo entero $n \geq 1$.
3) Calcular I_1, I_2 i I_3.

[Solución]

1) $I_0 = \int e^x \, dx = e^x + K$.

2) Integramos I_n por partes tomando

$$u = x^n, \quad dv = e^x \, dx, \quad du = nx^{n-1} \, dx, \quad v = e^x.$$

Entonces

$$I_n = \int x^n e^x \, dx = x^n e^x - \int e^x nx^{n-1} \, dx = x^n e^x - nI_{n-1}.$$

3) $I_1 = xe^x - I_0 = xe^x - e^x + K = e^x(x - 1) + K.$
$I_2 = x^2 e^x - 2I_1 = x^2 e^x - 2e^x(x - 1) + K = e^x(x^2 - 2x + 2) + K.$
$I_3 = x^3 e^x - 3I_2 = x^3 e^x - 3e^x(x^2 - 2x + 2) + K = e^x(x^3 - 3x^2 + 6x - 6) + K.$

234

Para cada entero $n \geq 0$, sea $I_n = \int \operatorname{sen}^n x \, dx$.

1) Calcular I_0 e I_1.
2) Demostrar que $nI_n - (n - 1)I_{n-2} = -\operatorname{sen}^{n-1} x \cos x$ para todo $n \geq 2$.
3) Calcular I_2 e I_3.

[Solución]

1) $I_0 = \int dx = x + K.$ $I_1 = \int \operatorname{sen} x \, dx = -\cos x + K.$

2) Integramos I_n por partes tomando

$$u = \operatorname{sen}^{n-1} x, \quad dv = \operatorname{sen} x \, dx, \quad du = (n - 1)\operatorname{sen}^{n-2} x \cos x \, dx, \quad v = -\cos x.$$

Entonces,

$$I_n = -\operatorname{sen}^{n-1} x \cos x - \int (-\cos x)(n-1)\operatorname{sen}^{n-2} x \cos x\, dx$$

$$= -\operatorname{sen}^{n-1} x \cos x + (n-1)\int \operatorname{sen}^{n-2} x \cos^2 x\, dx$$

$$= -\operatorname{sen}^{n-1} x \cos x + (n-1)\int \operatorname{sen}^{n-2} x(1 - \operatorname{sen}^2 x)\, dx$$

$$= -\operatorname{sen}^{n-1} x \cos x + (n-1)I_{n-2} - (n-1)I_n,$$

de donde $nI_n - (n-1)I_{n-2} = -\operatorname{sen}^{n-1} x \cos x$.

3) (Compárese el cálculo de I_2 con el problema 221).

$$I_2 = \frac{1}{2}I_0 - \frac{1}{2}\operatorname{sen} x \cos x$$

$$= \frac{1}{2}x - \frac{1}{4}\operatorname{sen} 2x + K.$$

$$I_3 = \frac{2}{3}I_1 - \frac{1}{3}\operatorname{sen}^2 x \cos x$$

$$= -\frac{2}{3}\cos x - \frac{1}{3}\operatorname{sen}^2 x \cos x$$

$$= \frac{1}{3}\left(-2\cos x - (1 - \cos^2 x)\cos x\right)$$

$$= \frac{1}{3}(-3\cos x + \cos^3 x) + K.$$

☐ Problemas propuestos ▬▬▬▬▬▬▬▬▬▬▬▬▬▬▬▬▬▬▬▬▬▬▬

Calcular las siguientes primitivas:

235

$$\int \frac{1}{(1-x)^4}.$$

236

$$\int \frac{1}{\sqrt{x}} e^{\sqrt{x}}\, dx.$$

237

$$\int \frac{dx}{(\operatorname{arc\, sen} x)^5 \sqrt{1-x^2}}.$$

238

$$\int \frac{dx}{e^x + e^{-x}}.$$

239

$$\int \frac{1}{x\sqrt{x^2-1}}\, dx.$$

240

$$\int \frac{\operatorname{sen} 2x}{\sqrt{1 + \cos 2x}}\, dx.$$

241

$$\int \frac{x^2}{\sqrt{1+x^3}}\, dx.$$

242

$$\int \frac{x}{1+x^4}\, dx.$$

243

$$\int \text{arc sen } x \, dx.$$

244

$$\int x^6 \ln x \, dx.$$

245

$$\int x^2 e^{3x} \, dx.$$

246

$$\int (x^3 - 2x + 1) \text{ sen } \frac{x}{2} \, dx.$$

247

$$\int \sqrt[3]{x} \ln x \, dx.$$

248

$$\int \left(\frac{1}{x^3} + \frac{2}{x} \right) \ln x \, dx.$$

■ **Problemas propuestos** ▬▬▬▬▬▬▬▬▬▬▬▬▬▬▬

Calcular las siguientes primitivas:

249

$$\int \frac{dx}{\sqrt{4 + x^2}} \, dx.$$

250

$$\int ((\tan^3 x + \tan^5 x) \, dx.$$

251

$$\int \tan 2x \, dx.$$

252

$$\int \frac{e^x}{\sqrt{1 - e^x}} \, dx.$$

253

$$\int \frac{x^2}{9 + x^6} \, dx.$$

254

$$\int \frac{2x - 1}{\sqrt{4 - 9x^2}} \, dx.$$

255

$$\int \frac{x^2 - 5x + 9}{x^2 - 5x + 6} \, dx.$$

256

$$\int \frac{x - 2}{x^3 - x} \, dx.$$

257

$$\int \frac{x^4 - 3x^3 - 3x - 2}{x^3 - x^2 - 2x} \, dx.$$

258

$$\int \frac{x + 1}{x^2 - 3x + 3} \, dx.$$

259

$$\int \frac{2x + 1}{(x - 1)(x^2 + x + 1)} \, dx.$$

260

$$\int \frac{x^2 + 1}{(x - 1)(x^2 + 2)^2} \, dx.$$

261

$$\int \frac{x^2 - 2}{x^3(x^2 + 1)^2}\, dx.$$

262

$$\int \frac{dx}{(x^2 - 4x + 3)(x^2 + 4x + 5)}.$$

263

$$\int \frac{\cos x}{\operatorname{sen}^3 x + 2\cos^2 x \operatorname{sen} x}\, dx.$$

264

$$\int \operatorname{sen}^3 x \cos^3 x\, dx.$$

265

$$\int \operatorname{sen}^4 x \cos^3 x\, dx.$$

266

$$\int \operatorname{sen}^3 x \cos^4 x\, dx.$$

267

$$\int \cos^5 x\, dx.$$

268

$$\int \operatorname{sen} 3x \cos 4x\, dx.$$

269

$$\int \operatorname{sen} 4x \operatorname{sen} 5x\, dx.$$

270

$$\int \cos 10x \cos 3x\, dx.$$

271

$$\int \frac{dx}{a^2 \operatorname{sen}^2 x + b^2 \cos^2 x}\, dx.$$

272

$$\int \frac{x^3}{\sqrt{x - 1}}\, dx.$$

273

$$\int \frac{dx}{\sqrt{x + 1} + \sqrt{(x + 1)^3}}.$$

274

$$\int \frac{\sqrt{x} - 1}{\sqrt[3]{x} + 1}\, dx.$$

275

$$\int \frac{\sqrt{x}}{x + 2}\, dx.$$

276

$$\int \frac{\sqrt{x + 1} + 2}{(x + 1)^2 - \sqrt{x + 1}}\, dx.$$

277

$$\int x \sqrt{\frac{x - 1}{x + 1}}\, dx.$$

278

$$\int \frac{dx}{\sqrt{1 + x + x^2}}.$$

279

$$\int \frac{dx}{x[(\ln x)^3 - 2(\ln x)^2 - \ln x + 2]}.$$

280

$$\int \frac{e^{3x}}{\sqrt{e^{2x} - 1}}\, dx.$$

Integración

La integral de Riemann

De antiguo, es sabido que el procedimiento para calcular las áreas de los polígonos (regulares o no, convexos o no) consiste básicamente en triangularlos. El problema del área fue, desde el inicio, cómo calcularla para superficies no poligonales. Desde el siglo XVII hasta el XIX, el concepto de área se daba por supuesto y el cálculo de integrales se veía como un método para calcular áreas. A principios del siglo XIX, Agustin Cauchy dio un vuelco a este punto de vista definiendo el área como la integral. El problema pasó a ser qué superficies tienen área, es decir, qué funciones son integrables. La identificación de la integral con el área no es del todo ajustada, en el sentido de que un área es en todo caso no negativa, mientras que la integral de una función puede ser negativa.

Aparte de los polígonos, una figura plana elemental con un lado curvo es la limitada por el eje de abscisas, las rectas $x = a$ y $x = b$ (con $a < b$), y por la gráfica de una función $y = f(x)$. Las funciones que vamos a considerar inicialmente son las funciones acotadas en un intervalo $[a, b]$, pero, como veremos, no todas las funciones acotadas en un intervalo son integrables.

Sean $a < b$ dos números reales y $f : [a, b] \rightarrow \mathbb{R}$ una función acotada. La discusión siguiente va encaminada a definir cuándo la función f es integrable en el intervalo $[a, b]$.

Una *partición* del intervalo $[a, b]$ es un conjunto ordenado $P = \{a = x_0 < x_1 < \cdots < x_{n-1} < x_n = b\}$. El intervalo $[x_{i-1}, x_i]$ $(1 \leq i \leq n)$ se denomina *i-ésimo subintervalo* de la partición. Puesto que la función f está acotada en $[a, b]$, también está acotada en cada subintervalo $[x_{i-1}, x_i]$, por lo que tiene ínfimo m_i y supremo M_i en dicho subintervalo. Definimos la *suma inferior* y la *suma superior* de f en $[a, b]$ respecto de la partición P por

$$s(f, P) = \sum_{i=1}^{n} m_i(x_i - x_{i-1}), \quad S(f, P) = \sum_{i=1}^{n} M_i(x_i - x_{i-1}).$$

Si f es continua y positiva, la suma inferior corresponde a la suma de las áreas de n rectángulos que aproxima por defecto el área que se quiere definir; análogamente, la suma superior la aproxima por exceso (v. figura 5.1).

Puede demostrarse la siguiente propiedad: si f es una función acotada en $[a, b]$, y P_1 y P_2 son dos particiones cualesquiera de $[a, b]$, entonces,

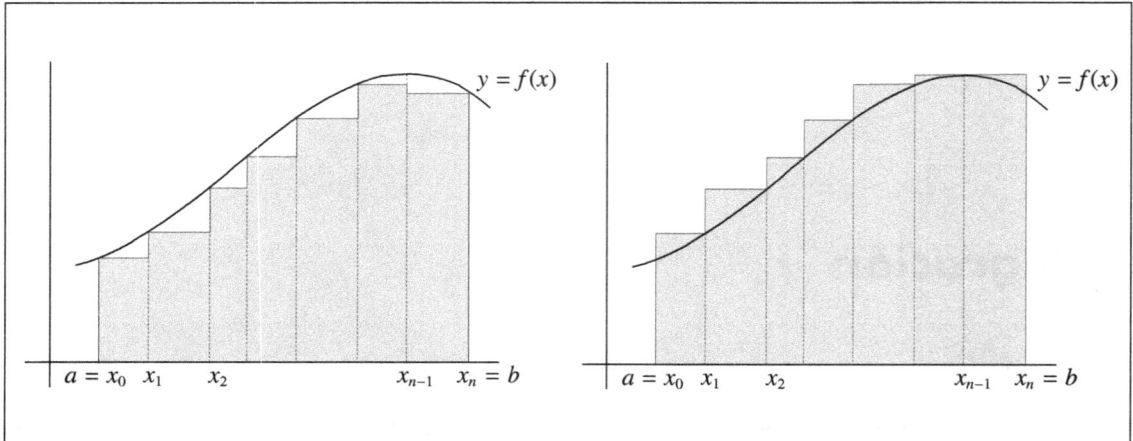

Fig. 5.1

$$s(f, P_1) \leq S(f, P_2).$$

Ello implica que el conjunto $\{s(f, P) : P$ es una partición de $[a, b]\}$ está acotado superiormente por cualquier suma superior. Por tanto, tiene supremo, que se denomina *integral inferior de f en* $[a, b]$ y se denota

$$\underline{\int_a^b} f.$$

Análogamente, el conjunto $\{S(f, P) : P$ es una partición de $[a, b]\}$ está acotado inferiormente por cualquier suma inferior. Por tanto, tiene ínfimo, que se denomina *integral superior de f en* $[a, b]$ y se denota

$$\overline{\int_a^b} f.$$

Una función acotada f definida en $[a, b]$ es *integrable Riemann* (o, simplemente, *integrable*) en $[a, b]$ si las integrales inferior y superior de f en $[a, b]$ coinciden. Este número común se denomina *integral de f en* $[a, b]$[7], y se denota por cualquiera de los dos símbolos

$$\int_a^b f \quad \text{y} \quad \int_a^b f(x)\,dx.$$

La definición de función integrable en un intervalo $[a, b]$ se extiende a los casos $b < a$ y $b = a$ como sigue. Si f es integrable en $[a, b]$, entonces definimos

$$\int_b^a f = -\int_a^b f.$$

---

[7] La expresión *integral definida de $f(x)$ entre a y b* también se utiliza con frecuencia.

Si a es un punto del dominio de f, entonces definimos

$$\int_a^a f = 0.$$

Ejemplos

1) Consideremos una función constante $f(x) = h > 0$ definida en un intervalo $[a, b]$. Se trata de una función acotada. Para toda partición $P = \{a = x_0 < \cdots < x_n = b\}$, el ínfimo y el supremo de f en cada subintervalo $[x_{i-1}, x_i]$ son $m_i = M_i = h$, así que todas las sumas inferiores y superiores coinciden con el número

$$\sum_{i=1}^n h(x_i - x_{i-1}) = h \sum_{i=1}^n (x_i - x_{i-1}) = h(b - a),$$

por lo que f es integrable y su integral es $h(b - a)$, que es el área del rectángulo de base $b - a$ y altura h, como cabía esperar.

2) Consideremos ahora la función f definida en un intervalo $[a, b]$ por

$$f(x) = \begin{cases} 0 \text{ si } x \in \mathbb{Q}, \\ 1 \text{ si } x \notin \mathbb{Q}. \end{cases}$$

Claramente, se trata de una función acotada. Sea $P = \{a = x_0 < \cdots < x_n = b\}$ una partición de $[a, b]$. En cualquier subintervalo $[x_i, x_{i-1}]$ hay números racionales y números irracionales, por lo que el ínfimo en todo subintervalo es $m_i = 0$ y el supremo es $M_i = 1$. Entonces,

$$s(f, P) = \sum_{i=1}^n m_i(x_i - x_{i-1}) = 0,$$

$$S(f, P) = \sum_{i=1}^n M_i(x_i - x_{i-1}) = \sum_{i=1}^n (x_i - x_{i-1}) = b - a.$$

Por tanto, todas las sumas inferiores son 0 y la integral inferior es 0, mientras que todas las sumas superiores son $b - a$ y la integral superior es $b - a > 0$. Así, la función f no es integrable en $[a, b]$.

Sea $P = \{a = x_0 < x_1 < \cdots < x_n = b\}$ una partición de un intervalo $[a, b]$. El diámetro de P, denotado $\delta(P)$, es la mayor de las longitudes de los subintervalos:

$$\delta(P) = \text{máx } \{x_i - x_{i-1} : i = 1, \dots, n\}.$$

Se cumple la siguiente propiedad.

- Sea f una función integrable en $[a, b]$ y sea P_n una sucesión de particiones de $[a, b]$, con $\lim_n \delta(P_n) = 0$. Sea $\ell(i, n)$ la longitud del i-ésimo intervalo de la partición P_n y $t(i, n)$ un punto de ese subintervalo. Entonces,

$$\lim_n \sum_{i=1}^n f(t(i, n))\ell(i, n) = \int_a^b f.$$

Esta propiedad se utiliza a veces para calcular límites de sucesiones (a_n) tales que, para alguna función integrable f y alguna sucesión de particiones (P_n) adecuadas, pueden ponerse en la forma

$$a_n = \sum_{i=1}^{n} f(t(i,n))\ell(i,n),$$

que a veces se denomina *suma de Riemann*. A menudo, la sucesión (P_n) está formada por particiones con todos los intervalos de la misma longitud, de forma que $\ell(i,n) = (b-a)/n$ (v. problemas 288 y 289).

Criterios de integrabilidad

- Sea f una función acotada en $[a,b]$. Entonces, f es integrable en $[a,b]$ si, y sólo si, para todo $\varepsilon > 0$ existe una partición P del intervalo $[a,b]$ tal que

$$S(f,P) - s(f,P) < \varepsilon.$$

- Sea f una función acotada en $[a,b]$ y, para cada natural n, consideremos la partición P_n de $[a,b]$ con n subintervalos de la misma longitud $(b-a)/n$. Si

$$\lim_{n} \; (S(f,P_n) - s(f,P_n)) = 0$$

entonces f es integrable en $[a,b]$ y

$$\int_a^b f = \lim_{n} \; s(f,P_n) = \lim_{n} \; S(f,P_n).$$

- Toda función acotada monótona en $[a,b]$ es integrable en $[a,b]$ (v. problema 290).
- Toda función continua en $[a,b]$ es integrable en $[a,b]$.
- Toda función acotada que tenga un número finito o numerable de discontinuidades en $[a,b]$ es integrable en $[a,b]$.[8]

Propiedades de la integral

- (Linealidad) Si f y g son integrables en $[a,b]$ y α, β son dos números reales arbitrarios, entonces $\alpha f + \beta g$ es integrable en $[a,b]$, y además

$$\int_a^b (\alpha f + \beta g) = \int_a^b \alpha f + \int_a^b \beta g.$$

- Si f y g son integrables en $[a,b]$, entonces fg es integrable en $[a,b]$ (sin embargo, no es cierto, en general, que la integral del producto sea igual al producto de las integrales).
- Si f y g son integrables en $[a,b]$ y f/g está definida en $[a,b]$ y es acotada, entonces f/g es integrable en $[a,b]$ (pero no es cierto, en general, que la integral del cociente sea igual al cociente de las integrales).

---

[8] En realidad, la propiedad más general de este tipo es la siguiente: una función f acotada en $[a,b]$ es integrable en $[a,b]$ si, y sólo si, el conjunto D de puntos de discontinuidad de f tiene la siguiente propiedad: para cada $\varepsilon > 0$ existe una sucesión de intervalos $[a_0,b_0], [a_1,b_1], \ldots, [a_n,b_n], \ldots$ tal que la reunión de todos ellos contiene D y $\sum_{n=0}^{\infty} (b_i - a_i) < \varepsilon$. Para ver el significado de esta suma infinita, consúltese el capítulo 6. A efectos prácticos, sin embargo, las propiedades enunciadas en el texto son generalmente suficientes.

- Si f es integrable en $[a, b]$ y g es continua en un intervalo que contenga $f([a, b])$, entonces $g \circ f$ es integrable en $[a, b]$.

- (Monotonía) Si f y g son integrables en $[a, b]$ y $f(x) \leq g(x)$ para todo $x \in [a, b]$, entonces,

$$\int_a^b f \leq \int_a^b g.$$

En particular, si $f(x) \geq 0$ para todo $x \in [a, b]$, entonces $\int_a^b f \geq 0$.

- Si f es integrable en $[a, b]$, entonces $|f|$ también lo es, y

$$\left| \int_a^b f \right| \leq \int_a^b |f|.$$

- (**Teorema de la media**) Si f es integrable en $[a, b]$, y m y M son, respectivamente, el ínfimo y el supremo de f en $[a, b]$, entonces existe $\mu \in [m, M]$ tal que

$$\int_a^b f = \mu(b - a).$$

En el caso de que f sea continua en $[a, b]$, entonces existe $c \in [a, b]$ tal que

$$\int_a^b f = f(c)(b - a),$$

y se dice que $f(c)$ es la *media* de f en $[a, b]$.

- (Aditividad respecto del intervalo) Si f es integrable en $[a, b]$, y $a \leq c \leq b$, entonces f es integrable en $[a, c]$ y en $[c, b]$, y

$$\int_a^b f = \int_a^c f + \int_c^b f.$$

El teorema fundamental del cálculo

El cálculo de áreas, y por tanto la integración, es un problema de la ciencia que se ha estudiado desde muy antiguo; Arquímedes, por ejemplo, ya se ocupó del tema en el siglo III a.C. La derivación es relativamente moderna, pues se introduce con Leibniz y Newton en el siglo XVIII. El teorema fundamental del cálculo enlaza, de forma sorprendente, dos temas aparentemente lejanos como son la integración y el cálculo de derivadas.

Teorema fundamental del cálculo. Sea f una función integrable en $[a, b]$ y definamos la función $F \colon [a, b] \to \mathbb{R}$ por

$$F(x) = \int_a^x f.$$

Entonces,

    i) F es continua en $[a, b]$.

    ii) Si f es continua en $c \in (a, b)$, entonces F es derivable en c y $F'(c) = f(c)$.

Si f y F son funciones definidas en un intervalo (a, b) y $F'(x) = f(x)$ para todo $x \in (a, b)$, se dice que F es una *primitiva* de f en (a, b). En el caso frecuente de que la función f sea continua, el teorema anterior adquiere la siguiente forma.

Corolario. Si f es una función continua en $[a, b]$ y definimos la función F en $[a, b]$ por

$$F(x) = \int_a^x f,$$

entonces F es continua en $[a, b]$ y es una primitiva de f en (a, b).

Obsérvese que la función F está definida mediante integración de la función f y que su derivada ($F'(x) = f(x)$) puede calcularse aun cuando no se sepa expresar F como combinación de funciones elementales.

Como consecuencia del teorema anterior, se deduce la llamada *regla de Barrow*, que permite, para una función f continua en $[a, b]$, calcular su integral en dicho intervalo a partir de una primitiva suya en (a, b).

Regla de Barrow. Si f es una función continua en $[a, b]$ y F es una función continua en $[a, b]$ y derivable en (a, b) tal que $F'(x) = f(x)$ para todo $x \in (a, b)$, entonces

$$\int_a^b f = F(b) - F(a).$$

El teorema fundamental del cálculo admite numerosas variantes, de las cuales destacamos la siguiente:

Teorema. Sea f una función continua en $[a, b]$, y sean u y v funciones derivables en un punto x_0 tal que $u(x_0), v(x_0) \in (a, b)$. Entonces, la función

$$F(x) = \int_{u(x)}^{v(x)} f(t)\, dt$$

es derivable en x_0 y

$$F'(x_o) = f(u(x_0))u'(x_0) - f(v(x_0))v'(x_0).$$

El teorema anterior se aplica especialmente cuando una de las funciones u y v es constante o la identidad.

Áreas y volúmenes

Si f es una función, la función $|f|$ está definida por $|f|(x) = |f(x)|$ para todo x del dominio de f. La relación entre la integración y las áreas es la siguiente:

- Si f es una función integrable en $[a, b]$, entonces la función $|f|$ también es integrable en $[a, b]$ y el área de la figura limitada por el eje de abscisas, las rectas $x = a$ y $x = b$ y la curva $y = f(x)$ es

$$\int_a^b |f| = \int_a^b |f(x)|\,dx.$$

Sea f una función integrable en un intervalo $[a, b]$ y sea R la región limitada por las rectas $x = a$, $x = b$, $y = 0$ y la gráfica de $f(x)$. Entonces,

- El volumen del cuerpo engendrado por la rotación de R alrededor del eje de abscisas es

$$V_X = \pi \int_a^b (f(x))^2 \, dx.$$

- El volumen del cuerpo engendrado por la rotación de R alrededor del eje de ordenadas es

$$V_Y = 2\pi \int_a^b x|f(x)|\,dx.$$

Integración numérica

Cuando es difícil, demasiado laborioso o imposible calcular la integral de una función en un intervalo mediante la regla de Barrow, el recurso de los métodos numéricos se impone. Los métodos más elementales consisten en considerar particiones y sustituir la función por un polinomio en cada subintervalo. Después, el punto crucial es poder acotar el error cometido con este proceder.

Dos de los métodos más elementales son el método de los trapecios y el método de Simpson, que estudiamos a continuación.

El método de los trapecios

Sea f una función continua en $[a, b]$, y consideremos una partición $a = x_0 < x_1 < \cdots < x_n = b$ de $[a, b]$ con los puntos equiespaciados y, por tanto, con todos los subintervalos de longitud $h = (b - a)/n$. El método de los trapecios consiste en aproximar la integral de $f(x)$ en $[a, b]$ por la suma de las integrales de las rectas que pasan por $(x_i, f(x_i))$ y $(x_{i+1}, f(x_{i+1}))$ en cada subintervalo $[x_i, x_{i+1}]$. Si se puede obtener una cota de la derivada segunda, entonces el error puede acotarse. Con precisión, el teorema es el siguiente.

Teorema (método de los trapecios). Sean f una función con derivada segunda continua en $[a, b]$, $h = (b - a)/n$ y $x_i = a + ih$ para $i = 0, \ldots, n$. Entonces, existe $\mu \in [a, b]$ tal que

$$\int_a^b f(x)\,dx = h\left(\frac{f(a)}{2} + \sum_{i=1}^{n-1} f(x_i) + \frac{f(b)}{2}\right) - \frac{(b-a)h^2}{12} f''(\mu).$$

Si $|f''(x)| < M$ para todo $x \in [a, b]$, el error que se comete con la aproximación

$$\int_a^b f(x)\,dx \simeq h\left(\frac{f(a)}{2} + \sum_{i=1}^{n-1} f(x_i) + \frac{f(b)}{2}\right)$$

es menor que

$$\frac{(b-a)^3}{12n^2} M.$$

El método de Simpson

Sea f una función continua en $[a, b]$, y consideremos una partición $a = x_0 < x_1 < \cdots < x_n = b$ de $[a, b]$, con n par y con los puntos equiespaciados y, por tanto, con todos los subintervalos de longitud $h = (b-a)/n$. El método de Simpson consiste en aproximar la integral de f en cada intervalo de la forma $[x_i, x_{i+2}]$ mediante el polinomio de segundo grado que pasa por los tres puntos $(x_i, f(x_i))$, $(x_{i+1}, f(x_{i+1}))$, $(x_{i+2}, f(x_{i+2}))$.

Si se puede obtener una cota de la derivada cuarta, entonces el error puede acotarse. Con precisión, el teorema es el siguiente.

Teorema (método de Simpson). Sean f una función con derivada cuarta continua en $[a, b]$, $h = (b-a)/n$ con $n = 2m$ par y $x_i = a + ih$ para $i = 0, \ldots, n$. Entonces, existe $\mu \in [a, b]$ tal que

$$\int_a^b f(x)\,dx = \frac{h}{3}\left(f(a) + 2\sum_{j=1}^{m-1} f(x_{2j}) + 4\sum_{j=1}^{m} f(x_{2j-1}) + f(b) \right) - \frac{(b-a)h^4}{180} f^{(4)}(\mu).$$

Si $|f^{(4)}(x)| < M$ para todo $x \in [a, b]$, entonces el error cometido con la aproximación

$$\int_a^b f(x)\,dx \simeq \frac{h}{3}\left(f(a) + 2\sum_{j=1}^{m-1} f(x_{2j}) + 4\sum_{j=1}^{m} f(x_{2j-1}) + f(b) \right)$$

es menor que

$$\frac{(b-a)^5}{180n^4} M.$$

Integrales impropias

La integración, tal como la hemos tratado hasta ahora, se ha referido a funciones acotadas en intervalos cerrados. Sin embargo, puede extenderse sin dificultad, mediante un adecuado paso al límite, a intervalos no acotados o a funciones que presentan alguna asíntota vertical en el intervalo de integración.

El cálculo de áreas y volúmenes de revolución se generaliza también de forma natural para regiones no acotadas (v. problemas 307 y 309).

Integrales impropias de primera especie

Las integrales impropias de primera especie son la generalización natural del concepto de integral de una función f en un intervalo $[a, b]$ a la integral de una función en un intervalo de la forma $[a, +\infty)$, $(-\infty, a]$ o $(-\infty, +\infty)$.

Consideremos primero el caso de un intervalo $[a, +\infty)$. Sea f una función integrable en $[a, t]$ para todo $t > a$. Si existe el límite

$$\lim_{t \to +\infty} \int_a^t f(x)\,dx = I,$$

y es un número real, se dice que la integral impropia $\int_a^b f(x)\,dx$ es *convergente* y que su valor es I. Si dicho límite no existe o es infinito, se dice que la integral impropia mencionada es *divergente*.

Análogamente, si f es una función integrable en $[t, a]$ para todo $t < a$ y si existe el límite

$$\lim_{t \to -\infty} \int_t^a f(x)\,dx = I,$$

y es un número real, se dice que la integral impropia $\int_{-\infty}^a f(x)\,dx$ es *convergente* y que su valor es I. Si dicho límite no existe o es infinito, se dice que la integral impropia mencionada es *divergente*.

Finalmente, sea f una función integrable en todo intervalo cerrado $[a, b]$. Si existe un $c \in \mathbb{R}$ tal que las dos integrales impropias

$$\int_{-\infty}^c f(x)\,dx \quad \text{y} \quad \int_c^{+\infty} f(x)\,dx,$$

son convergentes, entonces se dice que la integral impropia $\int_{-\infty}^{+\infty} f(x)\,dx$ es convergente y que su valor es

$$\int_{-\infty}^{+\infty} f(x)\,dx = \int_{-\infty}^c f(x)\,dx + \int_c^{+\infty} f(x)\,dx.$$

Observación. Si una función f es integrable en todo intervalo cerrado y la integral $\int_{-\infty}^{+\infty} f(x)\,dx$ es convergente, entonces el valor de la integral es

$$\lim_{t \to +\infty} \int_{-t}^t f(x)\,dx.$$

Sin embargo, puede ocurrir que este límite exista sin que la integral sea convergente (v. problema 300).

Proposición. Sean $a > 0$ y α números reales. La integral impropia

$$\int_a^{+\infty} \frac{1}{x^\alpha}\,dx$$

es convergente si $\alpha > 1$ y es divergente si $\alpha \le 1$ (v. problema 302).

Para establecer la convergencia o divergencia de una integral impropia, a menudo no es necesario proceder al cálculo de la misma, sino que pueden utilizarse para ello criterios de convergencia. Para integrales de funciones que no cambian de signo en el intervalo de integración hay dos criterios de comparación, que enunciaremos para funciones positivas en el intervalo $[a, +\infty)$, pero que tienen enunciados análogos para funciones negativas o con intervalo de integración $(-\infty, a]$.

Criterio de comparación ordinaria. Si f y g son funciones integrables en el intervalo $[a, t]$ para todo $t \ge a$ y $0 \le f(x) \le g(x)$ para todo $x \ge a$, entonces

- $\displaystyle\int_a^{+\infty} g(x)\,dx$ convergente $\Rightarrow$ $\displaystyle\int_a^{+\infty} f(x)\,dx$ convergente.

- $\displaystyle\int_a^{+\infty} f(x)\,dx$ divergente $\Rightarrow$ $\displaystyle\int_a^{+\infty} g(x)\,dx$ divergente.

Criterio de comparación en el límite. Sean f y g funciones integrables en el intervalo $[a, t]$ para todo $t > a$ y $f(x) \geq 0$ y $g(x) \geq 0$ para todo $x \geq a$. Si existe el límite

$$L = \lim_{x \to +\infty} \frac{f(x)}{g(x)}$$

y es finito, entonces

- si $L \neq 0$, las dos integrales impropias

$$\int_a^{+\infty} g(x)\, dx \quad \text{y} \quad \int_a^{+\infty} f(x)\, dx$$

  son ambas convergentes o ambas divergentes;

- si $L = 0$ y $\displaystyle\int_a^{+\infty} g(x)\, dx$ es convergente, entonces $\displaystyle\int_a^{+\infty} f(x)\, dx$ es convergente.

El criterio siguiente es aplicable cuando hay cambios de signo de la función.

Criterio de la convergencia absoluta. Si f es integrable en $[a, t]$ para todo $t \geq a$, entonces

$$\int_a^{+\infty} |f(x)|\, dx \quad \text{convergente} \quad \Rightarrow \quad \int_a^{+\infty} f(x)\, dx \quad \text{convergente}.$$

Integrales impropias de segunda especie

Generalizamos ahora el concepto de integral de una función f en un intervalo $[a, b]$ al caso en que f presenta una asíntota vertical en a, en b o en un punto interior del intervalo. El tratamiento es paralelo al de las integrales impropias de primera especie.

Sea f una función integrable en $[t, b]$ para todo $t \in (a, b]$, y supongamos que f tiene una asíntota vertical en $x = a$. Si existe el límite

$$\lim_{t \to a^+} \int_t^b f(x)\, dx = I,$$

se dice que la integral impropia $\int_a^b f(x)\, dx$ es *convergente* y que su valor es I. Si dicho límite no existe o es infinito, decimos que la integral impropia mencionada es *divergente*.

Análogamente, si f es una función integrable en $[a, t]$ para todo $t \in [a, b)$ y f tiene una asíntota vertical en $x = b$, y existe el límite

$$\lim_{t \to b^-} \int_a^t f(x)\, dx = I,$$

se dice que la integral impropia $\int_a^b f(x)\, dx$ es *convergente* y que su valor es I. Si dicho límite no existe o es infinito, decimos que la integral impropia mencionada es *divergente*.

Sea f una función integrable en $[a, t]$ para todo $t \in [a, c)$ e integrable en $[t, b]$ para todo $t \in (c, b)$. Supongamos que f tiene una asíntota vertical en $x = c$. Si las dos integrales impropias

$$\int_a^c f(x)\, dx \quad \text{y} \quad \int_c^b f(x)\, dx$$

son convergentes, entonces se dice que la integral impropia $\int_a^b f(x)\, dx$ es convergente y que su valor es

$$\int_a^b f(x)\, dx = \int_a^c f(x)\, dx + \int_c^b f(x)\, dx.$$

Las integrales de funciones acotadas e integrables en un intervalo se consideran también convergentes.

Proposición. Sean $a > 0$ y α un número real. La integral impropia

$$\int_0^a \frac{1}{x^\alpha}\, dx$$

es convergente si $\alpha < 1$ y divergente si $\alpha \geq 1$ (v. problema 302).

Criterio de comparación ordinaria. Si f y g son funciones integrables en $[t, b]$ para todo $t \in (a, b]$ y $0 \leq f(x) \leq g(x)$ para todo $x \in (a, b]$, entonces

- $\displaystyle\int_a^b g(x)\, dx$ convergente $\Rightarrow$ $\displaystyle\int_a^b f(x)\, dx$ convergente.

- $\displaystyle\int_a^b f(x)\, dx$ divergente $\Rightarrow$ $\displaystyle\int_a^b g(x)\, dx$ divergente.

Criterio de comparación en el límite. Sean f y g funciones integrables en el intervalo $[t, b]$ para todo $t \in (a, b]$ y $f(x) \geq 0$ y $g(x) \geq 0$ para todo $x \in (a, b]$. Si existe el límite

$$\lim_{x \to a^+} \frac{f(x)}{g(x)} = L$$

y es finito, entonces

- si $L \neq 0$ las dos integrales impropias

$$\int_a^b f(x)\, dx \quad \text{y} \quad \int_a^b g(x)\, dx$$

son ambas convergentes o ambas divergentes;

- si $L = 0$ y $\displaystyle\int_a^b g(x)\, dx$ es convergente, entonces $\displaystyle\int_a^b f(x)\, dx$ es convergente.

Criterio de la convergencia absoluta. Si f es integrable en $[t, b]$ para todo $t \in (a, b]$, entonces

$$\int_a^b |f(x)|\, dx \quad \text{convergente} \quad \Rightarrow \quad \int_a^b f(x)\, dx \quad \text{convergente.}$$

Cuando la eventual asíntota vertical está en b en lugar de en a, los tres criterios anteriores tienen la versión correspondiente, cuyo enunciado es análogo y omitimos.

Problemas resueltos

281

Calcular el área de la figura limitada por la curva $y = x(x-1)(x-2)$ y el eje de abscisas.

[Solución]

La curva $y = x(x-1)(x-2)$ es la gráfica de un polinomio de grado 3 que corta al eje de abscisas en los puntos $x = 0$, $x = 1$ y $x = 2$. Entre $x = 0$ y $x = 1$, la curva está por encima del eje OX, mientras que entre $x = 1$ y $x = 2$ está por debajo. Por tanto, el área pedida es

$$
\begin{aligned}
A &= \int_0^1 x(x-1)(x-2)\,dx + \left| \int_1^2 x(x-1)(x-2)\,dx \right| \\
&= \int_0^1 (x^3 - 3x^2 + 2x)\,dx + \left| \int_1^2 (x^3 - 3x^2 + 2x)\,dx \right| \\
&= \left[\frac{x^4}{4} - x^3 + x^2 \right]_0^1 + \left| \left[\frac{x^4}{4} - x^3 + x^2 \right]_1^2 \right| \\
&= \frac{1}{4} + \left| -\frac{1}{4} \right| = \frac{1}{2}.
\end{aligned}
$$

282

Calcular el área de la región del primer cuadrante limitada por la curva $y = x^2 \operatorname{sen} x$ y el eje de abscisas entre $x = 0$ y $x = \pi$.

[Solución]

Como $x^2 \operatorname{sen} x \geq 0$ siempre que $x \in [0, \pi]$, el área pedida vale $\displaystyle\int_0^\pi x^2 \operatorname{sen} x\,dx$.

Encontramos una primitiva de $x^2 \operatorname{sen} x$ integrando por partes dos veces, la primera tomando $u = x^2$ y $dv = \operatorname{sen} x\,dx$, y la segunda tomando $u = x$ y $dv = \cos x\,dx$:

$$
\begin{aligned}
\int x^2 \operatorname{sen} x\,dx &= -x^2 \cos x + 2 \int x \cos x\,dx \\
&= -x^2 \cos x + 2 \left(x \operatorname{sen} x - \int \operatorname{sen} x\,dx \right) \\
&= -x^2 \cos x + 2x \operatorname{sen} x + 2 \cos x.
\end{aligned}
$$

Por tanto, el área pedida es

$$
\int_0^\pi x^2 \operatorname{sen} x\,dx = [-x^2 \cos x + 2x \operatorname{sen} x + 2 \cos x]_0^\pi = \pi^2 - 4.
$$

283

Calcular el área de la figura limitada por las curvas $y = \dfrac{1}{1 + x^2}$ e $y = \dfrac{x^2}{2}$.

[Solución]

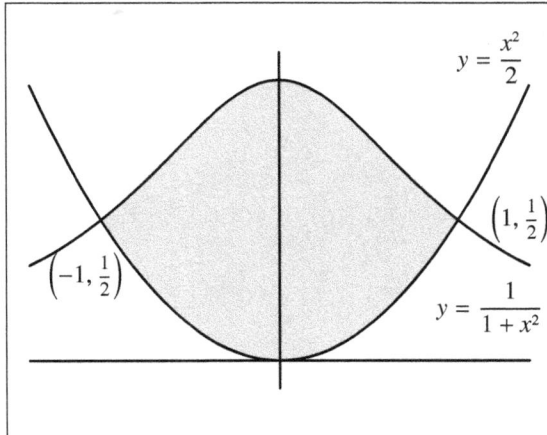

Fig. 5.2

Los puntos en que se cortan ambas gráficas se obtienen resolviendo el sistema formado por las dos ecuaciones de las dos curvas. Igualando ordenadas, tenemos

$$1/(1 + x^2) = x^2/2,$$

de donde $x^4 + x^2 - 2 = 0$. Ésta es una ecuación bicuadrada; tomando x^2 como incógnita, resulta $x^2 = -4$ y $x^2 = 1$. La ecuación $x^2 = -4$ no tiene solución real. La ecuación $x^2 = 1$ proporciona $x = 1$ y $x = -1$; en ambos casos, el correspondiente valor de y es $y = 1/2$. Ambas funciones son continuas en $\mathbb{R}$ y se cortan sólo en $(-1, 1/2)$ y $(1, 1/2)$. Puesto que en $x = 0$ la primera función toma el valor $1/2$ y la segunda el valor 0, para $-1 \leq x \leq 1$ la primera función toma valores mayores o iguales que la segunda (v. figura 5.2). Notemos que ambas funciones son pares, luego la figura considerada es simétrica respecto al eje de ordenadas. Entonces, el área pedida es

$$A = 2 \int_0^1 \left(\frac{1}{1 + x^2} - \frac{x^2}{2} \right) dx = 2 \left[\arctan x - \frac{x^3}{6} \right]_0^1 = 2 \left(\frac{\pi}{4} - \frac{1}{6} \right) = \frac{1}{6}(3\pi - 2).$$

284

Calcular el volumen de un cono recto de radio r y altura h.

[Solución]

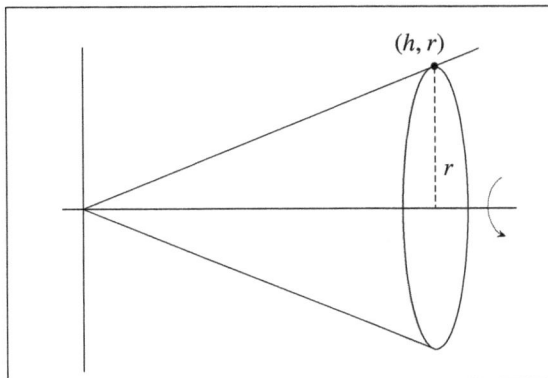

Fig. 5.3

Podemos considerar el cono como el cuerpo generado por la rotación, alrededor del eje de abcisas, de la región limitada por dicho eje, la recta $x = h$ y la recta que pasa por el origen y por el punto (h, r) (v.figura 5.3). Dicha recta tiene por ecuación $y = (h/r)x$, con lo cual el volumen pedido es

$$V = \pi \int_0^h \frac{r^2}{h^2} x^2 \, dx = \frac{\pi r^2}{h^2} \left[\frac{x^3}{3} \right]_0^h = \frac{1}{3} \pi r^2 h.$$

285

Calcular el volumen de una esfera de radio r.

[Solución]

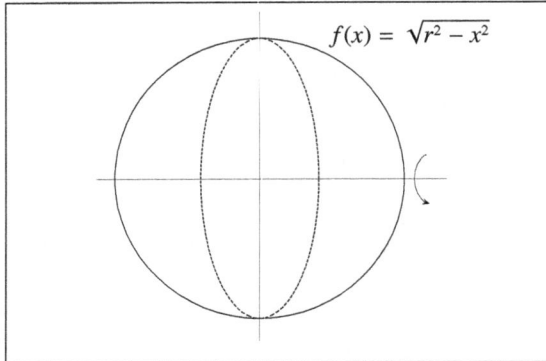

Fig. 5.4

Podemos considerar la esfera como el cuerpo generado por la rotación, alrededor del eje de abscisas, de la región limitada por el eje OX y la mitad superior de la circunferencia $x^2 + y^2 = r^2$, es decir, la gráfica de la función $f(x) = +\sqrt{r^2 - x^2}$ (v. figura 5.4).

El volumen es

$$V = \pi \int_{-r}^{r} (f(x))^2 \, dx = \pi \int_{-r}^{r} (r^2 - x^2) \, dx$$
$$= \pi \left[r^2 x - \frac{x^3}{3} \right]_{-r}^{r} = \frac{4}{3} \pi r^3.$$

286

Calcular el volumen del cuerpo generado por la rotación, alrededor del eje de abscisas, de la región del plano limitada por la curva $y = \tan x$, el eje de abscisas y las rectas $x = 0$ y $x = \pi/3$.

[Solución]

$$V = \pi \int_{0}^{\pi/3} \tan^2 x \, dx$$

$$= \pi \int_{0}^{\pi/3} \frac{\text{sen}^2 x}{\cos^2 x} \, dx$$

$$= \pi \int_{0}^{\pi/3} \frac{1 - \cos^2 x}{\cos^2 x} \, dx$$

$$= \pi \int_{0}^{\pi/3} \left(\frac{1}{\cos^2 x} - 1 \right) dx$$

$$= \pi [\tan x - x]_{0}^{\pi/3}$$

$$= \pi (\tan (\pi/3) - \pi/3 - \tan (0) + 0)$$

$$= \pi \sqrt{3} - \pi^2/3$$

$$\simeq 2,15.$$

287

Calcular el volumen del cuerpo generado por la rotación, alrededor del eje de ordenadas, de la región del primer cuadrante limitada por la curva $y = \cos x^2$ y los ejes.

[Solución]

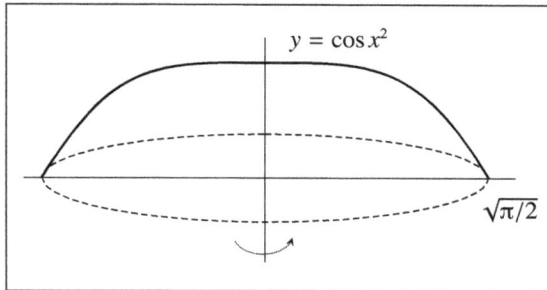

Fig. 5.5

El punto más cercano al origen en que la curva

$$y = \cos x^2$$

corta al semieje positivo de abscisas es $(\sqrt{\pi/2}, 0)$ (v. figura 5.5). Entonces, el volumen pedido es

$$V = 2\pi \int_0^{\sqrt{\pi/2}} x \cos x^2 \, dx = 2\pi \left[\frac{1}{2} \operatorname{sen} x^2 \right]_0^{\sqrt{\pi/2}} = \pi.$$

Problemas resueltos

288

Calcular $\lim\limits_{n} \sum\limits_{i=1}^{n} \frac{1}{n} \operatorname{sen}^2 \frac{i\pi}{n}$.

[Solución]

Sea

$$a_n = \sum_{i=1}^{n} \frac{1}{n} \operatorname{sen}^2 \frac{i\pi}{n}.$$

La expresión anterior es una suma de Riemann con la partición

$$P_n = \{0 < \frac{1}{n} < \frac{2}{n} < \cdots < \frac{n-1}{n} < \frac{n}{n} = 1\},$$

la función $f(x) = \operatorname{sen}^2 \pi x$ y los puntos i/n. Nótese que todos los subintervalos de P_n tienen longitud $\ell(i, n) = i/n$ (por tanto, la sucesión de diámetros $\delta(P_n) = 1/n$ tiene límite 0), que la función f es integrable en $[0, 1]$ y que $t(i, n) = i/n$ pertenece al i-ésimo intervalo de la partición P_n. Por tanto,

$$\lim_{n} a_n = \int_0^1 \operatorname{sen}^2 \pi x \, dx = \int_0^1 \frac{1}{2}(1 - \cos 2\pi x) \, dx = \frac{1}{2} \left[x - \frac{1}{2\pi} \operatorname{sen} 2\pi x \right]_0^1 = \frac{1}{2}.$$

289

Sea a un número real positivo. Calcular $\lim\limits_{n} \sqrt[n]{\left(a + \frac{1}{n}\right)\left(a + \frac{2}{n}\right) \cdots \left(\left(a + \frac{n}{n}\right)\right)}$.

Sea (a_n) la sucesión de la que hay que calcular el límite. Tomando logaritmos, tenemos

$$\ln a_n = \frac{1}{n}\left(\ln\left(a + \frac{1}{n}\right) + \ln\left(a + \frac{2}{n}\right) + \cdots + \ln\left(a + \frac{n}{n}\right)\right).$$

La expresión anterior es una suma de Riemann con la partición $P_n = \{0 < \dfrac{1}{n} < \dfrac{2}{n} < \cdots \dfrac{n-1}{n} < 1\}$, la función $f(x) = \ln(a+x)$ y los puntos i/n. Nótese que todos los subintervalos de P_n tienen longitud $\ell(i,n) = i/n$ (por tanto, lím $_n \delta(P_n) = $ lím $_n 1/n = 0$), que la función f es integrable en $[0,1]$ y que $t(i,n) = i/n$ pertenece al i-ésimo intervalo de la partición P_n. Por tanto,

$$\lim_n \ln a_n = \int_0^1 \ln(a+x)\,dx$$

Integremos $\displaystyle\int \ln(a+x)\,dx$ por partes

$$u = \ln(a+x), \quad dv = dx, \quad du = \frac{1}{a+x}, \quad v = x.$$

Tenemos

$$\begin{aligned}
\int \ln(a+x)\,dx &= x\ln(a+x) - \int x\frac{1}{a+x}\,dx \\
&= x\ln(a+x) - \int\left(1 - \frac{a}{a+x}\right) \\
&= x\ln(a+x) - x + a\ln(a+x).
\end{aligned}$$

Entonces,

$$\begin{aligned}
\lim_n \ln a_n &= \int_0^1 \ln(a+x)\,dx \\
&= \ln(a+1) - 1 + a\ln(a+1) - a\ln a \\
&= (a+1)\ln(a+1) - a\ln a - \ln e \\
&= \ln\frac{(a+1)^{a+1}}{a^a e},
\end{aligned}$$

de donde resulta

$$\lim_n a_n = \frac{(a+1)^{a+1}}{a^a e}.$$

290

Demostrar que si una función f acotada en un intervalo $[a,b]$ es monótona en $[a,b]$, entonces f es integrable en $[a,b]$.

Para cada entero n y cada $i \in \{0, 1, \ldots, n\}$, sea $x_i = a + i(b-a)/n$. Consideremos la partición $P_n = \{a = x_0 < x_1 < \cdots < x_n = b\}$ de $[a, b]$, que tiene todos los subintervalos de longitud $(b-a)/n$.

Sean S_n y s_n las sumas superior e inferior de f para la partición P_n. Bastará demostrar que

$$\lim_n (S_n - s_n) = 0.$$

Supongamos que f es monótona creciente. En este caso, si $x_{i-1} \leq x \leq x_i$, tenemos $f(x_{i-1}) \leq f(x) \leq f(x_i)$. Esto implica que el supremo M_i de f en $[x_{i-1}, x_i]$ es máximo y $M_i = f(x_i)$, y que el ínfimo es mínimo y vale $m_i = f(x_{i-1})$. Puesto que $x_i - x_{i-1} = (b-a)/n$ para todo $i = 1, \ldots, n$, las sumas superior e inferior son

$$S_n = f(x_1)(b-a)/n + f(x_2)(b-a)/n + \cdots + f(x_n)(b-a)/n$$
$$s_n = f(x_0)(b-a)/n + f(x_1)(b-a)/n + \cdots + f(x_{n-1})(b-a)/n.$$

Entonces,

$$S_n - s_n = f(x_n)\frac{b-a}{n} - f(x_0)\frac{b-a}{n} = (f(b) - f(a))\frac{b-a}{n},$$

y, claramente, $\lim_n (S_n - s_n) = 0$.

291

Hallar la ecuación de la recta tangente a la gráfica de la función

$$F(x) = \int_0^x \ln^2(t+e)\, dt$$

en el punto de abscisa $x = 0$.

La recta pedida es la de ecuación $y = F(0) + F'(0)x$. Está claro que $F(0) = 0$. Para calcular $F'(0)$, observamos que la función $\ln^2(t+e)$ es continua en todo $t \geq 0$ y, por tanto, podemos aplicar el teorema fundamental del cálculo:

$$F'(x) = \ln^2(x+e).$$

Obtenemos entonces $F'(0) = \ln^2 e = 1$. En consecuencia, la recta pedida es $y = x$.

292

Hallar los intervalos de crecimiento y decrecimiento de la función

$$F(x) = \int_2^{x^3-3x^2} e^{\operatorname{sen} t}\, dt.$$

Hay que determinar los intervalos en que F' es positiva o negativa. La función exponencial y la función seno son continuas en todo $\mathbb{R}$; luego también lo es su composición $e^{\operatorname{sen} t}$. Ello permite calcular F' utilizando el teorema fundamental del cálculo:

$$F'(x) = e^{\operatorname{sen}(x^3 - 3x^2)}(3x^2 - 6x) = 3x(x-2)e^{\operatorname{sen}(x^3 - 3x^2)}.$$

Como la exponencial es siempre positiva, tenemos que $F'(x)$ es positiva si $x < 0$ o bien $x > 2$, y que $F'(x)$ es negativa si $0 < x < 2$.

Por tanto, la función dada es creciente en los intervalos $(-\infty, 0)$ y $(2, +\infty)$, y es decreciente en el intervalo $(0, 2)$.

293

Demostrar que la función $F(x) = \displaystyle\int_0^{x^2} \operatorname{sen} t \, \ln(1 + t^2) \, dt$ es creciente en el intervalo $[0, \sqrt{\pi}]$.

La función $\operatorname{sen} t \, \ln(1 + t^2)$ es continua. Entonces, podemos aplicar el teorema fundamental del cálculo:

$$F'(x) = \operatorname{sen} x^2 \, \ln(1 + x^4) \, 2x.$$

Se tiene claramente que $F'(x) \geq 0$ para todo $x \in [0, \sqrt{\pi}]$ y, por tanto, F es creciente en este intervalo.

294

Calcular el área de la figura limitada por una elipse de semiejes a y b.

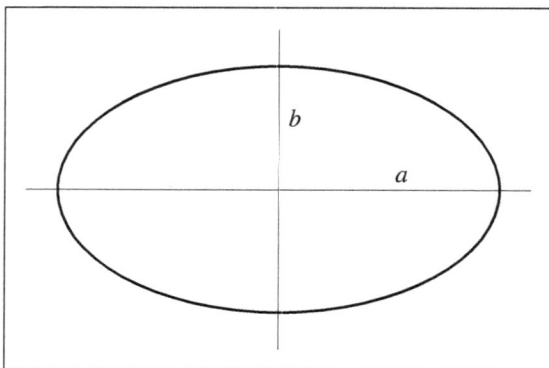

Fig. 5.6

La ecuación de una elipse de semiejes a y b y centrada en el origen es

$$\frac{x^2}{a^2} + \frac{y^2}{b^2} = 1$$

(v. figura 5.6). Despejando la variable y, obtenemos que la semielipse superior es la gráfica de la función

$$f(x) = \sqrt{b^2\left(1 - \frac{x^2}{a^2}\right)} = \frac{b}{a}\sqrt{a^2 - x^2}.$$

Utilizando la simetría de la figura, el área pedida será

$$A = 4\int_0^a \frac{b}{a}\sqrt{a^2 - x^2} \, dx = \frac{4b}{a}\int_0^a \sqrt{a^2 - x^2} \, dx.$$

Buscamos una primitiva de $\sqrt{a^2 - x^2}$ haciendo el cambio de variable $x = a\,\mathrm{sen}\,t$:

$$\int \sqrt{a^2 - x^2}\,dx = \int \sqrt{a^2 - a^2\,\mathrm{sen}^2\,t}\ a\cos t\,dt$$

$$= \int a^2 \cos^2 t\,dt = \frac{a^2}{2}\int (1 + \cos 2t)\,dt$$

$$= \frac{a^2}{2}(t + (1/2)\,\mathrm{sen}\,2t) = \frac{a^2}{2}(t + \mathrm{sen}\,t\cos t)$$

$$= \frac{a^2}{2}\left(\mathrm{arc\,sen}\,(x/a) + (x/a)\sqrt{1 - (x/a)^2}\right).$$

Por tanto,

$$A = \frac{4b}{a}\cdot\frac{a^2}{2}\left[\mathrm{arc\,sen}\,(x/a) + (x/a)\sqrt{1 - (x/a)^2}\right]_0^a = 2ab(\pi/2 + 0 - 0 - 0) = \pi ab.$$

(En particular, el área de un círculo de radio r es la de una elipse de semiejes $a = b = r$, es decir, πr^2.)

295

Hallar el área de la intersección del círculo limitado por $x^2 + y^2 = 4$ y la región limitada por la elipse $(1/16)x^2 + y^2 = 1$.

[Solución]

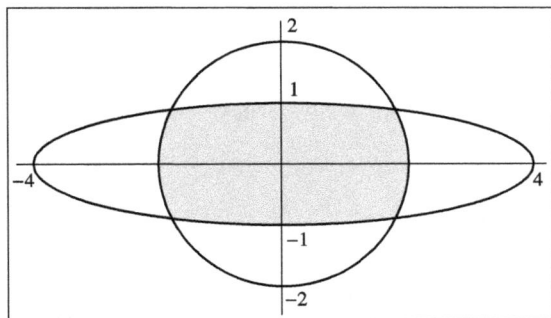

Fig. 5.7

Se trata del círculo de centro $(0, 0)$ y radio 2, y la elipse del mismo centro, semieje horizontal 4 y semieje vertical 1, tal como se representa en la figura 5.7.

Resolviendo el sistema formado por las ecuaciones de la circunferencia y de la elipse, se obtienen los cuatro puntos de intersección $(\pm 4/\sqrt{5}, \pm 2/\sqrt{5})$.

Por la simetría de la figura, el área pedida A es cuatro veces la que aparece en el primer cuadrante, que está limitada por los ejes coordenados y las curvas $y = \sqrt{1 - (1/16)x^2}$ e $y = \sqrt{4 - x^2}$, así que

$$A = 4\left(\int_0^{4/\sqrt{5}} \sqrt{1 - (1/16)x^2}\,dx + \int_{4/\sqrt{5}}^2 \sqrt{4 - x^2}\,dx\right).$$

Buscamos una primitiva de $\sqrt{1 - (1/16)x^2}$ haciendo el cambio de variable $x = 4\,\mathrm{sen}\,t$:

$$\int \sqrt{1 - (1/16)x^2}\,dx = \int \sqrt{1 - (1/16)16\,\mathrm{sen}^2\,t}\ 4\cos t\,dt$$

$$= 4\int \cos^2 t\,dt = 2\int (1 + \cos 2t)\,dt$$

$$= 2t + \mathrm{sen}\,2t = 2t + 2\,\mathrm{sen}\,t\cos t$$

$$= 2\,\mathrm{arc\,sen}\,(x/4) + \frac{x}{2}\sqrt{1 - (1/16)x^2}.$$

Análogamente, se busca una primitiva de $\sqrt{4 - x^2}$, esta vez con el cambio $x = 2 \operatorname{sen} t$, y se obtiene

$$\int \sqrt{4 - x^2}\, dx = 2 \operatorname{arc sen}(x/2) + \frac{x}{2}\sqrt{4 - x^2}.$$

Entonces,

$$A = 4\left(\left[2 \operatorname{arc sen}(x/4) + \frac{x}{2}\sqrt{1 - (1/16)x^2}\right]_0^{4/\sqrt{5}} + \left[2 \operatorname{arc sen}(x/2) + \frac{x}{2}\sqrt{4 - x^2}\right]_{4/\sqrt{5}}^2\right)$$

$$= 8 \operatorname{arc sen}(1/\sqrt{5}) - 8 \operatorname{arc sen}(2/\sqrt{5}) + 4\pi \simeq 7{,}418.$$

296

Sea $f(x) = \ln(1 + x^2)$.

1) Demostrar que $0 \le f''(x) \le 2$ para todo $x \in [0, 1]$.

2) Utilizando el método de los trapecios y la acotación del apartado anterior, calcular

$$\int_0^1 f(x)\, dx$$

con error inferior a $0{,}01$.

[Solución]

1) Derivando dos veces y simplificando, se obtiene $f''(x) = 2(1 - x^2)/(1 + x^2)^2$. Entonces, para todo $x \in [0, 1]$ se verifica

$$0 \le \frac{2(1 - x^2)}{(1 + x^2)^2} \le \frac{2}{1} = 2.$$

2) Una cota del error que se comete al aproximar la integral pedida por la fórmula de los trapecios con n subintervalos es $2/(12n^2)$. Como queremos que el error sea inferior a $0{,}01$, hay que encontrar el primer natural que verifique la desiguadad

$$\frac{1}{6n^2} \le \frac{1}{100},$$

que es $n = 5$. Ahora, aplicando la fórmula de los trapecios con 5 subintervalos, obtenemos:

$$\int_0^1 f(x)\, dx \simeq \frac{1}{5}\left(\frac{f(0)}{2} + f(1/5) + f(2/5) + f(3/5) + f(4/5) + \frac{f(1)}{2}\right) \simeq 0{,}267.$$

297

Sea $f(x) = \dfrac{\text{sen}\, x}{x}$.

1) Demostrar que $|f''(x)| \le 5$, para todo $x \in [1, 2]$.

2) Utilizando el método de los trapecios, calcular

$$\int_1^2 f(x)\, dx$$

con error inferior a 10^{-2}.

[Solución]

1) Derivando dos veces y simplificando, obtenemos

$$f''(x) = \frac{-x^2\, \text{sen}\, x - 2x \cos x + 2\, \text{sen}\, x}{x^3}.$$

Entonces, utilizando la desigualdad triangular y teniendo en cuenta que $x \in [1, 2]$, obtenemos

$$|f''(x)| \le \left|\frac{\text{sen}\, x}{x}\right| + 2\left|\frac{\cos x}{x^2}\right| + 2\left|\frac{\text{sen}\, x}{x^3}\right| \le 1 + 2 + 2 = 5.$$

2) Hay que encontrar el primer natural que verifique

$$\frac{5}{12n^2} \le \frac{1}{100},$$

que es $n = 7$. Entonces, por la fórmula de los trapecios tenemos

$$\int_1^2 f(x)\, dx \simeq \frac{1}{7}\left(\frac{f(1)}{2} + f(1 + 1/7) + \cdots + f(1 + 6/7) + \frac{f(2)}{2}\right) \simeq 0{,}6591.$$

298

Utilizando el método de Simpson, calcular aproximadamente $\displaystyle\int_0^1 e^{x^2}\, dx$, con error menor que $0{,}001$.

[Solución]

Llamemos $f(x) = e^{x^2}$. Derivando cuatro veces y simplificando, obtenemos

$$f^{(4)}(x) = (12 + 48x^2 + 16x^4)e^{x^2},$$

que claramente toma su valor máximo en el intervalo $[0, 1]$ para $x = 1$, con lo cual se tiene $|f^{(4)}(x)| \le 76e$. Para determinar el número n mínimo de subintervalos, buscamos el primer natural par n tal que

$$\frac{1}{180n^4}\, 76e \le 0{,}001 ,$$

Por tanto, ha de ser

$$n \geq \sqrt[4]{\frac{76e}{180 \cdot 0{,}001}} \simeq 5{,}82 \, ,$$

con lo cual tomaremos $n = 6$.

Entonces, por la fórmula de Simpson obtenemos

$$\int_0^1 e^{x^2} \, dx \simeq \frac{1}{18} \left(f(0) + 2(f(1/3) + f(2/3)) + 4(f(1/6) + f(1/2) + f(5/6)) + f(1) \right) \simeq 1{,}463.$$

299

Aplicando el método de Simpson, calcular aproximadamente $\int_0^{\sqrt{\pi/2}} \operatorname{sen} x^2 \, dx$, con error menor que $0{,}01$.

[Solución]

Llamemos $f(x) = \operatorname{sen} x^2$. Derivando cuatro veces y simplificando, obtenemos

$$f^{(4)}(x) = 16x^4 \operatorname{sen} x^2 - 48x^2 \cos x^2 - 12 \operatorname{sen} x^2.$$

Podemos acotar esta derivada cuarta en el intervalo $[0, \sqrt{\pi/2}]$ de la forma siguiente:

$$|f^{(4)}(x)| \leq |16x^4 \operatorname{sen} x^2| + |48x^2 \cos x^2| + |12 \operatorname{sen} x^2| \leq 16(\pi/2)^2 + 48(\pi/2) + 12 \simeq 126{,}88 < 127.$$

Buscamos el primer natural par n tal que

$$\frac{\left(\sqrt{\pi/2} \right)^5}{180 n^4} \cdot 127 \leq 0{,}01 \, ,$$

que resulta ser $n = 4$.

Entonces, por la fórmula de Simpson, poniendo $\sqrt{\pi/2} = a$ por simplicidad de escritura, obtenemos

$$\int_0^a \operatorname{sen} x^2 \, dx \simeq \frac{a}{12} \left(f(0) + 2f(a/2) + 4(f(a/4)) + f(3a/4)) + f(a) \right) \simeq 0{,}55.$$

300

Consideremos la función $f(x) = 2x$. Demostrar que

1) la integral $\displaystyle \lim_{t \to +\infty} \int_{-t}^t f(x) \, dx$ existe para todo real $t \geq 0$;

2) la integral $\displaystyle \int_{-\infty}^{+\infty} f(x) \, dx$ no es convergente.

1) Tenemos

$$\lim_{t \to +\infty} \int_{-t}^{t} 2x \, dx = \lim_{t \to +\infty} [x^2]_{-t}^{t} = \lim_{t \to +\infty} (t^2 - t^2) = 0,$$

así que la integral existe para todo $t > 0$.

2) Sea c un real. Tenemos

$$\lim_{t \to +\infty} \int_{c}^{t} 2x \, dx = \lim_{t \to +\infty} [x^2]_{c}^{t} = \lim_{t \to +\infty} (t^2 - c^2) = +\infty,$$

$$\lim_{t \to -\infty} \int_{t}^{c} 2x \, dx = \lim_{t \to -\infty} [x^2]_{t}^{c} = \lim_{t \to -\infty} (c^2 - t^2) = -\infty.$$

Para que la integral dada sea convergente, las dos integrales anteriores deberían serlo; en cambio, ambas son divergentes, luego la integral propuesta es divergente.

301

Demostrar que $\displaystyle\int_{0}^{+\infty} \frac{1}{1 + e^x} \, dx = \ln 2$.

Haciendo el cambio de variable $1 + e^x = t$, es decir, $x = \ln(t - 1)$ y $dx = \dfrac{dt}{t - 1}$, tenemos

$$\int \frac{1}{1 + e^x} \, dx = \int \frac{dt}{t(t - 1)} = \int \left(\frac{-1}{t} + \frac{1}{t - 1} \right) dt = -\ln t + \ln(t - 1) = \ln \frac{t - 1}{t} = \ln \frac{e^x}{1 + e^x}.$$

Entonces,

$$\int_{0}^{+\infty} \frac{1}{1 + e^x} \, dx = \lim_{c \to \infty} \int_{0}^{c} \frac{1}{1 + e^x} \, dx = \lim_{c \to \infty} \left(\ln \frac{e^c}{1 + e^c} - \ln \frac{e^0}{1 + e^0} \right) = \ln 1 - \ln(1/2) = \ln 2.$$

302

Sea a un número real positivo y α un número real. Demostrar:

1) La integral impropia $\displaystyle\int_{a}^{+\infty} \frac{1}{x^\alpha} \, dx$ diverge si $\alpha \leq 1$ y converge si $\alpha > 1$.

2) La integral impropia $\displaystyle\int_{0}^{a} \frac{1}{x^\alpha} \, dx$ converge si $\alpha < 1$ y diverge si $\alpha \geq 1$.

Hay que calcular

$$\lim_{t \to +\infty} \int_a^t \frac{1}{x^\alpha}\, dx \qquad y \qquad \lim_{t \to 0} \int_t^a \frac{1}{x^\alpha}\, dx.$$

Conviene calcular una primitiva de $f(x) = 1/x^\alpha$:

$$\int \frac{1}{x^\alpha}\, dx = \begin{cases} \ln x & \text{si } \alpha = 1, \\[2mm] \dfrac{x^{1-\alpha}}{1-\alpha} & \text{si } \alpha \neq 1. \end{cases}$$

1) Para $\alpha = 1$,

$$\lim_{t \to +\infty} \int_a^t \frac{1}{x}\, dx = \lim_{t \to +\infty} [\ln x]_a^t = \lim_{t \to +\infty} (\ln t - \ln a) = +\infty.$$

Supongamos ahora $\alpha \neq 1$. Tenemos

$$\lim_{t \to +\infty} \int_a^t \frac{1}{x^\alpha}\, dx = \lim_{t \to +\infty} \left[\frac{x^{1-\alpha}}{1-\alpha} \right]_a^t = \frac{1}{1-\alpha} \left(t^{1-\alpha} - a^{1-\alpha} \right).$$

Si $\alpha < 1$, tenemos $1 - \alpha > 0$ y $\lim_{t \to +\infty} t^{1-\alpha} = +\infty$, por lo que

$$\int_a^{+\infty} \frac{1}{x^\alpha}\, dx = \lim_{t \to +\infty} \frac{1}{1-\alpha} \left(t^{1-\alpha} - a^{1-\alpha} \right) = +\infty.$$

Si $\alpha > 1$, entonces $1 - \alpha < 0$ y $\lim_{t \to +\infty} t^{1-\alpha} = 0$, por lo que

$$\int_a^{+\infty} \frac{1}{x^\alpha}\, dx = \lim_{t \to +\infty} \frac{1}{1-\alpha} \left(t^{1-\alpha} - a^{1-\alpha} \right) = \frac{-a^{1-\alpha}}{1-\alpha} = \frac{a^{1-\alpha}}{\alpha - 1}.$$

En definitiva, la integral es divergente para $\alpha \leq 1$ y convergente para $\alpha > 1$.

2) Para $\alpha = 1$,

$$\lim_{t \to 0^+} \int_t^a \frac{1}{x}\, dx = \lim_{t \to 0^+} [\ln x]_t^a = \lim_{t \to 0^+} (\ln a - \ln t) = +\infty.$$

Supongamos ahora $\alpha \neq 1$. Tenemos

$$\lim_{t \to 0^+} \int_t^a \frac{1}{x^\alpha}\, dx = \lim_{t \to 0^+} \left[\frac{x^{1-\alpha}}{1-\alpha} \right]_t^a = \frac{1}{1-\alpha} \left(a^{1-\alpha} - t^{1-\alpha} \right).$$

Si $\alpha < 1$, tenemos $1 - \alpha > 0$ y $\lim_{t \to 0} t^{1-\alpha} = 0$, por lo que

$$\int_0^a \frac{1}{x^\alpha}\, dx = \lim_{t \to 0^+} \frac{1}{1-\alpha} \left(a^{1-\alpha} - t^{1-\alpha} \right) = \frac{a^{1-\alpha}}{1-\alpha}.$$

Si $\alpha > 1$, entonces $1 - \alpha < 0$ y $\lim\limits_{t \to 0^+} t^{1-\alpha} = +\infty$, por lo que

$$\int_0^a \frac{1}{x^\alpha}\, dx = \lim_{t \to 0^+} \frac{1}{1 - \alpha} \left(a^{1-\alpha} - t^{1-\alpha} \right) = +\infty$$

En definitiva, la integral es divergente para $\alpha \geq 1$ y convergente para $\alpha < 1$.

303

Calcular $\displaystyle\int_1^{+\infty} \frac{x}{e^{x^2}}\, dx.$

[Solución]

$$\begin{aligned}
\int_1^{+\infty} \frac{x}{e^{x^2}}\, dx &= \lim_{t \to +\infty} \int_1^t x e^{-x^2}\, dx \\
&= \lim_{t \to +\infty} (-1/2) \int_1^t (-2x) e^{-x^2}\, dx \\
&= (-1/2) \lim_{t \to +\infty} \left[e^{-x^2} \right]_1^t \\
&= (-1/2) \lim_{t \to +\infty} \left(e^{-t^2} - e^{-1} \right) \\
&= \frac{1}{2e}.
\end{aligned}$$

304

Demostrar que la integral $\displaystyle\int_0^4 \frac{dx}{\sqrt{x}\,(1 + \sqrt{x})}$ es impropia y calcularla.

[Solución]

La integral es impropia, ya que $\displaystyle\lim_{x \to 0^+} \frac{1}{\sqrt{x}\,(1 + \sqrt{x})} = +\infty.$

Su valor es

$$\begin{aligned}
\int_0^4 \frac{dx}{\sqrt{x}\,(1 + \sqrt{x})} &= \lim_{t \to 0^+} \int_t^4 \frac{dx}{\sqrt{x}\,(1 + \sqrt{x})} \\
&= \lim_{t \to 0^+} 2 \int_t^4 \frac{1/(2\sqrt{x})}{1 + \sqrt{x}}\, dx \\
&= 2 \lim_{t \to 0^+} \left[\ln(1 + \sqrt{x}) \right]_t^4 \\
&= 2 \lim_{t \to 0^+} \left(\ln(1 + \sqrt{4}) - \ln(1 + \sqrt{t}) \right) \\
&= 2(\ln 3 - \ln 1) \\
&= \ln 9 \\
&\simeq 2{,}197.
\end{aligned}$$

305

Estudiar la convergencia de la integral

$$\int_1^{+\infty} \frac{e^{-x}}{x^3}\, dx.$$

[Solución]

Como $e^{-x} \leq 1$ para todo $x \geq 1$, obtenemos $0 \leq e^{-x}/x^3 \leq 1/x^3$ para todo $x \geq 1$. Entonces, como la integral de $1/x^3$ en $[1, +\infty)$ es convergente, aplicando el criterio de comparación se obtiene que la integral propuesta también lo es.

306

Consideremos la función $f(x) = \dfrac{1}{\sqrt[3]{x^2 + 1}}$.

1) Demostrar la divergencia de la integral impropia $\displaystyle\int_0^{+\infty} f(x)\, dx$.

2) Calcular $\displaystyle\lim_{x \to +\infty} \frac{\displaystyle\int_0^x f(t)\, dt}{e^{x^2+1}}$.

[Solución]

1) Sabemos que la integral impropia $\displaystyle\int_1^{+\infty} \frac{1}{\sqrt[3]{x^2}}\, dx$ es divergente ya que es del tipo

$$\int_1^{+\infty} \frac{1}{x^\alpha}\, dx,$$

con $0 < \alpha = 2/3 < 1$. Entonces, como

$$\lim_{x \to \infty} \frac{f(x)}{1/\sqrt[3]{x^2}} = \lim_{x \to \infty} \sqrt[3]{\frac{x^2}{x^2 + 1}} = 1,$$

el criterio de comparación por paso al límite garantiza la divergencia de la integral impropia propuesta.

2) En principio, el límite pedido es una indeterminación del tipo ∞/∞. Aplicando la regla de L'Hôpital y, puesto que f es continua, el teorema fundamental del cálculo para derivar el numerador, obtenemos

$$\lim_{x \to +\infty} \frac{\displaystyle\int_0^x f(t)\, dt}{e^{x^2+1}} = \lim_{x \to +\infty} \frac{\dfrac{1}{\sqrt[3]{x^2 + 1}}}{2\, x\, e^{x^2+1}} = 0.$$

307

Consideremos la función $f(x) = 1/(x \ln x)$. Sean A el área de la región del plano $R = \{(x, y) \in \mathbb{R}^2 \ : \ x \geq 3, \ 0 \leq y \leq f(x)\}$, y V el volumen del cuerpo generado por la rotación de R en torno al eje de abscisas. Demostrar que A es infinita pero que V es finito.

El área A es la integral impropia

$$A = \int_3^{+\infty} \frac{1}{x \ln x}\, dx = \lim_{t \to +\infty} \int_3^t \frac{1}{x \ln x}\, dx = \lim_{t \to +\infty} \left[\ln(|\ln x|)\right]_3^t = \lim_{t \to +\infty} (\ln(\ln t) - \ln(\ln 3)) = +\infty.$$

Por otra parte, V es la integral impropia

$$V = \pi \int_3^{+\infty} \left(\frac{1}{x \ln x}\right)^2 dx.$$

Ahora bien, para $x \geq 3$ se tiene $\ln x \geq \ln 3 > 1$, y entonces

$$0 \leq \left(\frac{1}{x \ln x}\right)^2 < \frac{1}{x^2}.$$

El criterio de comparación ordinaria con la integral convergente

$$\int_3^{\infty} \frac{1}{x^2}\, dx$$

implica que V es finito.

308

Dadas las funciones $f(x) = (x-1)e^{-2x}$ y $g(x) = (x-1)^2 e^{-2x}$, calcular

$$\int_2^{+\infty} (f(x) - g(x))\, dx.$$

Buscamos primero una primitiva de $f - g$ aplicando dos veces la integración por partes:

$$\begin{aligned}
\int \left((x-1)e^{-2x} - (x-1)^2 e^{-2x}\right) dx &= \int \left(x - 1 - x^2 + 2x - 1\right) e^{-2x}\, dx \\
&= \int \left(-x^2 + 3x - 2\right) e^{-2x}\, dx \\
&= -\frac{1}{2}(-x^2 + 3x - 2)e^{-2x} + \frac{1}{2} \int (-2x+3) e^{-2x}\, dx \\
&= -\frac{1}{2}(-x^2 + 3x - 2)e^{-2x} \\
&\quad + \frac{1}{2}\left(-\frac{1}{2}(-2x+3)e^{-2x} - \int e^{-2x}\, dx\right) \\
&= \frac{1}{2}(x^2 - 2x + 1)e^{-2x} \\
&= \frac{1}{2}(x-1)^2 e^{-2x}.
\end{aligned}$$

Entonces, aplicando dos veces la regla de L'Hôpital:

$$\int_2^{+\infty} (f(x) - g(x)) \, dx = \lim_{t \to +\infty} \left[\frac{1}{2}(x-1)^2 e^{-2x} \right]_2^t$$

$$= \frac{1}{2} \lim_{t \to +\infty} \left((t-1)^2 e^{-2t} - e^{-4} \right)$$

$$= -\frac{1}{2}e^{-4} + \frac{1}{2} \lim_{t \to +\infty} \frac{(t-1)^2}{e^{2t}}$$

$$= -\frac{1}{2}e^{-4} + \frac{1}{2} \lim_{t \to +\infty} \frac{2(t-1)}{2e^{2t}}$$

$$= -\frac{1}{2}e^{-4} + \frac{1}{2} \lim_{t \to +\infty} \frac{t-1}{e^{2t}}$$

$$= -\frac{1}{2}e^{-4} + \frac{1}{2} \lim_{t \to +\infty} \frac{1}{2e^{2t}}$$

$$= -\frac{1}{2}e^{-4} + 0 = -\frac{1}{2}e^{-4}$$

$$\simeq -0{,}009.$$

309

Calcular el volumen del cuerpo generado por la rotación, alrededor del eje de abscisas, de la región del primer cuadrante limitada por la gráfica de la función $f(x) = 1/(1+x)$ y los ejes coordenados.

[Solución]

El volumen pedido es la integral impropia

$$V = \pi \int_0^{+\infty} \frac{1}{(1+x)^2} \, dx = \pi \lim_{t \to +\infty} \int_0^t (1+x)^{-2} \, dx$$

$$= \pi \lim_{t \to +\infty} \left[\frac{-1}{1+x} \right]_0^t$$

$$= \pi \lim_{t \to +\infty} \left(\frac{-1}{1+t} - (-1) \right)$$

$$= \pi (0 + 1)$$

$$= \pi.$$

310

1) Sea $\alpha > 0$. Demostrar que la integral impropia

$$\int_0^1 \frac{\mathrm{sen}\, x}{x^{\alpha+1}} \, dx$$

es convergente si $\alpha < 1$ y divergente si $\alpha \geq 1$.

2) Utilizando el resultado del apartado anterior, demostrar que

$$\lim_{x \to 0^+} \frac{\displaystyle\int_x^1 \frac{\operatorname{sen} t}{t^{\alpha+1}} \, dt}{\ln x} = \begin{cases} 0 \text{ si } \alpha < 1; \\ -1 \text{ si } \alpha = 1; \\ -\infty \text{ si } \alpha > 1. \end{cases}$$

[Solución]

1) Sabemos que la integral impropia $\int_0^1 1/x^\alpha \, dx$ es convergente si $\alpha < 1$ y divergente si $\alpha \geq 1$. Entonces, como $\operatorname{sen} x/x^{\alpha+1} \geq 0$ si $x \in [0, 1]$ y

$$\lim_{x \to 0} \frac{(\operatorname{sen} x)/x^{\alpha+1}}{1/x^\alpha} = \lim_{x \to 0} \frac{\operatorname{sen} x}{x} = 1,$$

el criterio de comparación por paso al límite garantiza la validez del resultado pedido.

2) Si $\alpha < 1$, el apartado anterior garantiza que el límite del numerador es un valor finito. Como $\lim_{x \to 0^+} \ln x = -\infty$, obtenemos

$$\lim_{x \to 0^+} \frac{\displaystyle\int_x^1 \frac{\operatorname{sen} t}{t^{\alpha+1}} \, dt}{\ln x} = 0.$$

Si $\alpha \geq 1$, el apartado anterior indica que el límite del numerador es $+\infty$ y, por tanto, el límite pedido es del tipo $+\infty/-\infty$. Aplicando la regla de L'Hôpital y el teorema fundamental del cálculo (lo podemos hacer ya que $\operatorname{sen} x/x^{\alpha+1}$ es continua en $[x, 1]$, para todo $x > 0$), obtenemos

$$\lim_{x \to 0^+} \frac{\displaystyle\int_x^1 \frac{\operatorname{sen} t}{t^{\alpha+1}} \, dt}{\ln x} = \lim_{x \to 0^+} \frac{-\operatorname{sen} x/x^{\alpha+1}}{1/x} = -\lim_{x \to 0^+} \frac{x \operatorname{sen} x}{x^{\alpha+1}} = -\lim_{x \to 0^+} \frac{\operatorname{sen} x}{x} \lim_{x \to 0^+} \frac{x}{x^\alpha}$$

que vale -1 si $\alpha = 1$ y $-\infty$ si $\alpha > 1$.

311

Consideremos la función $f(x) = \dfrac{1}{x^2 - 1}$.

1) Demostrar que la integral impropia $\displaystyle\int_1^2 f(x) \, dx$ es divergente.

2) Demostrar que

$$\lim_{x \to 1^+} \left((x - 1) \int_x^2 f(t) \, dt \right) = 0.$$

[Solución]

1) Descomponiendo $f(x)$ en fracciones simples, obtenemos

$$\int_1^2 \frac{1}{x^2 - 1} \, dx = \frac{1}{2} \int_1^2 \frac{1}{x - 1} \, dx - \frac{1}{2} \int_1^2 \frac{1}{x + 1} \, dx.$$

La segunda integral del segundo miembro de esta igualdad no es impropia y, por tanto, sólo hay que estudiar la convergencia o divergencia de la primera.

$$\int_1^2 \frac{1}{x-1}\,dx = \lim_{a\to 1^+} \int_a^2 \frac{1}{x-1}\,dx = \lim_{a\to 1^+} (\ln(2-1) - \ln(a-1)) = +\infty.$$

Por tanto, $\int_1^2 f(x)\,dx$ es divergente.

2) Teniendo en cuenta el apartado anterior, el límite pedido es inicialmente una indeterminación del tipo $0 \cdot \infty$, que la podemos transformar en una del tipo ∞/∞ poniendo

$$\lim_{x\to 1^+} \left((x-1) \int_x^2 f(t)\,dt \right) = \lim_{x\to 1^+} \frac{\int_x^2 f(t)\,dt}{1/(x-1)}.$$

Entonces, aplicando la regla de L'Hôpital y el teorema fundamental del cálculo, el límite que debemos calcular es

$$\lim_{x\to 1^+} \frac{-1/(x^2-1)}{-1/(x-1)^2} = \lim_{x\to 1^+} \frac{1/(x+1)}{1/(x-1)} = \lim_{x\to 1^+} \frac{x-1}{x+1} = 0.$$

312

Sea f la función definida en $[1, +\infty)$ por $f(t) = \dfrac{t + \operatorname{sen} t}{t^3}$.

1) Demostrar que $f(t) > 0$ para todo $t \in [1, +\infty)$.

2) Demostrar que la función $F(x) = \displaystyle\int_1^x f(t)\,dt$ es estrictamente creciente en el intervalo $[1, +\infty)$.

3) Demostrar que $\displaystyle\int_1^{+\infty} f(t)\,dt$ es convergente.

[Solución]

1) Tenemos $f(1) = 1 + \operatorname{sen} 1 > 0$ y, para $t > 1$, como $\operatorname{sen} t \geq -1$, tendremos que el numerador $t + \operatorname{sen} t$ es estrictamente positivo, y también lo es el denominador t^3. Por tanto, $f(t) > 0$ para todo $t \in [1, +\infty)$.

2) Sólo hay que ver que $F'(x) > 0$ para todo $x \in [1, +\infty)$. Como la función $f(t) = (t + \operatorname{sen} t)/t^3$ es continua en $[1, +\infty)$ (sólo es discontinua en $t = 0$), podemos calcular la derivada de $F(x)$ utilizando el teorema fundamental del cálculo:

$$F'(x) = f(x) = \frac{x + \operatorname{sen} x}{x^3} \quad \text{para todo } x \in [1, +\infty).$$

Por el apartado anterior, $F'(x) = f(x) > 0$ para todo $x \in [1, +\infty)$. Por tanto, $f(x)$ es estrictamente creciente en $[1, +\infty)$.

3) Como hemos visto en el apartado 1, la función $(t + \operatorname{sen} t)/t^3$ es positiva en $[1, +\infty)$ y, por tanto, podemos aplicar un criterio de comparación para decidir su convergencia. Observando que $\operatorname{sen} t \leq 1$ para todo t, tendremos

$$\frac{t + \operatorname{sen} t}{t^3} \leq \frac{t + 1}{t^3} = \frac{1}{t^2} + \frac{1}{t^3}.$$

Ahora bien, la integral de esta última función en el intervalo $[1, +\infty)$ es convergente, porque es suma de dos integrales convergentes (recordemos que la integral de $1/t^\alpha$ en $[1, +\infty)$ es convergente si $\alpha > 1$).

Por tanto, por el criterio de comparación ordinario, también es convergente $\displaystyle\int_1^{+\infty} f(t)\, dt$.

313

Demostrar la igualdad

$$\int_1^{+\infty} \frac{t + \operatorname{sen} t}{t^3}\, dt = 1 + \frac{\operatorname{sen} 1 + \cos 1}{2} - \frac{1}{2} \int_1^{+\infty} \frac{\operatorname{sen} t}{t}\, dt.$$

[Solución]

Si separamos la integral en dos sumandos e integramos por partes dos veces el segundo sumando, obtenemos

$$\begin{aligned}
\int \frac{t + \operatorname{sen} t}{t^3}\, dt &= \int t^{-2}\, dt + \int t^{-3} \operatorname{sen} t\, dt \\
&= -\frac{1}{t} - \frac{1}{2t^2} \operatorname{sen} t + \frac{1}{2} \int t^{-2} \cos t\, dt \\
&= -\frac{1}{t} - \frac{1}{2t^2} \operatorname{sen} t + \frac{1}{2}\left(-\frac{1}{t} \cos t - \int \frac{\operatorname{sen} t}{t}\, dt\right) \\
&= -\frac{1}{t} - \frac{1}{2t^2} \operatorname{sen} t - \frac{1}{2t} \cos t - \frac{1}{2} \int \frac{\operatorname{sen} t}{t}\, dt.
\end{aligned}$$

Por tanto,

$$\begin{aligned}
\int_1^{+\infty} \frac{t + \operatorname{sen} t}{t^3}\, dt &= \lim_{x \to +\infty} \left[-\frac{1}{t} - \frac{1}{2t^2} \operatorname{sen} t - \frac{1}{2t} \cos t\right]_1^x - \frac{1}{2} \int_1^{+\infty} \frac{\operatorname{sen} t}{t}\, dt \\
&= \lim_{x \to +\infty} \left(-\frac{1}{x} - \frac{1}{2x^2} \operatorname{sen} x - \frac{1}{2x} \cos x\right) \\
&\quad + 1 + \frac{1}{2} \operatorname{sen} 1 + \frac{1}{2} \cos 1 - \frac{1}{2} \int_1^{+\infty} \frac{\operatorname{sen} t}{t}\, dt \\
&= 1 + \frac{\operatorname{sen} 1 + \cos 1}{2} - \frac{1}{2} \int_1^{+\infty} \frac{\operatorname{sen} t}{t}\, dt.
\end{aligned}$$

314

Estudiar la convergencia de la integral $\displaystyle\int_{-1}^{0} \frac{e^x \ln(2 + \operatorname{sen} x)}{\sqrt{1 + x^3}}$.

[Solución]

Se trata de una integral impropia, ya que $\displaystyle\lim_{x \to -1^+} \frac{e^x \ln(2 + \operatorname{sen} x)}{\sqrt{1 + x^3}} = +\infty$.

Llamemos $f(x) = \dfrac{e^x \ln (2 + \operatorname{sen} x)}{\sqrt{1 + x^3}}$. Se tiene $f(x) \geq 0$ para todo $x \in (-1, 0]$. Observemos que podemos escribir

$$f(x) = \frac{e^x \ln (2 + \operatorname{sen} x)}{\sqrt{(x + 1)(x^2 - x + 1)}} = e^x \ln (2 + \operatorname{sen} x) \frac{1}{\sqrt{x^2 - x + 1}} \frac{1}{\sqrt{x + 1}}.$$

Entonces, eligiendo $g(x) = \dfrac{1}{\sqrt{x + 1}}$ tenemos

$$\lim_{x \to -1^+} \frac{f(x)}{g(x)} = \lim_{x \to -1^+} \frac{e^x \ln (2 + \operatorname{sen} x)}{\sqrt{x^2 - x + 1}} = \frac{e^{-1} \ln (2 + \operatorname{sen} (-1))}{\sqrt{3}} \approx 0{,}031.$$

Como este límite no es 0 ni ∞, el criterio de comparación en el límite nos dice que la integral propuesta y la de $g(x)$ en el mismo intervalo tienen el mismo carácter.

$$\int_{-1}^0 g(x)\, dx = \int_{-1}^0 \frac{1}{\sqrt{x + 1}}\, dx = \lim_{t \to -1^+} \left[2\sqrt{x + 1} \right]_t^0 = \lim_{t \to -1^+} (2 - 2\sqrt{t + 1}) = 2.$$

Es una integral convergente; por tanto, la propuesta también lo es.

315

Estudiar la convergencia de la integral $\displaystyle \int_0^{+\infty} \frac{1 - x \operatorname{sen} x}{1 + x^3}$.

[Solución]

En este caso, el integrando no es siempre positivo, ya que $x \operatorname{sen} x$ cambia periódicamente de signo en $[0, +\infty)$ y además tiene un valor absoluto arbitrariamente grande. Aplicaremos el criterio de la convergencia absoluta. Para $x \geq 0$, tenemos

$$\left| \frac{1 - x \operatorname{sen} x}{1 + x^3} \right| \leq \frac{1 + |x||\operatorname{sen} x|}{|1 + x^3|} \leq \frac{1 + |x|}{|1 + x^3|} = \frac{1 + x}{1 + x^3} = \frac{1}{x^2 - x + 1}.$$

La integral de esta última función la escribimos así:

$$\int_0^{+\infty} \frac{1}{x^2 - x + 1}\, dx = \int_0^1 \frac{1}{x^2 - x + 1}\, dx + \int_1^{+\infty} \frac{1}{x^2 - x + 1}\, dx.$$

Como el primer sumando tiene un valor finito (no es una integral impropia), el carácter depende sólo del segundo sumando; para determinarlo, aplicamos el criterio de comparación en el límite con $1/x^2$:

$$\lim_{x \to +\infty} \frac{1/(x^2 - x + 1)}{1/x^2} = \lim_{x \to +\infty} \frac{x^2}{x^2 - x + 1} = 1.$$

El carácter es, pues, el mismo que el de la integral de $1/x^2$ en $[1, +\infty)$ que, como sabemos, es convergente.

Finalmente, el criterio de la convergencia absoluta nos asegura que la integral propuesta es convergente.

316

Estudiar la convergencia de la integral $\displaystyle\int_0^1 \dfrac{\cos(1/x)}{\sqrt{x}}\,dx$.

[Solución]

El integrando cambia infinitas veces de signo en el intervalo de integración. Observemos que

$$\left|\frac{\cos(1/x)}{\sqrt{x}}\right| \le \frac{1}{\sqrt{x}} \quad \text{para todo } x \in (0,1].$$

Por otra parte, sabemos que $\displaystyle\int_0^1 \dfrac{1}{\sqrt{x}}\,dx$ es convergente. Luego, por el criterio de la convergencia absoluta, tenemos que la integral propuesta es también convergente.

☐ Problemas propuestos

317

Hallar un polinomio $p(x)$ de grado 2 tal que

$$p(0) = p(1) = 0 \quad \text{y} \quad \int_0^1 p(x)\,dx = 1.$$

318

Una parábola pasa por los puntos $(0,4)$, $(2,8)$ y $(3,7)$. Calcular el área de la región limitada por la parábola y las rectas $y = 0$, $x = 0$ y $x = 3$.

319

Calcular el área de la región limitada por la gráfica de la función $f(x) = x^3/4$, el eje de abscisas y la tangente a la gráfica de $f(x)$ en el punto de abscisa 2.

320

Calcular el área de la región limitada por la gráfica de la función $f(x) = x\,\mathrm{sen}\,x$ y las rectas $y = 0$, $x = \pi/2$ y $x = 3\pi/2$.

321

Calcular el área de la región limitada por la curva $y = 2\,\mathrm{sen}\,x$ y la recta $y = 1$, desde $x = \pi/6$ hasta $x = 5\pi/6$.

322

Cacular el área de la región limitada por la parábola de ecuación $y^2 = 4x$ y la recta $4x - 4y + 3 = 0$.

323

Calcular el volumen del cuerpo que se obtiene al girar en torno al eje de abscisas la región limitada por la curva $y = 2\sqrt{x-1}$, las rectas $x = 2$, $x = 4$ y el eje de abscisas.

324

Calcular el volumen del cuerpo generado al girar, alrededor del eje de ordenadas, la región limitada por la recta $y = 2x$ y la parábola $y = 3x^2$.

■ Problemas propuestos

325

Calcular $\displaystyle\lim_n \frac{1}{n^2}\sum_{k=1}^{n}\frac{k}{e^{k/n}}$.

326

Calcular la derivada de la función

$$F(x) = \int_0^{x^2} \cos t\,dt.$$

327

Calcular la derivada de la función

$$F(x) = \int_1^{2x} (t + t^2)\, dt.$$

328

Sea f una función tal que

$$\int_0^t f(x)\, dx = t^2 + \text{sen}\,(2t) + \cos\,(2t).$$

Calcular $f(0)$ y $f'(0)$.

329

Hallar la parábola que mejor aproxima la función

$$f(x) = e^x + \int_0^x \frac{t}{\sqrt{t^4 + 1}}\, dt$$

en un entorno del punto 0.

330

Estudiar la monotonía de la función

$$f(x) = \int_x^{2x} \frac{1}{\sqrt{t^4 + t^2 + 2}}\, dt.$$

331

Calcular el área de la intersección de los círculos de centro $(0, 0)$ y radio 1 y de centro $(1, 0)$ y también radio 1.

332

Calcular los volúmenes de los cuerpos que genera la elipse

$$\frac{x^2}{a^2} + \frac{y^2}{b^2} = 1$$

cuando gira en torno del eje de abscisas y cuando gira en torno del eje de ordenadas. Si $a > b > 0$, ¿qué volumen es mayor?

333

Sean $a > r > 0$. Calcular el volumen del cuerpo (llamado *toro* y que tiene forma de rosquilla), que se obtiene al hacer girar el círculo de centro $(a, 0)$ y radio r alrededor del eje de ordenadas.

334

Calcular aproximadamente, utilizando el método de los trapecios, $\int_0^1 x^{5/2} e^x\, dx$, con error inferior a $0{,}01$.

335

Calcular aproximadamente, utilizando el método de Simpson, $\int_0^1 \cos x^3\, dx$, con error inferior a $0{,}001$.

Calcular el valor de las siguientes integrales impropias, cuando sea posible:

336

$$\int_0^{+\infty} \frac{1}{1 + x^2}\, dx.$$

337

$$\int_0^{+\infty} \frac{x}{1 + x^2}\, dx.$$

338

$$\int_0^{+\infty} x^2 e^{-x^3}\, dx.$$

339

$$\int_2^{+\infty} \frac{1}{(x^2 - 1)^2}\, dx.$$

340

$$\int_0^1 \frac{1}{\sqrt[4]{1 - x}}\, dx.$$

341

$$\int_0^1 \frac{1}{x^3 - 5x^2}\, dx.$$

342

$$\int_{-r}^r \frac{r}{\sqrt{r^2 - x^2}}\, dx.$$

Estudiar la convergencia de las siguientes integrales impropias:

343

$$\int_1^{+\infty} \frac{1}{2x + \sqrt[3]{x^2 + 1} + 5}\, dx.$$

344

$$\int_0^{+\infty} \frac{x}{\sqrt{x^5 + 1}}\, dx.$$

345

$$\int_0^{10} \frac{1}{x^3 + \sqrt[4]{x}}\, dx.$$

346

$$\int_0^1 \frac{1}{\sqrt[3]{1 - x^4}}\, dx.$$

347

$$\int_{\pi/2}^{+\infty} \frac{\operatorname{sen} x \cos (x/2)}{x + x^2}\, dx.$$

348

$$\int_1^2 \frac{1}{\ln x}\, dx.$$

349

$$\int_1^{+\infty} e^{-3x}(x^4 + x^2|\cos x|)\, dx.$$

350

$$\int_1^{+\infty} \frac{x \arctan x}{3x^2 + \operatorname{sen} x}\, dx.$$

Series numéricas

6

Series

Una *serie* de números reales es un par de sucesiones $((a_n), (s_n))$ tales que $s_n = a_1 + \cdots + a_n$ para todo natural n; la sucesión (a_n) se denomina sucesión de *términos* de la serie y (s_n) sucesión de *sumas parciales*. La serie $((a_n), (s_n))$ se denota por alguno de los símbolos

$$\sum_{n=1}^{\infty} a_n, \quad \sum_{n \geq 1} a_n, \quad \sum_{n} a_n.$$

Si $\lim_{n} s_n = s \in \mathbb{R} \cup \{+\infty, -\infty\}$, entonces se escribe

$$s = \sum_{n \geq 1} a_n$$

y s se denomina *suma de la serie*. Observemos que hay un cierto grado de inconsistencia en el hecho de utilizar el mismo símbolo para denotar la serie y su suma; sin embargo, en cada caso el contexto aclara –o debería aclarar– el significado que debe tener el símbolo.

Una serie es *convergente, divergente u oscilante* según que su sucesión de sumas parciales sea convergente, divergente u oscilante. Si $\sum_{n} a_n$ es una serie de términos no negativos ($a_n \geq 0$ para todo n), entonces la sucesión de sumas parciales (s_n) es creciente y, por tanto, la serie sólo puede ser convergente o divergente, pero no oscilante.

Determinar el carácter de una serie es averiguar si es convergente, divergente u oscilante. El carácter de una serie no se modifica si se cambian un número finito de términos de la serie, pero la suma de la serie sí puede cambiar.

Una primera condición necesaria para la convergencia de una serie es la siguiente:

- Si la serie $\sum_{n} a_n$ es convergente, entonces $\lim_{n} a_n = 0$.

Sin embargo, esta condición no es suficiente, pues la *serie armónica* $\sum_{n} 1/n$ es divergente (v. problema 363) aunque la sucesión de sus términos tiene límite 0.

La *suma* de dos series y el producto de una serie por un escalar se definen de forma natural:

$$\sum_n a_n + \sum_n b_n = \sum_n (a_n + b_n), \qquad \alpha \sum_n a_n = \sum_n (\alpha a_n).$$

La suma de dos series consiste en sumar las sucesiones de términos y sumar las sucesiones de sumas parciales; el producto de una serie por un número real α consiste en multiplicar por α la sucesión de términos y multiplicar por α la sucesión de sumas parciales. Las propiedades de estas operaciones son exactamente las mismas que las de las operaciones correspondientes con sucesiones.

El comportamiento de la suma de series respecto a estas operaciones también es análogo al de las sucesiones, como explicitamos a continuación. En los enunciados siguientes, cuando A o B son $\pm\infty$, sobreentendemos los mismos convenios respecto al significado de $A + B$ que hemos establecido con los límites de sucesiones en la página 84.

- Si $\sum_n a_n = A$ y $\sum_n b_n = B$, con $A, B \in \mathbb{R} \cup \{+\infty, -\infty\}$ y $\alpha \in \mathbb{R}$, entonces

$$\sum_n a_n + \sum_n b_n = A + B, \qquad y \qquad \alpha \sum_n a_n = \alpha A.$$

Determinar el carácter de una serie no es siempre inmediato y menos aún calcular su suma. Ciertas series geométricas proporcionan ejemplos sencillos pero importantes de series para las que es posible calcular su suma. Una *serie geométrica* es una serie de la forma $\sum_n ar^n$, con $a \neq 0$ y $r \in \mathbb{R}$. El número r se denomina *razón* de la serie y de él depende esencialmente el carácter de la serie, como se describe a continuación.

Series geométricas. Sean $a \neq 0$ y r números reales. Entonces:

- La serie $\sum_n ar^n$ es convergente si, y sólo si, $|r| < 1$. En este caso, su suma es

$$\sum_{n \geq 0} ar^n = \frac{a}{1 - r}.$$

- Si $|r| > 1$ o $r = 1$, entonces la serie $\sum_n ar^n$ es divergente.
- Si $r = -1$, entonces la serie $\sum_n ar^n$ es oscilante.

Una serie $\sum_n a_n$ es *telescópica* si existe una sucesión (b_n) tal que $a_n = \pm(b_{n+1} - b_n)$ para todo n. Para las series telescópicas, tenemos el resultado siguiente.

Series telescópicas. Sea $\sum_{n \geq 1} a_n$ una serie telescópica, con $a_n = \pm(b_{n+1} - b_n)$ para todo n. Si la sucesión (b_n) es convergente, entonces $\sum_{n \geq 1} a_n$ es convergente y su suma es

$$\sum_{n \geq 1} a_n = \pm\left(-b_1 + \lim_n b_n\right).$$

Otra propiedad que permite a veces calcular la suma de una serie es la siguiente.

Propiedad asociativa. Sea (a_n) una sucesión y (k_n) una sucesión de números naturales estrictamente creciente. Definamos la sucesión (b_n) por

$$b_1 = a_1 + \cdots + a_{k_1}, \quad b_2 = a_{k_1+1} + \cdots + a_{k_2}, \quad \ldots \quad b_n = a_{k_{n-1}+1} + \cdots + a_{k_n}, \ldots$$

Si la serie $\sum_{n \geq 1} a_n$ tiene suma $s \in \mathbb{R} \cup \{+\infty, -\infty\}$, entonces la serie $\sum_{n \geq 1} b_n$ tiene también suma s.

Más informalmente, la propiedad anterior asegura que, si una serie $\sum_n a_n$ tiene suma $s \in \mathbb{R} \cup \{+\infty, -\infty\}$, entonces la serie $\sum_n b_n$ obtenida agrupando términos de la serie $\sum_n a_n$ tiene la misma suma s.

Criterios de convergencia para series de términos positivos

Las series $\sum_n a_n$, con $a_n \geq 0$ para todo n, se denominan *series de términos positivos* (aunque se permite que haya términos iguales a cero). Los siguientes criterios se enuncian para series de términos positivos; sin embargo, como ya se ha observado, el carácter de una serie no depende de los primeros términos, así que puede entenderse que $a_n \geq 0$ para todo n a partir de algún natural k. Por otra parte, los mismos criterios son también válidos para las series en las que $a_n \leq 0$ para todo n a partir de algún k, ya que $\sum_n (-a_n)$ es convergente si, y sólo si, $-\sum_n a_n$ lo es.

Criterio de comparación ordinaria. Si $0 \leq a_n \leq b_n$ para todo n, entonces:

- $\sum_n b_n$ convergente $\Rightarrow$ $\sum_n a_n$ convergente.
- $\sum_n a_n$ divergente $\Rightarrow$ $\sum_n b_n$ divergente.

Criterio de comparación en el límite. Si $a_n \geq 0$ y $b_n \geq 0$ para todo n y existe el límite

$$\lim_n \frac{a_n}{b_n} = L,$$

entonces

- si $0 < L < +\infty$, las dos series $\sum_n a_n$ y $\sum_n b_n$ tienen el mismo carácter;
- si $L = 0$ y $\sum_n b_n$ converge, entonces $\sum_n a_n$ converge;
- si $L = +\infty$ y $\sum_n b_n$ diverge, entonces $\sum_n a_n$ diverge.

Criterio del cociente. Si $a_n > 0$ para todo n y existe $\lim_n \dfrac{a_n}{a_{n-1}} = L \in \mathbb{R} \cup \{+\infty\}$ entonces

- $L < 1$ implica que $\sum_n a_n$ es convergente;
- $L > 1$ implica que $\sum_n a_n$ es divergente.

Criterio de la raíz. Si $a_n \geq 0$ para todo n y existe $\lim_n \sqrt[n]{a_n} = L \in \mathbb{R} \cup \{+\infty\}$, entonces

- $L < 1$ implica que $\sum_n a_n$ es convergente;
- $L > 1$ implica que $\sum_n a_n$ es divergente.

Criterio de Raabe. Si $a_n > 0$ para todo n y $\lim_n n\left(1 - \dfrac{a_n}{a_{n-1}}\right) = L \in \mathbb{R} \cup \{+\infty\}$, entonces

- $L > 1$ implica que $\sum_n a_n$ es convergente;
- $L < 1$ implica que $\sum_n a_n$ es divergente.

Criterio de la integral. Si $a_n > 0$ para todo n y f es una función decreciente en $[k, +\infty)$ tal que $f(n) = a_n$ para todo $n \geq k$, entonces

$$\sum_{n \geq k} a_n \quad \text{y} \quad \int_k^{+\infty} f$$

tienen el mismo carácter.

Una serie de la forma $\sum_n 1/n^\alpha$, con α un número real, se denomina *serie armónica general*. Estas series se utilizan a menudo en los criterios de comparación. Si $\alpha \leq 0$, la serie $\sum_n 1/n^\alpha$ es divergente porque la sucesión de términos no tiende a 0 (tiende a 1 si $\alpha = 0$ y a $+\infty$ si $\alpha < 0$). El carácter de la serie para $\alpha > 0$ se deduce del criterio integral (v. problema 363). Tenemos

Sea α un número real.

- Si $\alpha > 1$, la serie $\sum_n \dfrac{1}{n^\alpha}$ es convergente.

- Si $\alpha \leq 1$, la serie $\sum_n \dfrac{1}{n^\alpha}$ es divergente.

Otros criterios

Los criterios anteriores se aplican a series con todos los términos, excepto un número finito, del mismo signo.

Entre las series que tienen un número infinito de términos positivos y un número infinito de términos negativos están las series alternadas. Una *serie alternada* es una serie de la forma

$$\sum_n (-1)^n a_n \quad \text{o} \quad \sum_n (-1)^{n+1} a_n$$

donde (a_n) es una sucesión de términos no negativos. Para estas series, se tiene el criterio siguiente.

Criterio de Leibniz. Si (a_n) es decreciente y $a_n \geq 0$ para todo n, entonces $\sum_n (-1)^n a_n$ es convergente si, y sólo si, $\lim\limits_n a_n = 0$.

Finalmente, tenemos la siguiente condición suficiente de convergencia.

Criterio de la convergencia absoluta.

$$\sum_n |a_n| \quad \text{convergente} \quad \Rightarrow \quad \sum_n a_n \quad \text{convergente.}$$

La condición no es necesaria, como puede verse con la serie *armónica alternada* $\sum_n (-1)^n/n$, que es convergente por el criterio de Leibniz y, sin embargo, $\sum_n |(-1)^n/n| = \sum_n (1/n)$ es divergente.

Una serie $\sum_n a_n$ es *absolutamente convergente* si la serie $\sum_n |a_n|$ es convergente. Una serie $\sum_n a_n$ es *condicionalmente convergente* si es convergente, pero $\sum_n |a_n|$ es divergente (la serie armónica alternada, por ejemplo).

Sumas aproximadas

Aunque por alguno de los criterios expuestos, o por cualquier otro método, sea posible concluir que una serie $\sum_n a_n$ es convergente, no siempre es posible calcular la suma s de la serie. En estos casos, puede aproximarse s por alguna suma parcial $s_n = a_1 + \cdots + a_n$. La diferencia $R_n = s - s_n$ se denomina *n-ésimo resto* de la serie; su valor absoluto es la medida del error cometido al aproximar s por s_n. A continuación, describimos algunas técnicas para acotar este error.

Como en los criterios de convergencia, las condiciones de aplicación de los métodos se enuncian para todo a_n, pero son igualmente válidos si esas condiciones se verifican a partir de algún término k. Los tres primeros se aplican a series de términos positivos.

Sea $\sum_n a_n$ una serie convergente de suma s y (s_n) su sucesión de sumas parciales. Tenemos las acotaciones siguientes.

- **Método del cociente.** Si $a_n > 0$ y $a_{n+1}/a_n \leq r < 1$ para todo n, entonces

$$|s - s_n| = s - s_n < \frac{r}{1 - r}\, a_n.$$

- **Método de la raíz enésima.** Si $a_n \geq 0$ y $\sqrt[n]{a_n} \leq r < 1$ para todo n, entonces

$$|s - s_n| = s - s_n < \frac{r^{n+1}}{1 - r}.$$

- **Método de la integral.** Si $a_n > 0$ para todo n y f es una función decreciente en $[1, +\infty)$ tal que $f(n) = a_n$ para todo n, y tal que la integral de f en $[1, +\infty)$ es convergente, entonces

$$|s - s_n| = s - s_n < \int_n^{+\infty} f(x)\, dx.$$

Los dos siguientes se aplican a series alternadas y a series absolutamente convergentes, respectivamente.

- **Método de Leibniz.** Sea $a_n \geq 0$ para todo n y sea (s_n) la sucesión de sumas parciales de la serie alternada $\sum_n (-1)a_n$. Si (a_n) es decreciente, entonces

$$|s - s_n| < a_{n+1}.$$

- **Método para series absolutamente convergentes.** Sean $\sum_n a_n$ una serie absolutamente convergente,

$$s = \sum_n a_n, \quad t = \sum_n |a_n|$$

y (s_n) y (t_n) las sucesiones de sumas parciales de $\sum_n a_n$ y $\sum_n |a_n|$, respectivamente. Entonces,

$$|s - s_n| < |t - t_n|.$$

351

Demostrar que la serie $\sum_{n \geq 1} \dfrac{n+3}{(n+4)!}$ es convergente y calcular su suma.

[Solución]

Escribamos el término general en la forma

$$a_n = \frac{n+3}{(n+4)!} = \frac{n+4-1}{(n+4)!} = \frac{1}{(n+3)!} - \frac{1}{(n+4)!}.$$

La n-ésima suma parcial de la serie es

$$s_n = \left(\frac{1}{4!} - \frac{1}{5!} \right) + \left(\frac{1}{5!} - \frac{1}{6!} \right) + \cdots + \left(\frac{1}{(n+3)!} - \frac{1}{(n+4)!} \right) = \frac{1}{4!} - \frac{1}{(n+4)!}.$$

La suma de la serie es

$$\lim_n s_n = \lim_n \left(\frac{1}{4!} - \frac{1}{(n+4)!} \right) = \frac{1}{4!} = \frac{1}{24}.$$

352

Demostrar que la serie $\sum_{n \geq 1} \dfrac{2^n}{3^n e^n}$ es convergente y calcular su suma.

[Solución]

Se trata de una serie geométrica de razón positiva $r = 2/(3e)$. Puesto que $r < 1$, la serie es convergente. Su suma es el primer término $2/(3e)$ dividido por $1 - r$, es decir,

$$\frac{2/(3e)}{1 - 2/(3e)} = \frac{2/(3e)}{(3e-2)/(3e)} = \frac{2}{3e - 2}.$$

353

Demostrar que la serie $\sum_{n \geq 1} (-1)^{n+1} \left(\dfrac{7}{2^n} - \dfrac{1}{3^n} \right)$ es convergente y calcular su suma.

[Solución]

La serie dada puede ponerse como diferencia de dos series geométricas:

$$\sum_{n \geq 1} (-1)^{n+1} \left(\frac{7}{2^n} - \frac{1}{3^n} \right) = \sum_{n \geq 1} (-1)^{n+1} \frac{7}{2^n} - \sum_{n \geq 1} (-1)^{n+1} \frac{1}{3^n}.$$

La primera tiene razón $r = -1/2$; como $|r| = 1/2 < 1$, la serie converge hacia el primer término dividido por $1 - r$, por lo que

$$\sum_{n \geq 1} (-1)^{n+1} \frac{7}{2^n} = \frac{7/2}{1 + 1/2} = 7/3.$$

La segunda tiene razón $r = -1/3$, por lo que, análogamente,

$$\sum_{n \geq 1} (-1)^{n+1} \frac{1}{3^n} = \frac{1/3}{1 + 1/3} = \frac{1}{4}.$$

La serie dada es diferencia de dos series convergentes; por tanto, es convergente y su suma es la diferencia de las sumas:

$$\sum_{n \geq 1} (-1)^{n+1} \left(\frac{7}{2^n} - \frac{1}{3^n} \right) = \frac{7}{3} - \frac{1}{4} = \frac{25}{12}.$$

354

Demostrar que la serie $\displaystyle\sum_{n \geq 2} \frac{1}{n^2 - 1}$ es convergente y calcular su suma.

[Solución]

Para estudiar la convergencia utilizamos el criterio de comparación en el límite con la serie convergente $\sum_n 1/n^2$. El límite

$$\lim_n \frac{1/(n^2 - 1)}{1/n^2} = \lim_n \frac{n^2}{n^2 - 1} = 1$$

no es 0 ni $+\infty$, luego las dos series tienen el mismo carácter convergente.

Para calcular la suma, descomponemos la fracción $1/(n^2 - 1)$ en fracciones simples:

$$\frac{1}{n^2 - 1} = \frac{A}{n - 1} + \frac{B}{n + 1}.$$

Efectuando la suma de la derecha e igualando numeradores, se tiene $1 = A(n + 1) + B(n - 1)$. Para $n = 1$, obtenemos $A = 1/2$ y, para $n = -1$, obtenemos $B = -1/2$. Por tanto, el término general de la serie es

$$a_n = \frac{1}{n^2 - 1} = \frac{1}{2} \left(\frac{1}{n - 1} - \frac{1}{n + 1} \right).$$

La n-ésima suma parcial es entonces

$$\begin{aligned}
s_n &= \frac{1}{2} \left[\left(1 - \frac{1}{3} \right) + \left(\frac{1}{2} - \frac{1}{4} \right) + \left(\frac{1}{3} - \frac{1}{5} \right) + \left(\frac{1}{4} - \frac{1}{6} \right) + \cdots + \left(\frac{1}{n - 2} - \frac{1}{n} \right) + \left(\frac{1}{n - 1} - \frac{1}{n + 1} \right) \right] \\
&= \frac{1}{2} \left[1 + \frac{1}{2} - \frac{1}{n} - \frac{1}{n + 1} \right].
\end{aligned}$$

Finalmente, la suma de la serie es

$$\lim_n s_n = \lim_n \frac{1}{2}\left[1 + \frac{1}{2} - \frac{1}{n} - \frac{1}{n+1}\right] = \frac{1}{2}\left(1 + \frac{1}{2}\right) = \frac{3}{4}.$$

355

Discutir, en función del parámetro $a \in \mathbb{R}$, el carácter de la serie

$$\sum_{n \geq 1} \frac{(a+1)^{n+1}}{(a+5)^n}$$

y, cuando sea convergente, hallar su suma.

[Solución]

Se trata de una serie geométrica de razón $r = (a+1)/(a+5)$ y cuyo primer término es $a_1 = (a+1)^2/(a+5)$. La serie es convergente si, y sólo si, la razón tiene valor absoluto estrictamente menor que 1. Tenemos:

$$\left|\frac{a+1}{a+5}\right| < 1 \Leftrightarrow |a+1| < |a+5| \Leftrightarrow (a+1)^2 < (a+5)^2 \Leftrightarrow a^2 + 2a + 1 < a^2 + 10a + 25 \Leftrightarrow 8a + 24 > 0.$$

La desigualdad $8a + 24 > 0$ tiene solución $a > -3$. Así, la serie es convergente para $a > -3$ y divergente para $a < -3$. Para $a = -3$, resulta la serie alternada $\sum_n (-1)^{n+1} \cdot 2 = 2\sum_n (-1)^{n+1}$, que es oscilante.

Si la serie es convergente, es decir, para $a > -3$, su suma es

$$\frac{a_1}{1-r} = \frac{(a+1)^2/(a+5)}{1 - (a+1)/(a+5)} = \frac{(a+1)^2}{4} = \left(\frac{a+1}{2}\right)^2.$$

356

Sea (a_n) la sucesión definida por

$$a_n = \begin{cases} \dfrac{2}{3^{(n-1)/2}} & \text{si } n \text{ es impar,} \\ \dfrac{-3}{2^{(n-2)/2}} & \text{si } n \text{ es par.} \end{cases}$$

Demostrar que la serie $\sum_{n \geq 1} a_n$ converge y calcular su suma.

[Solución]

Consideremos las sucesiones (b_n) y (c_n) definidas por

$$b_n = \begin{cases} \dfrac{2}{3^{(n-1)/2}} & \text{si } n \text{ es impar,} \\ 0 & \text{si } n \text{ es par;} \end{cases} \qquad c_n = \begin{cases} 0 & \text{si } n \text{ es impar,} \\ \dfrac{-3}{2^{(n-2)/2}} & \text{si } n \text{ es par.} \end{cases}$$

Las sumas parciales B_n de la serie $\sum_n b_n$ cumplen $B_n = a_1 + a_3 + \cdots + a_n$ si n es impar y $B_n = B_{n-1}$ si n es par. Por tanto, el límite de (B_n) (si existe) coincide con el límite de la subsucesión formada por las B_n con $n = 2k - 1$ impar:

$$\lim_n B_n = \lim_k B_{2k-1} = \lim_k 2\left(1 + \frac{1}{3} + \frac{1}{3^2} + \cdots + \frac{1}{3^{k-1}}\right) = 2 \cdot \frac{1}{1 - 1/3} = 3.$$

Análogamente, las sumas parciales C_n de la sucesión C_n cumplen $C_n = a_2 + a_4 + \cdots + a_n$ si n es par y $C_n = C_{n-1}$ si n es impar. Por tanto, el límite de (C_n) (si existe) coincide con el límite de la subsucesión formada por las C_n con $n = 2k$ par:

$$\lim_n C_n = \lim_k C_{2k} = -3 \lim_k \left(1 + \frac{1}{2} + \frac{1}{2^2} + \cdots + \frac{1}{2^{k-1}}\right) = -3 \cdot \frac{1}{1 - 1/2} = -6.$$

Finalmente, la serie dada $\sum_{n\geq 1} a_n$ es suma de las dos series convergentes $\sum_{n\geq 1} b_n$ y $\sum_{n\geq 1} c_n$, por lo que su suma es

$$\sum_n a_n = \sum_n b_n + \sum_n c_n = 3 - 6 = -3.$$

357

1) Demostrar que para todo natural n se cumple

$$\arctan \frac{1}{n^2 + n + 1} = \arctan \frac{1}{n} - \arctan \frac{1}{n + 1}.$$

2) Demostrar que la serie $\displaystyle\sum_{n\geq 1} \arctan \frac{1}{n^2 + n + 1}$ es convergente y calcular su suma.

[Solución]

1) Utilicemos la fórmula de la tangente de una diferencia

$$\tan(a - b) = \frac{\tan a - \tan b}{1 + \tan a \tan b}$$

con $a = \arctan(1/n)$ y $b = \arctan(1/(n + 1))$:

$$\tan\left(\arctan \frac{1}{n} - \arctan \frac{1}{n + 1}\right) = \frac{1/n - 1/(n + 1)}{1 + (1/n)(1/(n + 1))} = \frac{1}{n^2 + n + 1}.$$

Tomando ahora el arco tangente en ambos miembros, se obtiene la igualdad del enunciado.

2) Utilizando la igualdad anterior, el término general de la serie puede escribirse en forma telescópica:

$$a_n = \arctan \frac{1}{n^2 + n + 1} = \arctan \frac{1}{n} - \arctan \frac{1}{n + 1}.$$

Entonces, la n-ésima suma parcial es

$$s_n = \left(\arctan 1 - \arctan \frac{1}{2}\right) + \left(\arctan \frac{1}{2} - \arctan \frac{1}{3}\right) + \cdots + \left(\arctan \frac{1}{n} - \arctan \frac{1}{n + 1}\right)$$

$$= \arctan 1 - \arctan \frac{1}{n + 1} = \frac{\pi}{4} - \arctan \frac{1}{n + 1}.$$

Por tanto, la suma de la serie es

$$\lim_{n} s_n = \lim_{n} \left(\frac{\pi}{4} - \arctan \frac{1}{n+1} \right) = \frac{\pi}{4} - \arctan 0 = \frac{\pi}{4}.$$

358

Demostrar que la serie $\displaystyle\sum_{n\geq 0} \left(\frac{1}{3n+2} - \frac{1}{3n-1} \right)$ es convergente y calcular su suma.

[Solución]

Sea (a_n) la sucesión de términos de la serie. Si definimos $b_n = 1/(3n-1)$, entonces se cumple $a_n = b_{n+1} - b_n$ para todo n, por lo que $\sum_{n\geq 0} a_n$ es una serie telescópica. La sucesión (b_n) es convergente (de límite 0) y, por tanto, la serie $\sum_{n\geq 0} a_n$ también es convergente.

Calculemos la suma de la serie.

$$\sum_{n\geq 0} a_n = \lim_{n} \ (a_0 + a_1 + a_2 \ldots + a_{n-1} + a_n)$$

$$= \lim_{n} \ (b_1 - b_0 + b_2 - b_1 + b_3 - b_2 + \ldots + b_n - b_{n-1} + b_{n+1} - b_n)$$

$$= -b_0 + \lim_{n} \ b_{n+1}$$

$$= -(-1) + \lim_{n} \ \frac{1}{3n+2}$$

$$= 1.$$

359

Demostrar que la serie $\displaystyle\sum_{n\geq 1} (-1)^{n+1} \frac{2n+1}{n(n+1)}$ es convergente y calcular su suma.

[Solución]

Se trata de una serie alternada. Pongamos $a_n = (2n+1)/(n(n+1))$ y apliquemos el criterio de Leibniz. Desde luego, $a_n > 0$ para todo n. Además,

$$a_n - a_{n+1} = \frac{2n+1}{n(n+1)} - \frac{2n+3}{(n+1)(n+2)}$$

$$= \frac{(2n+1)(n+2) - (2n+3)n}{n(n+1)(n+2)}$$

$$= \frac{2n+2}{n(n+1)(n+2)} = \frac{2}{n(n+2)}$$

$$> 0.$$

Por tanto, (a_n) es decreciente. Finalmente,

$$\lim_{n} \ a_n = \lim_{n} \ \frac{2n+1}{n(n+1)} = 0.$$

Por el criterio de Leibniz, la serie dada $\sum_{n\geq 1} (-1)^{n+1} a_n$ es convergente. Para calcular su suma, descomponemos la fracción a_n en fracciones simples, y se obtiene

$$a_n = \frac{2n+1}{n(n+1)} = \frac{1}{n} + \frac{1}{n+1}.$$

La serie dada puede así expresarse en la forma

$$\sum_{n\geq 1} \left((-1)^{n+1} \frac{1}{n} + (-1)^{n+1} \frac{1}{n+1} \right).$$

Su n-ésima suma parcial es

$$s_n = \left(\frac{1}{1} + \frac{1}{2} \right) - \left(\frac{1}{2} + \frac{1}{3} \right) + \left(\frac{1}{3} + \frac{1}{4} \right) - \left(\frac{1}{4} + \frac{1}{5} \right)$$
$$+ \cdots + (-1)^n \left(\frac{1}{n-1} + \frac{1}{n} \right) + (-1)^{n+1} \left(\frac{1}{n} + \frac{1}{n+1} \right)$$
$$= 1 + (-1)^{n+1} \frac{1}{n+1}.$$

La suma de la serie es, entonces, $\lim_n s_n = 1$.

360

Consideremos las dos series

$$S = \sum_{n\geq 1} \frac{1}{(2n-1)^2} \qquad \text{y} \qquad T = \sum_{n\geq 1} \frac{(-1)^{n+1}}{(2n-1)^2}.$$

1) Demostrar que son convergentes.

2) En cada caso, hallar cuantos términos hay que sumar para aproximar las sumas de las series con un error menor que 10^{-2}.

[Solución]

1) Apliquemos a S el criterio de comparación en el límite con la serie convergente $\sum_{n\geq 1} 1/n^2$.

$$\lim_n \frac{1/(2n-1)^2}{1/n^2} = \lim_n \frac{n^2}{4n^2 - 4n + 1} = \frac{1}{4}.$$

Este límite no es 0 ni $+\infty$; por tanto, la serie S y $\sum_{n\geq 1} 1/n^2$ tienen el mismo carácter convergente.

El valor absoluto del término n-ésimo de T es el término n-ésimo $a_n = 1/(2n-1)^2$ de S. Puesto que S es convergente, T es absolutamente convergente y, en particular, convergente. (También puede utilizarse el criterio de Leibniz.)

2) Para la primera serie utilizaremos el método de la integral. La función $f(x) = 1/(2x-1)^2$ es positiva y decreciente en $[1, +\infty)$ y $f(n) = 1/(2n-1)^2$; entonces, el error cuando sumamos los n primeros términos es menor que

$$\int_n^{+\infty} \frac{1}{(2x-1)^2} dx = \lim_{t\to +\infty} \frac{1}{2} \left[\frac{-1}{2x-1} \right]_n^t = \frac{1}{4n-2}.$$

Para que el error sea menor que 10^{-2}, tomamos n de forma que $1/(4n-2) < 1/100$, es decir, $n \geq 26$.

La sucesión $a_n = 1/(2n-1)^2$ es decreciente con límite 0; el criterio de Leibniz garantiza que si se suman los n primeros términos de la serie alternada T, el error cometido es menor que

$$a_{n+1} = \frac{1}{(2(n+1)-1)^2} = \frac{1}{(2n+1)^2}.$$

Así, hay que tomar n de forma que $1/(2n+1)^2 < 1/100$, es decir, $2n+1 \geq 10$, y, por tanto, $n \geq 5$.

361

Sea $a_n = \left(\dfrac{a+2}{5}\right)^n$, donde a es un parámetro real.

1) Hallar los valores de a para los que la serie $\sum_{n \geq 1} a_n$ es convergente.
2) Calcular la suma de la serie $\sum_{n \geq 1} a_n$ para $a = 1$.
3) Demostrar que la serie

$$\sum_{n \geq 1} (-1)^n \frac{n+1}{n} \left(\frac{3}{5}\right)^n$$

es convergente.

4) Hallar cuantos términos de la serie anterior hay que sumar para obtener la suma con un error menor que $0,01$.

[Solución]

1) Observemos que

$$\sum_{n \geq 1} a_n = \sum_{n \geq 1} \left(\frac{a+2}{5}\right)^n,$$

es una serie geométrica de razón $r = (a+2)/5$. Esta serie es convergente si, y sólo si, $|r| = |(a+2)/5| < 1$ o, equivalentemente, si, y sólo si, $-7 < a < 3$. (Este mismo resultado puede obtenerse utilizando el criterio del cociente.)

2) La suma de una serie geométrica convergente de razón r es el primer término dividido por $1 - r$. En este caso, tanto la razón como el primer término son iguales a $3/5$, por lo que la suma es

$$\sum_{n \geq 1} a_n = \frac{3/5}{1 - 3/5} = \frac{3}{2}.$$

3) Puesto que

$$\frac{n+1}{n} \cdot \frac{3^n}{5^n}$$

es positivo para todo n, la serie es alternada. Comprobemos que se cumplen las hipótesis del criterio de Leibniz.

Obviamente,

$$\lim_{n} \frac{n+1}{n} \cdot \frac{3^n}{5^n} = 1 \cdot 0 = 0.$$

Finalmente, comprobemos que

$$\frac{n+1}{n} \cdot \frac{3^n}{5^n} \geq \frac{n+2}{n+1} \cdot \frac{3^{n+1}}{5^{n+1}}.$$

En efecto,

$$\frac{n+1}{n} \cdot \frac{3^n}{5^n} \geq \frac{n+2}{n+1} \cdot \frac{3^{n+1}}{5^{n+1}} \iff \frac{n+1}{n} \geq \frac{n+2}{n+1} \cdot \frac{3}{5}$$
$$\iff 5(n+1)^2 \geq 3n(n+2)$$
$$\iff 2n^2 + 4n + 5 \geq 0$$
$$\iff 2(n+1)^2 + 3 \geq 0$$

lo que es trivialmente cierto para todo natural $n \geq 1$. Por el criterio de Leibniz, la serie es convergente.

4) En las series alternadas que satisfacen las hipótesis del criterio de Leibniz el error que se comete al aproximar su suma S por su n-ésima suma parcial s_n es menor que el valor absoluto del primer término despreciado. Así, en nuestro caso, hay que hallar un natural n tal que

$$\frac{n+2}{n+1} \cdot \frac{3^{n+1}}{5^{n+1}} \leq 0,01.$$

Puesto que $(n+2)/(n+1) \leq 3/2$ para todo $n \geq 1$, los naturales n tales que

$$\frac{3}{2} \cdot \frac{3^{n+1}}{5^{n+1}} \leq 0,01$$

satisfacen la condición. Tenemos

$$\frac{9 \cdot 3^n}{10 \cdot 5^n} \leq \frac{1}{100},$$

es decir, $(3/5)^n \leq 1/90$. Tomando logaritmos, $n \log(3/5) \leq -\log 90$. Puesto que $\log(3/5) < 0$, resulta

$$n \geq \frac{-\log 90}{\log(3/5)} \simeq 8,8\ldots$$

Por tanto, basta tomar $n \geq 9$.

362

Consideremos la serie $\displaystyle\sum_{n \geq 1} \frac{1}{\sqrt[3]{n^5}}$.

1) Demostrar que es convergente.

2) Determinar cuántos términos hay que sumar para aproximar su suma con un error menor que 10^{-2}.

1) Se trata de una serie armónica $\sum_n 1/n^\alpha$ con $\alpha = 5/3 > 1$. Por tanto, se trata de una serie convergente.

2) Los términos de la serie son estrictamente positivos. Consideremos la función $f(x) = 1/\sqrt[3]{x^5}$ definida en $[1, +\infty)$. Es continua, decreciente, y $f(n)$ es el n-ésimo término de la serie. El método de la integral proporciona una cota del error al aproximar la suma s de la serie por la n-ésima suma parcial s_n:

$$s - s_n \leq \int_n^{+\infty} x^{-5/3}\, dx = \lim_{t \to +\infty} \left[\frac{-3}{2} \frac{1}{\sqrt[3]{x^2}} \right]_n^t = \frac{-3}{2} \lim_{t \to +\infty} \left(\frac{1}{\sqrt[3]{t^2}} - \frac{1}{\sqrt[3]{n^2}} \right) = \frac{3}{2\sqrt[3]{n^2}}.$$

Ahora bien,

$$\frac{3}{2\sqrt[3]{n^2}} \leq \frac{1}{100} \Longleftrightarrow n \geq \sqrt{150^3} \approx 1837{,}117.$$

Por tanto, sumando los primeros 1838 términos, garantizamos un error en la suma menor que 10^{-2}.

363

Sea $\alpha > 0$ un número real. Demostrar que la serie armónica general $\sum_{n \geq 1} \frac{1}{x^\alpha}$ diverge si $\alpha \leq 1$ y converge si $\alpha > 1$.

Apliquemos el criterio integral considerando la función $f(x) = 1/x^\alpha$, que es decreciente en $[1, +\infty)$ y cumple $f(n) = 1/n^\alpha$. Según el problema 302, sabemos que la integral impropia

$$\int_1^{+\infty} \frac{dx}{x^\alpha}$$

es convergente si $\alpha > 1$ y divergente si $\alpha \leq 1$. Entonces, el criterio integral nos proporciona la afirmación del enunciado.

364

Sea $\sum_{n \geq 1} a_n$ una serie de términos no negativos y convergente de suma $s > 0$.

1) Demostrar que la serie $\sum_{n \geq 1} (a_n + a_{n+1})/2$ es convergente y tiene suma $s - a_1/2$.
2) Demostrar que la serie $\sum_{n \geq 1} \sqrt{a_n a_{n+1}}$ es convergente y tiene suma menor o igual que $s - a_1/2$.

1) Puesto que $\sum_{n \geq 1} a_n$ converge hacia s, la serie $\sum_{n \geq 1} a_n/2$ es también convergente y tiene suma $s/2$. Análogamente, la serie

$$\sum_{n \geq 1} a_{n+1}/2 = -a_1/2 + \sum_{n \geq 1} a_n/2$$

es convergente y tiene suma $-a_1/2 + s/2$. Entonces, la suma de ambas series es

$$\sum_{n \geq 1} \frac{a_n + a_{n+1}}{2} = \sum_{n \geq 1} \frac{a_n}{2} + \sum_{n \geq 1} \frac{a_{n+1}}{2} = \frac{s}{2} - \frac{a_1}{2} + \frac{s}{2} = s - \frac{a_1}{2}.$$

2) Puesto que la media geométrica de dos números es menor que la media aritmética (v. problema 3), tenemos

$$0 \leq \sqrt{a_n a_{n+1}} \leq \frac{a_n + a_{n+1}}{2}.$$

Por el criterio de comparación, la serie $\sum_{n \geq 1} \sqrt{a_n a_{n+1}}$ converge. Además, su suma es menor o igual que la suma de $\sum_{n \geq 1} (a_n + a_{n+1})/2$, que es, según el apartado anterior, $s - a_1/2$.

365

Sea (a_n) una sucesión monótona de términos positivos. Demostrar que si la serie $\sum_{n \geq 1} \sqrt{a_n a_{n+1}}$ es convergente, entonces la serie $\sum_{n \geq 1} a_n$ también es convergente.

[Solución]

Supongamos primero que (a_n) es creciente, es decir, $a_n \leq a_{n+1}$ para todo n. Entonces, tenemos

$$\sqrt{a_n a_{n+1}} \geq \sqrt{a_n a_n} = a_n.$$

Puesto que $\sum_{n \geq 1} \sqrt{a_n a_{n+1}}$ es convergente, el criterio de comparación garantiza que $\sum_n a_n$ es también convergente.

Supongamos ahora que (a_n) es decreciente, es decir, $a_n \geq a_{n+1}$ para todo n. Entonces, tenemos

$$\sqrt{a_n a_{n+1}} \geq \sqrt{a_{n+1} a_{n+1}} = a_{n+1}.$$

Puesto que la serie $\sum_{n \geq 1} \sqrt{a_n a_{n+1}}$ es convergente, el criterio de comparación garantiza que $\sum_{n \geq 1} a_{n+1}$ es convergente. Ahora, el carácter de una serie no se modifica por la adición o eliminación de un número finito de términos. Añadiendo el término a_1 a la serie convergente $\sum_{n \geq 1} a_{n+1}$, obtenemos la serie convergente $\sum_{n \geq 1} a_n$.

366

(Criterio de Pringsheim) Sea $\sum_{n \geq 1} a_n$ una serie con $a_n \geq 0$ para todo n, y supongamos que existe $\alpha > 0$ tal que existe $\lim_n n^\alpha a_n = L$. Demostrar:

1) Si $\alpha \leq 1$ y $0 < L \leq +\infty$, entonces la serie $\sum_{n \geq 1} a_n$ es divergente.
2) Si $\alpha > 1$ y $0 \leq L < +\infty$, entonces la serie $\sum_{n \geq 1} a_n$ es convergente.

[Solución]

Utilicemos el criterio de comparación en el límite con la serie armónica.

$$\lim_n \frac{a_n}{1/n^\alpha} = \lim_n n^\alpha a_n = L.$$

Si $\alpha \leq 1$, sabemos que la serie $\sum_n 1/n^\alpha$ diverge. Por el criterio de comparación en el límite, si $0 < L < +\infty$ las series $\sum_n a_n$ y $\sum_n 1/n^\alpha$ tienen el mismo carácter, luego $\sum_n a_n$ es divergente. Si $L = +\infty$, como $\sum_n 1/n^\alpha$ diverge, $\sum_n a_n$ también.

Si $\alpha > 1$, sabemos que la serie $\sum_n 1/n^\alpha$ es convergente. Por el criterio de comparación en el límite, si $0 < L < +\infty$ las series $\sum_n a_n$ y $\sum_n 1/n^\alpha$ tienen el mismo carácter, luego $\sum_n a_n$ es convergente. Si $L = 0$, como $\sum_n 1/n^\alpha$ es convergente, $\sum_n a_n$ también.

367

Supongamos que la serie $\sum_{n \geq 1} a_n$ es absolutamente convergente. Demostrar que la serie

$$\sum_{n \geq 1} \frac{a_n^2}{1 + a_n^2}$$

es convergente.

[Solución]

Se trata de una serie de términos positivos. Por el criterio de comparación, es suficiente demostrar que

$$0 \leq \frac{a_n^2}{1 + a_n^2} \leq |a_n|.$$

La primera desigualdad es obvia. En cuanto a la segunda, si $a_n = 0$, se cumple la igualdad. Si $a_n \neq 0$, entonces

$$\frac{a_n^2}{1 + a_n^2} < |a_n| \Leftrightarrow \frac{a_n^2}{|a_n|} < 1 + a_n^2$$
$$\Leftrightarrow |a_n| < 1 + |a_n|^2$$
$$\Leftrightarrow |a_n|^2 - |a_n| + 1 > 0$$

Puesto que la parábola $y = x^2 - x + 1$ toma únicamente valores estrictamente positivos, esta última desigualdad se cumple y, por tanto, la serie $\sum_{n \geq 1} a_n^2/(1 + a_n^2)$ es convergente.

368

Estudiar el carácter de la serie $\displaystyle\sum_{n \geq 1} \frac{n!}{2^n + 1}$.

[Solución]

Veamos en primer lugar, por inducción, que $2^n \leq n!$ para todo natural $n \geq 4$. Para $n = 4$ es cierto. Si suponemos cierto que, para un $n \geq 4$, se cumple $2^n \leq n!$, entonces $2^{n+1} = 2 \cdot 2^n \leq (n + 1) \cdot n! = (n + 1)!$. Por tanto, $2^n \leq n!$ es cierto para todo $n \geq 4$. De ello se deduce que

$$\frac{n!}{2^n + 1} \geq \frac{n!}{n! + 1} = \frac{1}{1 + 1/n!}.$$

Puesto que

$$\lim_n \frac{1}{1 + 1/n!} = 1,$$

resulta

$$\lim_n \frac{n!}{2^n + 1} \geq 1,$$

luego la sucesión de términos de la serie no tiene límite 0, lo que implica que la serie diverge.

369

Estudiar, en función del parámetro $p > 0$, el carácter de la serie $\displaystyle\sum_{n \geq 1} \frac{4^n}{2^n + p^n}$.

[Solución]

Si $p < 4$, tenemos

$$\frac{4^n}{2^n + p^n} > \frac{4^n}{2^n + 4^n} > \frac{4^n}{4^n + 4^n} = \frac{1}{2},$$

luego la sucesión de términos de la serie no tiende a 0. Por tanto, la serie diverge.

Si $p = 4$, tenemos

$$\lim_n \frac{4^n}{2^n + p^n} = \lim_n \frac{4^n}{2^n + 4^n} = \lim_n \frac{1}{(2/4)^n + 1} = 1,$$

luego, por análoga razón que en el caso anterior, la serie diverge.

Finalmente, consideremos el caso $p > 4$. Tenemos la desigualdad

$$\frac{4^n}{2^n + p^n} < \frac{4^n}{p^n}.$$

La serie

$$\sum_n 4^n/p^n$$

es geométrica de razón positiva $4/p < 4/4 = 1$, luego es convergente. Por el criterio de comparación ordinario, la serie dada también es convergente.

370

Estudiar el carácter de la serie $\displaystyle\sum_n \frac{\ln n}{2n^3 - 1}$.

Puesto que $\ln n < n$ y $2n^3 - 1 \ge n^3$ para todo natural n, tenemos

$$0 \le \frac{\ln n}{2n^3 - 1} \le \frac{n}{2n^3 - 1} < \frac{n}{n^3} = \frac{1}{n^2}.$$

La serie $\sum_n (1/n^2)$ es convergente, luego, por el criterio de comparación ordinario, la serie dada también lo es.

371

Estudiar el carácter de la serie $\sum_n \left(\sqrt{1 + n^2} - n \right)$.

Se trata de una serie de términos positivos. Multiplicando y dividiendo el término general por $\sqrt{1 + n^2} + n$, tenemos

$$\sqrt{1 + n^2} - n = \frac{1 + n^2 - n^2}{\sqrt{1 + n^2} + n} = \frac{1}{\sqrt{1 + n^2} + n} > \frac{1}{\sqrt{n^2 + n^2} + n} = \frac{1}{n(\sqrt{2} + 1)}.$$

La serie

$$\sum_n \frac{1}{n(\sqrt{2} + 1)} = \frac{1}{\sqrt{2} + 1} \sum_n \frac{1}{n}$$

es divergente, luego, por el criterio de comparación ordinario, la serie dada también es divergente.

372

Estudiar el carácter de la serie $\sum_n \frac{n^3 + 2n - 1}{n^5}$.

Se trata de una serie de términos positivos. Comparemos en el límite con la serie convergente $\sum_n 1/n^2$. El límite

$$\lim_n \frac{(n^3 + 2n - 1)/n^5}{1/n^2} = \lim_n \frac{n^5 + 2n^3 - n^2}{n^5} = 1$$

no es 0 ni $+\infty$; por tanto, las dos series tienen el mismo carácter convergente.

373

Estudiar el carácter de la serie $\sum_n \frac{n + \sqrt{n}}{2n^3 - 1}$.

Se trata de una serie de términos positivos. Compararemos en el límite con la serie convergente $\sum_n 1/n^2$. El límite

$$\lim_n \frac{\dfrac{n+\sqrt{n}}{2n^3-1}}{\dfrac{1}{n^2}} = \lim_n \frac{n^3+n^2\sqrt{n}}{2n^3-1} = \lim_n \frac{1+1/\sqrt{n}}{2-1/n^3} = \frac{1}{2},$$

no es ni 0 ni $+\infty$; por tanto, la serie dada tiene el mismo carácter convergente que $\sum_n 1/n^2$.

374

Estudiar el carácter de la serie $\displaystyle\sum_n e^{-n^2}$.

Se trata de una serie de términos positivos. Compararemos en el límite con la serie convergente $\sum_n 1/n^2$. Tranformamos el límite de la sucesión en uno de una función para aplicar la regla de L'Hôpital.

$$\lim_n \frac{e^{-n^2}}{1/n^2} = \lim_n \frac{n^2}{e^{n^2}} = \lim_{x\to+\infty} \frac{x^2}{e^{x^2}} = \lim_{x\to+\infty} \frac{2x}{2x\,e^{x^2}} = \lim_{x\to+\infty} \frac{1}{e^{x^2}} = 0.$$

Puesto que el límite es 0 y la serie $\sum_n 1/n^2$ es convergente, la serie dada también es convergente.

375

Estudiar el carácter de la serie $\displaystyle\sum_n \operatorname{sen} \frac{1}{n^2}$.

Se trata de una serie de términos positivos, ya que $1/n^2$ siempre es un ángulo del primer cuadrante. Compararemos en el límite con la serie convergente $\sum_n 1/n^2$. Tenemos

$$\lim_n \frac{\operatorname{sen}(1/n^2)}{1/n^2} = \lim_{x\to+\infty} \frac{\operatorname{sen}(1/x^2)}{1/x^2} = \lim_{t\to 0} \frac{\operatorname{sen} t}{t} = 1.$$

Por tanto, la serie dada tiene el mismo carácter convergente que la serie $\sum_n 1/n^2$.

376

Estudiar el carácter de la serie $\displaystyle\sum_n \frac{1}{2^n - n}$.

La serie $\sum_n 1/2^n$ es geométrica de razón $1/2$ y, por tanto, convergente. Compararemos con ella en el límite la serie dada, que es de términos positivos.

$$\lim_{n} \frac{1/(2^n - n)}{1/2^n} = \lim_{n} \frac{2^n}{2^n - n} = \frac{1}{1 - n/2^n} = 1.$$

Por tanto, la serie dada tiene el mismo carácter convergente que la serie $\sum_n 1/2^n$.

377

Estudiar el carácter de la serie $\displaystyle\sum_{n} \frac{(2n + 1)\cos 2n}{n(n + 1)^2}$.

[Solución]

Observemos que no se trata de una serie de términos positivos. Veremos que la serie es absolutamente convergente y, por tanto, convergente. Puesto que $|\cos 2n| \le 1$, tenemos

$$0 \le \frac{|2n + 1| \cdot |\cos 2n|}{n(n + 1)^2} \le \frac{2n + 1}{n(n + 1)^2}.$$

Por el criterio de comparación ordinario, es suficiente ver que la serie con los términos de la derecha de la desigualdad anterior converge. Para ello, utilizamos el criterio de comparación en el límite con la serie armónica $\sum_n 1/n^2$, que es convergente.

$$\lim_{n} \frac{\dfrac{2n + 1}{n(n + 1)^2}}{\dfrac{1}{n^2}} = \lim_{n} \frac{2n^3 + n^2}{n(n + 1)^2} = 2.$$

Puesto que este límite no es 0 ni $+\infty$, ambas series tienen el mismo carácter convergente.

378

Estudiar el carácter de la serie $\displaystyle\sum_{n} \frac{\ln n}{\sqrt{n + 1}}$.

[Solución]

Se trata de una serie de términos positivos a partir de $n = 3$. Puesto que $\ln n > 1$ para todo natural $n \ge 3$, tenemos

$$\frac{\ln n}{\sqrt{n + 1}} > \frac{1}{\sqrt{n + 1}}.$$

Si la serie $\sum_n 1/\sqrt{n + 1}$ es divergente, por el criterio de comparación ordinario la serie dada también es divergente. Comprobamos que $\sum_n 1/\sqrt{n + 1}$ es divergente mediante el criterio de comparación en el límite con la serie divergente $\sum_n 1/\sqrt{n}$.

$$\lim_{n} \frac{1/\sqrt{n + 1}}{1/\sqrt{n}} = \lim_{n} \sqrt{\frac{n}{n + 1}} = 1.$$

Por tanto, las series $\sum_n 1/\sqrt{n + 1}$ y $\sum_n \sqrt{n}$ tienen el mismo carácter divergente. La serie dada es, pues, divergente.

379

Estudiar el carácter de la serie $\sum_{n} \left(\sqrt{n+1} - \sqrt{n} \right)$.

[Solución]

Se trata de una serie de términos positivos. Multiplicando y dividiendo el término general de la serie por $\sqrt{n+1} + \sqrt{n}$, lo podemos escribir como

$$\sqrt{n+1} - \sqrt{n} = \frac{n+1-n}{\sqrt{n+1} + \sqrt{n}} = \frac{1}{\sqrt{n+1} + \sqrt{n}}.$$

Apliquemos el criterio de comparación en el límite con la serie divergente $\sum_{n} 1/\sqrt{n}$.

$$\lim_{n} \frac{\dfrac{1}{\sqrt{n+1} + \sqrt{n}}}{\dfrac{1}{\sqrt{n}}} = \lim_{n} \frac{\sqrt{n}}{\sqrt{n+1} + \sqrt{n}} = \lim_{n} \frac{1}{\sqrt{\frac{n+1}{n}} + 1} = \frac{1}{2},$$

que no es ni 0 ni $+\infty$. Por tanto, ambas series tienen el mismo carácter divergente.

380

Estudiar el carácter de la serie $\sum_{n} \frac{3^n \cdot n!}{n^n}$.

[Solución]

Se trata de una serie de términos positivos. Apliquemos el criterio del cociente. Puesto que

$$\lim_{n} \frac{3^{n+1} \cdot (n+1)!/(n+1)^{n+1}}{3^n \cdot n!/n^n} = \lim_{n} \frac{3}{(1+1/n)^n} = \frac{3}{e} > 1,$$

la serie es divergente.

381

Estudiar el carácter de la serie $\sum_{n} \frac{(n!)^2}{(2n)!}$.

[Solución]

Se trata de una serie de términos positivos. Apliquemos el criterio del cociente. Puesto que

$$\lim_{n} \frac{\dfrac{((n+1)!)^2}{(2n+2)!}}{\dfrac{(n!)^2}{(2n)!}} = \lim_{n} \frac{((n+1)!)^2(2n)!}{(n!)^2(2n+2)!} = \lim_{n} \frac{(n+1)^2}{(2n+2)(2n+1)} = \lim_{n} \frac{n^2+2n+1}{4n^2+6n+2} = \frac{1}{4} < 1$$

la serie dada es convergente.

382

Estudiar el carácter de la serie $\displaystyle\sum_n \frac{2 \cdot 5 \cdot 8 \cdots (3n-1)}{1 \cdot 5 \cdot 9 \cdots (4n-3)}$.

[Solución]

Se trata de una serie de términos positivos. Apliquemos el criterio del cociente. Puesto que

$$\lim_n \frac{\dfrac{2 \cdot 5 \cdot 8 \cdots (3n-4)(3n-1)}{1 \cdot 5 \cdot 9 \cdots (4n-7)(4n-3)}}{\dfrac{2 \cdot 5 \cdot 8 \cdots (3n-4)}{1 \cdot 5 \cdot 9 \cdots (4n-7)}} = \lim_n \frac{3n-1}{4n-3} = \frac{3}{4} < 1,$$

la serie es convergente.

383

Estudiar el carácter de la serie $\displaystyle\sum_n \frac{3n-1}{\sqrt{2^n}}$.

[Solución]

Se trata de una serie de términos positivos. Apliquemos el criterio del cociente. Puesto que

$$\lim_n \frac{(3n-1)/\sqrt{2^n}}{(3(n-1)-1)/\sqrt{2^{n-1}}} = \lim_n \frac{(3n-1)\sqrt{2^{n-1}}}{(3n-4)\sqrt{2^n}} = \lim_n \frac{3n-1}{3n-4} \cdot \frac{1}{\sqrt{2}} = \frac{1}{\sqrt{2}} < 1,$$

la serie es convergente.

384

Estudiar el carácter de la serie $\displaystyle\sum_n n^4 e^{-n^2}$.

[Solución]

Se trata de una serie de términos positivos. Sea $a_n = n^4 e^{-n^2}$. Aplicando el criterio del cociente, tenemos

$$\lim_n \frac{a_{n+1}}{a_n} = \lim_n \frac{(n+1)^4 e^{-(n+1)^2}}{n^4 e^{-n^2}} = \lim_n \left(1 + \frac{1}{n}\right)^4 e^{-2n-1} = 1 \cdot 0 = 0 < 1.$$

Por tanto, la serie es convergente.

385

Estudiar el carácter de la serie $\displaystyle\sum_n \left(\sqrt[n]{n} - 1\right)^n$.

Se trata de una serie de términos positivos. Apliquemos el criterio de la raíz.

$$\lim_n \sqrt[n]{\left(\sqrt[n]{n}-1\right)^n} = \lim_n \left(\sqrt[n]{n}-1\right) = 0 < 1,$$

luego la serie converge.

386

Estudiar el carácter de la serie $\displaystyle\sum_n \frac{1}{n}\left(\frac{2}{5}\right)^n$

Se trata de una serie de términos positivos. Apliquemos el criterio de la raíz. Tenemos

$$\lim_n \sqrt[n]{\frac{1}{n}\left(\frac{2}{5}\right)^n} = \lim_n \frac{1}{\sqrt[n]{n}}\cdot\frac{2}{5} = \frac{2}{5} < 1,$$

luego la serie es convergente.

387

Sea (a_n) la sucesión definida por

$$a_n = \begin{cases} 1/5^n & \text{si } n \text{ es par,} \\ 1/5^{n-1} & \text{si } n \text{ es impar.} \end{cases}$$

Estudiar el carácter de la serie $\sum_n a_n$.

Se trata de una serie de términos positivos. Sea $(b_n) = (\sqrt[n]{a_n})$. La subsucesión de (b_n) formada por los términos de índice par tiene límite

$$\lim_k b_{2k} = \lim_k \sqrt[2k]{\frac{1}{5^{2k}}} = \frac{1}{5}.$$

La subsucesión de (b_n) formada por los términos de índice impar tiene límite

$$\lim_k b_{2k-1} = \lim_k \sqrt[2k-1]{\frac{1}{5^{2k-1}}} = \lim_k \sqrt[2k-1]{\frac{5}{5^{2k}}} = \lim_k \frac{\sqrt[2k-1]{5}}{5} = \frac{1}{5}.$$

Puesto que ambos límites coinciden, tenemos $\lim_n b_n = \lim_n \sqrt[n]{a_n} = 1/5 < 1$. Por el criterio de la raíz, la serie $\sum_n a_n$ es convergente.

388

Estudiar el carácter de la serie $\displaystyle\sum_{n \geq 2} \frac{1}{n \ln^2 n}$.

[Solución]

Se trata de una serie de términos positivos. Utilizamos el criterio integral. La función $f(x) = 1/(x \ln^2 x)$ es claramente decreciente en $[2, +\infty)$ y, para cada natural $n \geq 2$, toma el valor $f(n) = 1/(n \ln^2 n)$. Entonces,

$$
\begin{aligned}
\int_2^{+\infty} \frac{1}{x \ln^2 x}\, dx &= \lim_{t \to +\infty} \int_2^t (\ln x)^{-2} \frac{1}{x}\, dx \\
&= \lim_{t \to +\infty} \left[\frac{(\ln x)^{-1}}{-1} \right]_2^t \\
&= \lim_{t \to +\infty} \left[\frac{1}{\ln x} \right]_t^2 \\
&= \lim_{t \to +\infty} \left(\frac{1}{\ln 2} - \frac{1}{\ln t} \right) \\
&= \frac{1}{\ln 2}.
\end{aligned}
$$

Puesto que la integral impropia es convergente, la serie también.

389

Estudiar el carácter de la serie $\displaystyle\sum_{n \geq 1} n e^{-n^2}$.

[Solución]

Se trata de una serie de términos positivos. Utilizamos el criterio integral con la función $f(x) = x e^{-x^2}$ decreciente en $[1, +\infty)$.

$$
\int_1^{+\infty} x e^{-x^2}\, dx = \lim_{t \to +\infty} \int_1^t x e^{-x^2}\, dx = \lim_{t \to +\infty} \left[-\frac{1}{2} e^{-x^2} \right]_1^t = \lim_{t \to +\infty} \left(-\frac{1}{2} e^{-t^2} + \frac{1}{2} e \right) = \frac{1}{2} e.
$$

Puesto que la integral impropia es convergente, la serie también.

390

Estudiar el carácter de la serie $\displaystyle\sum_n \left(\frac{1 \cdot 4 \cdot 7 \cdots (3n - 2)}{3 \cdot 6 \cdot 9 \cdots (3n)} \right)^2$.

[Solución]

Se trata de una serie de términos positivos. Denotemos por a_n el término general de la serie. Notemos que el cociente

$$
\frac{a_{n+1}}{a_n} = \frac{(3n + 1)^2}{(3n + 3)^2}
$$

tiene límite 1, por lo que el criterio del cociente no permite decidir el carácter de la serie. Apliquemos el criterio de Raabe. Tenemos

$$
\begin{aligned}
\lim_{n} \left(1 - \frac{a_{n+1}}{a_n} \right) n &= \lim_{n} \left(1 - \frac{(3n+1)^2}{(3n+3)^2} \right) n \\
&= \lim_{n} \frac{9n^2 + 18n + 9 - 9n^2 - 6n - 1}{(3n+3)^2} \cdot n \\
&= \lim_{n} \frac{12n^2 + 8n}{(3n+3)^2} \\
&= \frac{12}{9} = \frac{4}{3} > 1.
\end{aligned}
$$

Por tanto, la serie converge.

391

Estudiar el carácter de la serie $\displaystyle\sum_{n} \frac{(-1)^{n-1}}{n \ln^2 n}$.

[Solución]

Se trata de una serie alternada. Si $a_n = 1/(n \ln^2 n)$, desde luego se cumple $\lim_{n} a_n = 0$. Además, la sucesión (a_n) es monótona decreciente pues la desigualdad

$$
n \ln^2 n < (n+1) \ln^2 (n+1)
$$

implica, tomando inversos, que $a_n > a_{n+1}$. De acuerdo con el criterio de Leibniz, la serie es convergente.

Alternativamente, notemos que el problema 388 implica que la serie es absolutamente convergente, en particular convergente.

392

Demostrar que la serie $\displaystyle\sum_{n} \frac{(-1)^n 2^n}{n^2}$ no es convergente.

[Solución]

Se trata de una serie alternada. Sea $a_n = (-1)^n 2^n / n^2$. Si $\lim_{n} |a_n| \neq 0$, entonces $\lim_{n} a_n \neq 0$ y la serie no es convergente. Comprobemos que, en efecto, $\lim_{n} |a_n| \neq 0$. Traduciremos el límite de la sucesión al límite de una función y aplicaremos dos veces la regla de L'Hôpital.

$$
\lim_{n} \frac{2^n}{n^2} = \lim_{x \to +\infty} \frac{2^x}{x^2} = \lim_{x \to +\infty} \frac{2^x \ln 2}{2x} = \lim_{x \to +\infty} \frac{2^x (\ln 2)^2}{2} = +\infty.
$$

Luego, la serie, en efecto, no es convergente.

393

Estudiar el carácter de la serie $\displaystyle\sum_n (-1)^n \frac{1}{n}$.

[Solución]

Se trata de una serie alternada. La sucesión $a_n = 1/n$ es decreciente y de límite 0. Por el criterio de Leibniz, la serie es convergente.

394

Estudiar el carácter de la serie $\displaystyle\sum_n (-1)^{n+1} \frac{\text{sen } \sqrt{n}}{n^{3/2}}$.

[Solución]

Observemos que no se trata de una serie alternada. La serie $\sum_n 1/n^{3/2}$ es convergente porque $3/2 > 1$. Entonces,

$$\left| (-1)^{n+1} \frac{\sqrt{n}}{n^{3/2}} \right| = \frac{|\text{sen } \sqrt{n}|}{n^{3/2}} \leq \frac{1}{n^{3/2}}.$$

Por el criterio de comparación, la serie dada es absolutamente convergente, luego convergente.

395

Sea (a_n) la sucesión definida por

$$a_n = \begin{cases} \dfrac{1}{k} & \text{si } n = 2k - 1, \\[2mm] \dfrac{-1}{5^k} & \text{si } n = 2k. \end{cases}$$

Estudiar el carácter de la serie $\sum_{n\geq 1} a_n$.

[Solución]

Pongamos la serie dada como suma de dos series. Sean

$$b_n = \begin{cases} 1/k & \text{si } n = 2k - 1, \\ 0 & \text{si } n = 2k; \end{cases} \qquad c_n = \begin{cases} 0 & \text{si } n = 2k - 1, \\ -1/5^k & \text{si } n = 2k. \end{cases}$$

Las sumas parciales de la serie $\sum_n b_n$ son las sumas parciales de la serie armónica, que es divergente. Por tanto, $\sum_n b_n$ es divergente. Las sumas parciales de la serie $\sum_n c_n$ son las sumas parciales de una serie geométrica de razón $-1/5$, por lo que es convergente. Puesto que

$$\sum_n a_n = \sum_n b_n + \sum_n c_n,$$

la serie $\sum_n a_n$ es divergente.

396

Sea (a_n) la sucesión definida por

$$a_n = \begin{cases} 1/n^2 & \text{si } n \text{ es par,} \\ -1/n^3 & \text{si } n \text{ es impar.} \end{cases}$$

Estudiar el carácter de la serie $\sum_n a_n$.

[Solución]

Para cada natural n, sean p_n la suma de los $|a_k|$, con k par y $k \leq n$. Análogamente, sea q_n la suma de los $|a_k|$, con k impar y $k \leq n$. Claramente,

$$0 < p_n < \sum_{k=1}^{n} 1/k^2, \qquad 0 < q_n < \sum_{1}^{k} 1/k^3,$$

Puesto que las series $\sum_{k \geq 1} 1/k^2$ y $\sum_{k \geq 1} 1/k^3$ convergen, las sucesiones (p_n) y (q_n) también. Por tanto, $(p_n + q_n)$ converge. La n-ésima suma parcial de $\sum_n |a_n|$ es $p_n + q_n$, luego $\sum_n |a_n|$ converge. La serie $\sum_n a_n$ es, pues, absolutamente convergente, en particular convergente.

Remarquemos que la sucesión (a_n) tiene límite 0, pero no es monótona, por lo que el criterio de Leibniz no es aplicable.

■ **Problemas propuestos** ■■■■■■■■■■■■

Demostrar que las series siguientes son convergentes y calcular su suma:

397

$$\sum_{n \geq 1} \frac{1}{4n^2 + 8n + 3}$$

398

$$\sum_{n \geq 1} \frac{n}{(n+1)!}$$

399

$$1 + 2 + 3 + 4 + 5 + \sum_{n \geq 6} \frac{-3}{2^{n-1}}.$$

400

Sean $P(n)$ y $Q(n)$ polinomios en n de grados d y e, respectivamente. Supongamos que $P(n)/Q(n) > 0$ para todo n. Demostrar que la serie $\sum_{n \geq 1} P(n)/Q(n)$ converge si $e - d \geq 2$ y que diverge si $e - d \leq 1$.

Indicación: Comparar en el límite con la serie armónica general.

401

Sea (a_n) una sucesión. Demostrar:

1) Si $\lim_n a_n = L \in \mathbb{R}$, entonces la serie

$$\sum_{n \geq 1} (a_{n+3} - a_n)$$

es convergente y tiene suma $3L - (a_1 + a_2 + a_3)$.

2) Si $\lim_n a_n \in \{+\infty, -\infty\}$, entonces la serie

$$\sum_{n \geq 1} (a_{n+3} - a_n)$$

es divergente.

Estudiar el carácter de las series siguientes:

402

$$\sum_n \left(\frac{n+1}{n}\right)^n.$$

403

$$\sum_n \frac{5^n}{3^n + e^n}.$$

404

$$\sum_n n \operatorname{sen}\left(\frac{n^2 + n + 1}{n^2 + 1} \cdot \frac{\pi}{6}\right).$$

405

$$\sum_n \frac{1}{n\, 2^n}.$$

406

$$\sum_n \frac{\ln n}{n}.$$

407

$$\sum_n \frac{1}{\ln n}.$$

408

$$\sum_n \frac{\cos(\pi n^2)}{n^2 + 1}.$$

409

$$\sum_n \frac{n}{(4n^2 - 1)^2}.$$

410

$$\sum_n \frac{1}{2n(2n - 1)}.$$

411

$$\sum_n \frac{5}{7n^2 + 5}.$$

412

$$\sum_n \frac{1}{3\sqrt{n + 2}}.$$

413

$$\sum_n \ln \frac{n^2 + 1}{n^2}.$$

414

$$\sum_n \operatorname{sen}^3\left(\frac{1}{n}\right).$$

415

$$\sum_n \frac{1}{2n - 1}.$$

416

$$\sum_n \frac{1}{n!}.$$

417

$$\sum_n \frac{2n - 1}{3^n}.$$

418

$$\sum_n \frac{n!}{n^n}.$$

419

$$\sum_n \frac{(n + 1)5^n}{(2n + 3)7^n}.$$

420

$$\sum_n \left(\frac{n+1}{n^2}\right)^n.$$

421

$$\sum_n \left(\frac{n+1}{2n+1} \right)^n.$$

422

$$\sum_n \frac{n^3}{e^n}.$$

423

$$\sum_n \frac{1}{n \ln n}.$$

424

$$\sum_n \frac{n}{n^2 + 1}.$$

425

$$\sum_n (-1)^{\binom{n}{2}} \left(\frac{n}{2n-1} \right)^n.$$

426

Consideremos las series

$$\sum_{n \geq 0} \frac{2n+3}{5^n} \quad \text{y} \quad \sum_{n \geq 0} (-1)^n \frac{2n+3}{5^n} \ .$$

Demostrar que son convergentes y averiguar cuántos terminos hay que sumar, en cada caso, para obtener la suma con error menor que 10^{-3}.

427

Demostrar que la serie $\displaystyle\sum_{n \geq 1} \frac{n^3}{1 + n^8}$ es convergente y averiguar cuántos términos hay que sumar para obtener la suma con error menor que 10^{-5}.

428

Demostrar que la serie $\displaystyle\sum_n \frac{(-1)^{n-1} n}{n^2 + 1}$ es condicionalmente convergente.

Polinomios de Taylor, series de potencias y series de Taylor

7

Resumen teórico

El polinomio de Taylor

Un recurso para estudiar el comportamiento de una función en un entorno de un punto es aproximarla mediante alguna otra función fácil de evaluar, particularmente por un polinomio. En este apartado, se asocia a cada función suficientemente regular un polinomio que la aproxima.

Sea f una función n veces derivable en el punto a. El *polinomio de Taylor de grado n para f en a* es el polinomio

$$P_n(f,a,x) = f(a) + \frac{f'(a)}{1!}(x-a) + \frac{f''(a)}{2!}(x-a)^2 + \cdots + \frac{f^{(n)}(a)}{n!}(x-a)^n.$$

La diferencia $R_n(f,a,x) = f(x) - P_n(f,a,x)$ se denomina *resto n-ésimo de Taylor* de la función f en el punto a.

Para que exista la derivada n-ésima de f en a, la función $f^{(n-1)}$ debe existir en un entorno U de a. Por tanto, la condición de que exista $f^{(n)}(a)$ puede sustituirse por las condiciones de que f sea $n-1$ veces derivable en un entorno U de a y n veces derivable en a.

Notemos que $y = P_1(f,a,x)$ es la ecuación de la *recta tangente* a la gráfica de f en el punto $(a, f(a))$.

Se cumplen las dos propiedades siguientes.

- El valor del polinomio $P_n(f,a,x)$ y el de todas sus derivadas hasta orden n en el punto a coinciden con los de la función f en este punto; es decir,

$$P_n^{(i)}(f,a,a) = f^{(i)}(a), \quad i = 0, \ldots, n.$$

- Si $f(x)$ es un polinomio de grado n, entonces $f(x) = P_n(f,a,x)$. Además, si por divisiones sucesivas por $x - a$ se obtienen los cocientes $q_i(x)$ y los restos $r_i(x)$,

$$\begin{aligned}
f(x) &= (x-a)q_1(x) + r_0, \\
q_1(x) &= (x-a)q_2(x) + r_1, \\
q_2(x) &= (x-a)q_3(x) + r_2, \\
&\;\vdots \quad \vdots \\
q_{n-1} &= (x-a)q_n + r_{n-1},
\end{aligned}$$

se cumple que

$$f(a) = r_0, \quad f'(a) = r_1, \quad \ldots \quad \frac{f^{(n-1)}(a)}{(n-1)!} = r_{n-1}, \quad \frac{f^{(n)}(a)}{n!} = q_n.$$

- $\displaystyle\lim_{x \to a} \frac{R_n(f, a, x)}{(x - a)^n} = 0.$

El límite anterior puede interpretarse en el sentido de que la similitud entre $f(x)$ y $P_n(f, a, x)$ es más acusada cuanto mayor es el grado y cuanto más cerca esté x de a.

Una función f es un *infinitésimo* en el punto a si $\lim_{x \to a} f(x) = 0$. Sean f y g dos infinitésimos en a. El infinitésimo $f(x)$ es *de orden mayor* que el infinitésimo $g(x)$ si

$$\lim_{x \to a} \frac{f(x)}{g(x)} = 0.$$

Intuitivamente, esto significa que, cuando x tiende hacia a, la función $f(x)$ tiende a 0 mucho más rápidamente que $g(x)$; en cierto sentido, en las proximidades de a, la función $f(x)$ es despreciable frente a $g(x)$. La notación $o(g(x))$ representa una función de orden mayor que $g(x)$. En este capítulo, utilizaremos esencialmente la comparación con las funciones de la forma $x \mapsto (x - a)^n$ con n natural y, especialmente, en el caso $a = 0$. En ciertos contextos, no es importante precisar qué función $f(x)$ se está considerando, sino que únicamente importa que tenga la propiedad de que su cociente por $(x - a)^n$ tenga límite 0; esto es lo que se indica con la notación $o((x - a)^n)$.

Si

$$\lim_{x \to a} \frac{f(x)}{(x - a)^n} = 0,$$

y $0 \leq r \leq n$, entonces

$$\lim_{x \to a} \frac{(x - a)^r f(x)}{(x - a)^{n+r}} = 0, \qquad \lim_{x \to a} \frac{f(x)/(x - a)^r}{(x - a)^{n-r}} = 0,$$

propiedades que pueden escribirse

$$(x - a)^r o((x - a)^n) = o((x - a)^{n+r}), \qquad \frac{o((x - a)^n)}{(x - a)^r} = o((x - a)^{n-r}).$$

Análogamente, puede probarse que

$$o((x - a)^r)\, o((x - a)^n) = o((x - a)^{n+r}).$$

Si una función f es n veces derivable en a, su resto n-ésimo de Taylor $R_n(f, a, x)$ es de orden mayor que $g(x) = (x - a)^n$, por lo que la función f puede escribirse $f(x) = P_n(f, a, x) + o((x - a)^n)$ o, más explícitamente,

$$f(x) = f(a) + \frac{f'(a)}{1!}(x - a) + \frac{f''(a)}{2!}(x - a)^2 + \cdots + +\frac{f^{(n)}(a)}{n!}(x - a)^n + o((x - a)^n).$$

La fórmula anterior se conoce como *desarrollo de Taylor de grado n de la función f en en el punto a.*[9]

Describimos, a continuación, el comportamiento de los polinomios de Taylor respecto a las operaciones con funciones. Enunciamos los resultados en el punto 0. Los resultados correspondientes en un punto a se obtienen mediante el cambio de variable $x \mapsto t = x - a$.

Sean f y g dos funciones con derivadas n-ésimas en el punto 0 y sean $p = P_n(f, 0, x)$ y $q = P_n(g, 0, x)$ los correspondientes polinomios de Taylor de grado n. Entonces,

- Si α y β son números reales, el polinomio de Taylor de grado n de $\alpha f + \beta g$ en el punto 0 es $\alpha p + \beta q$.

- El polinomio de Taylor de grado n de $f \cdot g$ en el punto 0 es el polinomio obtenido de pq suprimiendo los términos de grado $> n$.

- Si $g(0) \neq 0$, el polinomio de Taylor de grado n de f/g en el punto 0 es el cociente de la división de p por q según potencias de x crecientes hasta el grado n incluido.

- Si F es una primitiva de f en un entorno de 0, el polinomio de Taylor de grado $n + 1$ de F en el punto 0 es la primitiva P de p tal que $P(0) = F(0)$.

- Si $f(0) = 0$, el polinomio de Taylor de grado n de $g \circ f$ en el punto 0 es el polinomio obtenido de $q \circ p$ suprimiendo los términos de grado $> n$.

A continuación, detallamos los desarrollos de Taylor de grado n en $a = 0$ de algunas funciones.

- $e^x = 1 + \dfrac{x}{1!} + \dfrac{x^2}{2!} + \cdots + \dfrac{x^n}{n!} + o(x^n)$.

- $\ln(1 + x) = x - \dfrac{x^2}{2} + \dfrac{x^3}{3} - \dfrac{x^4}{4} + \cdots + (-1)^{n-1}\dfrac{x^n}{n} + o(x^n)$.

- $(1 + x)^\alpha = \dbinom{\alpha}{0} + \dbinom{\alpha}{1}x + \dbinom{\alpha}{2}x^2 + \cdots + \dbinom{\alpha}{n}x^n + o(x^n)$,

  donde α es un número real y, para todo entero $k \geq 0$,

$$\binom{\alpha}{k} = \frac{\alpha(\alpha - 1)\cdots(\alpha - k + 1)}{k!}.$$

- $\operatorname{sen} x = x - \dfrac{x^3}{3!} + \dfrac{x^5}{5!} - \dfrac{x^7}{7!} + \cdots + (-1)^n \dfrac{x^{2n+1}}{(2n + 1)!} + o(x^{2n+1})$.

- $\cos x = 1 - \dfrac{x^2}{2!} + \dfrac{x^4}{4!} - \dfrac{x^6}{6!} + \cdots + (-1)^n \dfrac{x^{2n}}{(2n)!} + o(x^{2n})$.

- $\operatorname{arc\,sen} x = x + \dfrac{1}{2 \cdot 3}x^3 + \dfrac{1 \cdot 3}{2 \cdot 4 \cdot 5}x^5 + \cdots + \dfrac{1 \cdot 3 \cdots (2n - 1)}{2 \cdot 4 \cdots (2n)(2n + 1)}x^{2n+1} + o(x^{2n+1})$.

- $\arctan x = x - \dfrac{x^3}{3} + \dfrac{x^5}{5} - \cdots + (-1)^n \dfrac{x^{2n+1}}{2n + 1} + o(x^{2n+1})$.

---

[9] En el caso particular $a = 0$, el desarrollo suele denominarse de *MacLaurin*, aunque en este texto nosotros no utilizaremos esta terminología.

- $\operatorname{senh} x = x + \dfrac{x^3}{3!} + \dfrac{x^5}{5!} + \dfrac{x^7}{7!} + \cdots + \dfrac{x^{2n+1}}{(2n+1)!} + o(x^{2n+1}).$

- $\cosh x = 1 + \dfrac{x^2}{2!} + \dfrac{x^4}{4!} + \dfrac{x^6}{6!} + \cdots + \dfrac{x^{2n}}{(2n)!} + o(x^{2n}).$

- $\arg \operatorname{senh} x = x - \dfrac{1}{2 \cdot 3} x^3 + \cdots + (-1)^n \dfrac{1 \cdot 3 \cdots (2n-1)}{2 \cdot 4 \cdots (2n)(2n+1)} x^{2n+1} + o(x^{2n+1}).$

- $\arg \tanh x = x + \dfrac{x^3}{3} + \dfrac{x^5}{5} + \cdots + \dfrac{x^{2n+1}}{2n+1} + o(x^{2n+1}).$

Puesto que el coseno de un ángulo es igual al seno del complementario, tenemos

$$\operatorname{arc\,cos}(x) = \pi/2 - \operatorname{arc\,sen}(x),$$

lo que proporciona el desarrollo de la función $\operatorname{arc\,cos}(x)$. La función $\arg \cosh x$ no está definida en 0, por lo que no admite desarrollo de Taylor en 0. Hemos omitido los desarrollos de $\tan x$ y $\tanh x$, que involucran los denominados *números de Bernoulli* que no consideraremos aquí.

En el cálculo de límites de funciones en un punto a, la sustitución de funciones $f(x)$ por sus expresiones de la forma $f(x) = P_n(f, a, x) + o((x-a)^n)$ y la aplicación de las propiedades mencionadas de $o((x-a)^n)$ ha resultado ser una buena técnica (v. problemas 442-445).

El teorema de Taylor

En el caso de que f sea una función $n+1$ veces derivable en un entorno de a, se dispone de la siguiente expresión del resto.

Teorema de Taylor. Sea f una función $n+1$ veces derivable en un entorno U de a. Entonces, para cada $x \in U \setminus \{a\}$ existe un punto c entre x y a tal que

$$R_n(f, a, x) = \frac{f^{(n+1)}(c)}{(n+1)!}(x-a)^{n+1}.$$

La expresión anterior se denomina *resto de Lagrange*.

En las condiciones del teorema de Taylor, tenemos

$$f(x) = f(a) + \frac{f'(a)}{1!}(x-a) + \frac{f''(a)}{2!}(x-a)^2 + \cdots + \frac{f^n)(a)}{n!}(x-a)^n + \frac{f^{(n+1)}(c)}{(n+1)!}(x-a)^{n+1},$$

expresión que se denomina *fórmula de Taylor de grado n de la función f en el punto a.*

A continuación se dan las fórmulas de Taylor de grado n de algunas funciones en el punto 0. El valor c es intermedio entre 0 y x.

- $e^x = 1 + \dfrac{x}{1!} + \dfrac{x^2}{2!} + \cdots + \dfrac{x^n}{n!} + e^c \dfrac{x^{n+1}}{(n+1)!}.$

- $\ln(1+x) = x - \dfrac{x^2}{2} + \dfrac{x^3}{3} - \dfrac{x^4}{4} + \cdots + (-1)^{n-1}\dfrac{x^n}{n} + (-1)^n \dfrac{(1+c)^{-n-1}}{n+1} x^{n+1}$.

- $\operatorname{sen} x = x - \dfrac{x^3}{3!} + \dfrac{x^5}{5!} - \dfrac{x^7}{7!} + \cdots + \dfrac{\operatorname{sen}(n\pi/2)}{n!} x^n + \dfrac{\operatorname{sen}(c+(n+1)\pi/2)}{(n+1)!} x^{n+1}$.

- $\cos x = 1 - \dfrac{x^2}{2!} + \dfrac{x^4}{4!} - \dfrac{x^6}{6!} + \cdots + \dfrac{\cos(n\pi/2)}{n!} x^n + \dfrac{\cos(c+(n+1)\pi/2)}{(n+1)!} x^{n+1}$.

- $\operatorname{senh} x = x + \dfrac{x^3}{3!} + \dfrac{x^5}{5!} + \dfrac{x^7}{7!} + \cdots + \dfrac{x^{2k-1}}{(2k-1)!} + \dfrac{\cosh c}{(2k+1)!} x^{2k+1}$ si $n = 2k$;

  $\operatorname{senh} x = x + \dfrac{x^3}{3!} + \dfrac{x^5}{5!} + \dfrac{x^7}{7!} + \cdots + \dfrac{x^{2k-1}}{(2k-1)!} + \dfrac{\operatorname{senh} c}{(2k+2)!} x^{2k+2}$ si $n = 2k+1$.

- $\cosh x = 1 + \dfrac{x^2}{2!} + \dfrac{x^4}{4!} + \dfrac{x^6}{6!} + \cdots + \dfrac{x^{2k}}{(2k)!} + \dfrac{\operatorname{senh} c}{(2k+2)!} x^{2k+2}$ si $n = 2k$;

  $\cosh x = 1 + \dfrac{x^2}{2!} + \dfrac{x^4}{4!} + \dfrac{x^6}{6!} + \cdots + \dfrac{x^{2k}}{(2k)!} + \dfrac{\cosh c}{(2k+2)!} x^{2k+2}$ si $n = 2k+1$.

Cota del error

La siguiente terminología será de utilidad. Sean I un intervalo (de cualquier tipo) y $n \geq 0$ un entero. La *clase* $\mathscr{C}^n(I)$ está formada por todas las funciones f cuyo dominio contiene I y tales que, en todo $x \in I$, existe la derivada n-ésima $f^{(n)}$ y esta derivada es continua. En particular, la clase $\mathscr{C}^0(I) = \mathscr{C}(I)$ está formada por todas las funciones continuas en I. Es claro, además, que si $n > m$, entonces $\mathscr{C}^n(I) \subset \mathscr{C}^m(I)$. La *clase* $\mathscr{C}^\infty(I)$ está formada por las funciones que tienen derivadas de todos los órdenes en I (equivalentemente, que pertenecen a $\mathscr{C}^n(I)$ para todo $n \geq 0$). Análogamente, si $a \in \mathbb{R}$, las clases $\mathscr{C}^n(a)$ y $\mathscr{C}^\infty(a)$ están formadas por las funciones que tienen derivada n-ésima continua en a y por las funciones que tienen derivadas de todos los órdenes en el punto a, respectivamente.

Sea f una función $n+1$ veces derivable en un entorno U de a, y supongamos que la función $f^{(n+1)}$ está acotada por una constante K en el intervalo abierto de extremos a y $x \in U$. Entonces,

$$|f(x) - P_n(f,a,x)| = |R_n(f,x,a)| = \left| \frac{f^{(n+1)}(c)}{(n+1)!}(x-a)^{n+1} \right| \leq \frac{K}{(n+1)!}(x-a)^{n+1}.$$

Ello permite aproximar $f(x)$ por $P_n(f,a,x)$ en un entorno de a y acotar el error cometido con la aproximación (véase, por ejemplo, el problema 446). En particular, si I es el intervalo cerrado de extremos a y x (es decir, $[a,x]$ o $[x,a]$) y $f \in \mathscr{C}^{n+1}(I)$, entonces la función $f^{(n+1)}$ es continua en el intervalo cerrado I y, por tanto, tiene máximo absoluto en I, por lo que puede tomarse como K dicho máximo.

Estudio local de funciones

El polinomio de Taylor permite generalizar las condiciones suficientes para monotonía, extremos relativos y convexidad vistos en el capítulo 2.

Respecto a la monotonía y los extremos relativos, tenemos las siguientes condiciones suficientes.

Sea f una función de clase $\mathscr{C}^n(a)$ tal que

$$f'(a) = f''(a) = \cdots = f^{(n-1)}(a) = 0, \quad f^{(n)}(a) \neq 0.$$

Entonces, se tiene que

- n par y $f^{(n)}(a) > 0 \implies f$ tiene un mínimo relativo en a;
- n par y $f^{(n)}(a) < 0 \implies f$ tiene un máximo relativo en a;
- n impar y $f^{(n)}(a) > 0 \implies f$ es estrictamente creciente en un entorno de a.
- n impar y $f^{(n)}(a) < 0 \implies f$ es estrictamente decreciente en un entorno a.

La continuidad de $f^{(n)}$ no es una hipótesis superflua. En el problema 452, se muestra una función con derivada positiva en un punto, pero que no es creciente en ningún entorno de este punto.

Respecto a la convexidad, tenemos las siguientes condiciones suficientes.

Sea f una función de clase $\mathscr{C}^n(a)$ tal que

$$f''(a) = \cdots = f^{(n-1)}(a) = 0, \ f^{(n)}(a) \neq 0.$$

Entonces, se tiene que

- n par y $f^{(n)}(a) > 0 \implies f$ es convexa en un entorno de a.

- n par y $f^{(n)}(a) < 0 \implies f$ es cóncava en un a.

- n impar $\implies f$ tiene un punto de inflexión en a.

Hay que señalar, sin embargo, que todas estas generalizaciones tienen un interés más teórico que práctico (v. problema 451).

Series de potencias

Sean a un número real y (a_n) una sucesión de números reales. La aplicación que hace corresponder a cada número real x la serie numérica

$$\sum_{n \geq 0} a_n(x - a)^n$$

se denomina *serie de potencias centrada en a*.

Es claro que, para $x = a$, se obtiene una serie convergente cuya suma es a_0. El conjunto de todos los valores de x para los cuales se obtiene una serie convergente se suele denominar *dominio (o campo) de convergencia*; dicho conjunto contiene el punto a, por tanto, en ningún caso es un conjunto vacío. La siguiente discusión va encaminada a precisar el dominio de convergencia.

Dada una serie de potencias $\sum_{n\geq 0} a_n(x-a)^n$, consideremos el límite superior

$$\overline{\lim_n} \sqrt[n]{|a_n|} = L \in \mathbb{R} \cup \{+\infty\}$$

(recuérdese que, para las sucesiones convergentes, el límite superior y el límite son el mismo número). El *radio de convergencia* r de la serie se define como

$$r = \begin{cases} +\infty & \text{si } L = 0, \\ 1/L & \text{si } L \in \mathbb{R} \text{ y } L \neq 0, \\ 0 & \text{si } L = +\infty. \end{cases}$$

Notemos que, si existen los dos límites

$$\lim_n \sqrt[n]{|a_n|} \quad \text{y} \quad \lim_n \left| \frac{a_{n+1}}{a_n} \right|,$$

entonces ambos coinciden (v. página 87), lo cual permite a menudo calcular el radio de convergencia mediante el cálculo de cualquiera de estos límites.

El teorema siguiente justifica el nombre de radio de convergencia dado a este parámetro.

Teorema de Cauchy-Hadamard. Sea $\sum_{n\geq 0} a_n(x-a)^n$ una serie de potencias de radio de convergencia r.

- Si $r = 0$, la serie es convergente únicamente para $x = a$.
- Si $r > 0$ es un número real, la serie es convergente si $|x - a| < r$ y divergente si $|x - a| > r$.
- Si $r = +\infty$, la serie es convergente para todo valor de x.

Si $r = +\infty$, el dominio de convergencia es $(-\infty, +\infty)$. Si $r > 0$ es un número real, el teorema no especifica qué ocurre para $x = a + r$ y $x = a - r$; esto depende de la serie de potencias particular considerada. En este caso, el dominio de convergencia es uno de los intervalos

$$(a-r, a+r), \quad [a-r, a+r), \quad (a-r, a+r], \quad [a-r, a+r].$$

El intervalo $(a-r, a+r)$ se denomina *intervalo de convergencia* aunque, como se ha dicho, la serie puede ser convergente también en alguno de los extremos o en ambos.

Sea D el dominio de convergencia de una serie de potencias $\sum_{n\geq 0} a_n(x-a)^n$. La función $s\colon D \to \mathbb{R}$ que hace corresponder a cada $x \in D$ la suma de la serie se denomina *función suma* de la serie de potencias o, abreviadamente, la *suma* de la serie.

Teorema de Abel. Sea $s(x)$ la función suma de una serie de potencias de radio de convergencia un número real $r > 0$. Si la serie converge en $a - r$, entonces

$$\lim_{x \to (a-r)^+} s(x) = s(a - r).$$

Análogamente, si la serie converge en $a + r$, entonces

$$\lim_{x \to (a+r)^-} s(x) = s(a + r).$$

La función suma es especialmente fácil de obtener en los casos en que la serie de potencias es, para cada valor de x, una serie geométrica. Por ejemplo, la función suma de la serie de potencias

$$\sum_{n\geq 0} x^n$$

es

$$s(x) = \frac{1}{1-x}$$

para todo $x \in (-1, 1)$.

Sea $s(x) = \sum_{n\geq 0} a_n(x-a)^n$ la función suma de una serie de potencias de radio de convergencia $r \neq 0$, intervalo de convergencia I y dominio de convergencia D. Se cumplen las propiedades siguientes.

- La función suma es derivable en todo $x \in I$. Además, la serie de potencias

$$\sum_{n\geq 1} na_n(x-a)^{n-1}$$

 (obtenida derivando término a término) tiene radio de convergencia r y su suma es $s'(x)$ para todo $x \in I$. (Nótese que esto implica que $s(x)$ es de la clase $\mathscr{C}^{\infty}(I)$.)

- La función suma es integrable en el dominio de convergencia. Además, la serie

$$\sum_{n\geq 0} \frac{a_n}{n+1}(x-a)^{n+1}$$

 (obtenida integrando término a término) tiene radio de convergencia r y su función suma es

$$\int_a^x s(t)\,dt.$$

Con menos precisión, pero quizás más mnemotécnicamente, las propiedades anteriores se resumen como sigue:

- Si $s(x) = \sum_{n\geq 0} a_n(x-a)^n$, entonces

$$s'(x) = \sum_{n\geq 1} na_n(x-a)^{n-1} \qquad y \qquad \int_a^x s(t)\,dt = \sum_{n\geq 0} \frac{a_n}{n+1}(x-a)^{n+1}.$$

Un comentario respecto a esta última igualdad. Si $S(x)$ es una primitiva de $s(x)$, tenemos

$$\int_a^x s(t)\,dt = S(x) - S(a) = \sum_{n\geq 0} \frac{a_n}{n+1}(x-a)^{n+1},$$

por tanto, un método para determinar la integral de la izquierda es calcular las primitivas $S(x) + K$ de $s(x)$ y ajustar K para que se cumpla $S(a) + K = a_0$.

Con la ayuda de estas propiedades, pueden encontrarse las expresiones de las funciones suma de series de potencias que estén relacionadas, mediante integración o derivación, con otras series de potencias cuyas funciones suma sean conocidas. Ello permite, además, ampliar el conjunto de series numéricas para las cuales, cuando son convergentes, es posible calcular la suma.

Obsérvese que, como en el capítulo 5 (integración), se ha presentado otra nueva forma de definir funciones: las funciones suma de series de potencias. Éstas no tienen por qué poder expresarse en términos de funciones elementales.

La serie de Taylor

Hemos visto que una serie de potencias puede ser sustituida, en su dominio de convergencia, por una función. Aquí vamos a tratar el problema recíproco, es decir, si una función puede ser sustituida, al menos localmente, por una serie de potencias; en otras palabras, si, conocidos f y un punto a de su dominio, es posible que f sea la función suma de una serie de potencias centrada en a. Obsérvese que una condición necesaria para que esto pueda ocurrir es que f ha de ser de clase $\mathscr{C}^{\infty}(a)$.

Supongamos que f es una función de clase $\mathscr{C}^{\infty}(a)$. La serie de potencias

$$\sum_{n \geq 0} \frac{f^{(n)}(a)}{n!}(x-a)^n,$$

se denomina *serie de Taylor de f en a* o *centrada en a*.

Teorema. Sea f una función de la clase $\mathscr{C}^{\infty}(a)$, y sean $s(x)$ la función suma de la serie de Taylor de f centrada en a e I el intervalo de convergencia de esta serie. Entonces, $s(x) = f(x)$ para todo $x \in I$ si, y sólo si, se cumplen las dos condiciones siguientes:

   i) la función f es de la clase $\mathscr{C}^{\infty}(I)$;
   ii) para todo $x \in I$, $\lim\limits_{n} R_n(f, a, x) = 0$.

En este caso, tenemos

$$f(x) = \sum_{n \geq 0} \frac{f^{(n)}(a)}{n!}(x-a)^n \quad \text{para todo } x \in I,$$

expresión que se denomina *desarrollo de $f(x)$ en serie de Taylor centrada en a*.

Señalemos que una condición suficiente para que se cumpla la propiedad ii) anterior es que exista K tal que $|f^{(n)}(x)| < K$ para todo n y todo $x \in I$.

El problema 439 muestra un ejemplo de función que no coincide con la suma de su serie de Taylor.

Series de Taylor de algunas funciones

Escribimos los desarrollos en serie de Taylor centrados en el origen de algunas funciones:

- $e^x = 1 + x + \dfrac{x^2}{2} + \dfrac{x^3}{3!} + \cdots = \displaystyle\sum_{n \geq 0} \frac{x^n}{n!}$ para todo $x \in \mathbb{R}$.

- $\ln(1 + x) = x - \dfrac{x^2}{2} + \dfrac{x^3}{3} - \cdots = \displaystyle\sum_{n \geq 1} \dfrac{(-1)^{n+1} x^n}{n}$ para todo $x \in (-1, 1]$.

- $\operatorname{sen} x = x - \dfrac{x^3}{3!} + \dfrac{x^5}{5!} - \cdots = \displaystyle\sum_{n \geq 0} \dfrac{(-1)^n x^{2n+1}}{(2n+1)!}$ para todo $x \in \mathbb{R}$.

- $\cos x = 1 - \dfrac{x^2}{2!} + \dfrac{x^4}{4!} - \cdots = \displaystyle\sum_{n \geq 0} \dfrac{(-1)^n x^{2n}}{(2n)!}$ para todo $x \in \mathbb{R}$.

- $\operatorname{senh} x = x + \dfrac{x^3}{3!} + \dfrac{x^5}{5!} + \cdots = \displaystyle\sum_{n \geq 0} \dfrac{x^{2n+1}}{(2n+1)!}$ para todo $x \in \mathbb{R}$.

- $\cosh x = 1 + \dfrac{x^2}{2!} + \dfrac{x^4}{4!} + \cdots = \displaystyle\sum_{n \geq 0} \dfrac{x^{2n}}{(2n)!}$ para todo $x \in \mathbb{R}$.

- $\arctan x = x - \dfrac{x^3}{3} + \dfrac{x^5}{5} - \cdots = \displaystyle\sum_{n \geq 0} \dfrac{(-1)^n x^{2n+1}}{(2n+1)}$ para todo $x \in (-1, 1]$.

- $(1 + x)^\alpha = 1 + \alpha x + \dfrac{\alpha(\alpha - 1) x^2}{2} + \dfrac{\alpha(\alpha - 1)(\alpha - 2) x^3}{3!} + \cdots = \displaystyle\sum_{n \geq 0} \binom{\alpha}{n} x^n$ para todo $x \in (-1, 1)$, donde
$\alpha \in \mathbb{R}$.

Problemas resueltos

429

Expresar el polinomio $f(x) = 4x^4 - 51x^3 + 245x^2 - 526x + 427$ como su polinomio de Taylor de grado n en $a = 3$.

[Solución]

Dividimos repetidamente por $x - 3$.

	4	−51	245	−526	427
3		12	−117	384	−426
	4	−39	128	−142	**1**
3		12	−81	141	
	4	−27	47	**−1**	
3		12	45		
	4	−15	**2**		
3		12			
	4	**−3**			

Los sucesivos restos y el último cociente son los coeficientes buscados:

$$f(x) = 1 - (x - 3) + 2(x - 3)^2 - 3(x - 3)^3 + 4(x - 3)^4.$$

430

Hallar el polinomio $p(x)$ tal que

$$p(0) = 2, \quad p(-1) = 5, \quad p(x-1) - 2p(x-2) + p(x-3) = 18x - 34.$$

[Solución]

Sea n el grado del polinomio. Para todo real a, el polinomio coincide con su polinomio de Taylor de grado n en a:

$$p(t) = p(a) + p'(a)(t-a) + \frac{p''(a)}{2}(t-a)^2 + \cdots + \frac{p^{(n)}(a)}{n!}(t-a)^n.$$

Tomamos $a = x$. Para los valores $t = x - 1$, $t = x - 2$ y $t = x - 3$, obtenemos

$$p(x-1) = p(x) + p'(x) \cdot (-1) + \frac{p''(x)}{2} \cdot (-1)^2 + \frac{p'''(x)}{3!} \cdot (-1)^3 + \cdots + \frac{p^{(n)}(x)}{n!} \cdot (-1)^n$$

$$p(x-2) = p(x) + p'(x) \cdot (-2) + \frac{p''(x)}{2} \cdot (-2)^2 + \frac{p'''(x)}{3!} \cdot (-2)^3 + \cdots + \frac{p^{(n)}(x)}{n!} \cdot (-2)^n$$

$$p(x-3) = p(x) + p'(x) \cdot (-3) + \frac{p''(x)}{2} \cdot (-3)^2 + \frac{p'''(x)}{3!} \cdot (-3)^3 + \cdots + \frac{p^{(n)}(x)}{n!} \cdot (-3)^n$$

Entonces,

$$18x - 34 = p(x-1) - 2p(x-2) + p(x-3)$$

$$= p''(x) - 2p'''(x) + \cdots + \frac{p^{(n)}(x)}{n!} \left((-1)^n - 2(-2)^n + (-3)^n \right).$$

De las derivadas de $p(x)$ a partir de la segunda, la de mayor grado es la segunda. Por tanto, $p(x)$ es un polinomio tal que su derivada segunda es de grado 1; en consecuencia, $p(x)$ es de grado 3. Pongamos $p(x) = ax^3 + bx^2 + cx + d$. Entonces,

$$p'(x) = 3ax^2 + 2bx + c, \quad p''(x) = 6ax + 2b, \quad p'''(x) = 6a.$$

Sustituyendo,

$$18x - 34 = 6ax + 2b - 12a,$$

lo que implica $18 = 6a$ y $-34 = 2b - 12a$, es decir, $a = 3$ y $b = 1$. Además,

$$d = p(0) = 2 \quad y \quad 5 = p(-1) = -a + b - c + d = -c,$$

es decir, $c = -5$. En definitiva, el polinomio pedido es $p(x) = 3x^3 + x^2 - 5x + 2$.

431

Calcular el desarrollo de Taylor de grado 3 de la función $f(x) = \cos x^2$ en el punto $a = \sqrt{\pi/2}$.

El desarrollo a calcular es

$$f(x) = f(a) + f'(a)(x - a) + \frac{f''(a)}{2}(x - a)^2 + \frac{f'''(a)}{3!}(x - a)^3 + o((x - a)^3).$$

La función y sus tres primeras derivadas son

$$
\begin{aligned}
f(x) &= \cos x^2 \\
f'(x) &= (-\operatorname{sen} x^2)2x \\
f''(x) &= (-\cos x^2)(2x)^2 + (-\operatorname{sen} x^2)2 \\
&= -4x^2 \cos x^2 - 2 \operatorname{sen} x^2 \\
f'''(x) &= -8x \cos x^2 - 4x^2(-\operatorname{sen} x^2)2x - 2(\cos x^2)2x \\
&= -12x \cos x^2 + 8x^3 \operatorname{sen} x^2.
\end{aligned}
$$

Evaluamos en el punto $x = \sqrt{\pi/2}$:

$$
\begin{aligned}
f(\sqrt{\pi/2}) &= \cos \pi/2 = 0 \\
f'(\sqrt{\pi/2}) &= -2\sqrt{\pi/2} = -\sqrt{2\pi} \\
f''(\sqrt{\pi/2}) &= -2 \\
f'''(\sqrt{\pi/2}) &= 8\sqrt{\pi^3/8} = 2\pi\sqrt{2\pi}.
\end{aligned}
$$

Por tanto,

$$f(x) = -\sqrt{2\pi}\left(x - \sqrt{\pi/2}\right) - \left(x - \sqrt{\pi/2}\right)^2 + \frac{\pi\sqrt{2\pi}}{3}\left(x - \sqrt{\pi/2}\right)^3 + o\left(\left(x - \sqrt{\pi/2}\right)^3\right).$$

432

Calcular el desarrollo de Taylor de grado 3 en $a = 0$ de la función $f(x) = e^x \tan x$.

Las derivadas sucesivas de la función son

$$
\begin{aligned}
f(x) &= e^x \tan x \\
f'(x) &= e^x \tan x + e^x(1 + \tan^2 x) \\
&= e^x(1 + \tan x + \tan^2 x) \\
f''(x) &= e^x(1 + \tan x + \tan^2 x) + e^x(1 + \tan^2 x + 2\tan x(1 + \tan^2 x)) \\
&= e^x(2 + 3\tan x + 2\tan^2 x + 2\tan^3 x) \\
f'''(x) &= e^x(2 + 3\tan x + 2\tan^2 x + 2\tan^3 x) + e^x(3(1 + \tan^2 x) \\
&\quad + 4\tan x(1 + \tan^2 x) + 6\tan^2 x(1 + \tan^2 x)) \\
&= e^x(5 + 7\tan x + 11\tan^2 x + 6\tan^3 x + 6\tan^4 x)
\end{aligned}
$$

Evaluando en $x = 0$, obtenemos

$$f(0) = 0, \quad f'(0) = 1, \quad f''(0) = 2, \quad f'''(0) = 5.$$

El desarrollo pedido es, pues,

$$e^x \tan x = f(0) + \frac{f'(0)}{1!}x + \frac{f''(0)}{2!}x^2 + \frac{f'''(0)}{3!}x^3 + o(x^3) = x + x^2 + \frac{5}{6}x^3 + o(x^3).$$

Este resultado puede también obtenerse multiplicando los desarrollos de e^x y de $\tan x$, y suprimiendo en el producto los términos de grado mayor que 3.

433

Calcular el desarrollo de Taylor de grado 6 en $a = 0$ de la función $f(x) = \sqrt{1 - x^2}$.

[Solución]

Recordemos que

$$\sqrt{1 + x} = (1 + x)^{1/2} = 1 + \binom{1/2}{1}x + \binom{1/2}{2}x^2 + \binom{1/2}{3}x^3 + \cdots + \binom{1/2}{n}x^n + o(x^n).$$

Los coeficientes binomiales generalizados son

$$\binom{1/2}{1} = \frac{1}{2}, \quad \binom{1/2}{2} = \frac{(1/2)(1/2 - 1)}{2!} = -\frac{1}{8},$$

$$\binom{1/2}{3} = \frac{(1/2)(1/2 - 1)(1/2 - 2)}{3!} = \frac{1}{16}.$$

Sustituyendo en la fórmula x por $-x^2$ y tomando el polinomio resultante hasta el grado 6, obtenemos

$$\sqrt{1 - x^2} = 1 - \frac{1}{2}x^2 - \frac{1}{8}x^4 - \frac{1}{16}x^6 + o(x^6).$$

434

Calcular el desarrollo de Taylor de grado 3 en $a = 0$ de la función $f(x) = e^{\cos x}$.

[Solución]

Aunque puede hallarse el desarrollo pedido de forma directa, es decir, calculando las derivadas sucesivas de f en 0, vamos a hacerlo utilizando los desarrollos de $\cos x$ y de e^x. Tenemos

$$\cos x = 1 - \frac{x^2}{2} + o(x^3), \qquad e^x = 1 + x + \frac{x^2}{2} + \frac{x^3}{6} + o(x^3).$$

Puesto que $\cos 0 = 1 \neq 0$, para aplicar la regla acerca del desarrollo de una composición, modificamos previamente la expresión de $f(x)$.

$$f(x) = e^{\cos x} = e\, e^{\cos x - 1}$$

$$= e\left[1 + (\cos x - 1) + \frac{1}{2}(\cos x - 1)^2 + \frac{1}{6}(\cos x - 1)^3 + o(x^3)\right]$$

$$= e\left[1 + \left(-\frac{x^2}{2} + o(x^3)\right) + \frac{1}{2}o(x^3) + \frac{1}{6}o(x^3) + o(x^3)\right]$$

$$= e\left(1 - \frac{1}{2}x^2\right) + o(x^3).$$

435

Calcular el desarrollo de Taylor de grado 3 en $a = 0$ de la función $f(x) = \displaystyle\int \frac{\operatorname{sen} x}{x}\,dx$.

[Solución]

El desarrollo del integrando es

$$\frac{\operatorname{sen} x}{x} = \frac{1}{x}\left(x - \frac{x^3}{6} + o(x^3)\right) = 1 - \frac{x^2}{6} + o(x^2).$$

Por tanto,

$$\int \frac{\operatorname{sen} x}{x}\,dx = \int \left(1 - \frac{x^2}{6}\right)dx + o(x^3) = K + x - \frac{x^3}{18} + o(x^3).$$

436

Calcular el desarrollo de Taylor de grado 3 en $a = 0$ de la función

$$f(x) = \frac{\sqrt{1 - x^2}\,\operatorname{sen} x}{1 + \ln(1 + x)}.$$

[Solución]

Tenemos

$$\operatorname{sen} x = x - \frac{x^3}{6} + o(x^3), \qquad \sqrt{1 - x^2} = 1 - \frac{x^2}{2} + o(x^3) \quad \text{(problema)}.$$

El desarrollo del numerador es

$$\sqrt{1 - x^2}\,\operatorname{sen} x = \left(1 - \frac{x^2}{2} + o(x^3)\right)\left(x - \frac{x^3}{6} + o(x^3)\right)$$

$$= x - \frac{x^3}{2} - \frac{x^3}{6} + o(x^3)$$

$$= x - \frac{2}{3}x^3 + o(x^3).$$

El desarrollo del denominador es

$$1 + \ln(1 + x) = 1 + x - \frac{x^2}{2} + \frac{x^3}{3} + o(x^3).$$

El de $1/(1 + \ln(1 + x))$ se obtiene mediante la siguiente división.

$$
\begin{array}{ll}
1 & 1 + x - \dfrac{x^2}{2} + \dfrac{x^3}{3} \\
\end{array}
$$

$$-1 - x + \frac{x^2}{2} - \frac{x^3}{3}$$

$$\overline{} \quad 1 - x + \frac{3}{2}x^2 - \frac{7}{3}x^3$$

$$-x + \frac{x^2}{2} - \frac{x^3}{3}$$

$$+x + x^2 - \frac{x^3}{2} + \frac{x^4}{3}$$

$$\frac{3}{2}x^2 - \frac{5}{6}x^3 + \frac{1}{3}x^4$$

$$-\frac{3}{2}x^2 - \frac{3}{2}x^3 + \frac{3}{4}x^4 - \frac{1}{2}x^5$$

$$-\frac{7}{3}x^3 + \frac{13}{12}x^4 - \frac{1}{2}x^5$$

$$+\frac{7}{3}x^3 + \frac{7}{3}x^4 - \frac{7}{6}x^5 + \frac{7}{9}x^6$$

$$o(x^3)$$

Finalmente,

$$
\begin{aligned}
f(x) &= \left(x - \frac{2}{3}x^3 + o(x^3)\right)\left(1 - x + \frac{3}{2}x^2 - \frac{7}{3}x^3 + o(x^3)\right) \\
&= x - \frac{2}{3}x^3 - x^2 + \frac{3}{2}x^3 + o(x^3) \\
&= x - x^2 + \frac{5}{6}x^3 + o(x^3).
\end{aligned}
$$

437

Consideremos la función $f(x) = e^{x+1}\cos x$. Calcular:

1) La derivada n-ésima $f^{(n)}(x)$ para todo natural n.

2) La fórmula de Taylor de grado n de la función $f(x)$ en un punto a, con resto de Lagrange.

[Solución]

1) En los cálculos de la derivada n-ésima, utilizaremos repetidamente las dos igualdades

$$\operatorname{sen}\frac{\pi}{4} = \cos\frac{\pi}{4} = \frac{1}{\sqrt{2}}, \qquad \cos\alpha\cos\beta - \operatorname{sen}\alpha\operatorname{sen}\beta = \cos(\alpha + \beta).$$

$$f(x) = e^{x+1} \cos x$$

$$f'(x) = e^{x+1} \cos x - e^{x+1} \operatorname{sen} x$$

$$= e^{x+1} \sqrt{2} \left(\frac{1}{\sqrt{2}} \cos x - \frac{1}{\sqrt{2}} \operatorname{sen} x \right)$$

$$= e^{x+1} \sqrt{2} \cos (x + \pi/4).$$

$$f''(x) = e^{x+1} \sqrt{2} \cos (x + \pi/4) - e^{x+1} \sqrt{2} \operatorname{sen} (x + \pi/4)$$

$$= e^{x+1} \sqrt{2} \sqrt{2} \left(\frac{1}{\sqrt{2}} \cos (x + \pi/4) - \frac{1}{\sqrt{2}} \operatorname{sen} (x + \pi/4) \right)$$

$$= e^{x+1} \sqrt{2^2} \cos (x + 2\pi/4).$$

Por inducción, supongamos que $n \geq 3$ y que la derivada $(n-1)$-ésima es

$$f^{(n-1)}(x) = e^{x+1} \sqrt{2^{n-1}} \cos (x + (n-1)\pi/4).$$

Derivando de nuevo,

$$f^{(n)}(x) = e^{x+1} \sqrt{2^{n-1}} \cos (x + (n-1)\pi/4) - e^{x+1} \sqrt{2^{n-1}} \operatorname{sen} (x + (n-1)\pi/4)$$

$$= e^{x+1} \sqrt{2^{n-1}} \sqrt{2} \left(\frac{1}{\sqrt{2}} \cos (x + (n-1)\pi/4) - \frac{1}{\sqrt{2}} \operatorname{sen} (x + (n-1)\pi/4) \right)$$

$$= e^{x+1} \sqrt{2^n} \cos (x + n\pi/4).$$

2) Evaluamos la función y sus n primeras derivadas en el punto a y la derivada $n + 1$ en un punto c intermedio entre a y x obtenemos la fórmula pedida:

$$f(x) = e^{a+1} \cos a + e^{a+1} \sqrt{2} \cos (a + \pi/4)(x - a) + e^{a+1} \cos (a + 2\pi/4)(x - a)^2$$

$$+ \cdots + \frac{e^{a+1} \sqrt{2^n}}{n!}(x - a)^n + \frac{e^{a+1} \sqrt{2^{n+1}}}{(n+1)!} \cos (c + (n+1)\pi/4)(x - a)^{n+1}.$$

438

Una cuerda fijada por sus extremos describe una curva denominada *catenaria*, que tiene ecuación $f(x) = a \cosh (x/a)$. Demostrar que, para valores pequeños de x, la catenaria puede aproximarse por la parábola $y = a + x^2/(2a)$.

[Solución]

Calculemos el desarrollo de grado 2 de la función de la catenaria

$$f(x) = a \cosh \frac{x}{a}, \quad f'(x) = \operatorname{senh} \frac{x}{a}, \quad f''(x) = \frac{1}{a} \cosh \frac{x}{a}$$

Evaluamos en el punto 0:

$$f(0) = a, \quad f'(0) = 0, \quad f''(0) = \frac{1}{a}.$$

Tenemos, pues,

$$a \cosh \frac{x}{a} = a + \frac{x^2}{2a} + o(x^2),$$

que da la aproximación pedida.

439

Consideremos la función

$$f(x) = \begin{cases} e^{-1/x^2} & \text{si } x \neq 0, \\ 0 & \text{si } x = 0. \end{cases}$$

Demostrar que:

1) Para $x \neq 0$, la derivada n-ésima de f es de la forma

$$f^{(n)}(x) = e^{-1/x^2} P_{3n}(1/x),$$

donde $P_{3n}(1/x)$ es un polinomio en $1/x$ de grado a lo sumo $3n$.

2) La función f es de clase $\mathscr{C}^\infty(\mathbb{R})$.

3) Para todo entero $n \geq 0$, el polinomio de Taylor de grado n de $f(x)$ en $a = 0$ es el polinomio 0.

[Solución]

1) Para $n = 0$, la función es de la forma del enunciado con el polinomio $P_0(1/x) = 1$. Calculemos la primera derivada.

$$f'(x) = e^{-1/x^2}(2x^{-3}) = e^{-1/x^2} 2\left(\frac{1}{x}\right)^3 = e^{-1/x^2} P_3(1/x).$$

En este problema, utilizaremos la notación $P_k(1/x)$ para denotar un polinomio de grado a lo sumo k en $1/x$. Así, por ejemplo, $P_3(1/x)P_3(1/x) = P_6(1/x)$, puesto que el producto de dos polinomios de grado a lo sumo 3 es un polinomio de grado a lo sumo 6, y $P_6(1/x) + P_4(1/x) = P_6(1/x)$, porque la suma de dos polinomios de grados a lo sumo 6 y 4 es un polinomio de grado a lo sumo 6. Con esta notación, la derivada segunda es de la forma

$$\begin{aligned} f''(x) &= e^{-1/x^2} P_3(1/x)P_3(1/x) + e^{-1/x^2} P_2(1/x)(-1/x^2) \\ &= e^{-1/x^2} (P_6(1/x) + P_4(1/x)) \\ &= e^{-1/x^2} P_6(1/x). \end{aligned}$$

Por inducción, supongamos que $n \geq 2$ y que el resultado es cierto hasta la derivada n-ésima:

$$f^{(n)}(x) = e^{-1/x^2} P_{3n}(1/x).$$

Entonces, la derivada $n + 1$ tiene la forma

$$\begin{aligned} f^{(n+1)}(x) &= e^{-1/x^2} P_3(1/x) P_{3n}(1/x) + e^{-1/x^2} P_{3n-1}(1/x)(-1/x^2) \\ &= e^{-1/x^2} (P_{3n+3}(1/x) + P_{3n+1}(1/x)) \\ &= e^{-1/x^2} P_{3(n+1)}(1/x), \end{aligned}$$

como se quería demostrar.

2) Para $x \neq 0$, la función f es la composición de la función $x \mapsto -1/x^2$ y de la función exponencial $x \mapsto e^x$. Ambas funciones son infinitamente derivables en todo punto $x \neq 0$, por lo que f tiene derivadas de todos los órdenes en todo punto $x \neq 0$.

Veamos que f es derivable en 0. Hay que calcular

$$\lim_{x \to 0} \frac{f(x) - f(0)}{x - 0} = \lim_{x \to 0} \frac{e^{-1/x^2}}{x}$$

Probaremos que este límite es 0 comprobando que los dos límites laterales son 0. Con el cambio $t = -1/x$ tenemos

$$\lim_{x \to 0^-} \frac{e^{-1/x^2}}{x} = \lim_{t \to +\infty} \frac{-t}{e^{t^2}} \tag{7.1}$$

Ahora, para $t > 1$,

$$0 \leq \left| \frac{t}{e^{t^2}} \right| \leq \left| \frac{t}{e^t} \right|. \tag{7.2}$$

La aplicación de la regla de L'Hôpital da

$$\lim_{t \to +\infty} \frac{t}{e^t} = \lim_{t \to +\infty} \frac{1}{e^t} = 0,$$

por tanto,

$$\lim_{t \to +\infty} \left| \frac{t}{e^t} \right| = 0,$$

y, en virtud de (7.2) y (7.1), deducimos

$$\lim_{x \to 0^-} \frac{f(x) - f(0)}{x - 0} = \lim_{x \to 0^-} \frac{e^{-1/x^2}}{x} = 0.$$

Un argumento similar (con el cambio $t = 1/x$) permite demostrar que

$$\lim_{x \to 0^+} \frac{f(x) - f(0)}{x - 0} = \lim_{x \to 0^+} \frac{e^{-1/x^2}}{x} = 0,$$

con lo que concluimos que f es derivable en 0 y que $f'(0) = 0$.

Sea ahora $n \geq 1$. Supongamos que $f^{(n)}(0) = 0$ y demostremos que $f^{(n+1)}(0) = 0$. Como antes, calcularemos los dos límites laterales. Tenemos

$$\lim_{x \to 0^-} \frac{f^{(n)}(x) - f^{(n)}(0)}{x - 0} = \lim_{x \to 0^-} \frac{e^{-1/x^2} P_{3n}(1/x)}{x} = \lim_{t \to +\infty} \frac{-t\, P_{3n}(-t)}{e^{t^2}} = \lim_{t \to +\infty} \frac{P_{3n+1}(t)}{e^{t^2}}. \tag{7.3}$$

Para $t > 1$,

$$0 \leq \left| \frac{P_{3n+1}(t)}{e^{t^2}} \right| \leq \frac{|P_{3n+1}(t)|}{e^t}. \tag{7.4}$$

Ahora bien, la aplicación repetida de la regla de L'Hôpital da

$$\lim_{t \to +\infty} \frac{P_{3n+1}(t)}{e^t} = \lim_{t \to +\infty} \frac{K}{e^t} = 0$$

(donde K es una constante). Entonces,

$$\lim_{x \to +\infty} \left| \frac{P_{3n+1}(t)}{e^t} \right| = 0$$

y, por (7.3) y (7.4), tenemos

$$\lim_{x \to 0^-} \frac{f^{(n)}(x) - f^{(n)}(0)}{x - 0} = 0.$$

Análogamente,

$$\lim_{x \to 0^+} \frac{f^{(n)}(x) - f^{(n)}(0)}{x - 0} = 0,$$

por lo que resulta que $f^{(n+1)}(0)$ existe y es $f^{(n+1)}(0) = 0$.

En definitiva, la función f admite derivadas de todos los órdenes en todos los puntos, es decir, es de clase $\mathscr{C}^\infty(\mathbb{R})$.

3) Puesto que la función f y todas sus derivadas en $a = 0$ son 0, el polinomio de Taylor de grado n es el polinomio 0 (por lo que no es de ninguna utilidad como medio para aproximar la función).
   Notemos que, para todo $x \neq 0$, se cumple $R_n(f, 0, x) = f(x) = e^{-1/x^2}$, luego

$$\lim_n R_n(f, 0, x) = e^{-1/x^2} \neq 0,$$

por lo que este ejemplo no contradice el teorema de la página 213.

440

Sea f una función dos veces derivable en todo punto real tal que

$$f(0) = 0, \quad f(1) = 1, \quad f'(0) = f'(1) = 0.$$

Demostrar que existe un $\alpha \in (0, 1)$ tal que $|f''(\alpha)| \geq 4$.

[Solución]

Apliquemos la fórmula de Taylor en $a = 0$ y $a = 1$:

$$f(x) = f(0) + f'(0)x + \frac{f''(c)}{2}x^2 = \frac{f''(c)}{2}x^2$$
$$f(x) = f(1) + f'(1)(x - 1) + \frac{f''(c')}{2}(x - 1)^2 = 1 + \frac{f''(c')}{2}(x - 1)^2.$$

con c intermedio entre 0 y x, y c' intermedio entre 1 y x. Para $x = 1/2$, resulta

$$f\left(\frac{1}{2}\right) = \frac{f''(c)}{8} = 1 + \frac{f''(c')}{8}, \qquad 0 < c < \frac{1}{2} < c' < 1.$$

Despejando las derivadas segundas y tomando valores absolutos, obtenemos

$$|f''(c)| = 8\left|f\left(\frac{1}{2}\right)\right|, \quad |f''(c')| = 8\left|f\left(\frac{1}{2}\right) - 1\right| \geq 8\left|1 - \left|f\left(\frac{1}{2}\right)\right|\right|.$$

Si $|f(1/2)| \geq 1/2$, tomamos $\alpha = c$ y tenemos

$$|f''(\alpha)| = |f''(c)| = 8\left|f\left(\frac{1}{2}\right)\right| \geq 8\frac{1}{2} = 4.$$

Si $|f(1/2)| \leq 1/2$, tomamos $\alpha = c'$ y tenemos

$$|f(\alpha)| = |f''(c')| \geq 8\left|1 - \left|f\left(\frac{1}{2}\right)\right|\right| \geq 8\left|1 - \frac{1}{2}\right| = 4.$$

441

Dada la función

$$f(x) = \frac{1}{\sqrt[4]{1 + x^3}},$$

calcular $f^{(12)}(0)$ y $f^{(17)}(0)$.

[Solución]

Para $|t| < 1$, sabemos que

$$(1 + t)^\alpha = \sum_{n \geq 0} \binom{\alpha}{n} t^n.$$

Si $t = x^3$, la condición $|t| < 1$ equivale a $|x| < 1$. Entonces, para $t = x^3$ y $\alpha = -1/4$, tenemos

$$f(x) = \left(1 + x^3\right)^{-1/4} = \sum_{n \geq 0} \binom{-1/4}{n}(x^3)^n = \sum_{n \geq 0} \binom{-1/4}{n} x^{3n}.$$

El coeficiente de cada x^k en esta serie debe ser el mismo que en la serie de Taylor de f en $x = 0$, es decir, que $f^{(k)}(0)/k!$. Luego, para $k = 12$, tenemos

$$\frac{f^{(12)}(0)}{12!} = \binom{-1/4}{4} = \frac{1}{4!}\left(-\frac{1}{4}\right)\left(-\frac{5}{4}\right)\left(-\frac{9}{4}\right)\left(-\frac{13}{4}\right) = \frac{585}{4!\,4^4},$$

y entonces

$$f^{(12)}(0) = \frac{12!}{4!}\frac{585}{4^4} = \frac{91216125}{2}.$$

Respecto a $f^{(17)}(0)$, en la serie sólo los términos de grado múltiplo de tres tienen coeficiente distinto de cero. Como 17 no es múltiplo de 3, tenemos $f^{(17)}(0) = 0$.

442

Calcular $\lim\limits_{x \to 0} \dfrac{\operatorname{sen} x - \arctan x}{x^2 \ln(1 + x)}$.

Se trata de una indeterminación del tipo 0/0. A partir de los desarrollos

$$\operatorname{sen} x = x - \frac{x^3}{6} + o(x^4), \quad \arctan x = x - \frac{x^3}{3} + o(x^4), \quad \ln(1+x) = x - \frac{x^2}{2} + o(x^2),$$

obtenemos

$$\operatorname{sen} x - \arctan x = \frac{x^3}{6} + o(x^4), \quad x^2 \ln(1+x) = x^2\left(x - \frac{x^2}{2} + o(x^2)\right) = x^3 + o(x^4).$$

Por tanto,

$$\lim_{x\to 0} \frac{\operatorname{sen} x - \arctan x}{x^2 \ln(1+x)} = \lim_{x\to 0} \frac{\frac{x^3}{6} + o(x^4)}{x^3 + o(x^4)} = \lim_{x\to 0} \frac{\frac{1}{6} + \frac{o(x^4)}{x^3}}{1 + \frac{o(x^4)}{x^3}} = \frac{1}{6}.$$

443

Calcular $\lim\limits_{x\to 0} \left(\dfrac{1}{\operatorname{sen}^2 x} - \dfrac{1}{x^2} \right)$.

Se trata de una indeterminación del tipo $\infty - \infty$, que se transforma en una indeterminación del tipo 0/0 escribiendo la función en la forma

$$\frac{1}{\operatorname{sen}^2 x} - \frac{1}{x^2} = \frac{x^2 - \operatorname{sen}^2 x}{x^2 \operatorname{sen}^2 x}.$$

A partir del desarrollo

$$\operatorname{sen} x = x - \frac{x^3}{6} + o(x^4),$$

obtenemos

$$\operatorname{sen}^2 x = \left(x - \frac{x^3}{6} + o(x^4) \right)^2$$
$$= x^2 + \frac{x^6}{36} + o(x^8) + 2\left(-\frac{x^4}{6} - o(x^7) + o(x^5) \right)$$
$$= -\frac{x^4}{3} + x^2 + o(x^5)$$
$$= x^2 - \frac{x^4}{3} + o(x^5).$$
$$x^2 - \operatorname{sen}^2 x = \frac{x^4}{3} + o(x^5),$$
$$x^2 \operatorname{sen}^2 x = x^4 + o(x^5).$$

Por tanto,

$$\lim_{x\to 0} \frac{x^2 - \text{sen}^2 x}{x^2 \, \text{sen}^2 x} = \lim_{x\to 0} \frac{x^4/3 + o(x^5)}{x^4 + o(x^5)} = \lim_{x\to 0} \frac{1/3 + \dfrac{o(x^5)}{x^4}}{1 + \dfrac{o(x^5)}{x^4}} = \frac{1}{3}.$$

444

Calcular $\lim\limits_{x\to 0} \dfrac{x^2 e^{\text{sen}\,x} - \ln(1+x)}{\tan x - \arctan x}$.

[Solución]

Recordemos que

$$\text{sen}\, x = x + o(x), \qquad e^x = 1 + x + o(x), \qquad \ln(1+x) = x - \frac{x^2}{2} + o(x^2),$$

$$\tan x = x + \frac{x^3}{3} + o(x^3), \ \arctan x = x - \frac{x^3}{3} + o(x^3).$$

Entonces, respecto al numerador de la función, tenemos

$$x^2 e^{\text{sen}\,x} = x^2(1 + (x + o(x)) + o(x)) = x^2 + x^3 + o(x^3),$$
$$\ln(1 + x^2) = x^2 + o(x^3),$$
$$x^2 e^{\text{sen}\,x} - \ln(1+x) = x^3 + o(x^3),$$

y, respecto al denominador,

$$\tan x - \arctan x = \left(x + \frac{x^3}{3} + o(x^3)\right) - \left(x - \frac{x^3}{3} + o(x^3)\right) = \frac{2}{3}x^3 + o(x^3).$$

Por tanto,

$$\lim_{x\to 0} \frac{x^2 e^{\text{sen}\,x} - \ln(1+x)}{\tan x - \arctan x} = \frac{x^3 + o(x^3)}{\dfrac{2}{3}x^3 + o(x^3)} = \frac{1 + o(1)}{2/3 + o(1)} = \frac{3}{2}.$$

445

Calcular $\lim\limits_{x\to 0} \left(\dfrac{\text{arc sen}\,x}{x - \text{sen}\,x} - \dfrac{\text{sen}\,x}{x - \text{arc sen}\,x}\right)$.

[Solución]

Observemos que las dos fracciones dan lugar a indeterminaciones del tipo $0/0$. Además, aplicando la regla de L'Hôpital, se obtiene que cada una de ellas tiene límite ∞, por lo que tenemos una indeterminación del tipo $\infty - \infty$.

La función de la que se quiere calcular el límite en $x = 0$ es

$$f(x) = \frac{\arccsc x}{x - \operatorname{sen} x} - \frac{\operatorname{sen} x}{x - \arccsc x} = \frac{(x - \arccsc x)\arccsc x - (x - \operatorname{sen} x)\operatorname{sen} x}{(x - \operatorname{sen} x)(x - \arccsc x)}.$$

Los desarrollos de Taylor de las funciones que intervienen son:

$$\operatorname{sen} x = x - x^3/6 + o(x^4), \qquad \arccsc x = x + x^3/6 + o(x^4).$$

Calculemos el desarrollo del numerador:

$$(x - \arccsc x)\arccsc x = (-x^3/6 + o(x^4))(x + x^3/6 + o(x^4)) = -x^4/6 + o(x^4),$$
$$(x - \operatorname{sen} x)\operatorname{sen} x = (x^3/6 + o(x^4))(x - x^3/6 + o(x^4)) = x^4/6 + o(x^4).$$

Así, el numerador es

$$(x - \arccsc x)\arccsc x - (x - \operatorname{sen} x)\operatorname{sen} x = -x^4/3 + o(x^4) = x^4(-1/3 + o(1)).$$

El denominador es

$$\begin{aligned}
(x - \operatorname{sen} x)(x - \arccsc x) &= (x^3/6 + o(x^4))(-x^3/6 + o(x^4)) \\
&= x^3(1/6 + o(x))x^3(-1/6 + o(x)) \\
&= x^6(-1/36 + o(x))
\end{aligned}$$

Por tanto,

$$f(x) = \frac{x^4(-1/3 + o(1))}{x^6(-1/36 + o(x))} = \frac{-1/3 + o(1)}{x^2(-1/36 + o(x))}.$$

El numerador tiene límite $-1/3$, y el denominador tiene límite 0 y toma valores negativos, por tanto,

$$\lim_{x \to 0} f(x) = +\infty.$$

446

Calcular $\sqrt{e}$ con un error menor que 10^{-3}.

[Solución]

La fórmula de Taylor para e^x es

$$e^x = 1 + x + \frac{x^2}{2} + \frac{x^3}{3!} + \cdots + \frac{x^n}{n!} + e^c\frac{x^{n+1}}{(n+1)!}$$

con c un punto intermedio entre 0 y x. Aplicamos esta fórmula para $x = 1/2$ y buscamos n de forma que el resto sea, en valor absoluto, menor que 10^{-3}. Puesto que $0 < c < 1/2$ y sabemos que $2 < e < 3$, tenemos $e^c < \sqrt{e} < \sqrt{3} < 2$. Entonces

$$e^c\frac{x^{n+1}}{(n+1)!} < 2\frac{(1/2)^{n+1}}{(n+1)!} = \frac{1}{2^n(n+1)!}.$$

Bastará, pues, hallar n tal que

$$\frac{1}{2^n(n+1)!} < 10^{-3}, \quad \text{es decir,} \quad 2^n(n+1)! > 1000.$$

El menor n que satisface esta desigualdad es $n = 4$ (el término de la izquierda resulta ser 1920). Por tanto, aproximamos $e^{1/2}$ por el polinomio de Taylor de grado 4:

$$\sqrt{e} \simeq 1 + \frac{1}{2} + \frac{(1/2)^2}{2} + \frac{(1/2)^3}{3!} + \frac{(1/2)^4}{4!} = 1 + \frac{1}{2} + \frac{1}{8} + \frac{1}{48} + \frac{1}{384} = \frac{211}{128} \simeq 1{,}6484.$$

447

Demostrar que, si x es la medida en radianes de un ángulo comprendido entre 40 y 50 grados, con la aproximación

$$\operatorname{sen} x = \frac{1}{\sqrt{2}}\left(1 + \left(x - \frac{\pi}{4}\right) - \frac{1}{2}\left(x - \frac{\pi}{4}\right)^2\right)$$

se comete un error menor que 10^{-3}.

[Solución]

Calculemos la fórmula de Taylor para $\operatorname{sen} x$ en el punto $a = \pi/4$.

$$f(x) = \operatorname{sen} x \quad f'(x) = \cos x \quad f''(x) = -\operatorname{sen} x \quad f'''(x) = -\cos x$$
$$f(\pi/4) = 1/\sqrt{2} \ \ f'(\pi/4) = 1/\sqrt{2} \ \ f''(\pi/4) = -1/\sqrt{2} \ \ f'''(c) = -\operatorname{sen} c$$

Tenemos

$$\operatorname{sen} x = f(\pi/4) + \frac{f'(\pi/4)}{1}\left(x - \frac{\pi}{4}\right) + \frac{f''(\pi/4)}{2}\left(x - \frac{\pi}{4}\right)^2 + \frac{f'''(c)}{6}\left(x - \frac{\pi}{4}\right)^3$$

$$= \frac{1}{\sqrt{2}} + \frac{1}{\sqrt{2}}\left(x - \frac{\pi}{4}\right) - \frac{1}{2\sqrt{2}}\left(x - \frac{\pi}{4}\right)^2 + \frac{-\cos c}{6}\left(x - \frac{\pi}{4}\right)^3$$

$$= \frac{1}{\sqrt{2}}\left(1 + \left(x - \frac{\pi}{4}\right) - \frac{1}{2}\left(x - \frac{\pi}{4}\right)^2\right) + \frac{-\cos c}{6}\left(x - \frac{\pi}{4}\right)^3,$$

donde c es un punto intermedio entre $\pi/4$ y x. Vemos que el error cometido con la aproximación es menor que

$$\left|\frac{-\cos c}{6}\left(x - \frac{\pi}{4}\right)^3\right|.$$

Tenemos $|-\cos c| < 1$. Además, puesto que el ángulo difiere del de 45 grados en menos de 5 grados, tenemos, en radianes,

$$\left|x - \frac{\pi}{4}\right| < \frac{5\pi}{180} = \frac{\pi}{36} < \frac{4}{36} = \frac{1}{9}.$$

Por tanto, el error cometido es menor que

$$\frac{1}{6}\left(\frac{1}{9}\right)^3 = \frac{1}{4374} < 10^{-3}.$$

448

Demostrar que el error que se comete al aproximar la función $f(x) = e^{-x}$ en el intervalo $[0, 1]$ por su polinomio de Taylor de grado 4 centrado en el origen es menor que 0,01.

[Solución]

La quinta derivada de $f(x) = e^{-x}$ es $f^{(5)}(x) = -e^{-x}$. El valor absoluto del resto de Lagrange correspondiente al polinomio de Taylor de $f(x)$ de grado 4 centrado en el origen admite la expresión

$$\frac{e^{-c}}{5!}\,|x^5|$$

con $c \in (0, x)$. Si $x \in [0, 1]$, entonces $|x^5| < 1$ y $|e^{-c}| < 1$, por lo que

$$|f(x) - R_4(f, 0, x)| = \frac{e^{-c}}{5!}\,|x^5| < \frac{1}{5!} = \frac{1}{120} < \frac{1}{100} = 0,01.$$

449

Aproximar $\sqrt[3]{1731}$ mediante el polinomio de Taylor de grado 2 de la función $f(x) = \sqrt[3]{1728 + x}$ en $a = 0$ y acotar el error.

[Solución]

Notemos que $1728 = 12^3$. La función y sus tres primeras derivadas son:

$$\begin{aligned}
f(x) &= \sqrt[3]{1728 + x} = (1728 + x)^{1/3} \\
f'(x) &= \frac{1}{3}\,(1728 + x)^{-2/3} \\
f''(x) &= \frac{1}{3} \cdot \frac{-2}{3}\,(1728 + x)^{-5/3} \\
f'''(x) &= \frac{1}{3} \cdot \frac{-2}{3} \cdot \frac{-5}{3}\,(1728 + x)^{-8/3}
\end{aligned}$$

En el punto $a = 0$, tenemos

$$f(0) = 12, \quad f'(0) = \frac{1}{3} \cdot \frac{1}{12^2}, \quad f''(0) = \frac{-2}{9} \cdot \frac{1}{12^5}.$$

El polinomio de Taylor de grado 2 es

$$f(0) + f'(0)x + \frac{f''(0)}{2}x^2 = 12 + \frac{x}{3 \cdot 12^2} - \frac{x^2}{9 \cdot 12^5}.$$

Para calcular la raíz cúbica de 1731, tomamos $x = 3$, con lo cual obtenemos

$$\sqrt[3]{1731} \simeq 12 + \frac{1}{12^2} - \frac{1}{12^5} = \frac{2987711}{248832}.$$

El resto de Lagrange proporciona una cota del error. Para cierto $c \in (0, 3)$, el error cometido es

$$\left| \frac{f'''(c)}{6} 3^3 \right| < \frac{10 \cdot 27}{6 \cdot 27} \frac{1}{\sqrt[3]{(1728 + c)^8}} < \frac{5}{3} \cdot \frac{1}{12^8} < 0{,}3 \cdot 10^{-7}.$$

Las siete primeras cifras decimales en la fracción que da la aproximación son

$$\sqrt[3]{1731} \simeq 12{,}0069404.$$

450

1) Hallar la fórmula de Taylor de la función $f(x) = \sqrt{1 + x}$ en $a = 0$.

2) Averiguar cuantos términos hay que tomar para aproximar $\sqrt{2}$ con un error menor que $0{,}01$, evaluando el polinomio de Taylor $P_n(f, 0, x)$ en $x = 1$.

[Solución]

1) La función y sus primeras derivadas son

$$f(x) = (1 + x)^{1/2}$$

$$f'(x) = \frac{1}{2}(1 + x)^{-1/2}$$

$$f''(x) = \frac{1}{2} \cdot \frac{-1}{2}(1 + x)^{-3/2}$$

$$f'''(x) = \frac{1}{2} \cdot \frac{-1}{2} \cdot \frac{-3}{2}(1 + x)^{-5/2}$$

Por inducción se prueba que, para $n \geq 1$,

$$f^{(n)}(x) = \frac{(-1)^{n-1}}{2^n} \cdot \left(\prod_{k=1}^{n-1} (2k - 1) \right)(1 + x)^{1/2-n}.$$

Evaluando en el punto 0,

$$f(0) = 1, \quad f^{(n)}(0) = \frac{(-1)^{n-1}}{2^n} \cdot \prod_{k=1}^{n-1} (2k - 1).$$

Por tanto,

$$f(x) = 1 + \sum_{g=1}^{n} \left(\frac{(-1)^{g-1}}{(g + 1)! \, 2^g} \cdot \prod_{k=1}^{g-1} (2k - 1) \right) x^g + \frac{(-1)^n}{(n + 1)! \, 2^{n+1}} \cdot \left(\prod_{k=1}^{n} (2k - 1) \right)(1 + c)^{1/2-n-1}$$

con c intermedio entre 0 y x.

2) Hay que tomar n de forma que

$$\left| \frac{(-1)^n}{(n+1)!\, 2^{n+1}} \cdot \left(\prod_{k=1}^{n} (2k-1) \right) (1+c)^{1/2-n-1} \right| = \frac{\prod_{k=1}^{n} (2k-1)}{(n+1)!\, 2^{n+1}\, (1+c)^{n+1/2}} < 0{,}01.$$

Puesto que $0 < c < 1$, bastará tomar n de forma que

$$0{,}01 > \frac{\prod_{k=1}^{n} (2k-1)}{(n+1)!\, 2^{n+1}} = \frac{\prod_{k=1}^{n} (2k-1)}{2(n+1) \prod_{k=1}^{n} (2k)} = \frac{1}{2(n+1)} \prod_{k=1}^{n} \frac{2k-1}{2k}.$$

La sucesión definida por la última expresión es claramente monótona decreciente y converge a 0. Para conseguir que se cumpla la desigualdad, hay que tomar $n \geq 9$.

451

Consideremos la función $f(x) = e^x (x-1)^4$. Hallar:

1) Sus cuatro primeras derivadas.

2) Los intervalos de monotonía y los extremos relativos.

3) Los intervalos de convexidad y los puntos de inflexión.

1)   **[Solución]**

$$f(x) = e^x (x-1)^4$$
$$f'(x) = e^x (x-1)^4 + e^x \cdot 4 \cdot (x-1)^3 = e^x (x-1)^3 (x+3)$$
$$f''(x) = e^x (x-1)^3 (x+3) + e^x 3(x-1)^2 (x+3) + e^x (x-1)^3$$
$$= e^x (x-1)^2 (x+1)(x+5)$$
$$f'''(x) = e^x (x-1)^2 (x+1)(x+5) + e^x 2(x-1)(x+1)(x+5) + e^x (x-1)^2 (x+5) + e^x (x-1)^2 (x+1)$$
$$= e^x (x-1)(x^3 + 9x^2 + 15x - 1)$$
$$f^{iv}(x) = e^x (x-1)(x^3 + 9x^2 + 15x - 1) + e^x (x^3 + 9x^2 + 15x - 1) + e^x (x-1)(3x^2 + 18x + 15)$$
$$= e^x (x^4 + 12x^3 + 30x^2 - 4x - 15)$$

2) Los puntos en que se anula la primera derivada son $x = -3$ y $x = 1$. El signo de $f'(x)$ depende del signo de los factores $x - 1$ y $x + 3$. Si $x < -3$, entonces $f'(x) > 0$ y f es creciente; si $-3 < x < 1$, entonces $f'(x) < 0$ y f es decreciente; si $1 < x$, entonces $f'(x) > 0$ y f es creciente.

En $x = -3$, la función (que es continua) pasa de creciente a decreciente, luego en $x = -3$ hay un máximo. En $x = 1$, la función pasa de decreciente a creciente, luego en $x = 1$ hay un mínimo.

Observemos que $f''(-3) < 0$. Así, el criterio del signo de la derivada segunda detecta el máximo en $x = -3$. Para $x = 1$, en cambio, tenemos

$$f'(1) = f''(1) = f'''(1) = 0, \qquad f^{iv}(1) = 24e,$$

lo que confirma el mínimo (pero con muchos más cálculos).

En realidad, el mínimo en $x = 1$ se puede detectar directamente de la función: $f(x) = e^x (x-1)^4 \geq 0$ para todo x y, puesto que $f(1) = 0$, en $x = 1$ hay un mínimo.

3) La ecuación $f''(x) = 0$ tiene soluciones $x = -5$, $x = -1$ y $x = 1$. El signo de $f''(x)$ depende del de los factores $x + 1$ y $x + 5$. Si $x < -5$, entonces $f''(x) > 0$ y f es convexa; si $-5 < x < -1$, entonces $f''(x) < 0$ y f es cóncava; si $-1 < x$, entonces $f''(x) > 0$ y f es convexa.

En $x = -5$, la función continua f pasa de convexa a cóncava y, por tanto, hay un punto de inflexión; en $x = -1$ pasa de cóncava a convexa y también hay un punto de inflexión.

Notemos que $f''(-5) = 0$ y $f'''(-5) = -144e^{-5} \neq 0$ implican también que en $x = -5$ hay un punto de inflexión; análogamente, $f''(-1) = 0$ y $f'''(-1) = 16e^{-1} \neq 0$ implican que $x = -1$ es un punto de inflexión. Como ya hemos indicado, la primera derivada que no se anula en $x = 1$ es la cuarta, por lo que en $x = 1$ hay un mínimo.

452

Consideremos la función

$$f(x) = \begin{cases} \dfrac{x}{2} + x^2 \operatorname{sen} \dfrac{1}{x} & \text{si } x \neq 0, \\ 0 & \text{si } x = 0. \end{cases}$$

Demostrar:

1) La función f es derivable en $\mathbb{R}$.
2) La función f' no es continua en 0.
3) Se cumple $f'(0) > 0$, pero f no es creciente en ningún entorno de 0.

[Solución]

1) Si $x \neq 0$, la derivada de f en x es

$$f'(x) = \frac{1}{2} + 2x \operatorname{sen} \frac{1}{x} + x^2 \left(\cos \frac{1}{x} \right) \left(-\frac{1}{x^2} \right) = \frac{1}{2} + 2x \operatorname{sen} \frac{1}{x} - \cos \frac{1}{x}.$$

En el 0, tenemos

$$f'(0) = \lim_{h \to 0} \frac{f(h) - f(0)}{h} = \lim_{h \to 0} \frac{h/2 + h^2 \operatorname{sen}(1/h)}{h} = \lim_{h \to 0} \left(1/2 + h \operatorname{sen}(1/h) \right) = \frac{1}{2}.$$

Por tanto, f es derivable en todo punto real.

2) La función f' es la función definida por

$$f'(x) = \begin{cases} \dfrac{1}{2} + 2x \operatorname{sen} \dfrac{1}{x} - \cos \dfrac{1}{x} & \text{si } x \neq 0, \\ \dfrac{1}{2} & \text{si } x = 0. \end{cases}$$

Desde luego, f' es continua en todo $x \neq 0$. Si fuera también continua en 0, tendríamos

$$\frac{1}{2} = f'(0) = \lim_{x \to 0} f'(x) = \lim_{x \to 0} \left(\frac{1}{2} + 2x \operatorname{sen} \frac{1}{x} - \cos \frac{1}{x} \right).$$

En este último límite, los dos primeros sumandos tienen límite $1/2$ y 0, respectivamente, pero $\cos(1/x)$ no tiene límite cuando x tiende a 0. Por tanto, el límite anterior no existe y f' no es continua en 0.

3) Ya hemos calculado $f'(0) = 1/2 > 0$. Para ver que f no es creciente en ningún entorno de 0, veremos que, para todo entorno de 0 de radio dado r, existen dos puntos α y β, ambos distintos de 0, tales que $f'(\alpha) < 0$ y $f'(\beta) > 0$. Como f' es continua en α y β, ello demuestra que f es creciente en un entorno de α y decreciente en un entorno de β, por lo que f no es monótona en el entorno de 0 de radio r.

Como la sucesión $(1/n\pi)$ tiene límite 0, dado r, existe un natural m tal que $1/n\pi < r$ para todo $n \geq m$. Tomemos

$$\alpha = \frac{1}{2m\pi}, \quad \beta = \frac{1}{(2m+1)\pi}.$$

Puesto que $2m > m$ y $2m + 1 > m$, ciertamente α y β pertenecen al entorno de 0 de radio r. Además,

$$f'(\alpha) = \frac{1}{2} + \frac{2}{2m\pi}\,\text{sen}\,(2m\pi) - \cos{(2m\pi)} = \frac{1}{2} - 1 = -\frac{1}{2} < 0$$

$$f'(\beta) = \frac{1}{2} + \frac{2}{(2m+1)\pi}\,\text{sen}\,((2m+1)\pi) - \cos{((2m+1)\pi)} = \frac{1}{2} + 11 = \frac{3}{2} > 0.$$

(El hecho que f' no sea continua en 0, es decir, que f no sea de clase $\mathscr{C}^1(a)$, hace que la función f no sea un contraejemplo de la condición suficiente para monotonía enunciada en el resumen teórico.)

453

Hallar el dominio de convergencia de la serie $\displaystyle\sum_{n\geq 1} \frac{x^{2n}}{2n}$.

[Solución]

La serie puede reescribirse

$$\sum_{k\geq 1} \frac{x^{2k}}{2k} = \sum_{n\geq 0} a_n x^n, \qquad \text{con} \qquad a_n = \begin{cases} 0 & \text{si } n \text{ es impar} \\ 1/n & \text{si } n \text{ es par.} \end{cases}$$

Los límites de oscilación de la sucesión $(\sqrt[n]{a_n})$ son 0 y

$$\lim_n \frac{1}{\sqrt[n]{n}} = 1,$$

por lo que $\overline{\lim}_n \sqrt[n]{a_n} = 1$. Por tanto, el radio de convergencia de la serie es $r = 1$ y el intervalo de convergencia es $(-1, 1)$. Estudiemos la convergencia en los extremos del intervalo. Tanto en $x = -1$ como en $x = 1$ resulta la serie

$$\sum_{n\geq 1} \frac{1}{2n} = \frac{1}{2} \sum_{n\geq 1} \frac{1}{n},$$

que es divergente. Luego, el dominio de convergencia es el intervalo $(-1, 1)$.

454

Hallar el dominio de convergencia de la serie de potencias $\displaystyle\sum_{n\geq 2} \frac{(x+2)^n}{2^n(n^2 - n)}$.

Se trata de una serie de potencias

$$\sum_{n \geq 2} a_n(x-a)^n, \quad \text{con} \quad a_n = \frac{1}{2^n(n^2-n)}, \quad a = -2.$$

Calculemos primero el radio de convergencia:

$$\lim_n \frac{\dfrac{1}{2^{n+1}((n+1)^2-(n+1))}}{\dfrac{1}{2^n(n^2-n)}} = \lim_n \frac{n^2-n}{2(n^2+n)} = \frac{1}{2}.$$

Por tanto, el radio de convergencia es 2, y la serie es convergente para todo $x \in (-2-2, -2+2) = (-4, 0)$.

Estudiemos ahora la convergencia en los extremos del intervalo.

Para $x = 0$, tenemos la serie

$$\sum_{n \geq 2} \frac{2^n}{2^n(n^2-n)} = \sum_{n \geq 2} \frac{1}{n^2-n}.$$

Puesto que

$$\lim_n \frac{1/(n^2-n)}{1/n^2} = 1,$$

el criterio de comparación en el límite con la serie convergente $\sum_{n \geq 2} 1/n^2$ garantiza que la serie anterior es convergente.

Para $x = -4$, tenemos la serie

$$\sum_{n \geq 2} \frac{(-2)^n}{2^n(n^2-n)} = \sum_{n \geq 2} \frac{(-1)^n}{n^2-n}.$$

Tomando el valor absoluto de sus términos, obtenemos la serie del caso $x = 0$, que es convergente. Por tanto, para $x = -4$ obtenemos una serie absolutamente convergente y, en particular, convergente.

En definitiva, el dominio de convergencia de la serie dada es el intervalo $[-4, 0]$.

455

Calcular el radio de convergencia y la suma de la serie $\sum_{n \geq 2} (n-1)x^n$.

Si $a_n = n - 1$, tenemos

$$\lim_n \sqrt[n]{a_n} = \lim_n \sqrt[n]{n-1} = 1,$$

por lo que el radio de convergencia es $r = 1$. En lo que sigue, $x \in (-1, 1)$.

$$\sum_{n \geq 2}(n-1)x^n = x^2 + 2x^3 + 3x^4 + \cdots$$

$$= x^2(1 + 2x + 3x^2 + \cdots)$$
$$= x^2(x + x^2 + x^3 + \cdots)'$$
$$= x^2\left(\frac{x}{1-x}\right)'$$
$$= x^2\frac{1-x+x}{(1-x)^2}$$
$$= \frac{x^2}{(1-x)^2}.$$

456

Consideremos la serie de potencias $\displaystyle\sum_{n \geq 1}\frac{x^n}{n}$.

1) Hallar su dominio de convergencia.

2) Calcular su función suma.

3) Calcular la suma de la serie $\displaystyle\sum_{n \geq 1}\frac{1}{n\,2^n}$.

[Solución]

1) Puesto que

$$\lim_n \sqrt[n]{\frac{1}{n}} = \lim_n \frac{1}{\sqrt[n]{n}} = 1,$$

el radio de convergencia de la serie es 1 y el intervalo de convergencia es $(-1, 1)$. Estudiemos la convergencia en los extremos. Para $x = 1$, obtenemos la serie armónica, que es divergente. Para $x = -1$, obtenemos una serie alternada que, por el criterio de Leibniz, es convergente. Por tanto, el dominio de convergencia es $[-1, 1)$.

2) Para $x \in (-1, 1)$, sea $s(x) = \displaystyle\sum_{n \geq 1}\frac{x^n}{n}$ la suma de la serie. Derivando,

$$s'(x) = \sum_{n \geq 1}x^{n-1} = \sum_{n \geq 0}x^n = \frac{1}{1-x}.$$

Integrando, obtenemos $s(x) = K - \ln(1-x)$ para alguna constante K. Puesto que $s(0) = 0$, tenemos $K = 0$. Por tanto, $s(x) = -\ln(1-x)$.

Para $x = -1$, por el teorema de Abel tenemos

$$\sum_{n \geq 1}\frac{(-1)^n}{n} = \lim_{x \to -1^+} s(x) = -\ln 2.$$

En definitiva, $s(x) = -\ln(1-x)$ para todo $x \in [-1, 1)$.

3) Puesto que $1/2$ pertenece al intervalo $[-1, 1)$,

$$\sum_{n \geq 1} \frac{1}{n \, 2^n} = s(1/2) = -\ln(1/2) = \ln 2.$$

457

Demostrar que el intervalo de convergencia de la serie de potencias

$$\sum_{n \geq 0} \frac{2n + 1}{n!} x^n$$

es toda la recta real y calcular su función suma.

[Solución]

Sea $a_n = (2n + 1)/n!$. Como

$$\lim_{n} \frac{a_{n+1}}{a_n} = \lim_{n} \frac{(2(n + 1) + 1)/((n + 1)!)}{(2n + 1)/n!} = \lim_{n} \frac{1}{n + 1} \cdot \frac{2n + 3}{2n + 1} = 0,$$

el radio de convergencia es $+\infty$ y el intervalo de convergencia es toda la recta real. Para calcular la suma de la serie, hacemos lo siguiente:

$$\sum_{n \geq 0} \frac{2n + 1}{n!} x^n = 2 \sum_{n \geq 1} \frac{x^n}{(n - 1)!} + \sum_{n \geq 0} \frac{x^n}{n!} = 2x \sum_{m \geq 0} \frac{x^m}{m!} + \sum_{n \geq 0} \frac{x^n}{n!} = 2x e^x + e^x = (2x + 1)e^x.$$

458

Consideremos la serie de potencias $\displaystyle\sum_{n \geq 1} \frac{(-1)^n x^n}{n + 1}$.

1) Hallar su dominio de convergencia.

2) Hallar la función suma de la serie.

3) Sumar la serie numérica $\displaystyle\sum_{n \geq 1} \frac{1}{2^n (n + 1)}$.

[Solución]

1) Si $a_n = (-1)^n/(n + 1)$, tenemos

$$\lim_{n} \left| \frac{a_{n+1}}{a_n} \right| = \lim_{n} \frac{n}{n + 1} = 1,$$

por lo que el radio de convergencia es $r = 1$ y el intervalo de convergencia $(-1, 1)$. Estudiemos la convergencia en los extremos del intervalo.

Para $x = -1$, resulta la serie

$$\sum_{n \geq 1} \frac{(-1)^n (-1)^n}{n+1} = \sum_{n \geq 1} \frac{1}{n+1},$$

que es divergente. Para $x = 1$, resulta la serie

$$\sum_{n \geq 1} \frac{(-1)^n}{n+1},$$

que es convergente por el criterio de Leibniz. Por tanto, el dominio de convergencia es $(-1, 1]$.

2) Sea $s(x)$ la suma de la serie. Claramente, $s(0) = 0$. Para $x \neq 0$, tenemos

$$x\,s(x) = \sum_{n \geq 1} \frac{(-1)^n x^{n+1}}{n+1}.$$

$$(x\,s(x))' = \sum_{n \geq 1} (-1)^n x^n = \sum_{n \geq 1} (-x)^n = -x \sum_{n \geq 0} (-x)^n = \frac{-x}{1+x}.$$

$$x\,s(x) = \int \frac{-x}{1+x}\,dx = \int \left(-1 + \frac{1}{1+x}\right) dx = -x + \ln(1+x) + K.$$

Para $x = 0$, obtenemos $K = 0$. Por tanto, $xs(x) = -x + \ln(1+x)$ y

3)
$$s(x) = \begin{cases} -1 + \dfrac{\ln(1+x)}{x} & \text{si } x \neq 0, \\ 0 & \text{si } x = 0. \end{cases}$$

$$\sum_{n \geq 1} \frac{1}{2^n(n+1)} = \sum_{n \geq 1} \frac{(-1)^n(-1/2)^n}{n+1} = s(-1/2) = -1 + \ln(1/2)/(-1/2) = -1 + 2\ln 2.$$

459

Calcular el radio de convergencia y la suma de la serie de potencias

$$\sum_{n \geq 0} \frac{x^n}{(n+1)(n+2)}.$$

[Solución]

Sea $a_n = 1/((n+1)(n+2))$. Entonces

$$\lim_n \left| \frac{a_{n+1}}{a_n} \right| = \lim_n \frac{(n+1)(n+2)}{(n+2)(n+3)} = \lim_n \frac{n+1}{n+3} = 1.$$

Por tanto, el radio de convergencia es 1. En lo que sigue, $x \in (-1, 1)$.

Calcularemos la función suma $s(x)$ por dos métodos distintos. Puesto que

$$s(x) = \sum_{n \geq 0} \frac{x^n}{(n+1)(n+2)},$$

multiplicando por x^2 obtenemos

$$x^2 s(x) = \sum_{n \geq 0} \frac{x^{n+2}}{(n+1)(n+2)}.$$

Derivando dos veces,

$$(x^2 s(x))' = 2xs(x) + x^2 s'(x) = \sum_{n \geq 0} \frac{x^{n+1}}{n+1}.$$

$$(x^2 s(x))'' = \sum_{n \geq 0} x^n = \frac{1}{1-x}.$$

Integrando,

$$(x^2 s(x))' = 2xs(x) + x^2 s'(x) = -\ln(1-x) + K,$$

para cierta constante K. Para $x = 0$, el término central es 0, luego $K = 0$. Por tanto, $(x^2 s(x))' = -\ln(1-x)$. Integramos por partes, con $u = -\ln(1-x)$ y $dv = dx$, y tenemos $du = 1/(1-x)$, $v = x$ y

$$\begin{aligned}
x^2 s(x) &= -\int \ln(1-x)dx \\
&= -x \ln(1-x) - \int x \cdot \frac{1}{1-x} \, dx \\
&= -x \ln(1-x) + \int \frac{1-x-1}{1-x} \, dx \\
&= -x \ln(1-x) + x + \ln(1-x) \\
&= (1-x)\ln(1-x) + x + K.
\end{aligned}$$

Para $x = 0$, obtenemos $0 = K$, es decir, $x^2 s(x) = (1-x)\ln(1-x) + x$. Para $x \neq 0$, la igualdad anterior implica

$$s(x) = \frac{1-x}{x^2} \ln(1-x) + \frac{1}{x}, \qquad x \neq 0,$$

mientras que la suma de la serie para $x = 0$ es $s(0) = 1/2$.

Una forma alternativa de calcular la función suma consiste en descomponer a_n en fracciones simples. Como veremos, así se evita calcular la derivada segunda, pero hay que calcular dos primeras derivadas.

$$\frac{1}{(n+1)(n+2)} = \frac{A}{n+1} + \frac{B}{n+2} = \frac{A(n+2) + B(n+1)}{(n+1)(n+2)}.$$

De la igualdad de polinomios (en n) $1 = A(n+2) + B(n+1)$ obtenemos, para $n = -1$, el valor $A = 1$. Para $n = 0$, resulta $1 = 2 + B$, es decir, $B = -1$. Entonces,

$$\sum_{n \geq 0} \frac{x^n}{(n+1)(n+2)} = \sum_{n \geq 0} \frac{x^n}{n+1} - \sum_{n \geq 0} \frac{x^n}{n+2}.$$

Sean

$$s_1(x) = \sum_{n \geq 0} \frac{x^n}{n+1}, \qquad s_2(x) = \sum_{n \geq 0} \frac{x^n}{n+2}.$$

Tenemos

$$xs_1(x) = \sum_{n\geq0} \frac{x^{n+1}}{n+1}$$

$$(xs_1(x))' = \sum_{n\geq0} x^n = \frac{1}{1-x}$$

$$xs_1(x) = -\ln(1-x) + K, \qquad \text{para } x = 0, \ K = 0$$

$$s_1(x) = -\frac{1}{x}\ln(1-x), \qquad x \neq 0.$$

Análogamente,

$$x^2 s_2(x) = \sum_{n\geq0} \frac{x^{n+2}}{n+2}$$

$$(x^2 s_2(x))' = \sum_{n\geq0} x^{n+1} = x\sum_{n\geq0} x^n = x\frac{1}{1-x}$$

$$x^2 s(x) = \int \frac{x}{1-x}\, dx$$

$$= -\int \frac{-x+1-1}{1-x}$$

$$= -x - \ln(1-x) + K, \qquad \text{para } x = 0, \ K = 0.$$

$$s_2(x) = -\frac{1}{x} - \frac{\ln(1-x)}{x^2}, \qquad x \neq 0.$$

Finalmente,

$$s(x) = s_1(x) - s_2(x) = -\frac{1}{x}\ln(1-x) + \frac{1}{x} + \frac{\ln(1-x)}{x^2} = \frac{1-x}{x^2}\ln(1-x) + \frac{1}{x}.$$

Como en el método anterior, en $x = 0$ la función se evalúa directamente sustituyendo en la serie: $s(0) = 1/2$.

460

Hallar el dominio de convergencia y la suma de la serie

$$\sum_{n\geq0} \frac{3n^2 + 2n + 1}{(n+1)!}\, x^n.$$

[Solución]

Calculemos el radio de convergencia. Si $a_n = (3n^2 + 2n + 1)/(n+1)!$,

$$\lim_n \left|\frac{a_{n+1}}{a_n}\right| = \lim_n \left(\frac{3(n+1)^2 + 2(n+1) + 1}{(n+2)!} : \frac{3n^2 + 2n + 1}{(n+1)!}\right) = \lim_n \frac{3n^2 + 8n + 6}{(3n^2 + 2n + 1)(n+2)} = 0.$$

Por tanto, el radio de convergencia es $+\infty$ y el dominio de convergencia es $\mathbb{R}$.

Para calcular la suma, descomponemos a_n en suma de tres fracciones:

$$\frac{3n^2 + 2n + 1}{(n+1)!} = \frac{A}{(n+1)!} + \frac{B}{n!} + \frac{C}{(n-1)!}.$$

Efectuando la suma de la derecha e igualando numeradores, obtenemos la siguiente igualdad de polinomios en n: $A + B(n+1) + Cn(n+1) = 3n^2 + 2n + 1$. Para $n = -1$, resulta $A = 2$; para $n = 0$, resulta $A + B = 1$, luego $B = -1$; para $n = 1$, resulta $A + 2B + 2C = 6$, luego $C = 3$.

Ahora obtendremos la suma de la serie correspondiente a cada una de las tres fracciones. Sin embargo, la tercera tiene sentido sólo para $n \geq 1$. Por ello, separamos el término correspondiente a $n = 0$, que es 1.

$$\sum_{n\geq 0} \frac{3n^2 + 2n + 1}{(n+1)!} x^n = 1 + 2 \sum_{n\geq 1} \frac{x^n}{(n+1)!} - \sum_{n\geq 1} \frac{x^n}{n!} + 3 \sum_{n\geq 1} \frac{x^n}{(n-1)!}. \qquad (7.5)$$

Para $x = 0$, la suma de la serie es 1. Para $x \neq 0$, reescribimos las series de forma que sea aparente su relación con la serie de la función exponencial

$$\sum_{n\geq 1} \frac{x^n}{(n+1)!} = \frac{1}{x} \sum_{n\geq 1} \frac{x^{n+1}}{(n+1)!} = \frac{1}{x} \sum_{n\geq 2} \frac{x^n}{n!} = \frac{e^x - 1 - x}{x}$$

$$\sum_{n\geq 1} \frac{x^n}{n!} = e^x - 1$$

$$\sum_{n\geq 1} \frac{x^n}{(n-1)!} = x \sum_{n\geq 1} \frac{x^{n-1}}{(n-1)!} = x \sum_{n\geq 0} \frac{x^n}{n!} = xe^x$$

Sustituyendo en (7.5),

$$\sum_{n\geq 1} \frac{x^n}{(n+1)!} = 1 + 2 \frac{e^x - 1 - x}{x} - (e^x - 1) + 3xe^x = \frac{1}{x} \left(e^x(3x^2 - x + 2) - 2 \right).$$

Nótese que la técnica utilizada en este problema es general para las series de la forma

$$\sum_{n\geq 0} \frac{P(n)}{n!} x^n,$$

donde $P(n)$ es un polinomio en n.

461

A partir de la suma

$$\frac{1}{1-x} = \sum_{n\geq 0} x^n$$

en el intervalo $(-1, 1)$, expresar las funciones siguientes como suma de una serie de potencias en los intervalos de convergencia correspondientes.

1) $\ln(1 - x)$.   2) $\ln(1 + x)$.   3) $\ln \sqrt{\dfrac{1 + 2x}{1 - 2x}}$.

1) Integrando ambos miembros de la igualdad del enunciado, obtenemos

$$-\ln{(1-x)} = \sum_{n\geq o} \int x^n\, dx = \sum_{n\geq 0} \frac{x^{n+1}}{n+1} + K.$$

Para $x = 0$, obtenemos $K = 0$. Por tanto,

$$\ln{(1-x)} = -\sum_{n\geq 0} \frac{x^{n+1}}{n+1} = -\sum_{n\geq 1} \frac{x^n}{n}.$$

2) La igualdad anterior es válida para todo $x \in (-1, 1)$ o, equivalentemente, para $-x \in (-1, 1)$. Sustituyendo x por $-x$ en el apartado anterior, resulta

$$\ln{(1+x)} = -\sum_{n\geq 1} \frac{(-1)^n x^n}{n} = \sum_{n\geq 1} \frac{(-1)^{n+1} x^n}{n}.$$

3) Escribamos $f(x)$ en la forma

$$f(x) = \frac{1}{2}\left(\ln{(1+2x)} - \ln{(1-2x)}\right).$$

La condición $-1 < 2x < 1$ equivale a $-1/2 < x < 1/2$. Así, en el intervalo $(-1/2, 1/2)$ podemos sustituir x por $2x$ en los desarrollos de los apartados anteriores:

$$\ln{(1+2x)} = \sum_{n\geq 1} (-1)^{n+1}\frac{2^n x^n}{n}, \qquad \ln{(1-2x)} = -\sum_{n\geq 1} \frac{2^n x^n}{n},$$

Entonces,

$$
\begin{aligned}
f(x) &= \frac{1}{2}\left(\ln{(1+2x)} - \ln{(1-2x)}\right) \\
&= \frac{1}{2}\left(\sum_{n\geq 1}(-1)^{n+1}\frac{2^n x^n}{n} + \sum_{n\geq 1}\frac{2^n x^n}{n},\right) \\
&= \frac{1}{2}\sum_{n\geq 1}\left((-1)^{n+1} + 1\right)\frac{2^n x^n}{n}.
\end{aligned}
$$

Notemos que

$$(-1)^{n+1} + 1 = \begin{cases} 0 \text{ si } n = 2k \text{ es par} \\ 2 \text{ si } n = 2k+1 \text{ es impar} \end{cases}$$

Por tanto,

$$f(x) = \frac{1}{2}\sum_{k\geq 0} 2 \cdot \frac{2^{2k+1}\, x^{2k+1}}{2k+1} = \sum_{k\geq 0} \frac{2^{2k+1}\, x^{2k+1}}{2k+1}.$$

462

Utilizando la serie de Taylor de la función $\ln(1+t)$, demostrar la igualdad

$$\int_0^{1/2} \ln(1+x^2)\,dx = \sum_{n=1}^{\infty} \frac{(-1)^{n+1}}{n(2n+1)2^{2n+1}}.$$

[Solución]

Para $|t| < 1$, tenemos

$$\ln(1+t) = \sum_{n \geq 1} \frac{(-1)^{n+1}}{n} t^n.$$

Mediante integración de la serie término a término, obtenemos

$$\int_0^{1/2} \ln(1+x^2)\,dx = \int_0^{1/2} \sum_{n \geq 1} \frac{(-1)^{n+1}}{n} x^{2n}\,dx$$

$$= \sum_{n \geq 1} \frac{(-1)^{n+1}}{n} \int_0^{1/2} x^{2n}\,dx$$

$$= \sum_{n \geq 1} \frac{(-1)^{n+1}}{n} \left[\frac{x^{2n+1}}{2n+1}\right]_0^{1/2}$$

$$= \sum_{n \geq 1} \frac{(-1)^{n+1}}{n(2n+1)2^{2n+1}}.$$

463

A partir de la suma

$$s(x) = \frac{1}{1-x} = \sum_{n \geq 0} x^n,$$

en el intervalo $(-1, 1)$, expresar las funciones siguientes como suma de una serie de potencias en el intervalo $(-1, 1)$.

1) $h(x) = \dfrac{1}{1+x}$.　　　2) $g(x) = \dfrac{1}{1+x^2}$.　　　3) $f(x) = \arctan x$.

[Solución]

1) Tenemos $h(x) = s(-x)$. La condición $x \in (-1, 1)$ es equivalente a la condición $-x \in (-1, 1)$. Por tanto, para $x \in (-1, 1)$, tenemos

$$h(x) = \frac{1}{1+x} = s(-x) = \sum_{n \geq 0} (-1)^n x^n.$$

2) Tenemos $g(x) = h(x^2)$. La condición $x \in (-1, 1)$ es equivalente a la condición $x^2 \in (-1, 1)$. Por tanto, para $x \in (-1, 1)$, se cumple

$$g(x) = \frac{1}{1 + x^2} = h(x^2) = \sum_{n \geq 0} (-1)^n x^{2n}.$$

3) Integrando en la igualdad anterior, para $x \in (-1, 1)$, tenemos

$$f(x) = \arctan x = \int \frac{1}{1 + x^2}\, dx$$

$$= K + \int \sum_{n \geq 0} (-1)^n x^{2n}\, dx$$

$$= K + \sum_{n \geq 0} \int (-1)^n x^{2n}\, dx$$

$$= K + \sum_{n \geq 0} (-1)^n \frac{x^{2n+1}}{2n + 1}.$$

Para $x = 0$, tenemos $0 = \arctan 0 = K$. Por tanto,

$$\arctan x = \sum_{n \geq 0} (-1)^n \frac{x^{2n+1}}{2n + 1}.$$

464

Desarrollar en serie de Taylor centrada en el origen la función

$$f(x) = \frac{3}{(1 - x)(1 + 2x)}.$$

[Solución]

Descomponemos la función racional en fracciones simples:

$$\frac{3}{(1 - x)(1 + 2x)} = \frac{A}{1 - x} + \frac{B}{1 + 2x}.$$

Obtenemos la igualdad de polinomios $A(1 + 2x) + B(1 - x) = 3$. Para $x = 1$, resulta $3A = 3$, es decir, $A = 1$. Para $x = -1/2$, obtenemos $3B/2 = 3$, es decir, $B = 2$. Tenemos

$$\frac{1}{1 - x} = \sum_{n \geq 0} x^n \qquad y \qquad \frac{2}{1 + 2x} = 2 \sum_{n \geq 0} (-1)^n 2^n x^n,$$

con la primera igualdad válida para $|x| < 1$ y la segunda para $|x| < 1/2$. Por tanto, para $|x| < 1/2$, tenemos

$$f(x) = \frac{1}{1 - x} + \frac{2}{1 + 2x} = \sum_{n \geq 0} x^n + 2 \sum_{n \geq 0} (-1)^n 2^n x^n = \sum_{n \geq 0} (1 + (-1)^n 2^{n+1}) x^n.$$

465

A partir de la serie de Taylor de la función exponencial

$$e^x = \sum_{n \geq 0} \frac{x^n}{n!},$$

deducir las series de Taylor centradas en el origen de las funciones $f(x) = \cosh x$ y $g(x) = \operatorname{senh} x$ y los radios de convergencia de las series.

[Solución]

Por definición,

$$\cosh x = \frac{1}{2}(e^x + e^{-x}) \quad \text{y} \quad \operatorname{senh} x = \frac{1}{2}(e^x - e^{-x}).$$

Las series de Taylor en $a = 0$ de e^x y e^{-x} son, respectivamente,

$$e^x = \sum_{n \geq 0} \frac{x^n}{n!} \quad \text{y} \quad e^{-x} = \sum_{n \geq 0} \frac{(-x)^n}{n!}$$

y ambas tienen radio de convergencia $+\infty$. Por tanto,

$$\cosh x = \frac{1}{2}(e^x + e^{-x}) = \frac{1}{2}\left(\sum_{n \geq 0} \frac{x^n}{n!} + \sum_{n \geq 0} (-1)^n \frac{x^n}{n!} \right) = \sum_{n \geq 0} \frac{x^{2n}}{(2n)!},$$

y

$$\operatorname{senh} x = \frac{1}{2}(e^x - e^{-x}) = \frac{1}{2}\left(\sum_{n \geq 0} \frac{x^n}{n!} - \sum_{n \geq 0} (-1)^n \frac{x^n}{n!} \right) = \sum_{n \geq 0} \frac{x^{2n+1}}{(2n+1)!},$$

ambas con radio de convergencia infinito.

466

Hallar series de potencias centradas en el origen que tengan por suma las funciones $\cos^2 x$ y $\operatorname{sen}^2 x$.

[Solución]

Utilizaremos la fórmula

$$\cos^2 x = \frac{1 + \cos 2x}{2}.$$

Para todo número real x, se cumple

$$\cos x = \sum_{n \geq 0} (-1)^n \frac{x^{2n}}{(2n)!}, \qquad \text{luego} \qquad \cos 2x = \sum_{n \geq 0} (-1)^n \frac{(2x)^{2n}}{(2n)!}.$$

Entonces,

$$\cos^2 x = \frac{1}{2} + \frac{1}{2} \sum_{n \geq 0} (-1)^n \frac{(2x)^{2n}}{(2n)!} = \frac{1}{2} + \sum_{n \geq 0} (-1)^n \frac{2^{2n-1} x^{2n}}{(2n)!} = 1 + \sum_{n \geq 1} (-1)^n \frac{2^{2n-1} x^{2n}}{(2n)!}.$$

Para la función $x \mapsto \operatorname{sen}^2 x$, tenemos

$$\operatorname{sen}^2 x = 1 - \cos^2 x = \sum_{n \geq 1} (-1)^{n+1} \frac{2^{2n-1} x^{2n}}{(2n)!}.$$

467

Desarrollar en serie de Taylor centrada en el origen la función $f(x) = (2 + e^{-x})^2$.

[Solución]

Desarrollando el cuadrado, obtenemos

$$f(x) = (2 + e^{-x})^2 = 4 + 4e^{-x} + e^{-2x}.$$

Recordemos que, para todo real x,

$$e^x = \sum_{n \geq 0} \frac{x^n}{n!},$$

luego

$$4e^{-x} = 4 \sum_{n \geq 0} \frac{(-1)^n x^n}{n!}, \qquad e^{-2x} = \sum_{n \geq 0} \frac{(-1)^n 2^n x^n}{n!}.$$

En consecuencia,

$$f(x) = 4 + \left(4 + \sum_{n \geq 1} \frac{4(-1)^n x^n}{n!}\right) + \left(1 + \sum_{n \geq 1} \frac{(-1)^n 2^n x^n}{n!}\right) = 9 + \sum_{n \geq 1} \frac{(4 + 2^n)(-1)^n x^n}{n!}$$

para todo real x.

468

Hallar una serie de potencias de suma la función $f(x) = \operatorname{arg senh} x$.

[Solución]

La derivada de $f(x)$ es $f'(x) = 1/\sqrt{1 + x^2} = (1 + x^2)^{-1/2}$. El desarrollo

$$(1 + x)^\alpha = \sum_{n \geq 0} \binom{\alpha}{n} x^n,$$

válido para $x \in (-1, 1)$, proporciona el de $f'(x)$:

$$f'(x) = (1 + x^2)^{-1/2} = \sum_{n \geq 0} \binom{-1/2}{n} (x^2)^n = \sum_{n \geq 0} \binom{-1/2}{n} x^{2n}.$$

Integrando,

$$f(x) = \sum_{n \geq 0} \binom{-1/2}{n} \frac{1}{2n+1} x^{2n+1} + K.$$

Para $x = 0$, tenemos $0 = \arg \operatorname{senh} 0 = K$, luego $K = 0$. Explicitemos el coeficiente de x^{2n+1}:

$$\begin{aligned}
\binom{-1/2}{n} \frac{1}{2n+1} &= \frac{-1}{2}\left(\frac{-1}{2} - 1\right)\left(\frac{-1}{2} - 2\right) \cdots \left(\frac{-1}{2} - (n-1)\right) \frac{1}{2n+1} \\
&= \frac{(-1)(-3)(-5) \cdots (-(2n-1))}{2^n \, n! \, (2n+1)} \\
&= (-1)^n \frac{1 \cdot 3 \cdot 5 \cdots (2n-1)}{2 \cdot 4 \cdot 6 \cdots 2n \cdot (2n+1)}.
\end{aligned}$$

En definitiva, para $x \in (-1, 1)$ se tiene

$$\arg \operatorname{senh} x = x + \sum_{n \geq 1} (-1)^n \frac{1 \cdot 3 \cdot 5 \cdots (2n-1)}{2 \cdot 4 \cdot 6 \cdots 2n \cdot (2n+1)} x^{2n+1}.$$

469

Hallar las primitivas de la función $f(x) = (\operatorname{sen} x)/x$, expresadas como suma de una serie de potencias.

[Solución]

Recordemos que las primitivas de la función $f(x) = \operatorname{sen} x/x$ no admiten representación como combinación de funciones elementales. Sin embargo, pueden expresarse como suma de series de potencias, como veremos.

Para todo real x, se cumple

$$\operatorname{sen} x = \sum_{n \geq 0} (-1)^n \frac{x^{2n+1}}{(2n+1)!}.$$

Por tanto, para $x \neq 0$,

$$\frac{\operatorname{sen} x}{x} = \sum_{n \geq 0} (-1)^n \frac{x^{2n}}{(2n+1)!}.$$

Tomando primitivas,

$$\int \frac{\operatorname{sen} x}{x} \, dx = K + \sum_{n \geq 0} (-1)^n \frac{x^{2n+1}}{(2n+1) \cdot (2n+1)!}.$$

470

Hallar las primitivas de la función $f(x) = e^{-x^2}$, expresadas como suma de una serie de potencias.

[Solución]

Recordemos que las primitivas de la función $f(x) = e^{-x^2}$ no admiten representación como combinación de funciones elementales. Sin embargo, pueden expresarse como suma de series de potencias, como veremos.

Para todo real x, se cumple

$$e^x = \sum_{n\geq 0} \frac{x^n}{n!}.$$

Por tanto, para todo real x,

$$e^{-x^2} = \sum_{n\geq 0} \frac{(x^2)^n (-1)^n}{n!} = \sum_{n\geq 0} \frac{(-1)^n}{n!} x^{2n}.$$

Tomando primitivas,

$$\int e^{-x^2} dx = \sum_{n\geq 0} \int \frac{(-1)^n}{n!} x^{2n} dx = K + \sum_{n\geq 0} \frac{(-1)^n}{(2n+1)\cdot n!} x^{2n+1}.$$

471

La sucesión de Fibonacci es la sucesión definida recurrentemente por

$$a_0 = 0, \quad a_1 = 1, \qquad a_{n+2} = a_{n+1} + a_n, \quad n \geq 0.$$

El objetivo del problema es hallar una fórmula explícita para a_n. Demostrar:

1) Para todo $n \geq 3$, se cumple $(-1)^n(a_n a_{n-3} - a_{n-1} a_{n-2}) = 1$.

2) La sucesión $b_n = a_{2n+1}/a_{2n}$ es monótona decreciente y acotada inferiormente, y la sucesión $c_n = a_{2n}/a_{2n-1}$ es monótona creciente y acotada superiormente.

3) El radio de convergencia de la serie de potencias $\sum_{n\geq 0} a_n x^n$ es $r = (\sqrt{5} - 1)/2$.

4) La suma de la serie de potencias $\sum_{n\geq 0} a_n x^n$ es la función

$$f(x) = \frac{-x}{x^2 + x - 1}.$$

5) $f(x) = \dfrac{1}{\sqrt{5}} \sum_{n\geq 0} (\alpha^n - \beta^n)x^n$, donde $\alpha = (1 + \sqrt{5})/2$ y $\beta = (1 - \sqrt{5})/2$.

6) $a_n = \dfrac{1}{\sqrt{5}}(\alpha^n - \beta^n)$.

1) Por inducción sobre n. Para $n = 3$, tenemos $(-1)^3(a_3a_0 - a_2a_1) = (-1)^3(2 \cdot 0 - 1 \cdot 1) = 1$. Sea ahora $n \geq 3$ y supongamos la igualdad válida para n, es decir, $(-1)^n(a_na_{n-3} - a_{n-1}a_{n-2}) = 1$, que, equivalentemente, puede escribirse, $a_{n-1}a_{n-2} - a_na_{n-3} = (-1)^{n+1}$. Entonces,

$$
\begin{aligned}
(-1)^{n+1}(a_{n+1}a_{n-2} - a_na_{n-1}) &= (-1)^{n+1}((a_n + a_{n-1})a_{n-2} - a_n(a_{n-2} + a_{n-3})) \\
&= (-1)^{n+1}(a_{n-1}a_{n-2} - a_na_{n-3}) \\
&= (-1)^{n+1}(-1)^{n+1} \\
&= 1.
\end{aligned}
$$

2) Tenemos

$$
b_{n+1} - b_n = \frac{a_{2n+3}}{a_{2n+2}} - \frac{a_{2n+1}}{a_{2n}} = \frac{a_{2n+3}a_{2n} - a_{2n+2}a_{2n+1}}{a_{2n+2}a_{2n}} = \frac{(-1)^{2n+3}}{a_{2n+2}a_{2n}} = \frac{-1}{a_{2n+2}a_{2n}} < 0,
$$

luego (b_n) es decreciente. Puesto que la sucesión (a_n) es creciente, tenemos

$$
b_n = \frac{a_{2n+1}}{a_{2n}} > \frac{a_{2n}}{a_{2n}} = 1,
$$

por lo que (b_n) está acotada inferiormente por 1. Análogamente,

$$
c_{n+1} - c_n = \frac{a_{2n+2}}{a_{2n+1}} - \frac{a_{2n}}{a_{2n-1}} = \frac{a_{2n+2}a_{2n-1} - a_{2n+1}a_{2n}}{a_{2n+1}a_{2n-1}} = \frac{(-1)^{2n+2}}{a_{2n+1}a_{2n-1}} = \frac{1}{a_{2n+2}a_{2n-1}} > 0,
$$

luego (c_n) es creciente. Además,

$$
c_n = \frac{a_{2n}}{a_{2n-1}} = \frac{a_{2n-1} + a_{2n-2}}{a_{2n-1}} < \frac{2a_{2n-1}}{a_{2n-1}} = 2.
$$

Por tanto, c_n está acotada superiormente por 2.

3) De acuerdo con el apartado anterior, y según el teorema de la convergencia monótona, las sucesiones (b_n) y (c_n) tienen límite. Sean $\ell_1 = \lim_n b_n$ y $\ell_2 = \lim_n c_n$. Tenemos

$$
\ell_1 = \lim_n \frac{a_{2n+1}}{a_{2n}} = \lim_n \frac{a_{2n} + a_{2n-1}}{a_{2n}} = \lim_n \left(1 + \frac{a_{2n-1}}{a_{2n}}\right) = \lim_n \left(1 + \frac{1}{a_{2n}/a_{2n-1}}\right) = 1 + \frac{1}{\ell_2}.
$$

Obtenemos, pues, $\ell_1\ell_2 = \ell_2 + 1$. Análogamente, se obtiene $\ell_2\ell_1 = \ell_1 + 1$, lo que permite concluir que $\ell_1 = \ell_2$. Por tanto, existe el límite

$$
\ell = \ell_1 = \ell_2 = \lim_n \frac{a_{n+1}}{a_n}
$$

y satisface la igualdad $\ell^2 = \ell + 1$. Las dos soluciones de esta ecuación en ℓ son

$$
\alpha = \frac{1}{2}(1 + \sqrt{5}) \quad \text{y} \quad \beta = \frac{1}{2}(1 - \sqrt{5}).
$$

Puesto que $\alpha > 0$ y $\beta < 0$, y la sucesión a_{n+1}/a_n es de términos positivos, resulta $\ell = \alpha$. El radio de convergencia de la serie es, pues,

$$r = \frac{1}{\alpha} = \frac{2}{1 + \sqrt{5}} = \frac{2(1 - \sqrt{5})}{-4} = \frac{\sqrt{5} - 1}{2} = -\beta.$$

Señalemos las relaciones siguientes entre α y β, que se utilizarán en lo que sigue:

$$\alpha\beta = -1, \qquad \alpha - \beta = \sqrt{5}, \qquad \alpha = |\alpha| > |\beta| = -\beta.$$

4) Sea $f(x)$ la suma de la serie. Tenemos

$$\begin{aligned} f(x) &= a_1 x + a_2 x^2 + a_3 x^3 + a_4 x^4 + \cdots \\ x f(x) &= a_1 x^2 + a_2 x^3 + a_3 x^4 + \cdots \\ x^2 f(x) &= a_1 x^3 + a_2 x^4 + \cdots \end{aligned}$$

Puesto que $a_{n+2} = a_{n+1} + a_n$, restando las dos últimas igualdades a la primera, resulta

$$(1 - x - x^2)f(x) = a_1 x + (a_2 - a_1)x^2 = x,$$

luego

$$f(x) = \frac{x}{1 - x - x^2} = \frac{-x}{x^2 + x - 1}.$$

5) Descompongamos $f(x)$ en fracciones simples. Las raíces del denominador $x^2 + x - 1$ son $(-1 - \sqrt{5})/2 = -\alpha$ y $(-1 + \sqrt{5})/2 = -\beta$. Tenemos

$$\frac{-x}{x^2 + x - 1} = \frac{A}{x + \alpha} + \frac{B}{x + \beta},$$

de donde $-x = A(x + \beta) + B(x + \alpha)$. Para $x = -\alpha$, resulta $\alpha = A(-\alpha + \beta) = -A\sqrt{5}$, es decir, $A = -\alpha/\sqrt{5}$. Para $x = -\beta$, resulta $\beta = B(-\beta + \alpha) = B\sqrt{5}$, es decir, $B = \beta/\sqrt{5}$. Tenemos, pues,

$$\begin{aligned} f(x) &= -\frac{\alpha}{\sqrt{5}} \cdot \frac{1}{x + \alpha} + \frac{\beta}{\sqrt{5}} \cdot \frac{1}{x + \beta} \\ &= -\frac{\alpha}{\sqrt{5}} \cdot \frac{1/\alpha}{1 + x/\alpha} + \frac{\beta}{\sqrt{5}} \cdot \frac{1/\beta}{1 + x/\beta} \\ &= -\frac{1}{\sqrt{5}} \cdot \frac{1}{1 - \beta x} + \frac{1}{\sqrt{5}} \cdot \frac{1}{1 - \alpha x} \\ &= -\frac{1}{\sqrt{5}} \sum_{n \geq 0} (\beta x)^n + \frac{1}{\sqrt{5}} \sum_{n \geq 0} (\alpha x)^n \qquad (7.6) \\ &= \frac{1}{\sqrt{5}} \sum_{n \geq 0} (\alpha^n - \beta^n) x^n. \end{aligned}$$

El desarrollo (7.6) es válido para $|\beta x| < 1$ y $|\alpha x| < 1$. Ahora, $|\beta x| < 1$ equivale a $|x| < 1/|\beta| = 1/(-\beta) = \alpha$ y $|\alpha x| < 1$ equivale a $|x| < 1/|\alpha| = |\beta| = -\beta$. Como $-\beta < \alpha$, la igualdad (7.6) es válida para $|x| < -\beta$ (es decir, en el intervalo de convergencia calculado en el tercer apartado).

6) Puesto que

$$f(x) = \sum_{n \geq 0} a_n x^n = \sum_{n \geq 0} \frac{1}{\sqrt{5}}(\alpha^n - \beta^n)x^n,$$

la unicidad del desarrollo en serie implica que

$$a_n = \frac{1}{\sqrt{5}}(\alpha^n - \beta^n) = \frac{1}{\sqrt{5}}\left(\left(\frac{1 + \sqrt{5}}{2}\right)^n - \left(\frac{1 - \sqrt{5}}{2}\right)^n\right).$$

Problemas propuestos

Problema 472

Expresar el polinomio $P(x) = \frac{1}{3}x^3 - \frac{5}{2}x^2 + 7x - \frac{14}{3}$ como polinomio en $x - 2$.

Problema 473

Determinar el polinomio $p(x)$ que cumple

$$p(0) = -5, \quad p(1) = -8,$$
$$2p(x + 3) - 3p(x + 2) + p(x) = 18x.$$

Problema 474

Calcular el desarrollo de Taylor en el origen con tres términos no nulos y resto de Lagrange de la función $f(x) = \mathrm{sen}^2\, x$.

Problema 475

Calcular el desarrollo de Taylor en el origen con tres términos no nulos y resto de Lagrange de la función $f(x) = \cos^3 x$.

Calcular los límites siguientes:

Problema 476

$$\lim_{x \to 0} \frac{x \tan x - \tan^2 x}{\mathrm{sen}^2\, x - x \,\mathrm{sen}\, x}.$$

Problema 477

$$\lim_{x \to 0} \left(\frac{\cosh x}{\cos x}\right)^{\frac{\ln(1 + x)}{x - \mathrm{sen}\, x}}.$$

Problema 478

$$\lim_{x \to 0} (1 - \cos x) \cot x.$$

Problema 479

$$\lim_{x \to \pi/2} \left(\frac{x}{\cot x} - \frac{\pi}{2\cos x}\right).$$

Problema 480

$$\lim_{x \to 0} \frac{\arctan(\mathrm{arc\, sen}\, x^2)}{(e^x - 1)\ln(1 + 2x)}.$$

Problema 481

$$\lim_{x \to 0} \frac{\cos(\mathrm{sen}\, 2x) - \cos 2x}{x^4}.$$

Problema 482

Calcular $\sqrt[2]{e}$ con un error menor que 10^{-4}.

Problema 483

Calcular $\cos 1$ con un error menor que 10^{-5}.

Problema 484

Consideremos la función $f(x) = (x - 1)e^{x+1}$. Calcular:

1) La derivada n-ésima de f para todo natural n.
2) La fórmula de Taylor de grado n y resto de Lagrange en el punto $a = 1$.

Hallar el dominio de convergencia de las siguientes series:

Problema 485

$$\sum_{n \geq 1} \frac{x^n}{n^n}.$$

Problema 486

$$\sum_{n \geq 1} \frac{(x + 1)^n}{n\, 3^n}.$$

487

$$\sum_{n \geq 2} \frac{(-1)^{\binom{n}{2}}}{(n+1)(n+2)2^n}(x-5)^n.$$

488

$$\sum_{n \geq 2} \frac{(-1)^n (2x)^{2n}}{2n}.$$

489

$$\sum_{n \geq 0} (-1)^n \frac{(x/2)^n}{2n+1}.$$

490

$$\sum_{n \geq 0} \frac{x^n}{a^n + b^n}, \quad (a > b > 0).$$

491

$$\sum_{n \geq 0} \frac{e^{-n}}{n+1} x^n.$$

Hallar el dominio de convergencia y la suma de las siguientes series.

492

$$\sum_{n \geq 0} (2n^2 - n + 3)x^{n+1}.$$

493

$$\sum_{n \geq 0} (-3)^n \frac{n+3}{n+2} x^n.$$

494

$$\sum_{n \geq 0} (-1)^n (2n+1)x^{2n}.$$

495

Consideremos la serie de potencias $\sum_{n \geq 0} \frac{n+1}{n!} x^n$.

1) Hallar su dominio de convergencia.

2) Hallar su función suma.

3) Sumar la serie numérica $\sum_{n \geq 0} \frac{n+1}{n!}$.

496

Demostrar que, para todo real x,

$$\int_0^x \frac{\operatorname{sen}^2 t}{t}\, dt = \sum_{n \geq 1} (-1)^{n+1} \frac{2^{2n-2}}{n\,(2n)!}\, x^{2n}.$$

Indicación: Sea $F(x)$ el término de la izquierda. Tenemos $F'(x) = \operatorname{sen}^2 x / x$. Utilizar el desarrollo del problema 466 e integrar.

Desarrollar en serie de potencias centrada en el origen las siguientes funciones.

497

$$f(x) = \frac{2x - 2}{x^2 - 2x - 1}.$$

498

$$f(x) = \ln \sqrt[3]{\frac{1 + 3x}{1 - 3x}}.$$

499

$$f(x) = \frac{5x^2 + 4x - 17}{-x^3 + 7x + 6}.$$

500

$$f(x) = \frac{x^4}{x^4 + 25}.$$

501

$$f(x) = \sqrt[3]{1 + x^2}.$$

502

Sea $f(x) = \frac{1}{1 + x^4}.$

1) Calcular la serie de Taylor de $f(x)$ en $x = 0$.

2) Calcular la serie de Taylor de la función

$$\int_0^x f(t)\, dt$$

en $x = 0$ y su radio de convergencia.

3) Calcular

$$\int_0^{3/4} f(t)\, dt$$

con un error inferior a $0{,}005$.

Funciones de varias variables

8

El espacio euclidiano $\mathbb{R}^n$

Los elementos del conjunto $\mathbb{R}^n$ se denominan *vectores* o *puntos*, dependiendo del contexto en que preferentemente se consideren. Recordemos que $\mathbb{R}^n$ tiene estructura de espacio vectorial con las operaciones siguientes: si $\mathbf{u} = (u_1, \ldots, u_n)$ y $\mathbf{v} = (v_1, \ldots, v_n)$ son elementos de $\mathbb{R}^n$ y $\lambda \in \mathbb{R}$, la *suma* de $\mathbf{u}$ y $\mathbf{v}$ es el vector $\mathbf{u} + \mathbf{v} = (u_1 + v_1, \ldots, u_n + v_n)$, y el *producto* de λ por $\mathbf{u}$ es el vector $\lambda\mathbf{x} = (\lambda x_1, \ldots, \lambda x_n)$. En este contexto, los elementos de $\mathbb{R}^n$ se denominan *vectores* y los números reales, *escalares*. Si se quieren remarcar aspectos más geométricos, los elementos de $\mathbb{R}^n$ se denominan *puntos* y sus componentes se suelen denominar *coordenadas*.

Dados un punto $\mathbf{x} = (x_1, \ldots, x_n)$ y un vector $\mathbf{v} = (v_1, \ldots, v_n)$, existe un único punto $\mathbf{y} = (y_1, \ldots, y_n)$ tal que $y_i - x_i = v_i$ para todo $i = 1, \ldots, n$, que es el punto de coordenadas $y_i = x_i + v_i$ para todo $i = 1, \ldots, n$. En estas condiciones, es natural utilizar las notaciones $\mathbf{y} = \mathbf{x} + \mathbf{v}$ y $\mathbf{v} = \mathbf{y} - \mathbf{x}$; el par ordenado $(\mathbf{x}, \mathbf{y})$ se denomina el *representante* de $\mathbf{v}$ de origen $\mathbf{x}$ y de *extremo* $\mathbf{y}$.

El *producto escalar* de dos vectores $\mathbf{u} = (u_1, \ldots, u_n)$ y $\mathbf{v} = (v_1, \ldots, v_n)$ es el número real

$$\mathbf{u} \cdot \mathbf{v} = u_1 v_1 + \cdots + u_n v_n,$$

y tiene las siguientes propiedades: para cualesquiera vectores $\mathbf{u}$, $\mathbf{v}$ y $\mathbf{w}$, y todo escalar λ, se cumplen

- $\mathbf{u} \cdot \mathbf{v} = \mathbf{v} \cdot \mathbf{u}$;
- $\mathbf{u}(\mathbf{v} + \mathbf{w}) = \mathbf{u} \cdot \mathbf{v} + \mathbf{u} \cdot \mathbf{w}$;
- $(\lambda\mathbf{u}) \cdot \mathbf{v} = \lambda(\mathbf{u} \cdot \mathbf{v}) = \mathbf{u} \cdot (\lambda\mathbf{v})$.

La *norma* o *módulo* de un vector $\mathbf{u} = (u_1, \ldots, u_n)$ es el número real

$$\|\mathbf{u}\| = \sqrt{\mathbf{u} \cdot \mathbf{u}} = \sqrt{u_1^2 + \ldots + u_n^2}.$$

Para cualesquiera vectores $\mathbf{u}$ y $\mathbf{v}$ y para todo escalar λ, se cumplen

- $\|\mathbf{u}\| \geq 0$;
- $\|\mathbf{u}\| = \mathbf{0}$ si, y sólo si, $\mathbf{u} = \mathbf{0}$;

- $\|\lambda \mathbf{u}\| = |\lambda| \cdot \|\mathbf{u}\|$;
- $\|\mathbf{u} + \mathbf{v}\| \leq \|\mathbf{u}\| + \|\mathbf{v}\|$.

Un vector $\mathbf{v}$ es *unitario* si $\|\mathbf{v}\| = 1$.

Suponemos conocido el concepto de *ángulo* que forman dos vectores. Señalemos que, si α es el ángulo que forman los vectores $\mathbf{u}$ y $\mathbf{v}$, entonces

$$\mathbf{u} \cdot \mathbf{v} = \|\mathbf{u}\| \cdot \|\mathbf{v}\| \cdot \cos \alpha.$$

Topología de $\mathbb{R}^n$

La *distancia* entre dos puntos $\mathbf{x} = (x_1, \ldots, x_n)$ e $\mathbf{y} = (y_1, \ldots, y_n)$ de $\mathbb{R}^n$, denotada por $d(\mathbf{x}, \mathbf{y})$, es la norma del vector $\mathbf{y} - \mathbf{x}$:

$$d(\mathbf{x}, \mathbf{y}) = \|\mathbf{y} - \mathbf{x}\| = \sqrt{(y_1 - x_1)^2 + \cdots + (y_n - x_n)^2}.$$

Para cualesquiera puntos $\mathbf{x}$, $\mathbf{y}$, $\mathbf{z}$, se cumplen las propiedades siguientes:

- $d(\mathbf{x}, \mathbf{y}) \geq 0$;
- $d(\mathbf{x}, \mathbf{y}) = 0$ si, y sólo si, $\mathbf{x} = \mathbf{y}$;
- $d(\mathbf{x}, \mathbf{y}) = d(\mathbf{y}, \mathbf{x})$;
- $d(\mathbf{x}, \mathbf{z}) \leq d(\mathbf{x}, \mathbf{y}) + d(\mathbf{y}, \mathbf{z})$ (desigualdad triangular).

Dados un punto $\mathbf{a}$ y un número real $r > 0$, se define la *bola de centro* $\mathbf{a}$ y *radio* r, denotada por $\mathscr{B}_r(\mathbf{a})$, como el conjunto de puntos cuya distancia a $\mathbf{a}$ es menor que r:

$$\mathscr{B}_r(\mathbf{a}) = \{\mathbf{x} \in \mathbb{R}^n \ : \ d(\mathbf{a}, \mathbf{x}) < r\}.$$

Para $n = 1$, este concepto coincide con el que ya se ha visto de entorno de un punto, razón por la cual a veces utilizaremos la palabra *entorno* de $\mathbf{a}$ como sinónimo de bola de centro $\mathbf{a}$; para $n = 2$, la bola de centro $\mathbf{a}$ y radio r es un círculo de centro $\mathbf{a}$ y radio r, excluida la circunferencia.

Sea A un subconjunto de $\mathbb{R}^n$. Un punto $\mathbf{a}$ de $\mathbb{R}^n$ es un *punto frontera* de A si todo entorno de $\mathbf{a}$ contiene puntos de A y puntos que no son de A. La *frontera* de A es el conjunto formado por todos los puntos frontera de A, y se denota por $\mathscr{F}(A)$. Notemos que un punto frontera de A puede pertenecer o no al conjunto A, por lo que, en general, $\mathscr{F}(A)$ puede contener puntos de A y puntos que no son de A. Un conjunto A es *cerrado* si contiene todos los puntos de su frontera, es decir, si $\mathscr{F}(A) \subseteq A$; y un conjunto es *abierto* si no contiene ningún punto de su frontera, es decir, si $A \cap \mathscr{F}(A) = \emptyset$. (Subrayemos la obviedad de que abundan los conjuntos que no son ni abiertos ni cerrados.)

El conjunto $\overline{A} = A \cup \mathscr{F}(A)$ se denomina *adherencia* o *clausura* de A; ciertamente, un conjunto A es cerrado si, y sólo si, $A = \overline{A}$. El conjunto $\overset{\circ}{A} = A \setminus \mathscr{F}(A)$ se denomina *interior* de A; vemos que A es abierto si, y sólo si, $A = \overset{\circ}{A}$. Los conjuntos abiertos pueden también caracterizarse por la siguiente propiedad: un conjunto A es abierto si, y sólo si, todo punto de A tiene un entorno contenido en A.

Un conjunto A está *acotado* si está contenido en alguna bola; equivalentemente, si está contenido en un producto de intervalos (v. problema 505).

Si un subconjunto de $\mathbb{R}^n$ es cerrado y acotado, se dice que es *compacto*. El concepto de compacidad es de gran importancia en relación con la continuidad de funciones, como veremos más adelante.

Un punto $\mathbf{a} \in \mathbb{R}^n$ es un *punto de acumulación* de un conjunto A si toda bola centrada en $\mathbf{a}$ contiene algún punto de A distinto de $\mathbf{a}$. Esto es equivalente a decir que toda bola centrada en $\mathbf{a}$ contiene infinitos puntos de A (v. problema 506).

Funciones de varias variables: conceptos generales

Sean n y m números naturales. Una función de n variables reales es una aplicación $f : D \to \mathbb{R}^m$, donde D es un subconjunto de $\mathbb{R}^n$ denominado *dominio* de f. Si $m = 1$, se dice que f es una *función real* o *escalar*. Si $m \geq 2$, se dice que f es una función *vectorial* (o también *m*-vectorial). La función f hace corresponder a cada elemento $\mathbf{x} = (x_1, x_2, \ldots, x_n) \in D$ exactamente un elemento $\mathbf{y} \in \mathbb{R}^m$, el cual se denota por $\mathbf{y} = f(\mathbf{x})$; en este caso, se dice que $\mathbf{y}$ es *la imagen* de $\mathbf{x}$ y que $\mathbf{x}$ es *una antiimagen* u *original* de $\mathbf{y}$. El conjunto de imágenes se denota por $f(D)$ y se denomina el *recorrido* o la *imagen* de f.

Asociadas a una función vectorial $f : D \to \mathbb{R}^m$, con $D \subseteq \mathbb{R}^n$, existen m funciones escalares $f_1, \ldots, f_m$ de dominio D definidas por la propiedad

$$f(\mathbf{x}) = (f_1(\mathbf{x}), \ldots, f_m(\mathbf{x})),$$

es decir, $f_i(\mathbf{x})$ es la i-ésima coordenada de $f(\mathbf{x})$ para cada $\mathbf{x} \in D$. Las funciones f_i se denominan *coordenadas* de f, y suele utilizarse la notación $f = (f_1, f_2, \ldots, f_m)$. A menudo, el estudio de una función vectorial se reduce al estudio de sus funciones coordenadas, por lo cual, si no se dice lo contrario, siempre nos referiremos a funciones reales, es decir, al caso $m = 1$.

Como en el caso de una variable, habitualmente queda definida una función mediante una expresión que permite calcular la imagen que corresponde a cada elemento, pero sin explicitar el dominio. En este caso, se sobreentiende que el dominio es el conjunto de puntos de $\mathbb{R}^n$ para los que la expresión dada tiene sentido, es decir, el conjunto de puntos para los que es posible calcular la imagen.

Sea f una función real de dominio $D \subseteq \mathbb{R}^n$. El conjunto de puntos de $\mathbb{R}^{n+1}$ de la forma $(x_1, x_2, \ldots, x_n, f(\mathbf{x}))$, con $\mathbf{x} = (x_1, x_2, \ldots, x_n) \in D$, se denomina *gráfica* de f. Como ya sabemos, para $n = 1$ la gráfica es habitualmente una curva de $\mathbb{R}^2$. Para $n = 2$, la gráfica es usualmente una superficie de $\mathbb{R}^3$. En relación con las gráficas, son de utilidad los denominados *conjuntos de nivel* de f. Sea $k \in \mathbb{R}$. El conjunto $C_k = \{\mathbf{x} \in D : f(\mathbf{x}) = k\}$ se denomina *conjunto de nivel* k de la función f. Para $n = 2$, se trata de curvas de $\mathbb{R}^2$ que reciben el nombre específico de *curvas de nivel* de f.

Los conceptos de inyectividad, operaciones con funciones y cotas superiores e inferiores son completamente análogos a los conceptos correspondientes para funciones de una variable.

Límites y continuidad

Sean f una función real de dominio D y $\mathbf{a}$ un punto de acumulación de D.

El *límite* de f en $\mathbf{a}$ es el número real ℓ si, para cada entorno $\mathcal{B}_\epsilon(\ell)$ de ℓ, existe un entorno $\mathcal{B}_\delta(\mathbf{a})$ tal que todos los puntos $\mathbf{x} \in D \cap (\mathcal{B}_\delta(\mathbf{a}) \setminus \{\mathbf{a}\})$ tienen sus imágenes en $\mathcal{B}_\epsilon(\ell)$. Equivalentemente, si para cada $\epsilon > 0$ existe un $\delta > 0$ tal que

$$\mathbf{x} \in D \ \text{y} \ 0 < d(\mathbf{a}, \mathbf{x}) < \delta \ \Rightarrow \ |f(\mathbf{x}) - \ell| < \epsilon.$$

El *límite* de f en **a**, si existe, es único. La notación

$$\lim_{x \to \mathbf{a}} f(x) = \ell$$

significa que el límite de f en **a** existe y que es ℓ.

El *límite* de f en **a** es $+\infty$, y se escribe $\lim_{x \to \mathbf{a}} f(\mathbf{x}) = +\infty$, si, para cada $K > 0$, existe un entorno $\mathscr{B}_\delta(\mathbf{a})$ tal que todos los puntos $\mathbf{x} \in D \cap (\mathscr{B}_\delta(\mathbf{a}) \setminus \{\mathbf{a}\})$ cumplen $f(\mathbf{x}) > K$. Equivalentemente, si

$$\mathbf{x} \in D \ \text{ y } \ 0 < d(\mathbf{a}, \mathbf{x}) < \delta \ \Rightarrow \ f(\mathbf{x}) > K.$$

El *límite* de f en **a** es $-\infty$, y se escribe $\lim_{x \to \mathbf{a}} f(\mathbf{x}) = -\infty$, si para cada $K < 0$ existe un entorno $\mathscr{B}_\delta(\mathbf{a})$ tal que todos los puntos $\mathbf{x} \in D \cap (\mathscr{B}_\delta(\mathbf{a}) \setminus \{\mathbf{a}\})$ cumplen $f(\mathbf{x}) < K$. Equivalentemente, si

$$\mathbf{x} \in D \ \text{ y } \ 0 < d(\mathbf{a}, \mathbf{x}) < \delta \ \Rightarrow \ f(\mathbf{x}) < K.$$

En las tres definiciones anteriores, la condición de que **a** sea un punto de acumulación de D es un requisito para que el conjunto $D \cap (\mathscr{B}_\delta(\mathbf{a}) \setminus \{\mathbf{a}\})$ no sea vacío, sea cual sea δ.

Sean $C \subseteq \mathbb{R}^n$ y **a** un punto de acumulación de $C \cap D$. El *límite de f en **a** según el subconjunto C* se define de manera análoga, sustituyendo D por $D \cap C$ en las definiciones anteriores. Un caso particular importante es el de los *límites direccionales*, para los cuales el subconjunto C es una recta que pasa por **a**. Se deduce fácilmente que, si el límite de f en **a** es ℓ, entonces el límite de f en **a** según cualquier subconjunto C (tal que **a** sea un punto de acumulación de $C \cap D$) también es ℓ; análogamente, con $+\infty$ y $-\infty$. Esta propiedad se utiliza a menudo como técnica para demostrar que no existe el límite de una función f en un punto **a**: basta calcular los límites de f en **a** según dos subconjuntos y comprobar que estos límites son distintos (véase, por ejemplo, el problema 510).

El comportamiento de los límites respecto a las operaciones y desigualdades es similar al del caso $n = 1$ (siempre que la similitud tenga sentido), pero el cálculo efectivo de límites puede ser considerablemente más complicado.

Una función f es *continua* en un punto **a** de su dominio D si

$$\lim_{\mathbf{x} \to \mathbf{a}} f(\mathbf{x}) = f(\mathbf{a}).$$

Como en el caso de una variable, esta condición equivale a las tres siguientes.

(i) existe $\ell = \lim_{\mathbf{x} \to \mathbf{a}} f(\mathbf{x})$ y es un número real;   (ii) $\mathbf{a} \in D$;   (iii) $\ell = f(\mathbf{a})$.

Si se cumple la condición (i), pero no la (ii) o la (iii), entonces se dice que f tiene una *discontinuidad evitable* en **a**. En este caso, se puede definir una nueva función F por $F(\mathbf{a}) = \ell$ y $F(\mathbf{x}) = f(\mathbf{x})$ para todo $\mathbf{x} \in D$, $\mathbf{x} \neq \mathbf{a}$. La función F difiere de f sólo en el punto **a**, en el que F es continua y f no. Se dice entonces que F es la *prolongación por continuidad* de f en **a**. Si f no es continua en **a** y la discontinuidad no es evitable, se dice que f tiene una *discontinuidad esencial* en **a**.

La relación de la continuidad con las operaciones es la misma que la que se ha visto en el capítulo 2 para el caso $n = 1$.

Una función f es *continua* en $A \subseteq \mathbb{R}^n$ si es continua en todo punto $\mathbf{a} \in A$.

El resultado más importante en cuanto a la continuidad en conjuntos es el siguiente teorema.

Teorema de Weierstrass. Si $K \subseteq \mathbb{R}^n$ es un compacto y $f: K \to \mathbb{R}^m$ es una función continua en K, entonces $f(K)$ es un compacto de $\mathbb{R}^m$.

Como consecuencia, se obtiene el siguiente corolario.

Corolario. Si f es una función real continua definida en un compacto $K \subseteq \mathbb{R}^n$, entonces existen **a** y **b** en K tales que $f(\mathbf{a}) \leq f(\mathbf{x}) \leq f(\mathbf{b})$ para todo $\mathbf{x} \in K$.

Menos formalmente, el corolario anterior asegura que una función definida en un compacto alcanza máximo y mínimo absolutos en dicho compacto.

Coordenadas polares

Sea $\mathbf{a} = (a_1, a_2)$ un punto de $\mathbb{R}^2$. Es fácil ver que la función (denominada cambio a *coordenadas polares centradas en* (a_1, a_2)) $p: [0, +\infty) \times \mathbb{R} \to \mathbb{R}^2$, definida por $p(r, \alpha) = (a_1 + r \cos \alpha, a_2 + r \operatorname{sen} \alpha)$, es exhaustiva y continua en todo punto de su dominio. Esta función y sus propiedades se utilizan con frecuencia para calcular el límite de funciones de dos variables. Sea $f: D \to \mathbb{R}$ una función real, con $D \subseteq \mathbb{R}^2$, y $\mathbf{a} = (a_1, a_2)$ un punto de acumulación de D. Para cualquier α, se cumple $p(0, \alpha) = \mathbf{a} = (a_1, a_2)$. Si existe lím $_{\mathbf{x} \to \mathbf{a}} f(\mathbf{x})$, para cualquier α_0 fijado, tenemos la igualdad

$$\lim_{\mathbf{x} \to \mathbf{a}} f(\mathbf{x})) = \lim_{(r, \alpha) \to (0, \alpha_0)} (f(p(r, \alpha)) = \lim_{(r, \alpha) \to (0, \alpha_0)} f(a_1 + r \cos \alpha, a_2 + r \operatorname{sen} \alpha).$$

Recíprocamente, si para cada α_0 existe el límite de la derecha, entonces existe el de la izquierda y ambos coinciden. Por ejemplo, si $f(a_1 + r \cos \alpha, a_2 + r \operatorname{sen} \alpha) = h(r)g(\alpha)$ para ciertas funciones h y g, y la función $g(\alpha)$ está acotada y lím $_{r \to 0} h(r) = 0$, entonces lím $_{\mathbf{x} \to \mathbf{a}} f(\mathbf{x}) = 0$ (véase, por ejemplo, el problema 512).

Derivadas direccionales y derivadas parciales

A partir de ahora, generalmente consideraremos que los dominios de las funciones son conjuntos abiertos, ya que en los conceptos subsiguientes es conveniente que todos los puntos del dominio admitan entornos contenidos en el mismo.

Sea f una función de dominio un abierto $U \subseteq \mathbb{R}^2$ y consideremos un punto $\mathbf{a} = (a_1, a_2)$ de U y un vector unitario $\mathbf{v}$. La gráfica de f es una superficie, y U es un subconjunto del plano XY; en este plano, consideremos la recta r que pasa por $\mathbf{a}$ y tiene la dirección de $\mathbf{v}$. El plano perpendicular al plano XY y que contiene la recta r corta a la gráfica de f según una curva que pasa por el punto $(a_1, a_2, f(a_1, a_2))$; la pendiente de la recta tangente a esta curva en ese punto es la derivada direccional de f según $\mathbf{v}$ en el punto $\mathbf{a}$. A continuación, formalizamos este concepto y lo generalizamos a n variables.

Sea f una función real de n variables definida en un abierto U y sean $\mathbf{a} \in U$, y $\mathbf{v}$ un vector unitario. La función f tiene *derivada en* $\mathbf{a}$ *en la dirección de* $\mathbf{v}$ si existe el límite siguiente y es un número real:

$$\frac{\partial f}{\partial \mathbf{v}}(\mathbf{a}) = \lim_{\lambda \to 0} \frac{f(\mathbf{a} + \lambda \mathbf{v}) - f(\mathbf{a})}{\lambda}.$$

Si $\{\mathbf{e}_1, \ldots, \mathbf{e}_n\}$ es la base canónica de $\mathbb{R}^n$, la derivada direccional de f en $\mathbf{a}$ en la dirección de $\mathbf{e}_i$ se denomina *i-ésima derivada parcial* o *derivada parcial respecto a la i-ésima variable*, para la que se utilizan indistintamente las siguientes notaciones:[10]

---

[10] Hemos optado por utilizar indistintamente las tres notaciones, con la consecuencia evidente de falta de homogeneidad en el texto. Sin embargo, las tres notaciones son de uso frecuente y nos parece razonable que se conozcan las tres.

$$D_i f(\mathbf{a}), \qquad \frac{\partial f}{\partial x_i}(\mathbf{a}), \qquad f_{x_i}(\mathbf{a}),$$

las dos últimas en el supuesto de que f esté definida como función de las variables $(x_1, \ldots, x_n)$. Observemos que la *i-ésima derivada parcial de* f en $\mathbf{a} = (a_1, \ldots, a_n)$ es

$$\frac{\partial f}{\partial x_i}(\mathbf{a}) = \lim_{\lambda \to 0} \frac{f(a_1, \ldots, a_{i-1}, a_i + \lambda, a_{i+1}, \ldots, a_n) - f(a_1, \ldots, a_n)}{\lambda},$$

y que esta definición corresponde a la de la derivada en el punto a_i de la función de una variable definida por $x \mapsto f(a_1, \ldots, a_{i-1}, x, a_{i+1}, \ldots, a_n)$. Así, el cálculo de derivadas parciales se reduce al cálculo de derivadas de funciones de una variable.

Si $f \colon U \to \mathbb{R}$ es una función que tiene derivada parcial *i*-ésima en cada punto de U, entonces queda definida la función *i-ésima derivada parcial* $D_i f$, $\partial f / \partial x_i$ o f_{x_i}, que hace corresponder a cada punto de $\mathbf{x} \in U$ la *i*-ésima derivada parcial de f en $\mathbf{x}$.[11]

Si f admite derivadas parciales en $\mathbf{a}$ respecto de todas las variables, se denomina *vector gradiente* de f en $\mathbf{a}$, y se denota por $\nabla f(\mathbf{a})$, el vector

$$\nabla f(\mathbf{a}) = \left(\frac{\partial f}{\partial x_1}(\mathbf{a}), \frac{\partial f}{\partial x_2}(\mathbf{a}), \ldots, \frac{\partial f}{\partial x_n}(\mathbf{a}) \right).$$

Si f es una función *m*-vectorial y todas sus funciones coordenadas admiten derivadas parciales en $\mathbf{a}$ respecto de todas las variables, se denomina *matriz jacobiana* de f en $\mathbf{a}$ la matriz de m filas y n columnas

$$\mathscr{J} f(\mathbf{a}) = \begin{pmatrix} \dfrac{\partial f_1}{\partial x_1}(\mathbf{a}) & \dfrac{\partial f_1}{\partial x_2}(\mathbf{a}) & \cdots & \dfrac{\partial f_1}{\partial x_n}(\mathbf{a}) \\[2mm] \dfrac{\partial f_2}{\partial x_1}(\mathbf{a}) & \dfrac{\partial f_2}{\partial x_2}(\mathbf{a}) & \cdots & \dfrac{\partial f_2}{\partial x_n}(\mathbf{a}) \\[2mm] \vdots & \vdots & \ddots & \vdots \\[2mm] \dfrac{\partial f_m}{\partial x_1}(\mathbf{a}) & \dfrac{\partial f_m}{\partial x_2}(\mathbf{a}) & \cdots & \dfrac{\partial f_m}{\partial x_n}(\mathbf{a}) \end{pmatrix},$$

donde, como puede verse, cada fila es el gradiente de cada una de las funciones coordenadas de f en $\mathbf{a}$. El determinante de la matriz $\mathscr{J} f(\mathbf{a})$ se denomina *jacobiano* de f en el punto $\mathbf{a}$.

Diferenciabilidad

Recordemos que una función real de variable real f es derivable en un punto a si existe el límite

$$f'(a) = \lim_{x \to a} \frac{f(x) - f(a)}{x - a}$$

---

[11] Es frecuente que se sobreentiendan las variables a las que se aplican las derivadas parciales. Por ejemplo, si $f(x, y) = x^2 y^3$, a menudo se escribe $f_x = 2xy^3$ y $f_y = 3x^2 y^2$ en lugar de $f_x(x, y) = 2xy^3$ y $f_y(x, y) = 3x^2 y^2$, como correspondería a una notación más consecuente. Utilizaremos ocasionalmente este abuso de notación en los problemas. Comentarios análogos se aplican a las otras notaciones $D_i f$ y $\partial f / \partial x_i$ para las derivadas parciales.

y es un número real. Esto es equivalente a que exista un número $f'(a)$ tal que

$$\lim_{x \to a} \left| \frac{f(x) - f(a)}{x - a} - f'(a) \right| = 0,$$

es decir,

$$\lim_{x \to a} \frac{|f(x) - f(a) - f'(a)(x - a)|}{|x - a|} = 0.$$

Esta formulación es la adecuada para generalizar el concepto de derivabilidad a $n \geq 1$ variables.

Para una función de dos variables, el concepto de diferenciabilidad en un punto está ligado a la existencia de plano tangente a la gráfica de la función en el punto correspondiente.

Sea f una función real de dos variables (x, y) y supongamos que existen las dos derivadas parciales de f respecto a x e y en un punto (a, b). La función f es *diferenciable* en (a, b) si

$$\lim_{(x,y) \to (a,b)} \frac{f(x, y) - f(a, b) - \nabla f(a, b) \cdot (x - a, y - b)}{\sqrt{(x - a)^2 + (y - b)^2}} = 0.$$

Esto significa que, en las proximidades de (a, b), se tiene

$$\begin{aligned}
f(x, y) &\simeq f(a, b) + \nabla f(a, b) \cdot (x - a, y - b) \\
&= f(a, b) + \frac{\partial f}{\partial x}(a, b)(x - a) + \frac{\partial f}{\partial y}(a, b)(y - b).
\end{aligned}$$

Desde el punto de vista geométrico, la relación anterior se interpreta como que la superficie $z = f(x, y)$ es, cerca de $(a, b, f(a, b))$, aproximadamente igual al plano de ecuación

$$z = f(a, b) + \frac{\partial f}{\partial x}(a, b)(x - a) + \frac{\partial f}{\partial y}(a, b)(y - b),$$

que se denomina *plano tangente* a la superficie en dicho punto.

Generalizamos la definición para funciones de n variables. Sea f una función real de n variables tal que existen las n derivadas parciales de f en $\mathbf{a}$. Se dice que f es *diferenciable* en $\mathbf{a}$ si

$$\lim_{\mathbf{x} \to \mathbf{a}} \frac{f(\mathbf{x}) - f(\mathbf{a}) - \nabla f(\mathbf{a}) \cdot (\mathbf{x} - \mathbf{a})}{\|\mathbf{x} - \mathbf{a}\|} = 0.$$

Sean f una función de n variables y $\mathbf{a}$ un punto de su dominio. Se cumplen las tres propiedades siguientes.

- Si f es diferenciable en $\mathbf{a}$, entonces f es continua en $\mathbf{a}$.
- Si f es diferenciable en $\mathbf{a}$ y $\mathbf{v}$ es un vector unitario, entonces la derivada de f en $\mathbf{a}$ en la dirección de $\mathbf{v}$ existe y es

$$\frac{\partial f}{\partial \mathbf{v}}(\mathbf{a}) = \nabla f(\mathbf{a}) \cdot \mathbf{v}.$$

- Si existen las n derivadas parciales de f en un entorno de $\mathbf{a}$ y son continuas en $\mathbf{a}$, entonces f es diferenciable en $\mathbf{a}$.

La primera propiedad es análoga a la de funciones de una variable. Ya hemos visto en aquel caso que el recíproco no es cierto.

Respecto a la segunda propiedad, puesto que la derivada direccional es el producto escalar $\nabla f(a) \cdot \mathbf{v} = \|\nabla f(a)\| \cdot \|\mathbf{v}\| \cdot \cos\alpha$, donde α es el ángulo que forman el vector gradiente y $\mathbf{v}$, vemos que la *derivada direccional máxima* en un punto tiene lugar para $\alpha = 0$, es decir, en la dirección y el sentido del gradiente en dicho punto, y su valor es precisamente la norma del vector gradiente. La derivada direccional es nula si $\alpha = \pi/2$, es decir, en la dirección ortogonal al gradiente.

Respecto a la tercera propiedad, señalemos que la hipótesis de continuidad de las derivadas parciales no es obviable: pueden existir las n derivadas parciales y, sin embargo, la función no ser diferenciable (véase problema 517).

Para una función m-vectorial, el concepto de diferenciabilidad se remite al de sus funciones coordenadas: sea $U \subseteq \mathbb{R}^n$ un abierto, $\mathbf{a} \in U$, y $f = (f_1, \ldots, f_m): U \to \mathbb{R}^m$ una función m-vectorial. Se dice que f es *diferenciable* en $\mathbf{a}$ si las m funciones coordenadas $f_1, \ldots, f_m$ son diferenciables en $\mathbf{a}$.

La suma y el producto de dos funciones diferenciables en un punto son también diferenciables en dicho punto. Respecto de la composición, se tiene la denominada regla de la cadena.

Regla de la cadena. Sean $U \subseteq \mathbb{R}^n$ y $V \subseteq \mathbb{R}^m$ abiertos, $f: U \to \mathbb{R}^m$ y $g: V \to \mathbb{R}^p$ funciones vectoriales. Si f es diferenciable en $\mathbf{a} \in U$ y g es diferenciable en $f(\mathbf{a}) \in V$, entonces $g \circ f$ es diferenciable en $\mathbf{a}$ y se verifica la siguiente relación entre las respectivas matrices jacobianas:

$$\mathscr{J}(g \circ f)(\mathbf{a}) = \mathscr{J}g(f(\mathbf{a})) \cdot \mathscr{J}f(\mathbf{a}).$$

(Nótese que $\mathscr{J}f(a)$ es una matriz $m \times n$, $\mathscr{J}g(f(a))$ es una matriz $p \times m$, y $\mathscr{J}(g \circ f)(a)$ es una matriz $p \times n$.)

Derivadas de orden superior. El polinomio de Taylor

Sea $U \subseteq \mathbb{R}^n$ un abierto y supongamos que $f: U \to \mathbb{R}$ admite las n derivadas parciales en todos los puntos de U, es decir, que las funciones $D_i f: U \to \mathbb{R}$ están definidas en U. Estas funciones pueden admitir, a su vez, derivadas parciales en $\mathbf{a}$, que se denominarán *derivadas parciales segundas* de f en $\mathbf{a}$ y se denotan por

$$D_{ij}f(\mathbf{a}) = D_j(D_i f)(\mathbf{a}), \qquad 1 \le i, j \le n.$$

Si f está definida explícitamente $(x_1, \ldots, x_n) \mapsto f(x_1, \ldots, x_n)$, se utilizan también las notaciones

$$f_{x_j x_i}(\mathbf{a}) = (f_{x_j})_{x_i}(\mathbf{a}), \qquad 1 \le i, j \le n,$$

o, más tradicionalmente,

$$\frac{\partial^2 f}{\partial x_i \partial x_j}(\mathbf{a}) = \frac{\partial}{\partial x_i}\left(\frac{\partial f}{\partial x_j}\right)(\mathbf{a}) \quad \text{si } i \neq j; \qquad \frac{\partial^2 f}{\partial x_i^2}(\mathbf{a}) = \frac{\partial}{\partial x_i}\left(\frac{\partial f}{\partial x_i}\right)(\mathbf{a}).$$

De manera análoga, se definen las derivadas parciales terceras, cuartas, etc.

Sean $U \subseteq \mathbb{R}^n$ un abierto y $k \ge 0$ un entero. La *clase* $\mathscr{C}^0(U) = \mathscr{C}(U)$ está formada por las funciones continuas en U; para $k \ge 1$, la clase $\mathscr{C}^k(U)$ está formada por todas las funciones que tienen derivadas parciales hasta el orden k y estas derivadas parciales son continuas en U. La clase $\mathscr{C}^\infty(U)$ está formada por las funciones que pertenecen a $\mathscr{C}^k(U)$ para todo entero no negativo k, es decir, por las funciones que tienen derivadas parciales continuas de todos los órdenes. Las expresión f es *de clase $\mathscr{C}^k$ en U* se utiliza con el significado de que f es de la clase $\mathscr{C}^k(U)$, y análogamente para $\mathscr{C}^\infty$. Frecuentemente, se alude a la *regularidad* de una función f como sinónimo de que f sea de clase $\mathscr{C}^k$ para algún k.

Enunciamos el teorema de Schwarz en una versión que no es la más general pero suficiente para nuestros propósitos en este texto.

Teorema de Schwarz. Si f es una función de n variables de clase $\mathscr{C}^2(U)$, entonces, para todo $\mathbf{a} \in U$ y $1 \le i < j \le n$, se cumple $D_{ij}f(\mathbf{a}) = D_{ji}f(\mathbf{a})$.

Obsérvese que si, por ejemplo, $n \ge 3$ y f es una función de clase $\mathscr{C}^3(U)$, teniendo en cuenta que las derivadas terceras son derivadas segundas de las derivadas primeras, el teorema anterior implica que, para $1 \le i < j < k \le n$,

$$D_{ijk}f(\mathbf{a}) = D_{ikj}f(\mathbf{a}) = D_{jik}f(\mathbf{a}) = D_{jki}f(\mathbf{a}) = D_{kij}f(\mathbf{a}) = D_{kji}f(\mathbf{a}),$$

y, para $1 \le i, j \le n$, $i \ne j$,

$$D_{iij}f(\mathbf{a}) = D_{iji}f(\mathbf{a}) = D_{jii}f(\mathbf{a}).$$

Pueden hacerse observaciones análogas para las derivadas cuartas si f es de la clase $\mathscr{C}^4$, etc.

Sea ahora f una función real de n variables de la clase $\mathscr{C}^k(U)$ y sea $\mathbf{a} \in U$. Definimos el *polinomio de Taylor* de grado k de f en $\mathbf{a}$ como el polinomio

$$P_k(f, \mathbf{a}, \mathbf{x}) = \ f(\mathbf{a}) + \sum_{i=1}^{n} \frac{\partial f}{\partial x_i}(\mathbf{a})(x_i - a_i) + \frac{1}{2!} \sum_{i,j=1}^{n} \frac{\partial^2 f}{\partial x_i \partial x_j}(\mathbf{a})(x_i - a_i)(x_j - a_j) + \cdots$$

$$+ \frac{1}{k!} \sum_{i_1, i_2, \ldots, i_k=1}^{n} \frac{\partial^k f}{\partial x_{i_1} \partial x_{i_2} \ldots \partial x_{i_k}}(\mathbf{a})(x_{i_1} - a_{i_1})(x_{i_2} - a_{i_2}) \cdots (x_{i_k} - a_{i_k}).$$

Como en el caso de una variable, definimos el *resto k-ésimo de Taylor* por la igualdad $R_k(f, \mathbf{a}, \mathbf{x}) = f(\mathbf{x}) - P_k(f, \mathbf{a}, \mathbf{x})$, y se tiene que

$$\lim_{\mathbf{x} \to \mathbf{a}} \frac{R_k(f, \mathbf{a}, \mathbf{x})}{\|\mathbf{x} - \mathbf{a}\|^k} = 0,$$

lo que significa que la similitud entre la función y su polinomio de Taylor en $\mathbf{a}$ es mejor cuanto más cerca de $\mathbf{a}$ y cuanto mayor sea el grado.

Si f es de la clase $\mathscr{C}^{k+1}(U)$ y $\mathscr{B}_r(\mathbf{a})$ es una bola contenida en U, entonces, para todo $\mathbf{x} \in \mathscr{B}_r(\mathbf{a})$ el resto k-ésimo puede expresarse en la forma

$$R_k(f, \mathbf{a}, \mathbf{x}) = \frac{1}{(k+1)!} \sum_{i_1, \ldots, i_{k+1}=1}^{n} \frac{\partial^{k+1} f}{\partial x_{i_1} \ldots \partial x_{i_{k+1}}}(\mathbf{c})(x_{i_1} - a_{i_1}) \cdots (x_{i_{k+1}} - a_{i_{k+1}}),$$

donde $\mathbf{c}$ es un punto del segmento de extremos $\mathbf{a}$ y $\mathbf{x}$, es decir, $\mathbf{c} = t\mathbf{a} + (1 - t)\mathbf{x}$ para cierto real $t \in (0, 1)$.

Tanto en la expresión del resto como en la del polinomio se ha de tener en cuenta que algunas de las derivadas que aparecen son iguales, debido al teorema de Schwarz.

Puesto que en este texto muchos de los problemas tratan sobre funciones de dos variables, escribimos el polinomio de Taylor de grado n en (a,b) y el resto enésimo para este caso, agrupando las derivadas que coinciden:

$$P_n(f,(a,b),(x,y)) = f(a,b) + \frac{\partial f}{\partial x}(a,b)(x-a) + \frac{\partial f}{\partial y}(a,b)(y-b)$$

$$+ \frac{1}{2!}\left(\frac{\partial^2 f}{\partial x^2}(a,b)(x-a)^2 + 2\frac{\partial^2 f}{\partial x\partial y}(a,b)(x-a)(y-b) + \frac{\partial^2 f}{\partial y^2}(a,b)(y-b)\right) + \cdots$$

$$+ \frac{1}{n!}\sum_{k=0}^{n}\binom{n}{k}\frac{\partial^n f}{\partial x^{n-k}\partial y^k}(a,b)(x-a)^{n-k}(y-b)^k.$$

$$R_n(f,(a,b),(x,y)) = \frac{1}{(n+1)!}\sum_{k=0}^{n+1}\binom{n+1}{k}\frac{\partial^{n+1}f}{\partial x^{n+1-k}\partial y^k}(a',b')(x-a)^{n+1-k}(y-b)^k.$$

donde (a',b') es un punto del segmento de extremos (a,b) y (x,y).

Funciones implícitas e inversas

Consideremos una ecuación con dos incógnitas x, y, de la forma $g(x,y) = 0$ para cierta función real g de dos variables, y supongamos que para algún intervalo de valores de x ocurre que, mediante dicha ecuación, a cada valor de x le corresponde un solo valor de y tal que $g(x,y) = 0$. Este hecho define, ciertamente, una función $y = f(x)$ en dicho intervalo, de la cual se dice que está definida implícitamente por la ecuación $g(x,y) = 0$. Aquí mencionaremos las condiciones que ha de cumplir la función g para que esto pueda ocurrir, la conexión entre la regularidad de g y la de la función implícita f, y cómo puede calcularse la derivada de f con ayuda de las derivadas parciales de g, incluso aunque no se conozca una expresión explícita de f en términos de funciones elementales.

Teorema de la función implícita (para una ecuación y dos variables). Sean $U \subseteq \mathbb{R}^2$ un abierto y $g: U \to \mathbb{R}$, $(x,y) \mapsto g(x,y)$ una función de la clase $\mathscr{C}^k(U)$ con $k \geq 1$. Si, para un punto $(a,b) \in U$, se tiene que $g(a,b) = 0$ y $(\partial g/\partial y)(a,b) \neq 0$, entonces existe una función f definida en un entorno V de a, de la clase $\mathscr{C}^k(V)$, tal que $g(x,f(x)) = 0$ para todo $x \in V$. Además, se cumple

$$f'(x) = -\frac{(\partial g/\partial x)(x,f(x))}{(\partial g/\partial y)(x,f(x))},$$

para todo $x \in V$.

Generalizamos ahora el problema a mayor número de variables. Consideremos la ecuación

$$g(\mathbf{x},y) = g(x_1, x_2, \ldots, x_n, y) = 0,$$

y supongamos que, para cada punto $\mathbf{x} = (x_1, x_2, \ldots, x_n)$ de algún conjunto abierto de $\mathbb{R}^n$, existe un solo valor de y tal que $g(\mathbf{x},y) = g(x_1, x_2, \ldots, x_n, y) = 0$. Como antes, este hecho define una función $y = f(\mathbf{x})$ en dicho conjunto.

Teorema de la función implícita (para una ecuación y $n+1$ variables). Sean $U \subseteq \mathbb{R}^{n+1}$ un conjunto abierto y $g: U \to \mathbb{R}$, $(x_1, \ldots, x_n, y) \mapsto g(x_1, \ldots, x_n, y)$ una función de la clase $\mathscr{C}^k(U)$ con $k \geq 1$. Si, para un punto $(\mathbf{a},b) \in U$, se tiene que $g(\mathbf{a},b) = 0$ y $(\partial g/\partial y)(\mathbf{a},b) \neq 0$, entonces existe una función f definida en un entorno V de $\mathbf{a}$, de la clase $\mathscr{C}^k(V)$, tal que $g(\mathbf{x}, f(\mathbf{x})) = 0$ para todo $\mathbf{x} \in V$. Además, se cumple

$$\frac{\partial f}{\partial x_i}(\mathbf{x}) = -\frac{(\partial g/\partial x_i)(\mathbf{x}, f(\mathbf{x}))}{(\partial g/\partial y)(\mathbf{x}, f(\mathbf{x}))}, \qquad (i = 1, \ldots, n),$$

para todo $\mathbf{x} \in V$.

En el caso de una ecuación con tres variables, se tiene, en general, una superficie. Combinando el teorema de la función implícita y la ecuación del plano tangente a una superficie dada por la gráfica de una función de dos variables, se obtiene el siguiente resultado:

Proposición (Plano tangente a una superficie dada implícitamente). Consideremos una superficie dada por la ecuación $F(x, y, z) = 0$, siendo F diferenciable, y supongamos $F(a, b, c) = 0$. Pongamos

$$p = \frac{\partial F}{\partial x}(a, b, c); \quad q = \frac{\partial F}{\partial y}(a, b, c); \quad r = \frac{\partial F}{\partial z}(a, b, c).$$

Entonces, la ecuación del plano tangente a la superficie en el punto (a, b, c) es

$$p(x - a) + q(y - b) + r(z - c) = 0.$$

Finalmente, consideremos un sistema de m ecuaciones y $n + m$ variables.

$$\begin{aligned}
g_1(x_1, \ldots, x_n, y_1, \ldots, y_m) &= 0, \\
g_2(x_1, \ldots, x_n, y_1, \ldots, y_m) &= 0, \\
&\vdots \\
g_m(x_1, \ldots, x_n, y_1, \ldots, y_m) &= 0.
\end{aligned}$$

Con las notaciones $\mathbf{x} = (x_1, \ldots, x_n)$, $\mathbf{y} = (y_1, \ldots, y_m)$ y $G = (g_1, \ldots, g_m)$, el sistema anterior puede escribirse

$$G(\mathbf{x}, \mathbf{y}) = \mathbf{0}.$$

Si G es de clase $\mathscr{C}^k$, con $k \geq 1$, utilizaremos la notación

$$\frac{\partial G}{\partial \mathbf{x}} = \begin{pmatrix} \dfrac{\partial g_1}{\partial x_1} & \dfrac{\partial g_1}{\partial x_2} & \cdots & \dfrac{\partial g_1}{\partial x_n} \\ \dfrac{\partial g_2}{\partial x_1} & \dfrac{\partial g_2}{\partial x_2} & \cdots & \dfrac{\partial g_2}{\partial x_n} \\ \vdots & \vdots & \ddots & \vdots \\ \dfrac{\partial g_m}{\partial x_1} & \dfrac{\partial g_m}{\partial x_2} & \cdots & \dfrac{\partial g_m}{\partial x_n} \end{pmatrix}, \qquad \frac{\partial G}{\partial \mathbf{y}} = \begin{pmatrix} \dfrac{\partial g_1}{\partial y_1} & \dfrac{\partial g_1}{\partial y_2} & \cdots & \dfrac{\partial g_1}{\partial y_m} \\ \dfrac{\partial g_2}{\partial y_1} & \dfrac{\partial g_2}{\partial x_2} & \cdots & \dfrac{\partial g_2}{\partial y_m} \\ \vdots & \vdots & \ddots & \vdots \\ \dfrac{\partial g_m}{\partial y_1} & \dfrac{\partial g_m}{\partial y_2} & \cdots & \dfrac{\partial g_m}{\partial y_m} \end{pmatrix}.$$

Si, para cada punto $\mathbf{x} = (x_1, x_2, \ldots, x_n)$ de algún conjunto abierto de $\mathbb{R}^n$, existe un solo punto $\mathbf{y} = (y_1, \ldots, y_m)$ tal que $G(\mathbf{x}, \mathbf{y}) = 0$, entonces queda definida una función m-vectorial $\mathbf{y} = F(\mathbf{x})$ en dicho conjunto.

Teorema de la función implícita (para m ecuaciones y $n + m$ variables). Sean $U \subseteq \mathbb{R}^n \times \mathbb{R}^m$ un conjunto abierto y $G = (g_1, g_2, \ldots, g_m): U \to \mathbb{R}^m$, $(\mathbf{x}, \mathbf{y}) \mapsto G(\mathbf{x}, \mathbf{y})$ una función de la clase $\mathscr{C}^k(U)$, con $k \geq 1$. Si, para un punto $(\mathbf{a}, \mathbf{b}) \in U$, se tiene que $G(\mathbf{a}, \mathbf{b}) = 0$ y $\det(\partial G/\partial \mathbf{y})(\mathbf{a}, \mathbf{b}) \neq 0$, entonces existe una función F definida en un entorno V de $\mathbf{a}$, de la clase $\mathscr{C}^k(V)$, tal que $G(\mathbf{x}, F(\mathbf{x})) = 0$ para todo $\mathbf{x} \in V$. Además, se cumple

$$\frac{\partial G}{\partial \mathbf{x}}(\mathbf{x}, F(\mathbf{x})) + \frac{\partial G}{\partial \mathbf{y}}(\mathbf{x}, F(\mathbf{x})) \cdot \mathscr{J}F(\mathbf{x}, F(\mathbf{x})) = \mathbf{0}.$$

Esta última igualdad permite calcular las derivadas parciales de la función implícita F. Notemos que la igualdad matricial anterior puede ponerse en la forma

$$\mathscr{J}F(\mathbf{x}, F(\mathbf{x})) = -\left(\frac{\partial G}{\partial \mathbf{y}}(\mathbf{x}, F(\mathbf{x}))\right)^{-1} \cdot \frac{\partial G}{\partial \mathbf{x}}(\mathbf{x}, F(\mathbf{x})).$$

El teorema de la función implícita puede aplicarse a una ecuación del tipo $\mathbf{x} - F(\mathbf{y}) = 0$; en este caso, la función implícita es precisamente $\mathbf{y} = F^{-1}(\mathbf{x})$, es decir, la función inversa de F.

Teorema de la función inversa. Sean $U \subseteq \mathbb{R}^n$ un conjunto abierto y $F \colon U \to \mathbb{R}^n$ una función de la clase $\mathscr{C}^k(U)$ con $k \geq 1$. Si, para un punto $\mathbf{a} \in U$, se tiene $\det(\mathscr{J}F(\mathbf{a})) \neq 0$, entonces existe un entorno V de $F(\mathbf{a})$ tal que existe la función inversa F^{-1} en V, la función F^{-1} es de la clase $\mathscr{C}^k(V)$ y la matriz jacobiana de F^{-1} es la matriz inversa de la de F:

$$(\mathscr{J}F^{-1})(F(\mathbf{x})) = ((\mathscr{J}F)(\mathbf{x}))^{-1}, \qquad \text{para todo } \mathbf{x} \in V.$$

Extremos relativos

Los extremos relativos de funciones reales de varias variables se definen de manera análoga al caso de una variable. Consideremos un abierto U de $\mathbb{R}^n$, una función real $f \colon U \to \mathbb{R}$ y un punto $\mathbf{a} \in U$. La función f tiene un *máximo relativo o máximo local* en $\mathbf{a}$, si existe un entorno V de $\mathbf{a}$ tal que $f(\mathbf{x}) \leq f(\mathbf{a})$ para todo $\mathbf{x} \in V$. La función f tiene un *mínimo relativo o mínimo local* en $\mathbf{a}$, si existe un entorno V de $\mathbf{a}$ tal que $f(\mathbf{x}) \geq f(\mathbf{a})$ para todo $\mathbf{x} \in V$. Si en estas definiciones se sustituyen las desigualdades no estrictas por desigualdades estrictas, se obtienen las definiciones de *máximo y mínimo relativos estrictos*. Si f tiene un máximo o mínimo relativo en $\mathbf{a}$, se dice que f tiene un *extremo relativo o extremo local* en $\mathbf{a}$.

Si f es una función real diferenciable en $\mathbf{a}$ y $\nabla f(\mathbf{a}) = 0$, se dice que $\mathbf{a}$ es un punto *crítico* o *estacionario* de f. Para las funciones diferenciables, ser un punto crítico es una condición necesaria para que exista un extremo en $\mathbf{a}$:

Proposición. Si f es una función real diferenciable en un punto $\mathbf{a}$ y f tiene un extremo relativo en $\mathbf{a}$, entonces $\nabla f(\mathbf{a}) = \mathbf{0}$.

Si f tiene un punto crítico en $\mathbf{a}$ pero no tiene un extremo relativo en $\mathbf{a}$, se dice que $\mathbf{a}$ es un *punto de silla* de f.

Para funciones suficientemente regulares, es posible determinar la naturaleza de un punto crítico con la ayuda de las segundas derivadas. Supongamos que f admite todas las segundas derivadas parciales en $\mathbf{a}$. La *matriz hessiana* de f en $\mathbf{a}$ es la matriz cuadrada de orden n

$$\mathscr{H}f(\mathbf{a}) = (D_{ij}f(\mathbf{a})).$$

Notemos que, si f es de clase $\mathscr{C}^2$ en un entorno de $\mathbf{a}$, entonces $\mathscr{H}f(\mathbf{a})$ es una matriz simétrica porque, según el teorema de Schwarz, $D_{ij}f(\mathbf{a}) = D_{ji}f(\mathbf{a})$. Para $k = 1, \ldots, n$, sea $\triangle_k(f, \mathbf{a})$ el determinante de la matriz obtenida de $\mathscr{H}f(\mathbf{a})$ suprimiendo sus últimas $n - k$ filas y columnas, es decir,

$$\triangle_1(f, \mathbf{a}) = D_{11}f(\mathbf{a}), \quad \triangle_2(f, \mathbf{a}) = \begin{vmatrix} D_{11}f(\mathbf{a}) & D_{12}f(\mathbf{a}) \\ D_{21}f(\mathbf{a}) & D_{22}f(\mathbf{a}) \end{vmatrix}, \quad \ldots, \quad \triangle_n(f, \mathbf{a}) = \det \mathscr{H}f(\mathbf{a}).$$

Si $\mathbf{a}$ es un punto crítico, los signos de estos determinantes proporcionan información sobre si $\mathbf{a}$ es máximo, mínimo o punto de silla.

Condiciones suficientes de extremo y punto de silla.[12] Sean U un abierto de $\mathbb{R}^n$ y $f\colon U \to \mathbb{R}$ una función de la clase $\mathscr{C}^2(U)$, y supongamos que $\mathbf{a} \in U$ es un punto crítico de f.

   i) Si $\triangle_k(f, \mathbf{a}) > 0$ para todo $k \in \{1, \ldots, n\}$, entonces f tiene un mínimo relativo en el punto $\mathbf{a}$.

   ii) Si $(-1)^k \triangle_k(f, \mathbf{a}) > 0$ para todo $k \in \{1, \ldots, n\}$, entonces f tiene un máximo relativo en el punto $\mathbf{a}$.

   iii) Si existe ℓ tal que $\triangle_\ell(f, \mathbf{a}) > 0$ y $\triangle_k(f, \mathbf{a}) \geq 0$ para todo $k \neq \ell$, entonces f tiene un mínimo relativo o un punto de silla en $\mathbf{a}$.

   iv) Si existe ℓ tal que $(-1)^\ell \triangle_\ell(f, \mathbf{a}) > 0$ y $(-1)^k(f, \mathbf{a})\triangle_k \geq 0$ para todo $k \neq \ell$, entonces f tiene un máximo relativo o un punto de silla en el punto $\mathbf{a}$.

   v) Si $\triangle_k(f, \mathbf{a}) = 0$ para todo $k \in \{1, \ldots, n\}$, entonces f puede tener un máximo, un mínimo o un punto de silla en el punto $\mathbf{a}$.

   vi) Si no se da ninguno de los casos anteriores, entonces f tiene un punto de silla en el punto $\mathbf{a}$.

En el caso de dos variables, los resultados precedentes admiten más precisión. La matriz hessiana de f en un punto (a, b) es una matriz cuadrada de orden 2. Sean $h_{ij} = D_{ij}f(\mathbf{a})$, $i, j \in \{1, 2\}$, sus cuatro términos. Los determinantes considerados se reducen ahora a dos, que son $\triangle_1(f, (a, b)) = h_{11}$ y el determinante $\triangle = \triangle_2(f, (a, b)) = h_{11}h_{22} - h_{12}h_{21}$ de la matriz hessiana.

Condiciones suficientes de extremos y puntos de silla (para dos variables). Sean U un abierto de $\mathbb{R}^2$ y $f\colon U \to \mathbb{R}$ una función de la clase $\mathscr{C}^2(U)$. Supongamos que $(a, b) \in U$ es un punto crítico de f. Sean $\mathscr{H}f(a, b) = (h_{ij})$ la matriz hessiana de f en (a, b) y $\triangle$ su determinante. Tenemos los siguientes casos.

   1) $\triangle < 0$. Entonces, f tiene un punto de silla en (a, b).

   2) $\triangle = 0$.

      i) $h_{11} < 0$ o $h_{22} < 0$. Entonces, f tiene un máximo o un punto de silla en (a, b).

      ii) $\mathscr{H}f(a, b)$ es la matriz nula. Entonces, f puede tener un máximo, un mínimo o un punto de silla en (a, b).

      iii) $h_{11} > 0$ o $h_{22} > 0$. Entonces, f tiene un mínimo o un punto de silla en (a, b).

   3) $\triangle > 0$.

      i) $h_{11} < 0$ o $h_{22} < 0$. Entonces, f tiene un máximo relativo en (a, b).

      ii) $h_{11} > 0$ o $h_{22} > 0$. Entonces, f tiene un mínimo relativo en (a, b).

Tres observaciones acerca del esquema anterior. Las tres se derivan de que f es de clase $\mathscr{C}^2$ en un entorno de $\mathbf{a}$, por lo que $h_{12} = h_{21}$ y $\triangle = h_{11}h_{22} - h_{12}^2 = h_{11}h_{22} - h_{21}^2$.

La primera observación hace referencia al caso 2 ii. Observemos que, si no se cumplen ni 2 i) ni 2 iii), entonces $h_{11} = h_{22} = 0$. Puesto que $\triangle = 0$, ello implica que también $h_{12} = h_{21} = 0$, es decir, que $\mathscr{H}f(a, b)$

---

[12] Las propiedades siguientes se pueden enunciar también en términos del carácter definido o semidefinido de la forma cuadrática asociada a la matriz hessiana.

es la matriz nula. Por tanto, en el caso $\Delta = 0$, la condición de que $\mathcal{H}f(a,b)$ sea la matriz nula puede sustituirse por la condición $h_{11} = h_{22} = 0$.

La segunda observación concierne al apartado 3). En este caso, $h_{11}h_{22} - h_{12}^2 = \triangle > 0$ implica $h_{11}h_{22} = \triangle + h_{12}^2 > 0$, luego h_{11} y h_{22} son ambos distintos de 0 y del mismo signo. Por tanto, en cada uno de los dos apartados de 3) las dos condiciones sobre los signos h_{11} y h_{22} pueden sustituirse por sólo una de ellas.

La tercera también concierne al apartado 3). Notemos que la posibilidad $\triangle > 0$ y $h_{11} = 0$ no puede darse. En efecto, en este caso, tendríamos $0 < \triangle = h_{11}h_{22} - h_{12}^2 = -h_{12}^2$, lo que es contradictorio.

Tanto en el caso de $n > 2$ variables como en el de dos variables, el estudio de las derivadas segundas no siempre permite decidir sobre el carácter de máximo relativo, mínimo relativo o punto de silla de un punto crítico. En estos casos, consideraciones acerca de las propiedades particulares de la función concreta objeto de estudio permiten, a veces, determinar el carácter del punto crítico. Además, hay que tener en cuenta que una función puede tener un extremo relativo en un punto en el que no sea diferenciable, en cuyo caso la discusión anterior no es aplicable (v. problema 539).

Extremos condicionados

A menudo, se desea encontrar los extremos relativos de una función de varias variables restringida a los puntos que cumplen cierta condición o condiciones. Una situación típica sucede cuando se recorre una curva sobre una superficie dada. La función cuya gráfica es la superficie puede no tener extremos relativos, pero sí puede haberlos cuando restringimos nuestra atención sólo a los puntos de la curva.

Sea U un abierto de $\mathbb{R}^n$, y consideremos el conjunto C de los puntos de U que verifican las ecuaciones $g_i(x_1, \ldots, x_n) = 0$ para $i = 1, \ldots m$, con $m < n$, denominadas *condiciones*, *restricciones* o *ligaduras*. Con la notación $\mathbf{x} = (x_1, \ldots, x_n)$ y $G = (g_1, \ldots, g_m)$, las condiciones pueden escribirse $G(\mathbf{x}) = \mathbf{0}$. Sea f una función real de dominio U y $\mathbf{a} \in C \cap U$. Se dice que en $\mathbf{a}$ la función f tiene un *máximo* (respectivamente, *mínimo*) *condicionado* por las mencionadas ligaduras si existe una bola $\mathcal{B}_r(\mathbf{a})$ tal que $f(\mathbf{x}) \leq f(\mathbf{a})$ (respectivamente, $f(\mathbf{x}) \geq f(\mathbf{a})$ para todo $\mathbf{x} \in \mathcal{B}_r(\mathbf{a}) \cap C$.

La técnica principal para hallar extremos relativos sujetos a ligaduras es la de los multiplicadores de Lagrange, que se basa en el siguiente teorema.

Teorema de Lagrange. Sean U un abierto de $\mathbb{R}^n$ y $f, g_1, \ldots, g_m$, con $m < n$, funciones reales de la clase $\mathscr{C}^1(U)$. Sean $G = (g_1, \ldots, g_m)$ y $C = \{\mathbf{x} \in U : G(\mathbf{x}) = \mathbf{0}\}$. Supongamos que $\mathbf{a} \in C$ es un extremo relativo de f condicionado por las ligaduras $G(\mathbf{x}) = \mathbf{0}$ y tal que el rango de la matriz jacobiana $\mathscr{J}G(\mathbf{a})$ es m. Entonces, existen números reales $\lambda_1, \ldots, \lambda_m$ tales que si

$$F(x_1, \ldots, x_n) = f(x_1, \ldots, x_n) + \sum_{j=1}^{m} \lambda_j g_j(x_1, \ldots, x_n),$$

el punto $\mathbf{a}$ es una solución del sistema de $n + m$ ecuaciones

$$\frac{\partial F}{\partial x_i}(x_1, \ldots, x_n) = 0, \quad 1 \leq i \leq n, \qquad g_j(x_1, \ldots, x_n) = 0, \quad 1 \leq j \leq m. \tag{8.1}$$

A efectos prácticos, se considera la función de $n + m$ variables

$$F^*(x_1, \ldots, x_n, \lambda_1, \ldots, \lambda_m) = f(x_1, \ldots, x_n) + \sum_{j=1}^{m} \lambda_j g_j(x_1, \ldots, x_n).$$

En condiciones de regularidad adecuadas,

$$\frac{\partial F^*}{\partial \lambda_j}(x_1, \ldots, x_n, \lambda_1, \ldots, \lambda_m) = g_j(x_1, \ldots, x_n),$$

de forma que las condiciones (8.1) pueden ponerse en la forma $\nabla F^* = \mathbf{0}$. Entonces, los puntos críticos $(x_1^*, \ldots, x_n^*, \lambda_1^*, \ldots, \lambda_m^*)$ de F^* proporcionan los candidatos a valores $\lambda_1, \ldots \lambda_m$ y a extremos $(x_1, \ldots, x_n)$. De este modo, se restringe el conjunto en el que se encuentran los extremos.

En general, no hay un criterio sencillo que permita decidir qué puntos de este conjunto son extremos y de qué clase. En el caso de que se puedan despejar m variables en el sistema de ligaduras en función de las $n - m$ restantes, se sustituyen en la expresión de la función f y queda una función de $n - m$ variables cuyos extremos relativos son los extremos condicionados buscados (véase, por ejemplo, el problema 543). A veces son las propias características geométricas o físicas del problema concreto en consideración las que permiten decidir sobre el carácter del punto crítico (véase, por ejemplo, el problema 544).

Extremos absolutos

Recordemos que, según el teorema de Weierstrass, si una función real es continua en un compacto de $\mathbb{R}^n$, entonces admite máximo y mínimo absolutos en él. La teoría garantiza la existencia de estos extremos absolutos, pero hallarlos de forma efectiva no siempre es fácil. Las técnicas usuales consisten en hallar un conjunto tan restringido como sea posible de puntos en los que puedan alcanzarse el máximo y el mínimo absolutos, y decidir, mediante las consideraciones adecuadas, en cuáles se alcanza efectivamente el extremo absoluto.

Consideremos el caso particular, pero no infrecuente, de una función continua $f : K \to \mathbb{R}$, definida sobre un compacto K de $\mathbb{R}^2$ cuya frontera está definida por una curva $g(x, y) = 0$. En este caso, los extremos absolutos de f en K sólo pueden alcanzarse (i) en los puntos críticos de f en el interior de K; (ii) en los puntos del interior de K en los que f no es diferenciable; (iii) en los extremos de f condicionados por $g(x, y) = 0$.

Problemas resueltos

503

Determinar la frontera de $\mathbb{Q}$ y estudiar si $\mathbb{Q}$ es abierto o cerrado como subconjunto de $\mathbb{R}$.

[Solución]

Recordemos que todo intervalo de $\mathbb{R}$ contiene infinitos racionales e infinitos irracionales. Entonces, todo entorno de cualquier punto de $\mathbb{R}$ contiene puntos de $\mathbb{Q}$ y puntos de $\mathbb{R} \setminus \mathbb{Q}$. Por tanto, la frontera de $\mathbb{Q}$ es $\mathscr{F}(\mathbb{Q}) = \mathbb{R}$.

El conjunto $\mathbb{Q}$ contiene puntos de su frontera pero no todos los puntos de la misma, luego no es ni abierto ni cerrado.

504

Demostrar que un plano de $\mathbb{R}^3$ es un conjunto cerrado, como subconjunto de $\mathbb{R}^3$.

Sean Π un plano de $\mathbb{R}^3$ y $\mathbf{a}$ un punto que no es de Π. Sea d la distancia del punto $\mathbf{a}$ al plano Π. La bola de centro $\mathbf{a}$ y radio $d/2$ contiene sólo puntos de $\mathbb{R}^3 \setminus \Pi$, luego todo punto que no es de Π no es de $\mathscr{F}(\Pi)$.

Por el contrario, si $\mathbf{a}$ es de Π, toda bola centrada en $\mathbf{a}$ contiene puntos de Π y puntos de $\mathbb{R}^3 \setminus \Pi$.

Concluimos que $\mathscr{F}(\Pi) = \Pi$, luego Π es cerrado.

505

Sea $A \subseteq \mathbb{R}^n$. Demostrar que son equivalentes:

a) El conjunto A está contenido en alguna bola $\mathscr{B}_r(\mathbf{a})$.
b) El conjunto A está contenido en un producto $(h_1, k_1) \times \cdots \times (h_n, k_n)$ de intervalos abiertos.
c) El conjunto A está contenido en un producto $[h_1, k_1] \times \cdots \times [h_n, k_n]$ de intervalos cerrados.

[Solución]

a) $\Rightarrow$ b). Basta ver que toda bola está contenida en un producto de intervalos abiertos.

Sean $\mathbf{a} = (a_1, \ldots, a_n)$ un punto de $\mathbb{R}^n$ y $r > 0$ un número real. Veamos que $\mathscr{B}_r(\mathbf{a})$ está contenida en un producto de intervalos abiertos. Para $i = 1, \ldots, n$, tomemos $h_i = a_i - r$ y $k_i = a_i + r$. Si $\mathbf{x} = (x_1, \ldots, x_n) \in \mathscr{B}_r(\mathbf{a})$, entonces, para cada $i = 1, \ldots, n$,

$$(x_i - a_i)^2 \le \sum_{i=1}^n (x_i - a_i)^2 < r^2,$$

lo que implica $|x_i - a_i| < r$ o, equivalentemente, $h_i = a_i - r < x_i < a_i + r = k_i$. Por tanto, $x_i \in (h_i, k_i)$. Ello implica $\mathbf{x} = (x_1, \ldots, x_n) \in (h_1, k_1) \times \cdots \times (h_n, k_n)$. Concluimos, pues, que $\mathscr{B}_r(\mathbf{a}) \subseteq (h_1, k_1) \times \cdots \times (h_n, k_n)$.

b) $\Rightarrow$ c). Basta notar que $A \subseteq (h_1, k_1) \times \cdots \times (h_n, k_n) \subseteq [h_1, k_1] \times \cdots \times [h_n, k_n]$.

c) $\Rightarrow$ a). Basta probar que todo producto de intervalos cerrados está contenido en una bola. Consideremos un producto $[h_1, k_1] \times \cdots \times [h_n, k_n]$ de intervalos cerrados. Sean $a_i = (h_i + k_i)/2$ y $r_i = (k_i - h_i)/2$ el punto medio y el radio del i-ésimo intervalo. Si $\mathbf{x} = (x_1, \ldots, x_n) \in [h_1, k_1] \times \cdots \times [h_n, k_n]$, para cada $i = 1, \ldots, n$ tenemos $h_i \le x_i \le k_i$ y, restando a_i a los tres términos, $-r_i = h_i - a_i \le x_i - a_i \le k_i - a_i = r_i$. Entonces, $(x_i - a_i)^2 \le r_i^2$ y, sumando para todos los $i = 1, \ldots, n$, resulta

$$\sum_{i=1}^n (x_i - a_i)^2 \le \sum_{i=1}^n r_i^2.$$

Tomando $\mathbf{a} = (a_1, \ldots, a_n)$ y $r > 0$ tal que $r^2 = 1 + r_1^2 + \ldots + r_n^2$, de la desigualdad anterior se deduce $d(\mathbf{x}, \mathbf{a}) < r$, es decir, $\mathbf{x} \in \mathbf{B}_r(\mathbf{a})$. Por tanto, $[h_1, k_1] \times \cdots \times [h_n, k_n] \subseteq \mathscr{B}_r(\mathbf{a})$.

Las tres condiciones corresponden a tres definiciones equivalentes de conjunto acotado. La equivalencia entre b) y c) puede extenderse, con pequeñas variaciones, a que cualquiera de los intervalos sea abierto, cerrado o semiabierto.

506

Demostrar que, si $\mathbf{a}$ es un punto de acumulación de un conjunto $A \subseteq \mathbb{R}^n$, entonces toda bola centrada en $\mathbf{a}$ contiene infinitos puntos de A.

Sea $r_0 > 0$ un real positivo y consideremos la bola $\mathscr{B}_{r_0}(\mathbf{a})$. Puesto que $\mathbf{a}$ es un punto de acumulación de A, esta bola contiene algún punto $\mathbf{x}_0 \in A$ distinto de $\mathbf{a}$, luego $d(\mathbf{a}, \mathbf{x}_0) = d_0 > 0$. Sea $r_1 = d_0/2$. La bola $\mathscr{B}_{r_1}(\mathbf{a})$ está contenida en la anterior, no contiene a $\mathbf{x}_0$ y contiene algún punto $\mathbf{x}_1 \in A$ tal que $d(\mathbf{a}, \mathbf{x}_1) = d_1 > 0$. Recurrentemente, sea $n \geq 2$ y supongamos construidos $\mathbf{x}_0, \ldots, \mathbf{x}_{n-1}, \mathbf{x}_n$, con $d_{k+1} = d(\mathbf{x}_{k+1}, \mathbf{a}) < d(\mathbf{x}_k, \mathbf{a})/2$ para $k = 0, \ldots, n-1$. Tomemos $r_{n+1} = d_n/2$. Puesto que $\mathbf{a}$ es un punto de acumulación de A, la bola $\mathscr{B}_{r_{n+1}}(\mathbf{a})$ contiene un punto $\mathbf{x}_{n+1}$ de A distinto de $\mathbf{a}$, y también distinto de $\mathbf{x}_0, \ldots, \mathbf{x}_{n-1}, \mathbf{x}_n$. La sucesión $(\mathbf{x}_n)$ está formada por infinitos puntos distintos de A.

507

Sea $A = \{(x, y) \in \mathbb{R}^2 \ : \ x^2 + y^2 \leq 4x, \ y < x/2\}$.

1) Representar A gráficamente.

2) Hallar la frontera de A.

3) Indicar si A es abierto, cerrado, acotado y compacto.

1) Observemos que

$$x^2 + y^2 \leq 4x \iff x^2 - 4x + 4 + y^2 \leq 4 \iff (x-2)^2 + y^2 \leq 4.$$

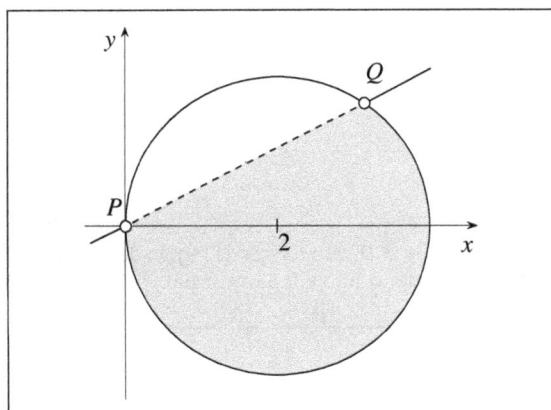

Fig. 8.1

Los puntos (x, y) que satisfacen esta última desigualdad son los del círculo de centro $(2, 0)$ y radio 2, incluida la circunferencia. Por otra parte, $y < x/2$ corresponde a la región que queda por debajo de la recta $y = x/2$, excluida la propia recta. Hallamos los puntos de intersección de la recta $y = x/2$ y la circunferencia $(x - 2)^2 + y^2 = 4$, que son las soluciones del sistema formado por ambas ecuaciones. Resultan ser $P = (0, 0)$ y $Q = (16/5, 8/5)$. El conjunto A se representa en la figura 8.1.

2) La frontera de A es la reunión $\mathscr{F}(A) = L_1 \cup L_2$ de los dos conjuntos siguientes. El conjunto L_1 es el segmento de extremos P y Q; el conjunto L_2 es la porción de circunferencia situada por debajo de la recta $y = x/2$, incluidos P y Q.

3) El conjunto A no contiene toda su frontera, por ejemplo, no contiene el segmento de extremos P y Q, luego no es cerrado; pero contiene parte de su frontera (una porción de circunferencia), luego no es abierto.

El conjunto A está incluido en la región rectangular definida por las inecuaciones $0 \leq x \leq 4$ y $-2 \leq y \leq 2$, es decir, $A \subseteq [0, 4] \times [-2, 2]$, luego es un conjunto acotado.

Finalmente, no es compacto porque no es cerrado.

508

$A = \{(x, y) \in \mathbb{R}^2 \ : \ |x^2 + y^2 - 4x + 2y| \leq 4\}$.

1) Representarlo gráficamente.

2) Estudiar su compacidad.

1) Tenemos
$$|x^2 + y^2 - 4x + 2y| \le 4 \Leftrightarrow -4 \le x^2 + y^2 - 4x + 2y \le 4$$
$$\Leftrightarrow -4 + 4 + 1 \le x^2 - 4x + 4 + y^2 + 2y + 1 \le 4 + 4 + 1$$
$$\Leftrightarrow 1 \le (x-2)^2 + (y+1)^2 \le 9,$$

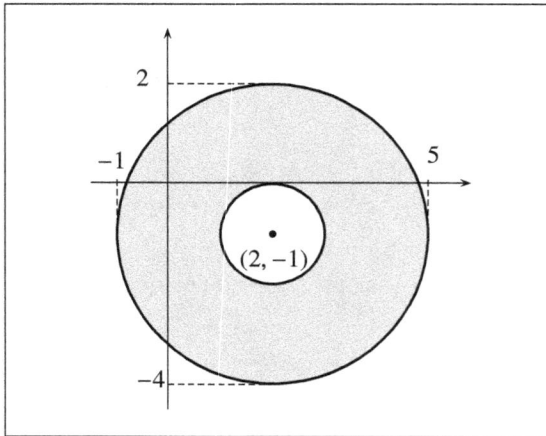

lo cual corresponde a los puntos (x, y) cuya distancia al punto $(2, -1)$ es un número entre 1 y 3, es decir, la región (*corona circular*) situada entre las circunferencias C_1 y C_2 de radios respectivos 1 y 3, centradas ambas en el punto $(2, -1)$, y dichas circunferencias están incluidas en el conjunto A (v. figura 8.2).

2) Es inmediato que la frontera de A es $\mathscr{F}(A) = C_1 \cup C_2$ y, como está contenida en A, resulta que A es cerrado.

Por otra parte, vemos que si $(x, y) \in A$, entonces $-1 \le x \le 5$ y $-4 \le y \le 2$, luego A es acotado.

El conjunto A es cerrado y acotado, luego es compacto.

Fig. 8.2

509

Consideremos la función $f(x, y) = \ln(2x + 3y)$.

1) Hallar su dominio y representarlo gráficamente.

2) Representar las curvas de niveles -1, 0, $1/2$ y 1.

1) El dominio D de f está formado por los puntos (x, y) tales que $2x + 3y > 0$, que forman la región del plano que queda por encima de la recta de ecuación $y = -2x/3$, excluida la recta (v. figura 8.3 izquierda).

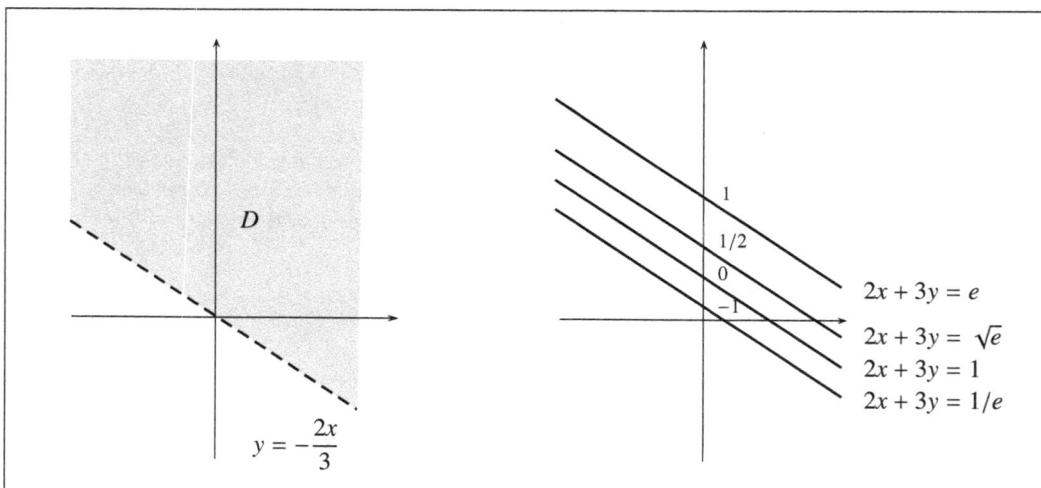

Fig. 8.3

2) Para un valor z fijado, la curva de nivel z está formada por los puntos (x, y) tales que $f(x, y) = z$, es decir, $\ln(2x + 3y) = z$ o, equivalentemente, $2x + 3y = e^z$. Para los cuatro valores de z dados, tenemos

z	-1	0	$1/2$	1
e^z	$1/e \simeq 0{,}37$	1	$\sqrt{e} \simeq 1{,}65$	$e \simeq 2{,}72$

y obtenemos las cuatro rectas

$$2x + 3y = 1/e, \quad 2x + 3y = 1, \quad 2x + 3y = \sqrt{e} \quad \text{y} \quad 2x + 3y = e,$$

que se representan en la figura 8.3 (derecha).

510

Demostrar que la función

$$f(x, y) = \frac{x^2 + 3xy + y^2}{x^2 + 4xy + y^2}$$

no tiene límite en $(0, 0)$.

[Solución]

Calculemos el límite direccional según una recta $y = mx$.

$$\lim_{x \to 0} f(x, mx) = \lim_{x \to 0} \frac{x^2 + 3mx^2 + m^2x^2}{x^2 + 4mx^2 + m^2x^2} = \lim_{x \to 0} \frac{x^2(1 + 3m + m^2)}{x^2(1 + 4m + m^2)} = \frac{1 + 3m + m^2}{1 + 4m + m^2}.$$

El valor de este límite depende de m. Por ejemplo, para $m = 0$ y $m = -1$ resultan los valores distintos 1 y $1/2$. Por tanto, no existe el límite de $f(x, y)$ en $(0, 0)$.

511

Sea $f \colon \mathbb{R}^2 \to \mathbb{R}$ definida por

$$f(x, y) = \begin{cases} \dfrac{x^2 + y^2}{x^2 + y}, & \text{si } y \neq -x^2, \\ 0, & \text{si } y = -x^2. \end{cases}$$

Demostrar que existen todos los límites direccionales de f en el origen, pero que no existe el límite de f en este punto.

[Solución]

En primer lugar, calculamos los límites direccionales según las rectas $y = mx$, con $m \neq 0$. Tenemos

$$\lim_{x \to 0} f(x, mx) = \lim_{x \to 0} \frac{x^2(1 + m^2)}{x(x + m)} = \lim_{x \to 0} \frac{x(1 + m^2)}{x + m} = 0.$$

Por otra parte, los límites direccionales en las direcciones del eje de abscisas y de ordenadas valen, respectivamente:

$$\lim_{x \to 0} \frac{x^2}{x^2} = 1, \qquad \lim_{y \to 0} \frac{y^2}{y} = 0.$$

Por tanto, todos los límites direccionales existen. Pero, como no todos son iguales, concluimos que f no tiene límite en el origen.

512

Calcular $\displaystyle\lim_{(x,y) \to (1,-2)} \frac{(x-1)^2(y+2)}{(x-1)^2 + (y+2)^2}$.

[Solución]

Si sustituimos (x, y) por $(1, -2)$, obtenemos una indeterminación del tipo $0/0$. Utilicemos las coordenadas polares centradas en el punto $(1, -2)$, es decir, $x = 1 + r \cos \alpha$, $y = -2 + r \operatorname{sen} \alpha$, y calculemos el límite de la expresión resultante cuando $r \to 0$:

$$\lim_{r \to 0} \frac{r^2 \cos^2 \alpha \; r \operatorname{sen} \alpha}{r^2(\cos^2 \alpha + \operatorname{sen}^2 \alpha)} = \lim_{r \to 0} (r \cos^2 \alpha \operatorname{sen}^2 \alpha) = 0,$$

independientemente de α. Por tanto, el límite pedido es 0.

513

Calcular $\displaystyle\lim_{(x,y) \to (0,0)} \frac{\operatorname{sen} x(1 - \cos xy)}{x^2 + y^2}$.

[Solución]

De $\displaystyle\lim_{t \to 0} \frac{1 - \cos t}{t^2/2} = \lim_{t \to 0} \frac{\operatorname{sen} t}{t} = 1$, deducimos $\displaystyle\lim_{(x,y) \to (0,0)} \frac{1 - \cos xy}{(xy)^2/2} = 1$ y

$$\lim_{(x,y) \to (0,0)} \frac{\operatorname{sen} x(1 - \cos xy)}{x^2 + y^2} = \lim_{(x,y) \to (0,0)} \frac{x(xy)^2/2}{x^2 + y^2} = \frac{1}{2} \lim_{(x,y) \to (0,0)} \frac{x^3 y^2}{x^2 + y^2}.$$

Si pasamos a coordenadas polares, $x = r \cos \alpha$, $y = r \operatorname{sen} \alpha$, tenemos

$$\lim_{r \to 0} \frac{r^3 \cos^3 \alpha \; r^2 \operatorname{sen}^2 \alpha}{r^2(\cos^2 \alpha + \operatorname{sen}^2 \alpha)} = \lim_{r \to 0} (r^3 \cos^3 \alpha \operatorname{sen}^2 \alpha) = 0$$

independientemente de α, luego el límite pedido es 0.

514

Sea f la función definida por

$$f(x, y) = \frac{xy}{x + y - 2},$$

y $C = \{(x, y) \in \mathbb{R}^2 : x^2 + y^2 \leq 1\}$. Demostrar que $f(C)$ es un compacto de $\mathbb{R}$.

El conjunto C es el círculo de centro $(0, 0)$ y radio 1, con la circunferencia incluida. Esta circunferencia es la frontera de C, luego C es cerrado. También es acotado ya que C está incluido en cualquier bola de centro el origen y radio > 1. Luego, C es un compacto de $\mathbb{R}^2$.

La función f es continua en su dominio, que es todo $\mathbb{R}^2$ excepto la recta $x + y - 2 = 0$. Puesto que la intersección de esta recta con C es vacía, f es continua en C. Entonces, por el teorema de Weierstrass, $f(C)$ es un compacto de $\mathbb{R}$.

515

El punto $(0, 0)$ no pertenece al dominio de la función definida por

$$f(x, y) = \frac{x^4 y^4}{(x^2 + y^4)^3}.$$

Averiguar si la discontinuidad de f en $(0, 0)$ es evitable o esencial.

Hay que averiguar si existe el límite de f en $(0, 0)$ y, en este caso, si es un número real. Si existe el límite de f en $(0, 0)$, todos los límites de f según todos los subconjuntos deben coincidir. Veamos que no es el caso.

Calculemos el límite direccional de f en $(0, 0)$ según la recta $y = x$:

$$\lim_{x \to 0} f(x, x) = \lim_{x \to 0} \frac{x^8}{(x^2 + x^4)^3} = \lim_{x \to 0} \frac{x^8}{x^6(1 + x^2)^3} = \lim_{x \to 0} \frac{x^2}{(1 + x^2)^3} = 0.$$

Pero el límite de f según la parábola $x = y^2$ es

$$\lim_{y \to 0} f(y^2, y) = \lim_{y \to 0} \frac{y^{12}}{(2y^4)^3} = \lim_{y \to 0} \frac{y^{12}}{8y^{12}} = \frac{1}{8}.$$

Por tanto, f tiene en $(0, 0)$ una discontinuidad esencial.

516

Consideremos la función f definida por $f(x, y) = \dfrac{\ln(1 + x^2 - y^2)}{x - y}$.

1) Hallar su dominio y representarlo gráficamente.
2) ¿Es posible prolongar la función f a los puntos de la recta $x = y$ de manera que sea continua?

1) Los puntos del dominio de f son los que satisfacen las dos condiciones $1 + x^2 - y^2 > 0$ y $x - y \neq 0$. Entonces, el dominio de f es el conjunto

$$\{(x, y) \in \mathbb{R}^2 \ : \ 1 + x^2 - y^2 > 0, \ x \neq y\}.$$

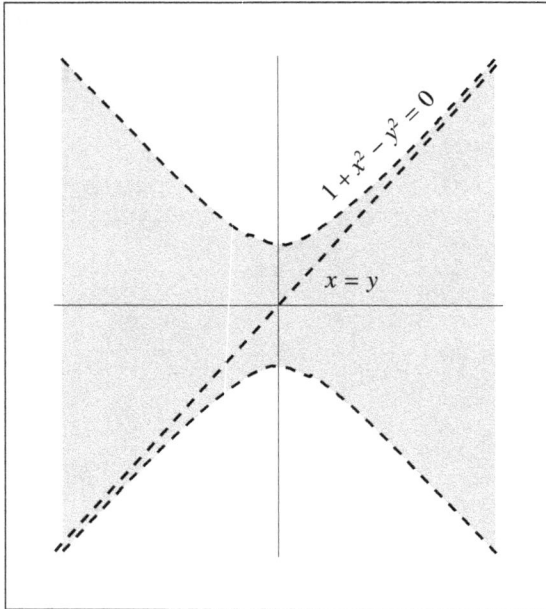

La curva $1 + x^2 - y^2 = 0$ es una hipérbola de asíntotas $x = y$ y $x = -y$. Como $(0, 0)$ satisface la inecuación

$$1 + x^2 - y^2 > 0,$$

esta condición corresponde a la región central limitada por las dos ramas de la hipérbola, excluida la propia hipérbola. De esta región, hay que excluir además la recta $x = y$ para obtener el dominio de f (v. figura 8.4).

2) Desde luego, la función f es continua en todo su dominio. Si existen los límites de f en todos los puntos de la recta $x = y$, es decir, en los puntos de la forma (a, a), entonces existirá la prolongación continua de f. Puesto que $\lim_{t \to 0} \ln(1 + t)/t = 1$, tenemos

$$\lim_{(x,y) \to (a,a)} \frac{\ln(1 + x^2 - y^2)}{x - y} = \lim_{(x,y) \to (a,a)} \frac{(x + y) \ln(1 + x^2 - y^2)}{x^2 - y^2}$$

$$= \lim_{(x,y) \to (a,a)} (x + y) = 2a.$$

Fig. 8.4

Luego, si extendemos f a la recta $x = y$ definiendo $f(a, a) = 2a$, obtenemos una prolongación continua de f.

517

Estudiar la continuidad, la existencia de derivadas parciales y la diferenciabilidad en $(0, 0)$ de la función

$$f(x, y) = \begin{cases} \dfrac{xy^2}{x^2 + y^4}, & \text{si } (x, y) \neq (0, 0); \\ 0, & \text{si } (x, y) = (0, 0). \end{cases}$$

[Solución]

Veamos primero si existe el límite de f en $(0, 0)$. El límite de f en $(0, 0)$ según la recta $y = x$ es

$$\lim_{x \to 0} f(x, x) = \lim_{x \to 0} \frac{x^3}{x^2 + x^4} = \lim_{x \to 0} \frac{x}{1 + x^2} = 0.$$

El límite de f en $(0, 0)$ según la parábola $x = y^2$ es

$$\lim_{y \to 0} f(y^2, y) = \lim_{y \to 0} \frac{y^4}{y^4 + y^4} = \frac{1}{2}.$$

Como los límites según estos dos subconjuntos son distintos, no existe el límite de f en $(0, 0)$ y, en consecuencia, f no es continua en $(0, 0)$.

Respecto a las derivadas parciales en $(0, 0)$, tenemos

$$\frac{\partial f}{\partial x}(0, 0) = \lim_{\lambda \to 0} \frac{f(\lambda, 0) - f(0, 0)}{\lambda} = \lim_{\lambda \to 0} \frac{0 - 0}{\lambda} = \lim_{\lambda \to 0} 0 = 0.$$

$$\frac{\partial f}{\partial y}(0,0) = \lim_{\lambda \to 0} \frac{f(0,\lambda) - f(0,0)}{\lambda} = \lim_{\lambda \to 0} \frac{0-0}{\lambda} = \lim_{\lambda \to 0} 0 = 0.$$

Por tanto, las dos derivadas parciales de f en $(0,0)$ existen y ambas valen 0.

Puesto que f no es continua en $(0,0)$, tampoco es diferenciable en $(0,0)$. Notemos que, sin embargo, existen las dos derivadas parciales de f en el origen.

518

Sea $f : (0, +\infty) \times (0, +\infty) \to \mathbb{R}$ la función definida por

$$f(x,y) = x^y + \int_y^x \frac{e^t}{\sqrt{t^2+1}}\, dt.$$

Calcular el valor máximo de las derivadas direccionales de f en el punto $(1,1)$.

[Solución]

La función $t \mapsto \dfrac{e^t}{\sqrt{t^2+1}}$ es continua y, por tanto, podemos derivar utilizando el teorema fundamental del cálculo:

$$\frac{\partial f}{\partial x}(x,y) = yx^{y-1} + \frac{e^x}{\sqrt{x^2+1}}, \qquad \frac{\partial f}{\partial y}(x,y) = x^y \ln x - \frac{e^y}{\sqrt{y^2+1}}.$$

Ambas derivadas parciales son continuas en $(0, +\infty) \times (0, +\infty)$ y, por tanto, f es diferenciable en todo el dominio, en particular también en el punto $(1,1)$. Entonces, el valor máximo de las derivadas direccionales de f en $(1,1)$ es la norma del gradiente de f en este punto. El gradiente de f en $(1,1)$ es

$$\nabla f(1,1) = \left(\frac{\partial f}{\partial x}(1,1), \frac{\partial f}{\partial y}(1,1) \right) = \left(1 + \frac{e}{\sqrt{2}}, -\frac{e}{\sqrt{2}} \right),$$

y su norma

$$\|\nabla f(1,1)\| = \sqrt{1 + e^2 + e\sqrt{2}} \simeq 3,5.$$

519

Consideremos la función $f(x,y) = \sqrt{xy}$.

1) Hallar el dominio de f.
2) Representar gráficamente las curvas de niveles -1, 0, 1 y 2 de f.
3) Hallar el valor de la derivada direccional máxima de f en el punto $(1,2)$.

[Solución]

1) El dominio de f está formado por los puntos (x,y) tales que $xy \geq 0$, lo que ocurre cuando x e y tienen el mismo signo o uno de los dos es 0. Por tanto, el dominio D de f está formado por los puntos del primer y el tercer cuadrantes incluidos los ejes coordenados:

$$D = \{(x,y) \in \mathbb{R}^2 \ : \ x \geq 0, \ y \geq 0\} \cup \{(x,y) \in \mathbb{R}^2 \ : \ x \leq 0, \ y \leq 0\}.$$

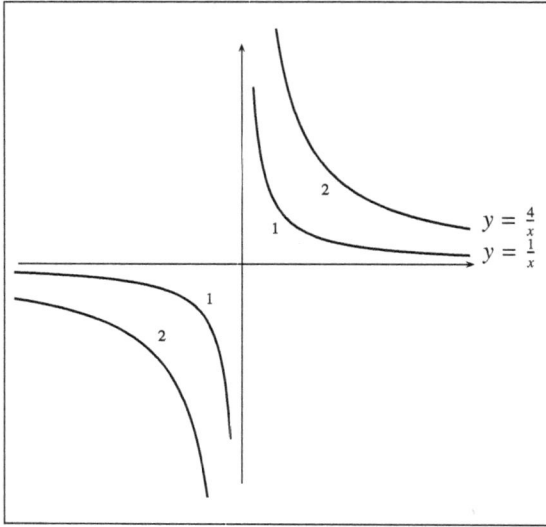

Fig. 8.5

2) La curva de nivel k es la curva de ecuación $\sqrt{xy} = k$, es decir, $xy = k^2$. No existe curva de nivel -1, ya que la raíz cuadrada es positiva. La curva de nivel 0 está formada por los ejes coordenados. Las curvas de niveles 1 y 2 son las gráficas de las hipérbolas $y = 1/x$ e $y = 4/x$, respectivamente (v. figura 8.5).

3) Las derivadas parciales de f son

$$\frac{\partial f}{\partial x}(x, y) = \frac{y}{2\sqrt{xy}}, \qquad \frac{\partial f}{\partial y}(x, y) = \frac{x}{2\sqrt{xy}},$$

que son funciones continuas en $(1, 2)$ y, por tanto, f es diferenciable en $(1, 2)$. La derivada direccional máxima en este punto es la norma del vector gradiente en este punto:

$$\|\nabla f(1, 2)\| = \left\| \left(\frac{\partial f}{\partial x}(1, 2), \frac{\partial f}{\partial y}(1, 2) \right) \right\| = \left\| \left(\frac{1}{\sqrt{2}}, \frac{1}{2\sqrt{2}} \right) \right\|$$

$$= \sqrt{\frac{1}{2} + \frac{1}{8}} = \sqrt{\frac{5}{8}}.$$

520

Sea una función real de n variables tal que $|f(\mathbf{x})| \leq \|\mathbf{x}\|^2$ para todo $\mathbf{x}$ en un entorno del origen. Demostrar que f es diferenciable en el origen.

[Solución]

Puesto que $0 \leq |f(\mathbf{0})| \leq \|\mathbf{0}\|^2 = 0$, tenemos que $f(\mathbf{0}) = 0$. La i-ésima derivada parcial de f en el origen es el límite en 0 de la función

$$q_i(\lambda) = \frac{f(0, \ldots, 0, \lambda, 0, \ldots, 0) - f(0, \ldots, 0)}{\lambda} = \frac{f(0, \ldots, 0, \lambda, 0, \ldots, 0)}{\lambda}$$

con λ en la i-ésima coordenada. Puesto que

$$0 \leq |q_i(\lambda)| = \frac{|f(0, \ldots, 0, \lambda, 0, \ldots, 0)|}{|\lambda|} \leq \frac{\|(0, \ldots, 0, \lambda, 0, \ldots, 0)\|^2}{|\lambda|} = \frac{|\lambda|^2}{|\lambda|} = |\lambda|,$$

resulta $\lim_{\lambda \to 0} q_i(\lambda) = 0$. Por tanto, las n derivadas parciales en $\mathbf{0}$ existen y son todas 0. Con esto, y recordando que $f(\mathbf{0}) = 0$, vemos que f es diferenciable en $\mathbf{0}$ si el límite de la función

$$q(\mathbf{x}) = \frac{f(\mathbf{x})}{\|\mathbf{x}\|}$$

en $\mathbf{0}$ es 0. Ahora bien, de

$$0 \leq |q(\mathbf{x})| = \frac{|f(\mathbf{x})|}{\|\mathbf{x}\|} \leq \frac{\|\mathbf{x}\|^2}{\|\mathbf{x}\|} = \|\mathbf{x}\|$$

se deduce

$$0 \le \lim_{\mathbf{x} \to 0} |q(\mathbf{x})| \le \lim_{\mathbf{x} \to 0} \|\mathbf{x}\| = 0,$$

luego $\lim_{\mathbf{x} \to 0} q(\mathbf{x}) = 0$, como queríamos demostrar.

521

Sea $A = (a_{ij})$ una matriz de m filas y n columnas de números reales. Asociada a A se define una aplicación (denominada *lineal de matriz A*) $f : \mathbb{R}^n \to \mathbb{R}^m$ por $f(\mathbf{x}) = A\mathbf{x}^T$, donde el superíndice T significa transpuesta. Demostrar:

1) Existe un número real positivo M tal que $\|f(\mathbf{x})\| \le M \cdot \|x\|$ para todo $\mathbf{x} \in \mathbb{R}^n$.

2) La aplicación f es continua en todo $\mathbf{a} \in \mathbb{R}^n$.

3) $\mathscr{J}f(\mathbf{a}) = A$ para todo $\mathbf{a} \in \mathbb{R}^n$.

4) La aplicación f es diferenciable.

[Solución]

1) Sea $\mathbf{x} = (x_1, \ldots, x_n)$ y $f(\mathbf{x}) = (y_1, \ldots, y_m)$. Para cada $i = 1, \ldots, m$, tenemos $y_i = \sum_{k=1}^n a_{ik} x_k$. Si a es el máximo de los valores absolutos $|a_{ij}|$ de los términos de la matriz, resulta

$$|y_i| \le \sum_{k=1}^n |a_{ik}| \cdot |x_k| \le a \sum_{k=1}^n |x_k|.$$

Tomando raíces cuadradas positivas en la desigualdad $x_k^2 \le x_1^2 + \cdots + x_n^2$, obtenemos $|x_k| \le \|\mathbf{x}\|$. Por tanto, $|y_i| \le a \sum_{k=1}^n |x_k| \le an\|\mathbf{x}\|$. Entonces,

$$\|f(\mathbf{x})\|^2 = y_1^2 + \cdots y_m^2 \le ma^2 n^2 \|\mathbf{x}\|^2.$$

Si $M = \sqrt{m}na$, tomando raíces cuadradas en la desigualdad anterior, resulta $\|f(\mathbf{x})\| \le M \cdot \|\mathbf{x}\|$.

2) Por la propiedad distributiva del producto de matrices, tenemos

$$f(\mathbf{x}) - f(\mathbf{a}) = A\mathbf{x}^T - A\mathbf{a}^T = A(\mathbf{x}^T - \mathbf{a}^T) = A(\mathbf{x} - \mathbf{a})^T = f(\mathbf{x} - \mathbf{a}).$$

Dado $\varepsilon > 0$, tomemos $\delta < \varepsilon/M$. Utilizando el apartado anterior, si $\|\mathbf{x} - \mathbf{a}\| < \delta$, entonces

$$\|f(\mathbf{x}) - f(\mathbf{a})\| = \|f(\mathbf{x} - \mathbf{a})\| \le M \cdot \|\mathbf{x} - \mathbf{a}\| < M \cdot \delta < M\frac{\varepsilon}{M} = \varepsilon,$$

lo que prueba la continuidad de f en $\mathbf{a}$. (Observemos que, en este caso, el valor de δ no depende del punto $\mathbf{a}$ considerado.)

3) Las funciones coordenadas de f están definidas por

$$f_i(x_1, \ldots, x_n) = a_{i1} x_1 + \cdots + a_{in} x_n, \quad i = 1, \ldots, m,$$

luego

$$\frac{\partial f_i}{\partial x_j}(\mathbf{a}) = a_{ij}$$

para todo punto $\mathbf{a} \in \mathbb{R}^n$. Entonces, la matriz jacobiana de f en $\mathbf{a}$ es $\mathscr{J}f(\mathbf{a}) = (a_{ij}) = A$ para todo punto $\mathbf{a} \in \mathbb{R}^n$.

4) Observemos que $\nabla f_i(\mathbf{a}) = (a_{i1}, \ldots, a_{in})$ y que, para todo $\mathbf{z} = (z_1, \ldots, z_n) \in \mathbb{R}^n$, se cumple

$$\nabla f_i(\mathbf{a}) \cdot \mathbf{z} = (a_{i1}, \ldots, a_{in}) \cdot (z_1, \ldots, z_n) = a_{i1}z_1 + \cdots + a_{in}z_n = f_i(z_1, \ldots, z_n) = f_i(\mathbf{z})$$

Entonces,

$$f_i(\mathbf{x}) - f_i(\mathbf{a}) - \nabla f_i(\mathbf{a}) \cdot (\mathbf{x} - \mathbf{a}) = f_i(\mathbf{x} - \mathbf{a}) - f_i(\mathbf{x} - \mathbf{a}) = 0.$$

Por tanto,

$$\lim_{\mathbf{x} \to \mathbf{a}} \frac{\|f_i(\mathbf{x}) - f_i(\mathbf{a}) - \nabla f_i(\mathbf{a}) \cdot (\mathbf{x} - \mathbf{a})\|}{\|\mathbf{x} - \mathbf{a}\|} = 0.$$

Luego, para todo punto $\mathbf{a}$, la función f_i es diferenciable y, en consecuencia, f es diferenciable.

522

Averiguar si la función

$$f(x, y) = \begin{cases} \dfrac{x|y|}{\sqrt{x^2 + y^2}} & \text{si } (x, y) \neq (0, 0), \\ 0 & \text{si } (x, y) = (0, 0), \end{cases}$$

es diferenciable en el origen.

[Solución]

Supongamos que sea diferenciable y que $\nabla f(0, 0) = (r, s)$. Tenemos

$$q(x, y) = \frac{f(x, y) - f(0, 0) - (r, s) \cdot (x, y)}{\sqrt{x^2 + y^2}} = \frac{1}{\sqrt{x^2 + y^2}} \left(\frac{x|y|}{\sqrt{x^2 + y^2}} - rx - sy \right)$$

El límite de la función $q(x, y)$ en $(0, 0)$ debe ser 0. Ahora bien

$$q(0, y) = \frac{-sy}{|y|} = \begin{cases} -s & \text{si } y > 0; \\ s & \text{si } y < 0. \end{cases}$$

Puesto que debe ser

$$0 = \lim_{(x,y) \to (0,0)} q(x, y) = \lim_{y \to 0} q(0, y),$$

concluimos que $s = 0$. Análogamente,

$$q(x, 0) = \frac{-rx}{|x|} = \begin{cases} -r & \text{si } x > 0; \\ r & \text{si } x < 0. \end{cases}$$

Por la misma razón, ha de ser $r = 0$. Entonces, si f es diferenciable en $(0, 0)$, el límite en $(0, 0)$ de la función

$$q(x, y) = \frac{x|y|}{x^2 + y^2}$$

ha de ser 0. En la dirección $x = y$ de la bisectriz del primer cuadrante

$$q(x, x) = \frac{x|x|}{2x^2} = \frac{|x|}{2x} = \begin{cases} -1/2 & \text{si } x < 0, \\ 1/2 & \text{si } x > 0, \end{cases}$$

luego el límite no existe y f no es diferenciable.

523

Determinar para qué valor del parámetro real a el plano

$$5x + 5y + 4z = 12$$

es tangente a la superficie

$$z = \frac{1}{1 + (xy)^5}$$

en el punto $(a, 1, 1/(1 + a^5))$.

[Solución]

Para hallar a, calculemos la ecuación del plano tangente a la superficie dada en el punto $(a, 1, 1/(1 + a^5))$ y comparémosla con la ecuación del plano $5x + 5y + 4z = 12$.

Las derivadas parciales de la función $f(x, y) = 1/(1 + (xy)^5)$ son

$$\frac{\partial f}{\partial x}(x, y) = \frac{-5x^4 y^5}{(1 + (xy)^5)^2}, \qquad \frac{\partial f}{\partial y}(x, y) = \frac{-5x^5 y^4}{(1 + (xy)^5)^2}.$$

Evaluándolas en el punto $(a, 1)$, obtenemos

$$\frac{\partial f}{\partial x}(a, 1) = \frac{-5a^4}{(1 + a^5)^2}, \qquad \frac{\partial f}{\partial y}(a, 1)) = \frac{-5a^5}{(1 + a^5)^2}.$$

Por tanto, el plano tangente a la superficie $z = f(x, y)$ por el punto $(a, 1, 1/(1 + a^5))$ es

$$z = \frac{1}{1 + a^5} - \frac{5a^4}{(1 + a^5)^2}(x - a) - \frac{5a^5}{(1 + a^5)^2}(y - 1),$$

que también podemos escribir como

$$5a^4 x + 5a^5 y + (1 + a^5)^2 z = 1 + 11a^5.$$

Para que este plano concida con el dado, ha de ser

$$(5a^4, 5a^5, (1 + a^5)^2, 1 + 11a^5) = \lambda(5, 5, 4, 12),$$

para algún real λ. Igualando las dos primeras coordenadas, obtenemos $5a^4 = 5\lambda = 5a^5$, es decir, $a = 1$ y $\lambda = 1$. Estos valores satisfacen el resto de condiciones. La respuesta es, pues, $a = 1$.

524

Calcular el jacobiano de la aplicación $f : [0, +\infty) \times \mathbb{R} \times \mathbb{R} \to \mathbb{R}^3$, definida por $f(\rho, \phi, \theta) = (x, y, z)$ con

$$x = \rho \operatorname{sen} \theta \cos \phi, \quad y = \rho \operatorname{sen} \theta \operatorname{sen} \phi, \quad z = \rho \cos \theta$$

en un punto (ρ, ϕ, θ).

[Solución]

Las funciones coordenadas de f son

$$f_1(\rho, \phi, \theta) = x = \rho \operatorname{sen} \theta \cos \phi, \quad f_2(\rho, \phi, \theta) = y = \rho \operatorname{sen} \theta \operatorname{sen} \phi, \quad f_3((\rho, \phi, \theta) = z = \rho \cos \theta.$$

El jacobiano $\left| \mathscr{J}f(\rho, \phi, \theta) \right|$ es el determinante (en el que escribimos $D_j f_i$ en lugar de $D_j f_i(\rho, \phi, \theta)$)

$$\begin{vmatrix} D_1 f_1 & D_2 f_1 & D_3 f_1 \\ D_1 f_2 & D_2 f_2 & D_3 f_2 \\ D_1 f_3 & D_2 f_3 & D_3 f_3 \end{vmatrix} = \begin{vmatrix} \operatorname{sen} \theta \cos \phi & -\rho \operatorname{sen} \theta \operatorname{sen} \phi & \rho \cos \theta \cos \phi \\ \operatorname{sen} \theta \operatorname{sen} \phi & \rho \operatorname{sen} \theta \cos \phi & \rho \cos \theta \operatorname{sen} \phi \\ \cos \theta & 0 & -\rho \operatorname{sen} \theta \end{vmatrix}$$

$$= \rho^2 \operatorname{sen} \theta \begin{vmatrix} \operatorname{sen} \theta \cos \phi & -\operatorname{sen} \phi & \cos \theta \cos \phi \\ \operatorname{sen} \theta \operatorname{sen} \phi & \cos \phi & \cos \theta \operatorname{sen} \phi \\ \cos \theta & 0 & -\operatorname{sen} \theta \end{vmatrix}.$$

Desarrollando por la última fila,

$$\left| \mathscr{J}f(\rho, \phi, \theta) \right| = \rho^2 \operatorname{sen} \theta \left(\cos \theta (-\cos \theta \operatorname{sen}^2 \phi - \cos \theta \cos^2 \phi) - \operatorname{sen} \theta (\operatorname{sen} \theta \cos^2 \phi + \operatorname{sen} \theta \operatorname{sen}^2 \phi) \right)$$

$$= \rho^2 \operatorname{sen} \theta (-\cos^2 \theta - \operatorname{sen}^2 \theta)$$

$$= -\rho^2 \operatorname{sen} \theta.$$

525

Sea $g : \mathbb{R}^3 \to \mathbb{R}$ definida por $g(x, y, z) = x^2 + y^2 + z^2$, y sea $f : \mathbb{R} \to \mathbb{R}$ derivable en $\mathbb{R}$. Demostrar que

$$\|\nabla(f \circ g)(x, y, z)\|^2 = 4(x^2 + y^2 + z^2) \left(f'(x^2 + y^2 + z^2) \right)^2.$$

[Solución]

Sea $h = f \circ g$. Por aplicación de la regla de la cadena,

$$\frac{\partial h}{\partial x}(x, y, z) = f'(g(x, y, z)) \frac{\partial g}{\partial x}(x, y, z) = f'(g(x, y, z)) \cdot 2x.$$

Por la simetría de g respecto a las tres variables, análogamente se tiene

$$\frac{\partial h}{\partial y}(x, y, z) = f'(g(x, y, z)) \cdot 2y, \qquad \frac{\partial h}{\partial z}(x, y, z) = f'(g(x, y, z)) \cdot 2z.$$

Por tanto,

$$\nabla h(x, y, z) = (f'(g(x, y, z)) \cdot 2x, \; f'(g(x, y, z)) \cdot 2y, \; f'(g(x, y, z)) \cdot 2z)$$
$$= 2f'(g(x, y, z))(x, y, z).$$

Tomando normas y elevando al cuadrado,

$$\|\nabla h(x, y, z)\|^2 = 4|f'(x^2 + y^2 + z^2)|^2(x^2 + y^2 + z^2),$$

como se quería demostrar.

526

Consideremos la función

$$f(x, y) = \begin{cases} xy \dfrac{x^2 - y^2}{x^2 + y^2} & \text{si } (x, y) \neq (0, 0) \\[2mm] 0 & \text{si } (x, y) = (0, 0) \end{cases}$$

1) Demostrar que $D_2 f(x, 0) = x$ para todo x, y $D_1 f(0, y) = -y$ para todo y.
2) Demostrar que $D_{1,2} f(0, 0) \neq D_{2,1} f(0, 0)$.

[Solución]

1) Para todo x,

$$D_2 f(x, 0) = \lim_{\lambda \to 0} \frac{f(x, \lambda) - f(x, 0)}{\lambda} = \lim_{\lambda \to 0} \frac{x\lambda(x^2 - \lambda^2)/(x^2 + \lambda^2)}{\lambda} = \lim_{\lambda \to 0} \frac{x(x^2 - \lambda^2)}{x^2 + \lambda^2} = x.$$

Análogamente, para todo y,

$$D_1 f(0, y) = \lim_{\lambda \to 0} \frac{f(\lambda, y) - f(0, y)}{\lambda} = \lim_{\lambda \to 0} \frac{y\lambda(\lambda^2 - y^2)/(\lambda^2 + y^2)}{\lambda} = \lim_{\lambda \to 0} \frac{y(\lambda^2 - y^2)}{\lambda^2 + y^2} = -y.$$

2) Notemos que $D_1 f(0, 0) = D_2 f(0, 0) = 0$. Entonces,

$$D_{1,2} f(0, 0) = \lim_{\lambda \to 0} \frac{D_1 f(0, \lambda) - D_1 f(0, 0)}{\lambda} = \lim_{\lambda \to 0} \frac{-\lambda}{\lambda} = -1.$$

mientras que

$$D_{2,1} f(0, 0) = \lim_{\lambda \to 0} \frac{D_2 f(\lambda, 0) - D_2 f(0, 0)}{\lambda} = \lim_{\lambda \to 0} \frac{\lambda}{\lambda} = 1,$$

luego $-D_{1,2} f(0, 0) = -1 \neq 1 = D_{2,1} f(0, 0)$. (¿Contradice este problema el teorema de Schwarz?)

527

Demostrar que la función $f : \mathbb{R}^2 \to \mathbb{R}^2$, definida por $f(x, y) = (e^x \cos y, \; e^x \operatorname{sen} y)$, es localmente invertible en un entorno de cada punto, pero que no lo es globalmente.

La matriz jacobiana de f en cualquier punto (x, y) es

$$\mathscr{J}f(x, y) = \begin{pmatrix} e^x \cos y & -e^x \operatorname{sen} y \\ e^x \operatorname{sen} y & e^x \cos y \end{pmatrix},$$

cuyo determinante es $e^{2x}(\cos^2 y + \operatorname{sen}^2 y) = e^{2x}$, que es distinto de 0 en todo punto (x, y), luego todo punto (x, y) tiene un entorno en el que f es invertible.

Pero f no es globalmente invertible porque no es inyectiva: para todo entero n, tenemos $f(x, y) = f(x, y + 2n\pi)$.

528

Sean $f: \mathbb{R}^2 \to \mathbb{R}^2$ la función definida por $f(x, y) = (y + \cos x, x + e^y)$ y $g: \mathbb{R}^2 \to \mathbb{R}$ una función de la clase $\mathscr{C}^1$ que satisface

$$g(1, 1) = 2, \qquad \frac{\partial g}{\partial x}(x, y) = \frac{\partial g}{\partial y}(x, y) = a$$

para todo $(x, y) \in \mathbb{R}^2$. Considérese la función compuesta $F = g \circ f$. Determinar para qué valores del parámetro $a \in \mathbb{R}$, se puede asegurar que la ecuación $F(x, y) = 2$ define y como función implícita de x de clase C^1 en un entorno de $(0, 0)$. En ese caso, calcular $y'(x)$.

Llamamos $G(x, y) = F(x, y) - 2$, con lo que la ecuación planteada es $G(x, y) = 0$. La función F es de clase $\mathscr{C}^1$ porque f es de clase $\mathscr{C}^\infty$, y por tanto de clase $\mathscr{C}^1$, y g también lo es. Luego, G es de clase $\mathscr{C}^1$.

Comprobamos que $(0, 0)$ satisface la ecuación:

$$G(0, 0) = F(0, 0) - 2 = g(f(0, 0)) - 2 = g(1, 1) - 2 = 0.$$

Denominemos u, v las funciones coordenadas de f, es decir, $u(x, y) = y + \cos x$ y $v(x, y) = x + e^y$. Calculamos $G_y(0, 0)$ aplicando la regla de la cadena:

$$G_y(0, 0) = F_y(0, 0) = g_u(f(0, 0))u_y(0, 0) + g_v(f(0, 0))v_y(0, 0) = g_u(1, 1) \cdot 1 + g_v(1, 1) \cdot 1 = 2a.$$

El teorema de la función implícita requiere que $G_y(0, 0) \neq 0$, luego ha de ser $a \neq 0$.

En ese caso, existirá la función implícita $y(x)$ y tendremos

$$y' = -\frac{G_x}{G_y} = -\frac{a(-\operatorname{sen} x) + a \cdot 1}{a \cdot 1 + a \cdot e^y} = \frac{\operatorname{sen} x - 1}{e^y + 1}.$$

529

1) Demostrar que el sistema $\qquad \begin{cases} yz^2 + x^2u^3 = 1 \\ 2xy^3 + uz^2 = 0 \end{cases}$

define x e y como funciones implícitas de z y u en un entorno del punto $(x, y, z, u) = (0, 1, 1, 0)$.

2) Sean $x = F_1(z, u)$ e $y = F_2(z, u)$ las funciones implícitas del apartado anterior. Demostrar que la función $F(z, u) = (F_1(z, u), F_2(z, u))$ admite función inversa en un entorno del punto $(1, 0)$, y calcular $\mathscr{J}\left(F^{-1}\right)(0, 1)$.

[Solución]

1) Sean

$$G_1(x, y, z, u) = yz^2 + x^2u^3 - 1, \qquad G_2(x, y, z, u) = 2xy^3 + uz^2,$$

y $G = (G_1, G_2)$. La función G es de clase $\mathscr{C}^\infty$, porque G_1 y G_2 son funciones polinómicas. Tenemos, además, $G(0, 1, 1, 0) = (0, 0)$. Por otra parte, teniendo en cuenta que

$$(G_1)_x = 2xu^3, \qquad (G_1)_y = z^2, \qquad (G_2)_x = 2y^3, \qquad (G_2)_y = 6xy^2,$$

se tiene

$$\det\left(\frac{\partial G}{\partial(x, y)}\right)(0, 1, 1, 0) = \begin{vmatrix} 0 & 1 \\ 2 & 0 \end{vmatrix} = -2 \neq 0,$$

lo cual demuestra la existencia de F_1 y F_2.

2) El teorema de la función implícita asegura también que

$$\left(\frac{\partial G}{\partial(z, u)}\right)(0, 1, 1, 0) + \left(\frac{\partial G}{\partial(x, y)}\right)(0, 1, 1, 0) \cdot \mathscr{J}F(1, 0) = \begin{pmatrix} 0 & 0 \\ 0 & 0 \end{pmatrix}.$$

Teniendo en cuenta que

$$(G_1)_z = 2yz, \qquad (G_1)_u = 3x^2u^2, \qquad (G_2)_z = 2uz, \qquad (G_2)_u = z^2,$$

tendremos

$$\begin{pmatrix} 2 & 0 \\ 0 & 1 \end{pmatrix} + \begin{pmatrix} 0 & 1 \\ 2 & 0 \end{pmatrix} \cdot \mathscr{J}F(1, 0) = \begin{pmatrix} 0 & 0 \\ 0 & 0 \end{pmatrix},$$

luego

$$\mathscr{J}F(1, 0) = -\begin{pmatrix} 0 & 1 \\ 2 & 0 \end{pmatrix}^{-1} \cdot \begin{pmatrix} 2 & 0 \\ 0 & 1 \end{pmatrix} = -\begin{pmatrix} 0 & 1/2 \\ 1 & 0 \end{pmatrix} \cdot \begin{pmatrix} 2 & 0 \\ 0 & 1 \end{pmatrix} = \begin{pmatrix} 0 & -1/2 \\ -2 & 0 \end{pmatrix}.$$

El determinante de esta matriz es $-1 \neq 0$, luego F admite inversa en un entorno de $(1, 0)$. Además, teniendo presente que $F(1, 0) = (0, 1)$, se tiene

$$\mathscr{J}\left(F^{-1}\right)(0, 1) = (\mathscr{J}F(1, 0))^{-1} = \begin{pmatrix} 0 & -1/2 \\ -2 & 0 \end{pmatrix}^{-1} = \begin{pmatrix} 0 & -1/2 \\ -2 & 0 \end{pmatrix}.$$

530

Hallar condiciones suficientes para que la ecuación $z^3 - xz - y = 0$ defina implícitamente z como función diferenciable de (x, y) y calcular $(\partial^2 z/\partial y\partial x)(x, y)$ en términos de x, y y $z(x, y)$.

La matriz jacobiana de la función $g(x, y, z) = z^3 - xz - y$ coincide con su gradiente:

$$\nabla g(x, y, z) = (-z, \; -1, \; 3z^2 - x).$$

Por el teorema de la función implícita, si $3z^2 - x \neq 0$, entonces $z = z(x, y)$ es una función diferenciable y $z(x, y)^3 - xz(x, y) - y = 0$. Derivando g respecto a x y respecto a y (y sobreentendiendo las variables (x, y) a las que se aplican las funciones), obtenemos

$$3z^2\frac{\partial z}{\partial x} - z - x\frac{\partial z}{\partial x} = 0, \qquad 3z^2\frac{\partial z}{\partial y} - x\frac{\partial z}{\partial y} - 1 = 0. \tag{8.2}$$

Despejando $\partial z/\partial x$ de la primera ecuación y $\partial z/\partial y$ de la segunda, resulta

$$\frac{\partial z}{\partial x} = \frac{z}{3z^2 - x}, \qquad \frac{\partial z}{\partial y} = \frac{1}{3z^2 - x} \tag{8.3}$$

(los denominadores no se anulan, puesto que estamos en las condiciones $3z^2 - x \neq 0$). Derivemos ahora la primera ecuación de (8.2) respecto a y, teniendo en cuenta que tanto z como $\partial z/\partial x$ son funciones de (x, y):

$$6z\frac{\partial z}{\partial y} \cdot \frac{\partial z}{\partial x} + 3z^2\frac{\partial z}{\partial y \partial x} - \frac{\partial z}{\partial y} - x\frac{\partial^2 z}{\partial y \partial x} = 0.$$

Despejando $\partial^2 z/(\partial y\, \partial x)$ y sustituyendo los valores de $\partial z/\partial x$ y $\partial z/\partial y$ obtenidos en (8.3), obtenemos

$$\frac{\partial^2 z}{\partial y \partial x} = \frac{-6z(\partial z/\partial y)\,(\partial z/\partial x) + \partial z/\partial y}{3z^2 - x}$$

$$= \frac{-6z\dfrac{1}{3z^2 - x} \cdot \dfrac{z}{3z^2 - x} + \dfrac{1}{3z^2 - x}}{3z^2 - x}$$

$$= \frac{-3z^2 - x}{(3z^2 - x)^3}.$$

531

Hallar condiciones suficientes para que el sistema de ecuaciones

$$xu^2 + v = y^3, \qquad 2yu - xv^3 = 4x$$

defina u u v como funciones diferenciables de (x, y) y, en este caso, hallar las derivadas parciales de u y v respecto a x e y.

Sean

$$g_1(x, y, u, v) = xu^2 + v - y^3, \qquad g_2(x, y, u, v) = 2yu - xv^3 - 4x.$$

La matriz jacobiana de $G = (g_1, g_2)$ es (sobreentendiendo las variables a las que se aplican las funciones)

$$\mathscr{J}G = \begin{pmatrix} \dfrac{\partial g_1}{\partial x} & \dfrac{\partial g_1}{\partial y} & \dfrac{\partial g_1}{\partial u} & \dfrac{\partial g_1}{\partial v} \\[2mm] \dfrac{\partial g_2}{\partial x} & \dfrac{\partial g_2}{\partial y} & \dfrac{\partial g_2}{\partial u} & \dfrac{\partial g_2}{\partial v} \end{pmatrix} = \begin{pmatrix} u^2 & -3y^2 & 2xu & 1 \\ -v^3 - 4 & 2u & 2y & -3xv^2 \end{pmatrix}.$$

Según el teorema de la función implícita, si el determinante

$$\begin{vmatrix} 2xu & 1 \\ 2y & -3xv^2 \end{vmatrix} = -6x^2v^2u - 2y$$

es distinto de 0, es decir, si $3x^2v^2u + y \neq 0$, entonces $u = u(x, y)$ y $v = v(x, y)$ son funciones diferenciables en (x, y). En esta hipótesis, derivando g_1 y g_2 respecto a x, obtenemos

$$u^2 + 2xu\frac{\partial u}{\partial x} + \frac{\partial v}{\partial x} = 0, \qquad 2y\frac{\partial u}{\partial x} - v^3 - 3xv^2\frac{\partial v}{\partial x} - 4 = 0.$$

Resolviendo este sistema lineal en las dos derivadas parciales respecto a x, obtenemos

$$\frac{\partial u}{\partial x} = \frac{-3u^2v^2x + v^3 + 4}{6x^2v^2u + 2y}, \qquad \frac{\partial v}{\partial x} = \frac{4ux + xuv^3 + u^2y}{3x^2v^2u + y}.$$

Análogamente, derivando g_1 y g_2 respecto a y, obtenemos

$$2xu\frac{\partial u}{\partial y} + \frac{\partial v}{\partial y} - 3y^2 = 0, \qquad 2u + 2y\frac{\partial u}{\partial y} - 3xv^2\frac{\partial v}{\partial y} = 0.$$

Resolviendo en las incógnitas $\partial u/\partial x$ y $\partial u/\partial y$, se obtiene

$$\frac{\partial u}{\partial y} = \frac{-2u + 9xv^2y^2}{2(y + 3x^2v^2u)}, \qquad \frac{\partial v}{\partial y} = \frac{2xu^2 + 3y^3}{y + 3x^2v^2u}.$$

532

Sea $f : [-1, 1] \times [-1, 1] \to \mathbb{R}$ la función definida por

$$f(x, y) = 1 + x^3 + y^2 + 2\int_0^{3x} \sqrt{1 + t^2}\, dt + x\int_0^{y^2} e^{t^2/2}\, dt.$$

1) Calcular el polinomio de Taylor de primer grado de f en $(0, 0)$.

2) Demostrar que la ecuación $f(x, y) = z^2 + \ln z$ define implícitamente una función $z = z(x, y)$ en un entorno de $(0, 0, 1)$.

[Solución]

1) El polinomio de Taylor pedido es

$$P_2(f, (x, y), (0, 0)) = f(0, 0) + \frac{\partial f}{\partial x}(0, 0) \cdot x + \frac{\partial f}{\partial y}(0, 0) \cdot y.$$

Claramente, $f(0,0) = 1$. Calculamos las derivadas parciales utilizando el teorema fundamental del cálculo:

$$\frac{\partial f}{\partial x}(x,y) = 3x^2 + 6\sqrt{1 + 9x^2} + \int_0^{y^2} e^{t^2/2}\, dt, \qquad \frac{\partial f}{\partial y}(x,y) = 2y + 2xye^{y^4/2}.$$

Evaluando las derivadas parciales en $(0,0)$, tenemos:

$$\frac{\partial f}{\partial x}(0,0) = 6, \qquad \frac{\partial f}{\partial y}(0,0) = 0.$$

El polinomio de Taylor pedido es, pues, $P_2(f,(x,y),(0,0)) = 1 + 6x$.

2) Definimos $F(x,y,z) = f(x,y) - z^2 - \ln z$. La función F es de clase $\mathscr{C}^1$ en un entorno de $(0,0,1)$; se cumple $F(0,0,1) = 0$ y

$$\frac{\partial F}{\partial z}(0,0,1) = -3 \neq 0.$$

Por el teorema de la función implícita, z puede ponerse como función $z = z(x,y)$ en un entorno de $(0,0,1)$.

533

Considérese la función $f(x,y,z) = 1 + x + y - z - \ln z$.

1) Demostrar que la ecuación $f(x,y,z) = 0$ define z como función implícita de x y de y de clase $\mathscr{C}^2$ en un entorno de $(0,0,1)$.

2) Sea $z = z(x,y)$ la función implícita del apartado anterior. Calcular el polinomio de Taylor de grado dos de la función z en $(0,0)$.

[Solución]

1) Las derivadas parciales de f son (utilizando subíndices para indicar derivadas parciales)

$$f_x(x,y,z) = f_y(x,y,z) = 1, \quad f_z(x,y,z) = -1 - \frac{1}{z} = -\frac{z+1}{z}.$$

Como son funciones continuas en un entorno de $(0,0,1)$, la función f es de clase $\mathscr{C}^1$ en un entorno de $(0,0,1)$. Además, $f(0,0,1) = 0$, y $(\partial f / \partial z)(0,0,1) = -2 \neq 0$. Entonces, el teorema de la función implícita asegura que la ecuación $f(x,y,z) = 0$ define z como función implícita diferenciable de x, y en un entorno de $(0,0,1)$.

2) El polinomio pedido es (utilizando subíndices para indicar derivadas parciales)

$$P_2(z,(x,y),(0,0)) = z(0,0) + z_x(0,0) \cdot x + z_y(0,0) \cdot y$$
$$+ \frac{1}{2}\left(z_{xx}(0,0) \cdot x^2 + 2z_{xy}(0,0) \cdot xy + z_{yy}(0,0) \cdot y^2\right).$$

Claramente, $z(0,0) = 1$. Aplicando el teorema de la función implícita, se obtiene

$$z_x(x,y) = -\frac{f_x(x,y,z)}{f_z(x,y,z)} = -\frac{1}{-(z+1)/z} = \frac{z}{z+1}$$

(donde hay que interpretar z como $z(x,y)$). Por la simetría de la función respecto a x e y, se tiene

$$z_y(x, y) = z_x(x, y) = \frac{z}{z + 1}.$$

Entonces,

$$z_x(0, 0) = z_y(0, 0) = \frac{1}{2}.$$

Calculemos ahora las derivadas segundas.

$$z_{xx}(x, y) = \frac{z_x \cdot (z + 1) - z \cdot z_x}{(z + 1)^2} = \frac{z_x}{(z + 1)^2} = \frac{z/(z + 1)}{(z + 1)^2} = \frac{z}{(z + 1)^3}$$

(como antes, hay que interpretar z_x como $z_x(x, y)$ y z como $z(x, y)$). De nuevo por simetría respecto de x e y, obtenemos

$$z_{yy}(x, y) = z_{xy}(x, y) = z_{xx}(x, y) = \frac{z}{(z + 1)^3}.$$

Evaluando en $(0, 0)$,

$$z_{yy}(0, 0) = z_{xy}(0, 0) = z_{xx}(0, 0) = \frac{1}{8}.$$

Entonces, el polinomio pedido es

$$1 + \frac{x}{2} + \frac{y}{2} + \frac{x^2}{16} + \frac{xy}{8} + \frac{y^2}{16}.$$

534

Calcular el polinomio de Taylor de orden 2 de la función $f(x, y) = x \operatorname{sen} y + y \operatorname{sen} x$ en el punto $(\pi/2, \pi/2)$.

[Solución]

Las derivadas parciales primeras y segundas de f son

$$f_x(x, y) = \operatorname{sen} y + y \cos x, \ f_y(x, y) = x \cos y + \operatorname{sen} x,$$

$$f_{xx}(x, y) = -y \operatorname{sen} x, \qquad f_{xy}(x, y) = f_{yx}(x, y) = \cos y + \cos x, \ f_{yy}(x, y) = -x \operatorname{sen} y.$$

Evaluando la función u estas derivadas en el punto $(\pi/2, \pi/2)$, obtenemos

$$f(\pi/2, \pi/2) = \pi$$

$$f_x(\pi/2, \pi/2) = 1, \qquad f_y(\pi/2, \pi/2) = 1,$$

$$f_{xx}(\pi/2, \pi/2) = -\pi/2, \ f_{xy}(\pi/2, \pi/2) = f_{yx}(\pi/2, \pi/2) = 0, \ f_{yy}(\pi/2, \pi/2) = -\pi/2.$$

Entonces, el polinomio pedido es

$$P_2(f, (\pi/2, \pi/2), (x, y)) = \pi + \left(x - \frac{\pi}{2}\right) + \left(y - \frac{\pi}{2}\right) + \frac{1}{2}\left(-\frac{\pi}{2}\left(x - \frac{\pi}{2}\right)^2 - \frac{\pi}{2}\left(y - \frac{\pi}{2}\right)^2\right)$$

$$= -\frac{\pi^3}{8} + \left(1 + \frac{\pi^2}{4}\right)(x + y) - \frac{\pi}{4}(x^2 + y^2).$$

535

Hallar los extremos relativos de la función $f(x, y) = (x + y - 1)(x^4 + y^4)$.

[Solución]

Los puntos críticos son las soluciones del sistema

$$\frac{\partial f}{\partial x}(x, y) = x^4 + y^4 + 4x^3(x + y - 1) = 0, \qquad \frac{\partial f}{\partial y}(x, y) = x^4 + y^4 + 4y^3(x + y - 1) = 0.$$

Restando las dos ecuaciones, se obtiene $(x^3 - y^3)(x + y - 1) = 0$, luego ha de ser $x = y$ o bien $x + y - 1 = 0$.

Si $x + y - 1 = 0$, el sistema se reduce a la única ecuación $x^4 + y^4 = 0$, lo que implica $x = y = 0$; pero eso contradice $x + y - 1 = 0$.

Por tanto, ha de ser $x = y$. Con esto, el sistema se reduce a la ecuación $10x^4 - 4x^3 = 0$, equivalente a $x^3(10x - 4) = 0$, que tiene las soluciones $x = 0$ y $x = 2/5$. Entonces, los únicos puntos críticos de f son $(0, 0)$ y $(2/5, 2/5)$.

Para clasificar los puntos críticos, calculamos las correspondientes matrices hessianas. Las derivadas segundas de f son

$$\frac{\partial^2 f}{\partial x^2}(x, y) = 20x^3 + 12x^2y - 12x^2, \quad \frac{\partial^2 f}{\partial x \partial y}(x, y) = 4x^3 + 4y^3, \quad \frac{\partial^2 f}{\partial y^2}(x, y) = 20y^3 + 12xy^2 - 12y^2,$$

que son continuas y, por tanto, f es de clase $\mathscr{C}^2$. Tenemos

$$\mathscr{H}f(0, 0) = \begin{pmatrix} 0 & 0 \\ 0 & 0 \end{pmatrix}, \qquad \mathscr{H}f(2/5, 2/5) = \begin{pmatrix} 16/125 & 64/125 \\ 64/125 & 16/125 \end{pmatrix}.$$

Puesto que $\Delta_1(f, (2/5, 2/5)) = 16/125 > 0$ y $\Delta_2(f, (2/5, 2/5)) = (16/125)^2 - (64/25)^2 < 0$, hay un punto de silla en $(2/5, 2/5)$. Sin embargo, $\mathscr{H}f(0, 0)$ no permite decidir sobre $(0, 0)$. Ahora bien, $x^4 + y^4$ es no negativo para todo (x, y), y si (x, y) está suficientemente cercano a $(0, 0)$, entonces $x + y - 1 \leq 0$. Por tanto, en un entorno de $(0, 0)$, la función $f(x, y) = (x + y - 1)(x^4 + y^4)$ toma valores negativos. Como $f(0, 0) = 0$, resulta que en $(0, 0)$ hay un máximo.

536

Hallar los extremos relativos de la función $f(x, y) = \ln x \ln y$.

[Solución]

El dominio de f es $D = (0, +\infty) \times (0, +\infty)$. Las derivadas parciales de f son

$$\frac{\partial f}{\partial x}(x, y) = \frac{\ln y}{x}, \qquad \frac{\partial f}{\partial y}(x, y) = \frac{\ln x}{y}.$$

Se trata de funciones continuas en D, luego f es diferenciable en D. El único punto de D en que ambas derivadas parciales se anulan es $(1, 1)$. Por tanto, el único punto crítico de f es $(1, 1)$.

Las derivadas segundas son

$$\frac{\partial^2 f}{\partial x^2}(x, y) = -\frac{\ln y}{x^2}, \quad \frac{\partial^2 f}{\partial x \partial y}(x, y) = \frac{1}{xy}, \quad \frac{\partial^2 f}{\partial y^2}(x, y) = -\frac{\ln x}{y^2}.$$

También son funciones continuas en D, luego f es de clase $\mathscr{C}^2(D)$. La matriz hessiana de f en $(1, 1)$ es

$$\mathscr{H}f(1, 1) = \begin{pmatrix} 0 & 1 \\ 1 & 0 \end{pmatrix}$$

y tiene determinante negativo. Por tanto, f tiene un punto de silla en $(1, 1)$, y no tiene extremos relativos.

537

Hallar los extremos relativos de la función $f(x, y) = \operatorname{sen} x \cos y$.

[Solución]

La función es diferenciable en $\mathbb{R}^2$. Calculemos los puntos críticos, que son las soluciones del sistema

$$f_x(x, y) = \cos x \cos y = 0, \qquad f_y(x, y) = -\operatorname{sen} x \operatorname{sen} y = 0.$$

La primera ecuación implica $\cos x = 0$ o $\cos y = 0$.

Las soluciones de $\cos x = 0$ son los reales de la forma $x = \pi/2 + k\pi$, con k entero. Para estos valores, $\operatorname{sen} x = \pm 1$; luego, para que se cumpla la segunda ecuación, debe ser $\operatorname{sen} y = 0$, ecuación que tiene por soluciones $y = \ell\pi$, con ℓ entero. Tenemos, pues, los puntos críticos de la forma $(\pi/2 + k\pi, \ell\pi)$, con k y ℓ enteros.

En el caso $\cos y = 0$, un análisis similar proporciona los puntos críticos $(\ell\pi, \pi/2 + k\pi)$ con k y ℓ enteros.

Calculemos la matriz hessiana: $\quad \mathscr{H}f(x, y) = \begin{pmatrix} -\operatorname{sen} x \cos y & -\cos x \operatorname{sen} y \\ -\cos x \operatorname{sen} y & -\operatorname{sen} x \cos y \end{pmatrix}.$

Las derivadas segundas son continuas, por lo cual f es de clase $\mathscr{C}^2$. En los puntos críticos del primer tipo, tenemos

$$\begin{aligned} \mathscr{H}f(\pi/2 + k\pi, \ell\pi) &= \begin{pmatrix} -\operatorname{sen}(\pi/2 + k\pi) \cos \ell\pi & -\cos(\pi/2 + k\pi) \operatorname{sen} \ell\pi \\ -\cos(\pi/2 + k\pi) \operatorname{sen} \ell\pi & -\operatorname{sen}(\pi/2 + k\pi) \cos \ell\pi \end{pmatrix} \\ &= \begin{pmatrix} -(-1)^k \cdot (-1)^\ell & 0 \\ 0 & -(-1)^k \cdot (-1)^\ell \end{pmatrix} \\ &= \begin{pmatrix} (-1)^{k+\ell+1} & 0 \\ 0 & (-1)^{k+\ell+1} \end{pmatrix}. \end{aligned}$$

El determinante de esta matriz es $\Delta = 1 > 0$ y $h_{11} = (-1)^{k+\ell+1}$. Por tanto, si $k + \ell$ es par, $h_{11} < 0$ y los puntos $(\pi/2 + k\pi, \ell\pi)$ son máximos. Si $k + \ell$ es impar, entonces $h_{11} > 0$ y los puntos $(\pi/2 + k\pi, \ell\pi)$ son mínimos.

En los puntos críticos del segundo tipo, tenemos

$$\begin{aligned} \mathscr{H}f(\ell\pi, \pi/2 + k\pi) = (h_{ij}) &= \begin{pmatrix} -\operatorname{sen} \ell\pi \cos(\pi/2 + k\pi) & -\cos \ell\pi \operatorname{sen}(\pi/2 + k\pi) \\ -\cos \ell\pi \operatorname{sen}(\pi/2 + k\pi) & -\operatorname{sen} \ell\pi \cos(\pi/2 + k\pi) \end{pmatrix} \\ &= \begin{pmatrix} 0 & -(-1)^\ell \cdot (-1)^k \\ -(-1)^\ell \cdot (-1)^k & 0 \end{pmatrix} \\ &= \begin{pmatrix} 0 & (-1)^{\ell+k+1} \\ (-1)^{\ell+k+1} & 0 \end{pmatrix}. \end{aligned}$$

El determinante de esta matriz es $\Delta = -1 < 0$, luego todos los puntos $(\ell\pi, \pi/2 + k\pi)$ son puntos de silla.

538

Hallar los extremos relativos de la función $f(x, y) = x^2 + x^2y + x^4$.

[Solución]

Se trata de una función polinómica, por lo cual es de clase $\mathscr{C}^\infty$ y, en particular, de clase $\mathscr{C}^2$. Los puntos críticos son las soluciones del sistema

$$f_x(x, y) = 2x + 2xy + 4x^3 = 0, \qquad f_y(x, y) = x^2 = 0.$$

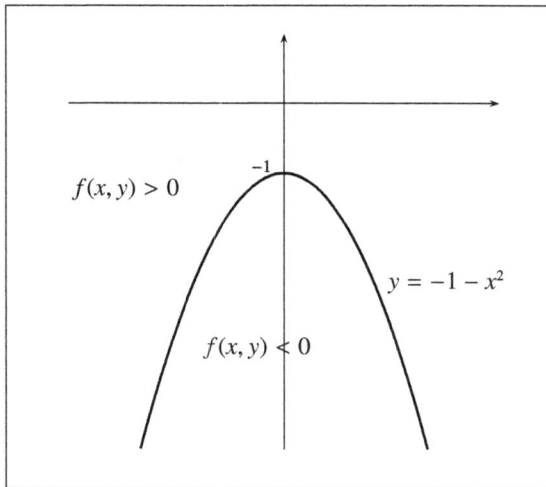

La segunda ecuación implica $x = 0$ y este valor satisface la primera ecuación independientemente de y. Por tanto, los puntos críticos son los de la forma $(0, y)$, es decir, los puntos del eje de ordenadas.

La matriz hessiana es

$$\mathscr{H}f(x, y) = \begin{pmatrix} 2 + 2y + 12x^2 & 2x \\ 2x & 0 \end{pmatrix}$$

y, en los puntos críticos,

$$\mathscr{H}f(0, y) = \begin{pmatrix} 2y & 0 \\ 0 & 0 \end{pmatrix}.$$

El determinante de esta matriz es 0 y las derivadas segundas, por tanto, no permiten decidir sobre el carácter de los puntos críticos.

Fig. 8.6

En los puntos críticos $(0, y)$, la función $f(x, y) = x^2 + x^2y + x^4 = x^2(1 + y + x^2)$ vale 0. Para $x \neq 0$, el signo de $f(x, y)$ depende del de $1 + y + x^2$. La curva de ecuación $y = -1 - x^2$ es una parábola cóncava con vértice en el punto $(0, -1)$. Si $y > -1 - x^2$, entonces $f(x, y) > 0$; si $y < -1 - x^2$, entonces $f(x, y) < 0$, es decir, en los puntos por debajo de la parábola la función es positiva y en los que están por encima, es negativa (v. figura 8.6).

Entonces, si $y < -1$, el punto $(0, y)$ tiene un entorno en el que la función toma sólo valores negativos; por tanto, se trata de un máximo. Si $y > -1$, el punto $(0, y)$ tiene un entorno en el que la función toma sólo valores positivos; por tanto, se trata de un mínimo. En todo entorno del punto $(0, -1)$, la función toma valores positivos y negativos, por lo que se trata de un punto de silla.

539

Demostrar que la función $f(x, y) = \sqrt{x^2 + y^2} - xy$ no es diferenciable en $(0, 0)$ y tiene un mínimo relativo en $(0, 0)$.

[Solución]

Si existe, la derivada parcial respecto a x en $(0, 0)$ es el límite en $\lambda = 0$ de la función

$$q(\lambda) = \frac{f(\lambda, 0) - f(0, 0)}{\lambda} = \frac{\sqrt{\lambda^2}}{\lambda} = \frac{|\lambda|}{\lambda} = \begin{cases} -1 & \text{si } \lambda < 0, \\ 1 & \text{si } \lambda > 0. \end{cases}$$

Los límites laterales de $q(\lambda)$ en 0 son 1 y -1, por lo que $(\partial f/\partial x)(0,0)$ no existe. Por tanto, f no es diferenciable en $(0,0)$.

En el punto $(0,0)$, la función toma el valor 0. Veamos que, si $(x,y) \neq (0,0)$ es un punto de la bola de centro $(0,0)$ y radio 1, entonces $f(x,y) > 0$. Esto implica que, en efecto, en $(0,0)$ la función f tiene un mínimo relativo.

La condición $(x,y) \in B_1((0,0))$ implica $1 > \sqrt{x^2+y^2} \geq \sqrt{x^2} = |x|$, de donde $x^2 < 1$ y $1 - x^2 > 0$. Entonces,

$$f(x,y) > 0 \Leftrightarrow \sqrt{x^2+y^2} > xy \Leftarrow \sqrt{x^2+y^2} > |xy| \Leftrightarrow x^2 + y^2 > x^2 y^2 \Leftrightarrow x^2 + y^2(1-x^2) > 0.$$

Esta última desigualdad se cumple porque $(x,y) \neq (0,0)$ y $1 - x^2 > 0$. Luego, $f(0,0) = 0$ y $f(x,y) > 0$ para todo $(x,y) \in B_1(0,0) \setminus \{(0,0)\}$.

540

Consideremos una función $h\colon \mathbb{R} \to \mathbb{R}$ de clase $\mathscr{C}^1$ y tal que $h(1) = h(2)$, y sea f la función definida por

$$f(x,y) = \int_{xy}^{x+y} h(t)dt.$$

Demostrar que f tiene un punto crítico en $(1,1)$, y estudiar si se trata de un máximo, un mínimo o un punto de silla en los dos casos siguientes:

1) $h(1) = 2$, $h'(1) = 1$, $h'(2) = 0$.
2) $h(1) = 3$, $h'(1) = 3$, $h'(2) = 4$.

[Solución]

La función h es continua, y las funciones $(x,y) \mapsto x+y$ y $(x,y) \mapsto xy$, que dan los límites de integración de la integral que define f, son diferenciables. Por tanto, podemos aplicar el teorema fundamental del cálculo para calcular las derivadas parciales de f:

$$\frac{\partial f}{\partial x}(x,y) = h(x+y) - yh(xy), \qquad \frac{\partial f}{\partial y}(x,y) = h(x+y) - xh(xy).$$

Ambas son funciones continuas, por lo que f es diferenciable. Tenemos

$$\frac{\partial f}{\partial x}(1,1) = h(2) - 1 \cdot h(1) = 0, \qquad \frac{\partial f}{\partial y}(1,1) = h(2) - 1 \cdot h(1) = 0,$$

lo que implica que $(1,1)$ es un punto crítico de f.

Las derivadas segundas se calculan aplicando la regla de la cadena:

$$\frac{\partial^2 f}{\partial x^2}(x,y) = h'(x+y) - y^2 h'(xy),$$

$$\frac{\partial^2 f}{\partial x \partial y}(x,y) = h'(x+y) - xy h'(xy) - h(xy),$$

$$\frac{\partial^2 f}{\partial y^2}(x,y) = h'(x+y) - x^2 h'(xy).$$

También son funciones continuas, luego f es de clase $\mathscr{C}^2$. Calculamos la matriz hessiana de f en $(1, 1)$ en los dos casos propuestos.

1) En este caso, la matriz hessiana es

$$\mathscr{H}f(1, 1) = \begin{pmatrix} -1 & -3 \\ -3 & -1 \end{pmatrix},$$

que tiene determinante $-8 < 0$, por lo que en $(1, 1)$ hay un punto de silla.

2) En este caso, la matriz hessiana es

$$\mathscr{H}f(1, 1) = \begin{pmatrix} 1 & -2 \\ -2 & 1 \end{pmatrix}.$$

Tenemos $h_{11} = 1 > 0$ y el determinante es $\Delta = 5 > 0$, luego en $(1, 1)$ hay un mínimo.

541

Hallar los extremos relativos de la función $f(x, y) = x^3 + y^3 + 3x^2y$, con la restricción $x + y - 3 = 0$.

[Solución]

Es una función polinómica, por lo cual es de clase $\mathscr{C}^2$.

La restricción $y = -x + 3$ permite reducir el problema a una función de una variable:

$$h(x) = f(x, -x + 3) = x^3 + (-x + 3)^3 + 3x^2(-x + 3) = -3x^3 + 18x^2 - 27x + 27.$$

Sólo tenemos que encontrar los extremos relativos de esta función de una variable.

$$h'(x) = 0 \iff -9x^2 + 36x - 27 = 0 \iff x = 1 \text{ ó } x = 3.$$

Como $h''(x) = -18x + 36$, obtenemos $h''(1) > 0$ y $h''(3) < 0$. Luego, $x = 1$ corresponde a mínimo relativo y $x = 3$ a máximo relativo.

En definitiva, f restringida a la condición dada tiene un mínimo en el punto $(1, 2)$ y un máximo en el $(3, 0)$.

542

Hallar los extremos relativos de la función $f(x, y) = x^3 + x^2y + \frac{1}{2}xy^2 + xz$, con la restricción $x + y + z + 1 = 0$.

[Solución]

Es una función polinómica, por lo cual es de clase $\mathscr{C}^2$.

La restricción $z = -1 - x - y$ permite reducir el problema al de hallar los extremos relativos de la función de dos variables

$$h(x, y) = f(x, y, -1 - x - y) = x^3 + x^2y + \frac{1}{2}xy^2 - x - x^2 - xy.$$

Los puntos críticos de h son las soluciones del sistema

$$h_x = 3x^2 + 2xy + \frac{1}{2}y^2 - 1 - 2x - y = 0, \quad h_y = x^2 + xy - x = x(x + y - 1) = 0.$$

De la segunda ecuación, resulta $x = 0$ o $y = 1 - x$.

Sustituyendo $x = 0$ en la primera, se obtiene $y^2/2 - y - 1 = 0$, que tiene soluciones $y = 1 + \sqrt{3}$ e $y = 1 - \sqrt{3}$. Tenemos, pues, los puntos críticos $(0, 1 + \sqrt{3})$ y $(0, 1 - \sqrt{3})$.

Sustituyendo $y = 1 - x$ en la primera ecuación, se obtiene $3x^2 - 3 = 0$, que tiene soluciones $x = 1$ y $x = -1$; los correspondientes valores de y son $y = 0$ e $y = 2$. Tenemos los puntos críticos $(1, 0)$ y $(-1, 2)$.

Las derivadas segundas de h son

$$h_{xx} = 6x + 2y - 2, \qquad h_{xy} = h_{yx} = 2x + y - 1, \quad h_{yy} = x,$$

y la matriz hessiana

$$\mathcal{H}f(x, y) = \begin{pmatrix} 6x + 2y - 2 & 2x + y - 1 \\ 2x + y - 1 & x \end{pmatrix}.$$

Las matrices hessianas en los puntos críticos son

$$\mathcal{H}f(0, 1 + \sqrt{3}) = \begin{pmatrix} 2\sqrt{3} & \sqrt{3} \\ \sqrt{3} & 0 \end{pmatrix}; \quad \mathcal{H}f(0, 1 - \sqrt{3}) = \begin{pmatrix} -2\sqrt{3} & -\sqrt{3} \\ -\sqrt{3} & 0 \end{pmatrix};$$

$$\mathcal{H}f(1, 0) = \begin{pmatrix} 4 & 1 \\ 1 & 1 \end{pmatrix}; \qquad\qquad \mathcal{H}f(-1, 2) = \begin{pmatrix} -4 & -1 \\ -1 & -1 \end{pmatrix}.$$

Los determinantes de $\mathcal{H}f(0, 1 + \sqrt{3})$ y de $\mathcal{H}f(0, 1 - \sqrt{3})$ son negativos, por lo que estos puntos son de silla.

El determinante de $\mathcal{H}f(1, 0)$ es positivo y el término $h_{11} = 4 > 0$, por lo que se trata de un mínimo relativo.

El determinante de $\mathcal{H}f(-1, 2)$ es positivo y el término $h_{11} = -4 < 0$, por lo que se trata de un máximo relativo.

Así pues, la función f, restringida al plano $x + y + z + 1 = 0$, presenta un mínimo relativo en $(1, 0, -2)$ y un máximo relativo en $(-1, 2, -2)$.

543

Hallar el punto de la recta intersección de los planos de ecuaciones

$$x - 2y + z = 2, \qquad x + y - 2z = -1,$$

más cercano al origen.

[Solución]

La distancia de un punto (x, y, z) al origen está dada por la función $(x, y, z) \mapsto \sqrt{x^2 + y^2 + z^2}$. Puesto que la raíz cuadrada es una función monótona creciente, la función anterior y la función $f(x, y, z) = x^2 + y^2 + z^2$ alcanzan los extremos en los mismos puntos.

El problema es, pues, hallar el punto de la recta intersección de los dos planos en el que la función f restringida a la recta tiene un mínimo.

Las ecuaciones de los planos permiten expresar dos variables en función de la tercera. En efecto, resolviendo el sistema formado por las dos ecuaciones, se obtiene $(x, y, z) = (z, -1 + z, z)$. Por tanto, el problema se reduce a hallar el mínimo de la función

$$h(z) = f(z, -1 + z, z) = z^2 + (-1 + z)^2 + z^2 = 3z^2 - 2z + 1.$$

La derivada es $h'(z) = 6z - 2$ y se anula para $z = 1/3$. Además, $h''(z) = 6 > 0$, por lo que se trata de un mínimo. Para $z = 1/3$, el punto de la recta es $(z, -1 + z, z) = (1/3, -2/3, 1/3)$.

El problema puede también resolverse mediante la técnica de los multiplicadores de Lagrange, es decir, estudiando los puntos críticos de la función

$$F(x, y, z, \lambda) = x^2 + y^2 + z^2 + \lambda(x - 2y + z - 2) + \mu(x + y - 2z + 1).$$

Sin embargo, este planteamiento requiere bastante más cálculo y una discusión más casuística.

544

Hallar el punto del plano $Ax + By + Cz + D = 0$ más cercano a un punto dado (x_0, y_0, z_0) y la distancia del punto (x_0, y_0, z_0) al plano.

[Solución]

La función que hace corresponder a cada punto (x, y, z) su distancia al punto (x_0, y_0, z_0) y la función

$$f(x, y, z) = (x - x_0)^2 + (y - y_0)^2 + (z - z_0)^2$$

que hace corresponder a cada punto el cuadrado de esta distancia toman los extremos en los mismos puntos. Hallaremos el mínimo de la función $f(x, y, z)$, con la condición $Ax + By + Cz + D = 0$, mediante el método de Lagrange. Consideremos la función

$$F(x, y, z, \lambda) = (x - x_0)^2 + (y - y_0)^2 + (z - z_0)^2 + \lambda(Ax + By + Cz + D).$$

Los puntos críticos son las soluciones del sistema

$$\begin{aligned}
F_x &= 2(x - x_0) + \lambda A = 0, \\
F_y &= 2(y - y_0) + \lambda B = 0, \\
F_z &= 2(z - z_0) + \lambda C = 0, \\
F_\lambda &= Ax + By + Cz + D = 0.
\end{aligned}$$

De las tres primeras ecuaciones resultan

$$x = \frac{1}{2}(-A\lambda + 2x_0), \quad y = \frac{1}{2}(-B\lambda + 2y_0), \quad z = \frac{1}{2}(-C\lambda + 2y_0). \tag{8.4}$$

Sustituyendo en la última ecuación muliplicada por 2, obtenemos

$$-A^2\lambda + 2Ax_0 - B^2\lambda + 2By_0 - C^2\lambda + 2Cx_0 + 2D = 0,$$

de donde

$$\lambda = \frac{2(Ax_0 + By_0 + Cz_0 + D)}{(A^2 + B^2 + C^2)}.$$

Para abreviar, definimos $\lambda_0 = (Ax_0 + By_0 + Cz_0 + D)/(A^2 + B^2 + C^2)$. Sustituyendo en (8.4), obtenemos las coordenadas del punto crítico:

$$x_1 = -A\lambda_0 + x_0, \quad y_1 = -B\lambda_0 + y_0, \quad z_1 = -C\lambda_0 + z_0.$$

Que se trata de un mínimo se deduce de la naturaleza geométrica del problema. El conjunto de nivel k es una superficie esférica de radio $\sqrt{k}$, centrada en (x_0, y_0, z_0). Los puntos cercanos a (x_1, y_1, z_1) pertenecen a esferas de centro (x_0, y_0, z_0) de radio mayor que la esfera del mismo centro que pasa por (x_1, y_1, z_1). Esto implica que en (x_1, y_1, z_1) hay un mínimo.

Finalmente, el cuadrado de la distancia mínima es

$$\begin{aligned} d^2 = f(x_1, y_1, z_1) &= (-A\lambda_0)^2 + (-B\lambda_0)^2 + (-C\lambda_0)^2 \\ &= (A^2 + B^2 + C^2)(\lambda_0)^2 \\ &= \frac{(Ax_0 + By_0 + Cz_0)^2}{A^2 + B^2 + C^2}, \end{aligned}$$

y la distancia mínima es

$$d = \frac{|Ax_0 + By_0 + Cz_0|}{\sqrt{A^2 + B^2 + C^2}}.$$

545

La temperatura en grados centígrados de una cierta placa plana en un punto (x, y) viene dada por la función $T(x, y) = 25 + 4x^2 + y^2$. Una alarma térmica que se dispara cuando la temperatura es superior a 180 grados o inferior a 20 grados se sitúa sobre los puntos de la circunferencia $x^2 + y^2 = 25$. Averiguar si se disparará la alarma.

[Solución]

Como $T(x, y) = 25 + 4x^2 + y^2$ es una función continua en todo $\mathbb{R}^2$ y la circunferencia $K = \{(x, y) \in \mathbb{R}^2 \ : \ x^2 + y^2 = 25\}$ es un conjunto compacto, el teorema de Weierstrass asegura la existencia de máximo y mínimo absolutos de T en el conjunto K. Para encontrar estos extremos, aplicaremos el método de los multiplicadores de Lagrange. Consideremos la función auxiliar

$$F(x, y, \lambda) = 25 + 4x^2 + y^2 + \lambda(x^2 + y^2 - 25),$$

y busquemos sus puntos críticos. Igualando a 0 las tres derivadas parciales de F, obtenemos el sistema

$$x(4 + \lambda) = 0, \qquad y(1 + \lambda) = 0, \qquad x^2 + y^2 - 25 = 0.$$

La primera ecuación implica $x = 0$ o $\lambda = -4$. Para $x = 0$, la tercera ecuación proporciona $y = \pm 5$ y la segunda $\lambda = -1$. En el caso $\lambda = -4$, la segunda ecuación da $y = 0$, y la tercera $x = \pm 5$. Por tanto, los candidatos a extremo son los cuatro puntos $(0, -5)$, $(0, 5)$, $(-5, 0)$ y $(5, 0)$. Como $T(0, -5) = T(0, 5) = 50$ y $T(-5, 0) = T(5, 0) = 125$, vemos que en los puntos $(0, \pm 5)$ hay un mínimo con valor 50 y en los puntos $(\pm 5, 0)$ hay un máximo con valor 125.

Por tanto, en todos los puntos de la circunferencia la temperatura está entre 50 y 125 grados; por lo que la alarma térmica no se dispara.

Justificar la existencia de extremos absolutos de la función $f(x,y) = (x-1)^2 + y^2$ en el conjunto $K = \{(x,y) \in \mathbb{R}^2 : x^2 + y^2 \le 4, \ |y| \le 1\}$ y calcularlos.

[Solución]

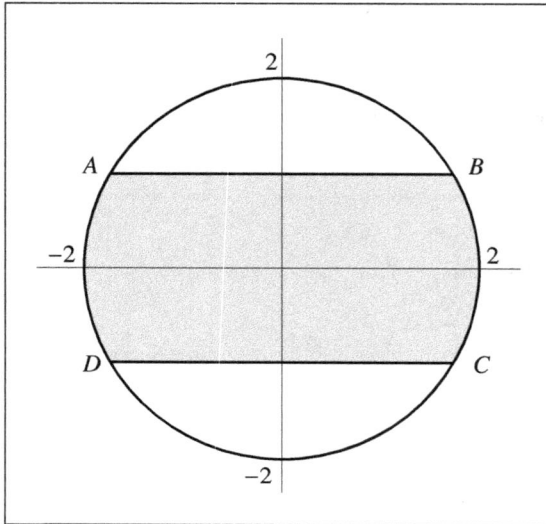

Fig. 8.7

La función f es polinómica y, por tanto, de clase $\mathscr{C}^\infty$; en particular, es continua y diferenciable. El conjunto K está formado por los puntos (x,y) del círculo de centro $(0,0)$ y radio 2, con $-1 \le y \le 1$. Contiene los dos arcos AD y BC de la circunferencia $x^2 + y^2 = 4$, y los dos segmentos AB y CD de las rectas $y = \pm 1$ (véase la figura 8.7). El conjunto K es cerrado, ya que contiene a su frontera, y es acotado, ya que está contenido en el círculo de centro $(0,0)$ y radio 2. Por tanto, K es compacto. Como f es continua en K (de hecho, lo es en todo el plano), el teorema de Weierstrass asegura que f tiene extremos absolutos en K.

Las derivadas parciales de f son

$$\frac{\partial f}{\partial x}(x,y) = 2(x-1) \qquad \frac{\partial f}{\partial y} = 2y.$$

Ambas son cero sólo en el punto $(1,0)$; éste es el único punto crítico de f, pertenece al interior de K y es un candidato a punto de extremo absoluto. Los puntos A, B, C y D que se muestran en la figura son también candidatos. Son los puntos de intersección de la circunferencia $x^2 + y^2 = 4$ con las rectas $y = \pm 1$, es decir, $A = (-\sqrt{3}, 1)$, $B = (\sqrt{3}, 1)$, $C = (\sqrt{3}, -1)$ y $D = (-\sqrt{3}, -1)$.

En los segmentos AB y CD, la función es $h(x) = f(x, \pm 1) = (x-1)^2 + 1$. Tenemos $h'(x) = 2(x-1)$. Esta derivada es 0 para $x = 1$. Por tanto, tenemos los nuevos candidatos $(1,1)$ y $(1,-1)$.

En los arcos AD y BC, aplicamos el método de Lagrange, es decir, buscamos los puntos críticos de la función $F(x,y,\lambda) = (x-1)^2 + y^2 + \lambda(x^2 + y^2 - 4)$. Estos puntos son las soluciones del sistema

$$2(x-1) + 2\lambda x = 0, \qquad 2y + 2\lambda y = 0, \qquad x^2 + y^2 - 4 = 0.$$

La segunda ecuación da $y = 0$ o $\lambda = -1$, pero con $\lambda = -1$ no se puede cumplir la primera, luego ha de ser $y = 0$. Entonces, de la tercera ecuación obtenemos $x = \pm 2$ y, volviendo a la primera, obtenemos $\lambda = -1/2$ o $\lambda = -3/2$. Por tanto, los puntos candidatos que encontramos son $(2,0)$ y $(-2,0)$.

Finalmente, calculamos el valor de f en todos los puntos candidatos obtenidos:

$$f(1,0) = 0, \qquad f(-\sqrt{3}, 1) = 5 + 2\sqrt{3}, \quad f(-\sqrt{3}, -1) = 5 + 2\sqrt{3},$$
$$f(\sqrt{3}, 1) = 5 - 2\sqrt{3}, \quad f(\sqrt{3}, -1) = 5 - 2\sqrt{3}, \quad f(1,1) = 1$$
$$f(1,-1) = 1, \qquad f(2,0) = 1, \qquad\qquad f(-2,0) = 9.$$

Por tanto, el máximo de f en K es $f(-2,0) = 9$ y el mínimo es $f(1,0) = 0$.

Sobre el hemisferio superior $(z > 0)$ de la esfera $x^2 + y^2 + z^2 = 11$, está definida la función $f(x, y, z) = 20 + 2x + 2y + z^2$. Hallar el máximo de f sobre la curva definida por la intersección de dicho hemisferio y el plano $x + y + z - 5 = 0$.

[Solución]

Se trata de hallar el máximo de f condicionado por las ligaduras

$$x^2 + y^2 + z^2 - 11 = 0, \qquad x + y + z - 5 = 0.$$

Definamos

$$F(x, y, z, \lambda, \mu) = 20 + 2x + 2y + z^2 + \lambda(x^2 + y^2 + z^2 - 11) + \mu(x + y + z - 5).$$

Igualando a 0 las derivadas parciales obtenemos el sistema

$$\left. \begin{aligned} F_x &= 2 + 2x\lambda + \mu & = 0 \\ F_y &= 2 + 2y\lambda + \mu & = 0 \\ F_z &= 2z + 2z\lambda + \mu & = 0 \\ F_\lambda &= x^2 + y^2 + z^2 - 11 & = 0 \\ F_\mu &= x + y + z - 5 & = 0 \end{aligned} \right\}.$$

Restando las dos primeras ecuaciones, resulta $F_y - F_x = 2\lambda(x - y) = 0$, de donde $\lambda = 0$ o $x = y$. Estudiemos los dos casos.

Caso $\lambda = 0$. Las dos primeras ecuaciones resultan $2 + \mu = 0$, es decir, $\mu = -2$. Sustituyendo en la tercera, obtenemos $F_z = 2z - 2 = 0$, es decir, $z = 1$. Sustituyendo en las dos últimas ecuaciones, obtenemos

$$x^2 + y^2 - 10 = 0, \qquad x + y - 4 = 0,$$

de donde $x^2 + (4 - x)^2 - 10 = 0$, es decir, $2x^2 - 8x + 6 = 0$, ecuación que tiene soluciones $x = 1$ y $x = 3$. Los valores correspondientes de y son $y = 3$ y $y = 1$. Tenemos, pues, las soluciones $(x, y, z, \lambda, \mu) = (1, 3, 1, 0, -2)$ y $(x, y, z, \lambda, \mu) = (3, 1, 1, 0, -2)$. Los puntos a considerar como candidatos a extremos son $(x, y, z) = (1, 3, 1)$ y $(x, y, z) = (3, 1, 1)$.

Caso $x = y$. En esta situación, las dos últimas ecuaciones son

$$2x^2 + z^2 - 11 = 0, \qquad 2x + z - 5 = 0,$$

de donde $2x^2 + (5 - 2x)^2 - 11 = 0$, es decir, $3x^2 - 10x + 7 = 0$. Esta ecuación tiene soluciones $x_1 = 1$ y $x_2 = 7/3$; los correspondientes valores de z son $z_1 = 3$ y $z_2 = 1/3$. Tenemos los puntos $(1, 1, 3)$ y $(7/3, 7/3, 1/3)$. En la hipótesis $x = y$ que estamos estudiando, las ecuaciones $F_x = 0$ y $F_y = 0$ coinciden y, en cada caso, sustituyendo los valores de x, y y z hallados en $F_y = 0$ y $F_z = 0$, podemos calcular los valores de λ y μ, pero que ya son innecesarios.

Para hallar el máximo, simplemente calculamos el valor de la función en los puntos críticos:

$$f(1, 3, 1) = f(3, 1, 1) = 29, \qquad f(1, 1, 3) = 33, \quad f(7/3, 7/3, 1/3) = 265/9.$$

Por tanto, el máximo de f es $f(1, 1, 3) = 33$.

Hallar el punto de la parábola $x^2 - 4y = 0$ más próximo a un punto dado $(0, b)$ del eje de ordenadas.

[Solución]

Se trata de hallar el mínimo absoluto de la función $(x, y) \mapsto \sqrt{x^2 + (y - b)^2}$ sujeta a la condición $x^2 - 4y = 0$. El valor de la función es tanto menor cuanto menor sea el radicando; así, la función dada y la función $f(x, y) = x^2 + (y - b)^2$ tienen los extremos en los mismos puntos. Hallaremos, pues, los puntos en que $f(x, y) = x^2 + (y - b)^2$ alcanza el mínimo sujeta a la ligadura $x^2 - 4y = 0$.

El problema puede atacarse empleando únicamente los recursos vistos en el capítulo 2. En efecto, sustituyendo y por $x^2/4$ en la expresión que define $f(x, y)$, el problema se reduce al de hallar los mínimos de la función de una variable

$$F(x) = x^2 + \left(\frac{x^2}{4} - b\right)^2$$

Derivando,

$$F'(x) = 2x + 2\left(\frac{x^2}{4} - b\right) \cdot \frac{x}{2} = \frac{x^3}{4} - (b - 2)x, \qquad F''(x) = \frac{3x^2}{4} - (b - 2).$$

Consideremos primero el caso $b = 2$. Entonces, $F'(x) = x^3/4$. Si $x < 0$, se tiene $F'(x) < 0$ y F es decreciente; si $x > 0$, se tiene $F'(x) > 0$ y F es creciente. Por tanto, en $x = 0$ hay un mínimo. El valor correspondiente de y es $y = 0$, y la distancia d de $(0, 2)$ al origen es $d = 2$.

A partir de ahora, podemos suponer $b \neq 2$. Una solución de $F'(x) = 0$ es $x = 0$; el correspondiente valor de y es también $y = 0$; puesto que $F''(0) = -(b - 2)$, tenemos la siguiente discusión: si $b < 2$, $F''(0) > 0$ y se trata de un mínimo; si $b > 2$, $F''(x) < 0$ y se trata de un máximo; en ambos casos, la distancia de $(0, b)$ a $(0, 0)$ es $d = |b|$.

Las otras soluciones de $F'(x) = 0$ son las de $x^2/4 - (b - 2) = 0$, es decir, $x^2 = 4(b - 2)$. Si $b < 2$, no hay más soluciones. Si $b > 2$, obtenemos $x = \pm 2\sqrt{b - 2}$. Ahora

$$F''(\pm 2\sqrt{b - 2}) = \frac{3 \cdot 4(b - 2)}{4} - (b - 2) = 2(b - 2) > 0,$$

luego se trata de mínimos. El valor correspondiente de y, el valor de la función y la distancia son

$$y = \frac{x^2}{4} = b - 2, \qquad F(\pm 2\sqrt{b - 2}) = 4(b - 2) + (b - 2 - b) = 4(b - 1), \qquad d = 2\sqrt{b - 1}.$$

En resumen, si $b \leq 2$, la distancia mínima es $|b|$ y el punto de la parábola que da esta distancia es $(0, 0)$. Si $b > 2$, la distancia mínima es $2\sqrt{b - 1}$ y los puntos de la parábola que dan la distancia mínima son $(\pm 2\sqrt{b - 2}, b - 2)$.

Dos observaciones. Primera, notemos que los mínimos obtenidos son absolutos. En cambio, el máximo en $(0, 0)$ (cuando $b > 2$) es relativo: geométricamente, es obvio que no hay máximo absoluto.

Segunda. Para reducir el problema a una variable, es aparentemente más sencillo utilizar $x^2 - 4y = 0$ para despejar x^2 en lugar de despejar y. La función a estudiar sería, entonces,

$$F(y) = 4y + (y - b)^2.$$

Obsérvese, sin embargo, que lo que se hace en realidad son dos sustituciones $x = 2\sqrt{y}$ y $x = -2\sqrt{y}$; pero estas funciones en y no son derivables en $y = 0$; con este planteamiento, este punto requeriría una discusión particular.

549

Sea $S^2 = \{(x, y, z) \in \mathbb{R}^3 \ : \ x^2 + y^2 + z^2 = 1\}$ la esfera centrada en el origen y de radio 1, y sea $f : S^2 \to \mathbb{R}$ la función definida por $f(x, y, z) = (xyz)^2$. Hallar el máximo absoluto de f.

[Solución]

La esfera S^2 es un compacto, de forma que el teorema de Weierstrasse garantiza que se alcanzan el mínimo y el máximo absolutos. Consideremos la función

$$F(x, y, z) = (xyz)^2 + \lambda(x^2 + y^2 + z^2 - 1).$$

Los puntos críticos se obtienen resolviendo el sistema

$$\begin{aligned}
F_x &= 2xy^2z^2 + 2\lambda x = 0, \\
F_y &= 2x^2yz^2 + 2\lambda y = 0, \\
F_z &= 2x^2y^2z + 2\lambda y = 0, \\
F_\lambda &= x^2 + y^2 + z^2 - 1 = 0.
\end{aligned}$$

Puesto que $f(x, y, z) = (xyz)^2 \geq 0$, si alguna de las coordenadas es 0, el valor de la función es 0 y tenemos el mínimo absoluto. Podemos suponer, por tanto, $x \neq 0$, $y \neq 0$ y $z \neq 0$. En estas condiciones, dividimos la primera ecuación por $2x$, la segunda por $2y$ y la tercera por $2z$ y obtenemos

$$y^2z^2 + \lambda = 0, \qquad x^2z^2 + \lambda = 0, \qquad x^2y^2 + \lambda = 0,$$

luego

$$y^2z^2 = x^2z^2 = x^2y^2,$$

es decir, $x^2 = y^2 = z^2$. Sustituyendo en la última ecuación, resulta $3x^2 = 1$, es decir, $x = \pm 1/\sqrt{3}$. Por tanto, obtenemos los ocho puntos críticos $(\pm 1/\sqrt{3}, \pm 1/\sqrt{3}, \pm 1/\sqrt{3})$. En todos ellos, el valor de la función es el mismo, $1/27$, que es el máximo pedido.

550

Hallar las dimensiones del ortoedro de volumen máximo que tiene un vértice en el origen de coordenadas, las tres aristas incidentes en este vértice sobre los semiejes positivos de coordenadas y el vértice diametralmente opuesto con las tres coordenadas positivas y sobre el plano $6x + 4y + 3z = 24$.

[Solución]

Si x, y y z son las coordenadas del vértice opuesto al origen, el volumen del tetraedro es xyz. Puesto que (x, y, z) está sobre el plano $6x + 4y + 3z = 24$, resulta $z = (24 - 6x - 4y)/3$. El volumen entonces está definido por una función de dos variables,

$$V(x, y) = \frac{1}{3}xy(24 - 6x - 4y) = \frac{1}{3}(24xy - 6x^2y - 4xy^2),$$

de la que hay que hallar el máximo absoluto. Determinemos el dominio de V. El plano $6x + 4y + 3z = 24$ corta al plano XY según la recta $6x + 4y = 24$. Esta recta se interseca con los ejes en los puntos $(4, 0)$ y $(0, 6)$. El dominio de f es el compacto K limitado por el triángulo de vértices $(0, 0)$, $(4, 0)$ y $(0, 6)$.

Determinemos los puntos críticos. Igualando a 0 las derivadas parciales, obtenemos el sistema

$$V_x = \frac{1}{3}(24y - 12xy - 4y^2) = \frac{1}{3}y(24 - 12x - 4y) = 0,$$

$$V_y = \frac{1}{3}(24x - 6x^2 - 8xy) = \frac{1}{3}x(24 - 6x - 8y) = 0.$$

Si $x = 0$ o $y = 0$, claramente el volumen es 0, por lo que se tiene un mínimo. Para los puntos de la recta $6x + 4y = 24$, el valor de z es 0 y el volumen también es 0. Vemos, pues, que *en todos los puntos de la frontera de K se alcanza el mínimo*. Puesto que se pide el máximo, podemos suponer $x \neq 0 \neq y$. Entonces, obtenemos el sistema

$$12x + 4y = 24, \qquad 6x + 8y = 24,$$

que tiene solución $(x, y) = (4/3, 2)$, la cual da necesariamente el máximo. El correspondiente valor de z es $z = (24 - 6x - 4y)/3 = 8/3$. Las dimensiones pedidas son $4/3$, 2 y $8/3$. El volumen máximo es $V = xyz = (4/3) \cdot 2 \cdot (8/3) = 64/9$.

551

Hallar el máximo absoluto de la función $q(x, y) = x^2 + y^2 - 9x - 12y + 100$ definida en el círculo de centro $(0, 0)$ y radio 5.

[Solución]

La función $q(x, y)$ es continua en $\mathbb{R}^2$, y el círculo de centro $(0, 0)$ y radio 5 es un subconjunto compacto de $\mathbb{R}^2$. Entonces, el teorema de Weierstrass asegura la existencia de extremos absolutos de f en este círculo.

Las derivadas parciales de q son $q_x(x, y) = 2x - 9$ y $q_y(x, y) = 2y - 12$. El único punto en que ambas se anulan es el punto $(9/2, 6)$, que no se encuentra en el interior del círculo de centro $(0, 0)$ y radio 5; luego, el máximo debe estar en la frontera.

Buscamos los puntos críticos en la frontera por el método de los multiplicadores de Lagrange, es decir, buscando los puntos críticos de la función

$$F(x, y, \lambda) = q(x, y) + \lambda(x^2 + y^2 - 25) = x^2 + y^2 - 9x - 12y + 100 + \lambda(x^2 + y^2 - 25).$$

Igualando a 0 las derivadas parciales, obtenemos el sistema

$$F_x(x, y, \lambda) = 2x - 9 + 2\lambda x = 0,$$
$$F_y(x, y, \lambda) = 2y - 12 + 2\lambda y = 0,$$
$$F_\lambda(x, y, \lambda) = x^2 + y^2 - 25 = 0.$$

El valor $\lambda = -1$ produce un sistema incompatible, por lo que podemos suponer $\lambda \neq -1$. Despejando x de la primera ecuación, y de la segunda, y sustituyendo en la tercera, obtenemos

$$x = \frac{9}{2(1 + \lambda)}, \qquad y = \frac{6}{1 + \lambda}, \qquad \frac{225}{4(1 + \lambda)^2} = 25,$$

de donde $1 + \lambda = \pm 3/2$. Para $1 + \lambda = -3/2$, tenemos $(x, y) = (-3, -4)$. Para $1 + \lambda = 3/2$, tenemos $(x, y) = (3, 4)$. Puesto que $q(-3, -4) = 200$ y $q(3, 4) = 50$, el máximo de q resulta ser 200 y se alcanza en el punto $(-3, -4)$.

552

Hallar los extremos absolutos de la función $f(x, y) = x^2 + y^2 - 2x - 2y$ en el conjunto $K = \{(x, y) \in \mathbb{R}^2 :$ $x \geq 0,\ y \geq 0,\ x^2 + y^2 \leq 8\}$.

[Solución]

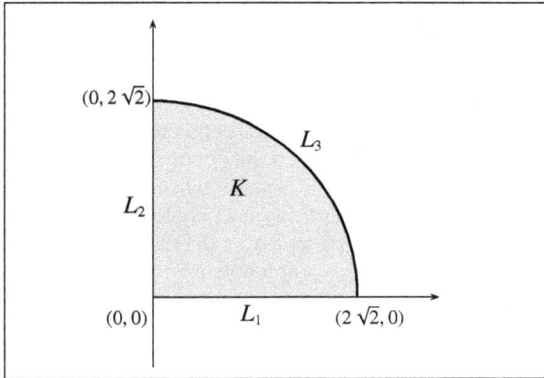

Fig. 8.8

El conjunto K es la intersección del círculo de centro $(0, 0)$ y radio $2\sqrt{2}$, con la circunferencia incluida, y el primer cuadrante con los semiejes incluidos (v. figura 8.8). Se trata de un conjunto cerrado y acotado, luego compacto. La función f es continua en K. En estas condiciones, el teorema de Weierstrass asegura la existencia de extremos absolutos. Hallaremos los extremos relativos en el interior de K y en la frontera de K.

La función f es polinómica, luego diferenciable. Las derivadas parciales de f son

$$f_x = 2x - 2, \qquad f_y = 2y - 2.$$

Entonces, obtenemos $(1, 1)$ como único punto crítico de f en el interior de K.

La frontera de K está formada por tres "lados": el segmento L_1 de extremos $(0, 0)$ y $(2\sqrt{2}, 0)$; el segmento L_2 de extremos $(0, 0)$ y $(0, 2\sqrt{2})$, y el arco L_3 de la circunferencia $x^2 + y^2 = 8$ situado en el primer cuadrante. Hay que hallar los puntos críticos en estos lados.

En el lado L_1, el problema puede reducirse a una variable.

$$f_{|L_1}(x, y) = h_1(x) = x^2 - 2x; \qquad h_1'(x) = 2x - 2 = 0 \Rightarrow x = 1.$$

Por tanto, obtenemos el punto $(1, 0)$. De manera análoga, se obtiene el punto $(0, 1)$ en L_2.

Para L_3, aplicamos el método de Lagrange, es decir, buscamos los puntos críticos de la función auxiliar $F(x, y, \lambda) = x^2 + y^2 - 2x - 2y + \lambda(x^2 + y^2 - 8)$. Igualando a 0 sus derivadas parciales, obtenemos el sistema

$$2x - 2 + 2x\lambda = 0, \quad 2y - 2 + 2y\lambda = 0, \quad x^2 + y^2 = 8,$$

cuyas soluciones son $(\lambda, x, y) = (-1/2, 2, 2)$ y $(\lambda, x, y) = (-3/2, -2, -2)$. El punto $(-2, -2)$ no es de K, por lo que obtenemos sólo el punto $(2, 2)$.

Hay que considerar también los puntos de $\mathscr{F}(K)$ no incluidos en la discusión anterior, es decir, los vértices de la frontera, que son los puntos $(0, 0)$, $(2\sqrt{2}, 0)$ y $(0, 2\sqrt{2})$.

Finalmente, evaluamos f en todos los puntos obtenidos:

$$f(1, 1) = -2,\ f(1, 0) = f(0, 1) = -1,\ f(0, 0) = f(2, 2) = 0,\ f(2\sqrt{2}, 0) = f(0, 2\sqrt{2}) = 8 - 4\sqrt{2}.$$

Por tanto, el mínimo absoluto de f en K es $f(1, 1) = -2$, y el máximo es $f(2\sqrt{2}, 0) = f(0, 2\sqrt{2}) = 8 - 4\sqrt{2}$.

553

1) Sea $s > 0$ un número real. Demostrar que el conjunto $T = \{(x_1, \ldots, x_n) \in [0, +\infty)^n :\ x_1 + \cdots + x_n = s\}$ es un conjunto compacto de $\mathbb{R}^n$.

2) Demostrar que la función $f: T \to \mathbb{R}$ definida por $f(x_1, \ldots, x_n) = x_1 \cdots x_n$ alcanza el máximo absoluto en el punto $(s/n, \ldots, s/n)$.

3) Demostrar que la media geométrica de n números reales no negativos $x_1, \ldots, x_n$ es menor o igual que su media aritmética, es decir,

$$\sqrt[n]{x_1 \cdots x_n} \leq \frac{x_1 + \cdots + x_n}{n}.$$

[Solución]

1) Demostraremos que T es cerrado y acotado. Para ver que es cerrado, hay que demostrar que todo punto de la frontera de T pertenece a T. Sea $\mathbf{a} = (a_1, \ldots, a_n) \in \mathscr{F}(T)$. En cada entorno de $\mathbf{a}$, hay puntos de T y puntos que no son de T; utilizaremos solamente la propiedad de que hay puntos de T. Esto significa que, para cada real positivo $r > 0$, existe un punto $\mathbf{x}(r) = (x_1(r), \ldots, x_n(r))$ tal que $\mathbf{x}(r) \in \mathscr{B}_r(\mathbf{a}) \cap T$. Primero, observemos que $\mathbf{a}$ debe tener todas las coordenadas no negativas. En efecto, si una coordenada $a_\ell < 0$, entonces la bola de centro $\mathbf{a}$ y radio $|a_\ell/2|$ no contiene puntos con la coordenada ℓ no negativa, luego no contiene puntos de T; así, $\mathbf{a}$ no es un punto de la frontera de T. Por lo tanto, $a_1, \ldots, a_n$ son no negativos. Las otras condiciones que debe cumplir $\mathbf{a}$ son

$$(x_1(r) - a_1)^2 + \cdots + (x_n(r) - a_n)^2 < r^2, \quad x_1(r) + \cdots + x_n(r) = s, \quad x_i(r) \geq 0, \quad i = 1, \ldots, n.$$

La primera desigualdad implica $(x_i(r) - a_i)^2 < r^2$ para cada i, es decir, $-r < x_i(r) - a_i < r$. Sumando estas desigualdades para $i = 1, \ldots, n$, obtenemos

$$-nr < x_1(r) + \cdots x_n(r) - (a_1 + \cdots + a_n) < nr,$$

es decir

$$-nr < s - (a_1 + \cdots + a_n) < nr.$$

Tomando límites cuando r tiende a 0, obtenemos $s = a_1 + \cdots + a_n$, es decir, $\mathbf{a} \in T$. Por tanto, T es cerrado. Los puntos $(x_1, \ldots, x_n)$ de T tienen coordenadas no negativas y cumplen $x_1 + \ldots + x_n = s$, por lo que $0 \leq x_i \leq s$ para todo $i = 1, \ldots, n$. Por tanto, T está acotado.

Puesto que T es cerrado y acotado, es compacto.

2) La función f es continua en el compacto T, luego f alcanza mínimo y máximo absolutos. Consideremos la función

$$F(x_1, \ldots, x_n, \lambda) = x_1 \cdots x_n + \lambda(x_1 + \cdots + x_n - s).$$

Los puntos críticos son las soluciones del sistema

$$F_{x_1} = x_2 \cdots x_n + \lambda = 0,$$
$$F_{x_2} = x_1 x_3 \cdots x_n + \lambda = 0,$$
$$\vdots$$
$$F_{x_n} = x_1 \cdots x_{n-1} + \lambda = 0,$$
$$F_\lambda = x_1 + \cdots + x_n - s = 0.$$

Observemos que f toma valores no negativos. Si alguna $x_i = 0$, entonces el valor de la función es 0, que es el mínimo absoluto. A efectos de obtener el máximo, podemos suponer $x_i \neq 0$ para todo i. Despejando λ de las n primeras ecuaciones e igualando los resultados, tenemos

$$x_2 \cdots x_n = x_1 x_3 \cdots x_n = \cdots = x_1 \cdots x_{n-1}.$$

Dividiendo por $x_1 \cdots x_n$, resulta $1/x_1 = 1/x_2 = \cdots = 1/x_n$, es decir, $x_1 = \cdots = x_n$. Sustituyendo en la última ecuación, resulta $nx_1 - s = 0$, es decir, $x_1 = s/n$. Tenemos, pues, un único punto crítico con todas las coordenadas estrictamente positivas, que es $(s/n, \ldots, s/n)$. En este punto, pues, se alcanza el máximo.

3) Consideremos todos los puntos $(x_1, \ldots, x_n)$ de coordenadas no negativas que tienen la misma media aritmética $\bar{x} = (x_1 + \ldots + x_n)/n$. Se trata de los puntos del conjunto $T = \{(x_1, \ldots, x_n) \in [0, +\infty)^n : x_1 + \ldots + x_n = n\bar{x}\}$. Ya hemos visto que T es un compacto. La función g definida en T por $g(x_1, \ldots, x_n) = \sqrt[n]{x_1 \cdots x_n}$ alcanza el máximo absoluto en el mismo punto que $f(x_1, \ldots, x_n) = x_1 \cdots x_n$, es decir, en el punto $(n\bar{x}/n, \ldots, n\bar{x}/n) = (\bar{x}, \ldots, \bar{x})$. Entonces, para todo $(x_1, \ldots, x_n) \in T$,

$$\sqrt[n]{x_1 \cdots x_n} = g(x_1, \ldots x_n) \leq g(\bar{x}, \ldots, \bar{x}) = \sqrt[n]{(\bar{x})^n} = \bar{x} = \frac{x_1 + \cdots + x_n}{n}.$$

Problemas propuestos

554

Calcular los límites direccionales en el punto $(0, 0)$ de la función

$$f(x, y) = \left(\frac{x^2 - y^2}{x^2 + y^2} \right)^2$$

según las rectas siguientes:

1) $x = 0$.
2) $y = 0$.
3) $x = y$.

Averiguar si existen y, en su caso, calcular, los siguientes límites:

555

$$\lim_{(x,y) \to (0,0)} \frac{x^2 y^2}{x^2 y^2 + (x - y)^2}.$$

556

$$\lim_{(x,y) \to (0,0)} \left(1 - \frac{\cos (x^2 + y^2)}{x^2 + y^2} \right).$$

557

$$\lim_{(x,y) \to (0,0)} \frac{xy}{x^3 + y^3}.$$

558

$$\lim_{(x,y) \to (0,0)} \frac{y}{x^2 + y^2}.$$

559

$$\lim_{(x,y) \to (1,3)} \frac{6x - 2y}{9x^2 - y^2}.$$

560

$$\lim_{(x,y) \to (0,0)} \frac{\text{sen } xy}{xy}.$$

561

$$\lim_{(x,y) \to (0,1)} \frac{1 - x^2 - y^2}{\sqrt{|1 - x^2 - y^2|}}.$$

562

Calcular ℓ para que la función

$$f(x, y) = \begin{cases} (x^3 + y^3)/(x^2 + y^2) & \text{si } (x, y) \neq (0, 0) \\ \ell & \text{si } (x, y) = (0, 0) \end{cases}$$

sea continua en $\mathbb{R}^2$.

563

Sean $K = \{(x, y) \in \mathbb{R}^2 : x^2 + y^2 \leq 2x, \ y \leq x\}$ y $f : \mathbb{R}^2 \to \mathbb{R}^2$ definida por

$$f(x, y) = \begin{cases} \left(\dfrac{x^2 y}{x^2 + y^2}, \ \text{sen } (x + y) \right) & \text{si } (x, y) \neq (0, 0), \\ (0, 0) & \text{si } (x, y) = (0, 0). \end{cases}$$

1) Demostrar que K es compacto.
2) Estudiar la continuidad de f.
3) Estudiar la compacidad de $f(K)$.

564

Sean $\mathbf{u} = (3/5, -4/5)$, $\mathbf{v} = (\sqrt{3}/2, 1/2)$ y $f: \mathbb{R}^2 \to \mathbb{R}$ una función diferenciable en un punto $\mathbf{a}$. Las derivadas direccionales de f en $\mathbf{a}$ en las direcciones de $\mathbf{u}$ y $\mathbf{v}$ son

$$\frac{\partial f}{\partial \mathbf{u}}(\mathbf{a}) = -1, \qquad \frac{\partial f}{\partial \mathbf{v}}(\mathbf{a}) = 1 + \frac{\sqrt{3}}{2}.$$

Calcular $\nabla f(\mathbf{a})$.

565

Consideremos la función

$$f(x, y) = \ln\left(x^2 + (y-1)^2 - 2\right).$$

1) Hallar y representar el dominio de f. ¿Es un conjunto compacto?

2) Dibujar las curvas de nivel de f de niveles $-2, -1, 0, 1$.

3) Hallar el valor de la derivada direccional máxima de f en el punto $(2, 3)$.

566

Una distribución de temperaturas en el plano viene dada por la función $f(x, y) = x^3 y^2 + 3x + 2y + 1$. En el punto $(1, 1)$ de este plano, se encuentra un robot que sólo puede andar con pasos de longitud 1. Su criterio para moverse es seguir la dirección en la que la temperatura decrece más. Hallar la posición del robot después del primer paso.

567

Demostrar que la función $f(x, y) = \sqrt{|xy|}$ no es diferenciable en el origen.

568

Calcular el jacobiano de la función $f: [0, +\infty) \times \mathbb{R} \to \mathbb{R}$ definida por $f(\rho, \theta) = (x, y)$ con

$$x = \rho \cos \theta, \quad y = \rho \operatorname{sen} \theta.$$

569

Sea $f: \mathbb{R}^2 \to \mathbb{R}$ una función diferenciable y definimos la función $g: \mathbb{R}^3 \to \mathbb{R}$ mediante

$g(x, y, z) = f(y/x, z/x)$. Demostrar que g es diferenciable y que satisface la igualdad

$$x\frac{\partial g}{\partial x} + y\frac{\partial g}{\partial y} + z\frac{\partial g}{\partial z} = 0.$$

570

Estudiar la continuidad, la existencia de derivadas parciales y la diferenciabilidad en $(0, 0)$ de la función

$$f(x, y) = \begin{cases} \dfrac{x^2 y - xy^2}{x^2 + y^2} & \text{si } (x, y) \neq (0, 0), \\ 0 & \text{si } (x, y) = (0, 0). \end{cases}$$

571

1) Demostrar que la ecuación

$$2x^2 + 2y^2 + z^2 - 8xz - z + 8 = 0$$

define implícitamente z en función de x y de y, en un entorno del punto $(2, 0, 1)$.

2) Hallar el plano tangente a la superficie dada por la ecuación anterior en el punto $(2, 0, 1)$.

572

Considérese la función f definida por $f(u, v) = (e^u + e^v, e^u - e^v)$.

1) Demostrar f es localmente invertible en un entorno de cada punto de $\mathbb{R}^2$.

2) Comprobar que f es también globalmente invertible y hallar una expresión explícita para la inversa.

3) Comprobar que las matrices jacobianas de f y f^{-1} en puntos correspondientes son inversas una de otra.

573

Hallar condiciones suficientes para que las ecuaciones

$$e^u \cos v - x = 0, \qquad e^u \operatorname{sen} v - y = 0,$$

definan implícitamente u y v como funciones diferenciables de (x, y), y, en este caso, calcular las derivadas parciales de u y v respecto a x y a y.

574

Consideremos las funciones $f\colon \mathbb{R}^2 \to \mathbb{R}^2$ y $g\colon \mathbb{R}^2 \to \mathbb{R}$, definidas por $f(x, y) = (x + \operatorname{sen} y,\ e^y)$ y $g(t, u) = t + u$.

1) Hallar la matriz jacobiana de la función $F = g \circ f$ en el punto $(0, 0)$.

2) Hallar la recta tangente a la curva definida implícitamente por $F(x, y) = 1$ en el punto $(0, 0)$.

3) Demostrar que $F(x, y) = 1$ define y como función implícita de x en un entorno del punto $(0, 0)$.

4) Demostrar que la función implícita anterior es localmente invertible en $x = 0$.

En los problemas 575-580, hay que hallar los extremos relativos y los puntos de silla de las funciones dadas.

575

$f(x, y) = 2x^2 + y^2 + 8x - 6y + 20.$

576

$f(x, y) = x^3 - 4xy + 2y^2.$

577

$f(x, y) = (x - 1)^4 + (x - y)^4.$

578

$f(x, y) = \dfrac{1 + x - y}{\sqrt{1 + x^2 + y^2}}.$

579

$f(x, y) = e^{x-y}(x^2 - 2y^2).$

580

$f(x, y, z) = x^n + y^n + z^n$ $(n \geq 1$ natural$)$.

581

Demostrar que la función $f(x, y) = y^2 - x^3$ no tiene extremos relativos.

582

Hallar el mínimo de la función

$$f(x, y, z, w) = x^2 + y^2 + z^2 + w^2,$$

condicionado por la ligadura $3x + 2y - 4z + w = 0$.

583

Hallar el punto del plano de ecuación

$$2x - y + z + 3 = 0$$

más cercano al punto $(-2, 1, 3)$.

584

Hallar la distancia mínima entre las rectas de ecuaciones

$$\frac{x - 1}{1} = \frac{y + 1}{2} = \frac{z - 2}{3}, \qquad \frac{x}{3} = \frac{y}{2} = \frac{z - 1}{1}.$$

585

De entre todas las ternas de números positivos cuyo producto es 343, hallar las que tienen suma mínima.

586

Hallar los puntos de la hipérbola $x^2 - y^2 = 1$ más próximos al punto $(0, 1)$.

587

Demostrar que la función

$$f(x, y) = x^2 + y^2 + x + y + xy$$

tiene un único extremo y hallarlo.

588

Hallar los extremos absolutos de la función $f(x, y) = 4x^2 + y^2 - 4x - 3y$ en el conjunto definido por las inecuaciones $y \geq 0$ y $4x^2 + y^2 \leq 4$.

589

Demostrar que la función $f(x, y) = e^{x^2 + y^2 + 10x}$ tiene extremos absolutos en el conjunto definido por las inecuaciones $(x + 4)^2 + y^2 \leq 25$ y $x^2 + y^2 \geq 9$ y calcularlos.

Apéndice
Las cónicas

Secciones cónicas

En diferentes capítulos del texto, hay referencias a elipses, parábolas e hipérbolas, que son las curvas conocidas genéricamente como *cónicas*. En este apéndice, proporcionamos una descripción esquemática de las cónicas, especialmente de sus ecuaciones cuando los ejes de simetría son paralelos a los ejes coordenados.

El nombre de cónicas proviene del de *secciones cónicas*, puesto que son curvas que se obtienen al intersecarse un cono y un plano.

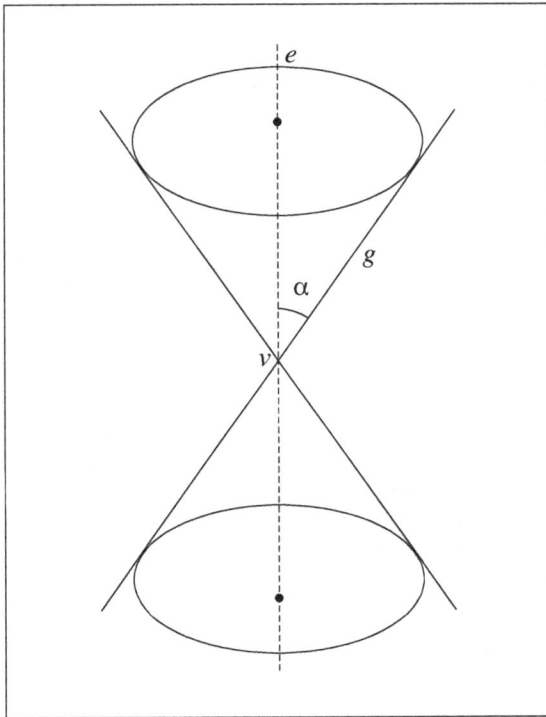

Fig. 8.10 Cono de revolución

Consideremos dos rectas en el espacio, *e* y *g*, que se cortan en un punto **v** y que forman un ángulo $\alpha < \pi/2$. Si la recta *g* gira en torno a la recta *e* manteniendo el ángulo α que forma con *e* fijo, genera una superfície denominada *cono de revolución*. La recta *e* se denomina *eje* del cono, la recta *g* es la *generatriz* y el punto **v** el *vértice* (v. figura 8.10).

Consideremos ahora un plano π que no pasa por el vértice del cono y que forma un ángulo β con el eje. Si $\alpha < \beta$, la intersección del plano y el cono es una curva cerrada que se denomina *elipse*; en el caso particular de que el plano sea perpendicular al eje ($\beta = \pi/2$), se obtiene una circunferencia. Si $\alpha = \beta$, es decir, si el plano es paralelo a la generatriz, entonces la intersección es una curva denominada *parábola*. Finalmente, si $\alpha > \beta$, la intersección es una curva con dos ramas que se denomina *hipérbola* (v. figura 8.11).

Por lo que aquí nos interesa, sin embargo, resulta más eficiente dar descripciones geométricas de cada tipo de cónica. En los apartados siguientes, damos estas definiciones y la ecuaciones más usuales de las cónicas.

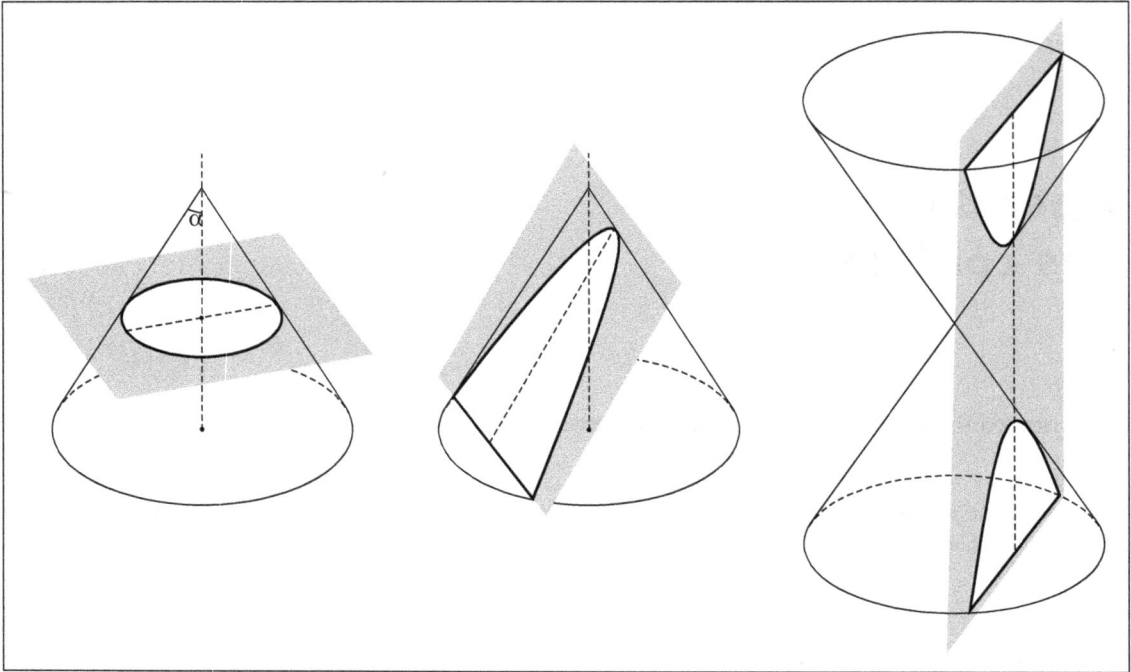

Fig. 8.11 Secciones cónicas

☐ La elipse ▰▰▰▰▰

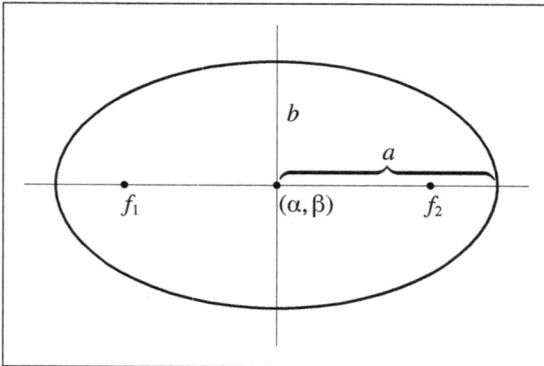

Fig. 8.12 Elipse

Una *elipse* es el conjunto de puntos del plano cuya suma de distancias a dos puntos dados es constante.

Más formalmente, sean $\mathbf{f}_1$ y $\mathbf{f}_2$ dos puntos distintos del plano y $2s$ un número real, con $2s > d(\mathbf{f}_1, \mathbf{f}_2)$. La elipse definida por $2s$ y focos $\mathbf{f}_1$ y $\mathbf{f}_2$ es el conjunto de puntos $\mathbf{x}$ del plano tales que $d(\mathbf{x}, \mathbf{f}_1) + d(\mathbf{x}, \mathbf{f}_2) = 2s$. Los puntos $\mathbf{f}_1$ y $\mathbf{f}_2$ se denominan *focos*.

La curva así definida tiene dos ejes de simetría perpendiculares, cuya intersección es el *centro* de la elipse. La distancia máxima del centro a cualquier punto de la elipse se denomina *semieje mayor*, y la distancia mínima se denomina *semieje menor*. El número s anterior es uno de los semiejes.

La ecuación de una elipse cuyos ejes de simetría son paralelos a los ejes coordenados y que tiene centro en (α, β) y semiejes a y b es

$$\frac{(x - \alpha)^2}{a^2} + \frac{(y - \beta)^2}{b^2} = 1 \qquad \text{(figura 8.12)}.$$

Un caso particular destacado ocurre cuando $a = b = r$; en este caso, la ecuación queda

$$(x - \alpha)^2 + (y - \beta)^2 = r^2,$$

que corresponde a una circunferencia de centro (α, β) y radio r.

La *excentricidad* de una elipse es el cociente entre el semieje menor y el mayor. Es un número positivo $\epsilon \le 1$ y es 1 en el caso de una circunferencia.

□ La parábola

Una *parábola* es el conjunto de puntos del plano que están a la misma distancia de un punto dado y de una recta dada.

Más formalmente, sean d una recta y $\mathbf{f}$ un punto que no es de d. La *parábola* de *directriz* d y *foco* $\mathbf{f}$ es el conjunto de puntos del plano que equidistan de d y de $\mathbf{f}$.

La curva así definida, no es cerrada, tiene un eje de simetría y un único punto situado en dicho eje, que se denomina *vértice*.

La ecuación de una parábola con el eje paralelo al eje de abscisas y el vértice en (α, β) es

$$x - \alpha = a(y - \beta)^2, \qquad (a \ne 0).$$

Si $a > 0$, la parábola se abre hacia la derecha; si $a < 0$, se abre hacia la izquierda (v. figura 8.13).

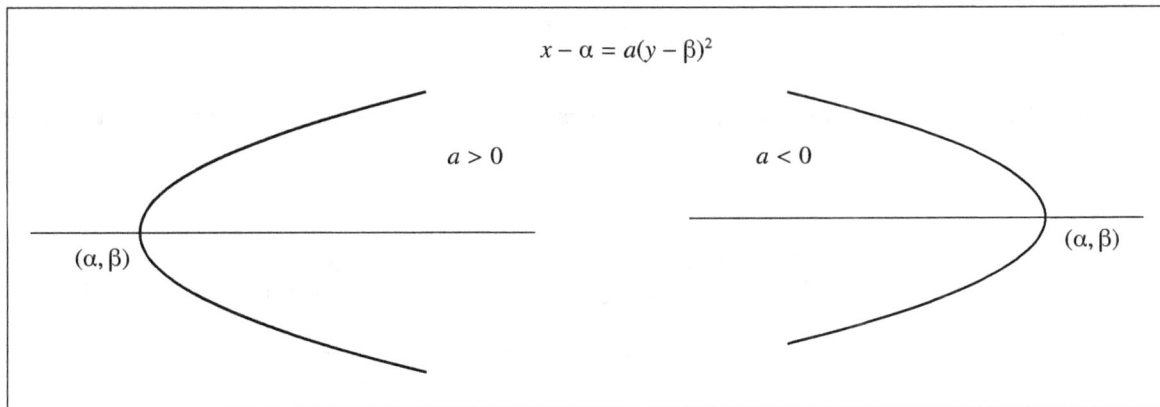

Fig. 8.13 Parábolas horizontales

Si el eje es paralelo al eje de ordenadas y el vértice es (α, β), la ecuación es

$$y - \beta = a(x - \alpha)^2, \qquad (a \ne 0).$$

Si $a > 0$, la parábola se abre hacia arriba; si $a < 0$, se abre hacia abajo (v. figura 8.14).

En todos los casos, a mayor valor de $|a|$ corresponde mayor abertura de la parábola.

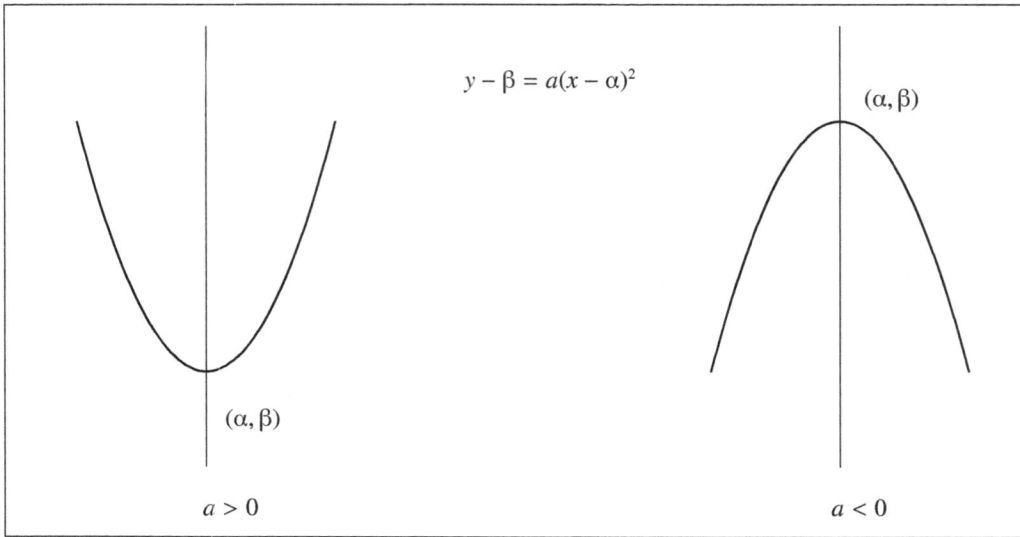

$$y - \beta = a(x - \alpha)^2$$

(α, β)

(α, β)

$a > 0$

$a < 0$

Fig. 8.14 Parábolas verticales

Una función $f(x) = ax^2 + bx + c$, con $a \neq 0$, puede escribirse

$$f(x) = ax^2 + bx + c = a\left(x + \frac{b}{2a}\right)^2 - \frac{b^2 - 4ac}{4a}$$

y, por tanto, su gráfica corresponde a una parábola que tiene como eje la recta de ecuación $x = -b/(2a)$ y el vértice en el punto $(-b/(2a), (4ac - b^2)/4a)$, y que se abre hacia arriba si $a > 0$ y hacia abajo si $a < 0$.

◻ **La hipérbola** ▬▬

Una *hipérbola* es el conjunto de puntos del plano cuya diferencia de distancias a dos puntos dados es constante.

Más formalmente, sean $\mathbf{f}_1$ y $\mathbf{f}_2$ dos puntos distintos del plano y $2a$ un número positivo, con $2a < d(\mathbf{f}_1, \mathbf{f}_2)$. La hipérbola de *focos* $\mathbf{f}_1$ y $\mathbf{f}_2$ es el conjunto de puntos $\mathbf{x}$ del plano tales que $|d(\mathbf{x}, \mathbf{f}_1) - d(\mathbf{x}, \mathbf{f}_2)| = 2a$.

La curva así definida tiene dos ejes de simetría perpendiculares, cuya intersección se denomina *centro* de la hipérbola, y tiene también dos asíntotas oblicuas. Las hipérbolas tienen dos ramas simétricas.

La ecuación de una hipérbola cuyos ejes de simetría sean paralelos a los ejes es de una de las dos formas siguientes

$$\frac{(x - \alpha)^2}{a^2} - \frac{(y - \beta)^2}{b^2} = 1, \qquad \text{o} \qquad -\frac{(x - \alpha)^2}{a^2} + \frac{(y - \beta)^2}{b^2} = 1,$$

(v. figura 8.15).

En ambos casos, el centro es (α, β) y las asíntotas son las rectas que pasan por el centro y tienen pendientes $\pm b/a$.

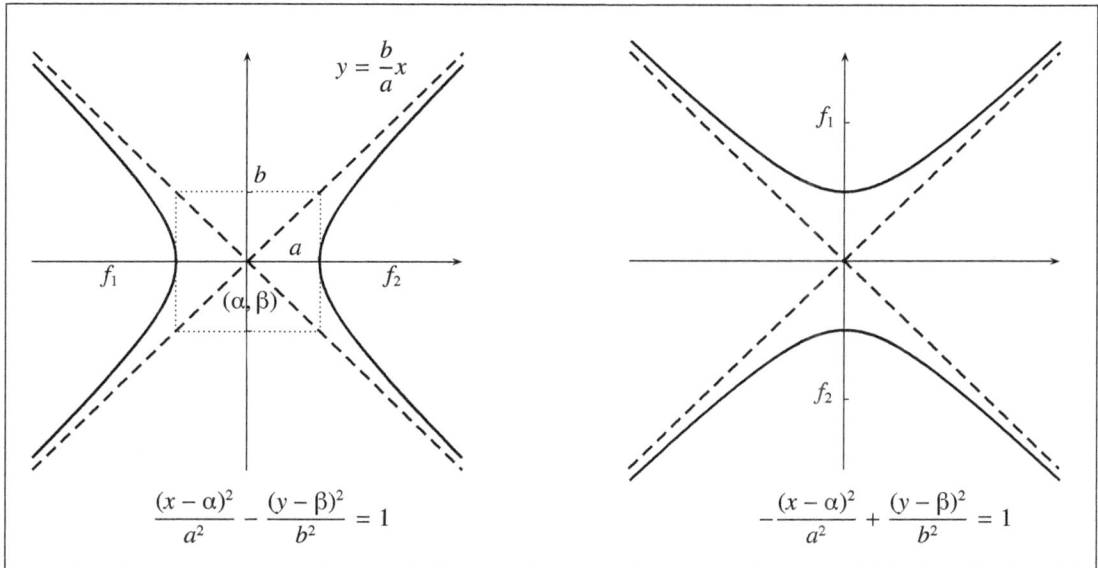

$$\frac{(x-\alpha)^2}{a^2} - \frac{(y-\beta)^2}{b^2} = 1$$

$$-\frac{(x-\alpha)^2}{a^2} + \frac{(y-\beta)^2}{b^2} = 1$$

Fig. 8.15 Hipérbolas de ejes verticales y horizontal

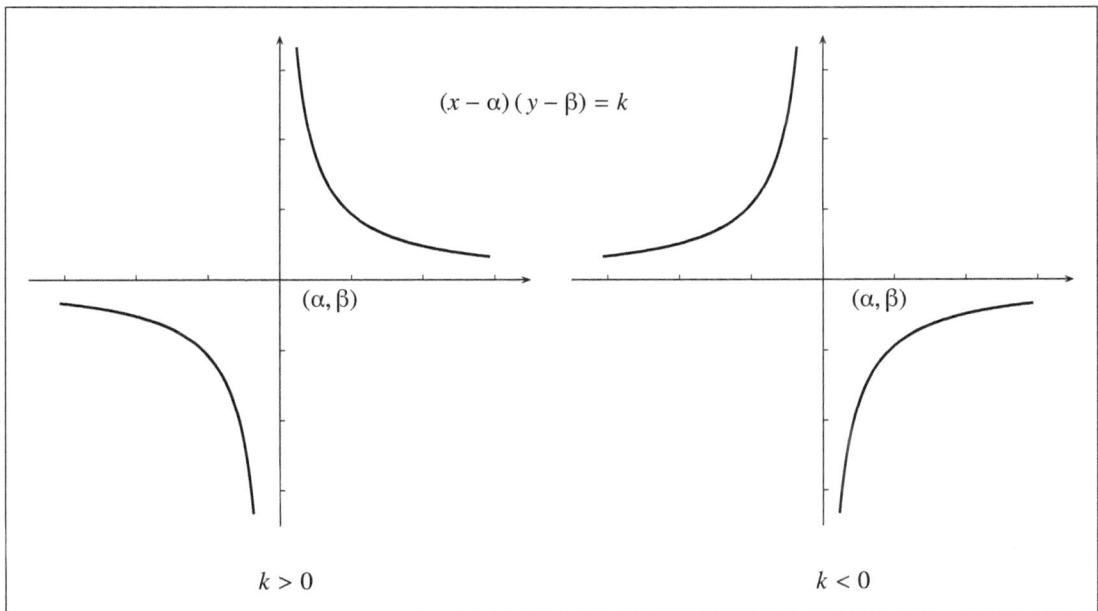

$$(x-\alpha)(y-\beta) = k$$

$k > 0$

$k < 0$

Fig. 8.16 Hipérbolas equilátera

En el primer caso, las dos ramas de la hipérbola se abren hacia la derecha y la izquierda desde los dos puntos más próximos al centro $(\alpha \pm a, \beta)$.

En el segundo caso, las dos ramas de la hipérbola se abren hacia arriba y hacia abajo desde los dos puntos más próximos al centro, que son ahora $(\alpha, \beta \pm b)$.

Un caso que aparece con frecuencia es aquel en el que los ejes coordenados no son paralelos a los ejes de simetría de la hipérbola, sino sus asíntotas. Se trata de las denominadas *hipérbolas equiláteras*, cuyas ecuaciones son

$$(x - \alpha)(y - \beta) = K$$

donde K es una constante real cualquiera (v. figura 8.16).

Respuestas a los problemas propuestos

14

$$\frac{a}{b} < \frac{a+x}{b+x} < \frac{a+2x}{b+2x}.$$

17

$(20/11, 2) \cup (2, 20/9)$.

18

$f(1) = 1, f(-1) = 23$ y $f(2) = -1$.

19

2 y -5.

20

$p = q = 0$ o $p = 1$ y $q = -2$.

21

1) $f(x) + g(x) = 6x^6 - x^5 - 2x^4 + 9x^3 - 27x^2 + 50x - 39$.

2) $f(x)g(x) = 12x^9 - 8x^8 + 15x^7 - 17x^6 - 60x^5 + 151x^4 - 228x^3 + 305x^2 - 337x + 170$.

3) Cociente: $3x^3 + x^2 - 5x + 7$;

   resto: $x^2 + x + 1$.

23

	ínfimo	mínimo	máximo	supremo
1)	0	–	1	1
2)	−2	−2	–	3
3)	2	–	–	8
4)	−5	−5	−1	−1
5)	–	–	−1	−1
6)	0	–	1/4	1/4

24

$$-\frac{1}{5} - \frac{3}{5} i.$$

25

$(-11/10) + (7/10)i$.

26

$28 + 96i$.

27

-64.

28

$(x, y) = (2 - i, -3 + 2i)$.

29

$$1, \quad \frac{1}{\sqrt{2}}(1 + i), \quad i, \quad \frac{1}{\sqrt{2}}(-1 + i),$$

$$-1, \quad \frac{1}{\sqrt{2}}(-1 - i), \quad -i, \quad \frac{1}{\sqrt{2}}(1 - i).$$

30

$2\sqrt{3} + 2i$ y $\sqrt{3} + i$.

33

$z = i$ y $z = -i$.

34

$z = 1$, $z = (-1 + i\sqrt{2})/3$, $z = (-1 - i\sqrt{2})/3$.

37

$x^3 - x^2 + 2 = (x - (1 - i))(x - (1 + i))(x + 1) = (x^2 - 2x + 2)(x + 1)$.

38

1) $f(x) = (x^2 - 2x + 10)(x^2 - 4x + 5)$.

2) $f(x) = (x - (1 + 3i))(x - (1 - 3i))(x - (2 - i))$
   $(x - (2 + i)) =$
   $(x^2 - 2x + 10)(x^2 - 4x + 5)$.

39

$f(z) = (z + 4)(z - (1 + i))(z - (1 + 3i))$.

□ **Capítulo 2**

92

$-1/4$.

93

$\dfrac{1}{2\sqrt{a}}$.

94

-3.

95

2.

96

0.

97

$b = -3$ y $c = 3$.

98

$k = 4$.

100

$\lim_{x \to 0^+} f(x) = 1$ y $\lim_{x \to 0^-} f(x) = -1$, luego la discontinuidad es de salto o de primera especie.

101

$f'(x) = \dfrac{2}{\sqrt[3]{x^5}} \left(\dfrac{2}{\sqrt[3]{x^2}} - 1 \right)$.

102

$f'(x) = \dfrac{-2}{(\operatorname{sen} x - \cos x)^2}$.

103

$f'(x) = \dfrac{1}{1 + x^2}$.

104

$f'(x) = \dfrac{1}{1 + 2\operatorname{sen} x}$.

105

$f'(x) = 2x10^{2x}(1 + x\ln 10)$.

106

$\dfrac{3}{\sqrt{1 - 9x^2}} \left(2^{\operatorname{arc\,sen} 3x} \ln 2 + 2(1 - \operatorname{arc\,cos} 3x) \right)$.

107

$f'(x) = x^{x^2+1}(1 + 2\ln x)$.

108

$(7/4, 1/16)$.

109

$a = 1$, $b = 0$, $c = -1$.

111

Intersecciones con los ejes $(0, 0)$ y $(3, 0)$; creciente en los intervalos $(-\infty, 1)$ y $(3, +\infty)$; decreciente en el intervalo $(1, 3)$; máximo en el punto $(1, 4)$;

mínimo en el punto $(3,0)$; cóncava en $(-\infty, 2)$; convexa en $(2, +\infty)$; punto de inflexión en $(2, 2)$.

112

Intersecciones con los ejes en los puntos $(-2, 0)$, $(0, 0)$, $(2, 0)$; creciente en los intervalos $(-\infty, -\sqrt{2})$ y $(0, \sqrt{2})$; decreciente en los intervalos $(-\sqrt{2}, 0)$ y $(\sqrt{2}, +\infty)$; máximos en $(-\sqrt{2}, 4)$ y $(\sqrt{2}, 4)$; mínimo en $(0, 0)$; puntos de inflexión en $(-\sqrt{2/3}, 20/9)$ y $(\sqrt{2/3}, 20/9)$.

113

Asíntota vertical en $x = 0$; los límites en $x = 0$ son $-\infty$ por la izquierda y $+\infty$ por la derecha; asíntota oblicua $y = x$; creciente en los intervalos $(-\infty, -1)$ y $(1, +\infty)$; decreciente en los intervalos $(-1, 0)$ y $(0, 1)$; máximo en $(-1, -2)$; mínimo en $(1, 2)$; cóncava en el intervalo $(-\infty, 0)$ y convexa en el intervalo $(0, +\infty)$.

114

Intersecciones con los ejes $(0, 0)$; $y = 0$ asíntota horizontal en $\pm\infty$; decreciente en los intervalos $(-\infty, -2)$ y $(2, +\infty)$; creciente en el intervalo $(-2, 2)$; mínimo en el punto $(-2, -1)$; máximo en el punto $(2, 1)$; cóncava en los intervalos $(-\infty, -2\sqrt{3})$ y $(0, 2\sqrt{3})$; convexa en los intervalos $(-2\sqrt{3}, 0)$ y $(2\sqrt{3}, +\infty)$; puntos de inflexión en $(-2\sqrt{3}, -\sqrt{3}/2)$, $(0, 0)$ y $(2\sqrt{3}, \sqrt{3}/2)$.

◼ Capítulo 2

118

b.

119

$\lim_{x\to 0^-} f(x) = \lim_{x\to 0^+} f(x) = 0$. En $x = 0$, discontinuidad evitable.

$\lim_{x\to 2^-} f(x) = +\infty$, $\lim_{x\to 2^+} f(x) = 0$. En $x = 2$, discontinuidad esencial.

$\lim_{x\to 1^-} f(x) = e^{-1}$, $\lim_{x\to 1^+} f(x) = e$. En $x = 1$, discontinuidad de salto. Continua en $\mathbb{R} \setminus \{0, 1, 2\}$.

121

Asíntota horizontal por la derecha, $y = 0$; asíntota vertical $x = 0$; decreciente en el intervalo $(0, 1)$ y en el intervalo $(e^2, +\infty)$; creciente en el intervalo $(1, e^2)$; mínimo en el punto $(1, 0)$; máximo en el punto $(e^2, 4/e^2)$. Pongamos $\alpha = (3 - \sqrt{5})/2$ y $\beta = (3 + \sqrt{5})/2$. La función es convexa en el intervalo $(0, e^\alpha)$ y en el intervalo $(e^\beta, +\infty)$, y es cóncava en el intervalo (e^α, e^β); puntos de inflexión en $(e^\alpha, (7 - 3\sqrt{5})e^{-\alpha}/2)$ y $(e^\beta, (7 + 3\sqrt{5})e^{-\beta}/2)$.

☐ Capítulo 3

154

$-\infty$.

155

$-\infty$.

156

$+\infty$.

157

0.

158

$4/3$.

159

45.

160

0.

161

-4.

162

25.

163

$1/\sqrt[6]{2}$.

164

−2.

165

1/6.

166

1.

167

$\sqrt{3/2}$.

168

e^{-4}.

169

$e^{-1/4}$.

170

$e^{3/2}$.

171

$3(a-1) = b$.

■ **Capítulo 3**

174

1.

175

e^2.

176

e^b.

177

Monótona creciente; $+\infty$.

178

Monótona creciente; 1.

179

Monótona decreciente; 0.

180

Monótona decreciente; 0.

181

0.

184

0.

186

1.

187

0.

188

a.

192

1/2.

197

0.

200

Límites de oscilación: −1, 1 y 2; límite inferior, −1; límite superior, 2.

☐ **Capítulo 4**

235

$$\frac{1}{3(1-x)^3} + K.$$

236

$2e^{\sqrt{x}} + K$.

237

$$-\frac{1}{4(\operatorname{arc\,sen} x)^4} + K.$$

238

$$\arctan e^x + K.$$

239

$$-\operatorname{arc\,sen}(1/x) + K.$$

240

$$-\sqrt{1 + \cos 2x} + K.$$

241

$$\frac{2}{3}\sqrt{1 + x^3} + K.$$

242

$$\frac{1}{2}\arctan x^2 + K.$$

243

$$x\operatorname{arc\,sen} x + \sqrt{1 - x^2} + K.$$

244

$$\frac{x^7}{7}\ln x - \frac{x^7}{49} + K.$$

245

$$\frac{1}{27}(9x^2 - 6x + 2)e^{3x} + K.$$

246

$$(-2x^3 + 52x - 2)\cos\frac{x}{2} + (12x^2 - 104)\operatorname{sen}\frac{x}{2} + K.$$

247

$$\frac{3\sqrt[3]{x^4}\ln x}{4} - \frac{9\sqrt[3]{x^4}}{16} + K.$$

248

$$-\frac{1}{4x^2} - \frac{1}{2x^2}\ln x + (\ln x)^2 + K.$$

■ **Capítulo 4**

249

$$\operatorname{arg\,senh}(x/2).$$

250

$$\frac{\tan^4 x}{4} + K.$$

251

$$-\ln\sqrt{|\cos 2x|} + K.$$

252

$$-2\sqrt{1 - e^x} + K.$$

253

$$\frac{1}{9}\arctan\frac{x^3}{3} + K.$$

254

$$-\frac{2}{9}\sqrt{4 - 9x^2} - \frac{1}{3}\operatorname{arc\,sen}\frac{3x}{2} + K.$$

255

$$x + 3\ln|x - 3| - 3\ln|x - 2| + K.$$

256

$$\ln\frac{x^2}{\sqrt{|(x + 1)^3(x - 1)|}} + K.$$

257

$$\frac{x^2}{2} - 2x + \ln|x| + \frac{5}{3}\ln|x + 1| - \frac{8}{3}\ln|x - 2| + K.$$

258

$$\frac{1}{2}\ln(x^2 - 3x + 3) + \frac{5}{\sqrt{3}}\arctan\left(\frac{2x-3}{\sqrt{3}}\right) + K.$$

259

$$\ln\frac{|x-1|}{\sqrt{x^2+x+1}} + \frac{1}{\sqrt{3}}\arctan\frac{2x+1}{\sqrt{3}} + K.$$

260

$$\frac{2}{9}\ln|x-1| - \frac{1}{9}\ln(x^2+2) + \frac{x-2}{12(x^2+2)} -$$
$$\frac{5\sqrt{2}}{72}\arctan\frac{x}{\sqrt{2}} + K.$$

261

$$\frac{5x^2+2}{2x^2(x^2+1)} + \ln\left(\frac{|x|}{\sqrt{x^2+1}}\right)^5 + K.$$

262

$$\frac{1}{52}\ln|x-3| - \frac{1}{20}\ln|x-1| + \frac{1}{65}\ln(x^2+4x+5) +$$
$$\frac{7}{130}\arctan(x+2) + K.$$

263

$$\frac{1}{4}\ln\frac{\operatorname{sen}^2 x}{2-\operatorname{sen}^2 x}.$$

264

$$\frac{\operatorname{sen}^4 x}{4} - \frac{\operatorname{sen}^6 x}{6} + K.$$

265

$$\frac{\operatorname{sen}^5 x}{5} - \frac{\operatorname{sen}^7 x}{7} + K.$$

266

$$\frac{-\cos^5 x}{5} + \frac{\cos^7 x}{7} + K.$$

267

$$\operatorname{sen} x - \frac{2}{3}\operatorname{sen}^3 x + \frac{1}{5}\operatorname{sen}^5 x + K.$$

268

$$\frac{-\cos 7x}{14} + \frac{\cos x}{2} + K.$$

269

$$-\frac{\operatorname{sen} 9x}{18} + \frac{\operatorname{sen} x}{2} + K.$$

270

$$\frac{\operatorname{sen} 13x}{26} + \frac{\operatorname{sen} 7x}{14} + K.$$

271

$$\frac{1}{ab}\arctan\frac{a\tan x}{b} + K.$$

272

$$2\sqrt{x-1}\left(\frac{1}{7}(x-1)^3 + \frac{3}{5}(x-1)^2 + x\right) + K.$$

273

$$2\arctan\sqrt{x+1} + K.$$

274

$$\frac{6}{7}x\sqrt[6]{x} - \frac{6}{5}\sqrt[6]{x^5} + 2\sqrt{x} - 6\sqrt[6]{x} + 6\arctan\sqrt[6]{x}$$
$$- \ln(x+1) + 3\sqrt[3]{x} + \ln(1 - \sqrt[3]{x} + \sqrt[3]{x^2})$$
$$-2\ln(\sqrt[3]{x} + 1) - \frac{3}{2}\sqrt[3]{x^2} + K.$$

275

$$2\sqrt{x} - 2\sqrt{2}\arctan\sqrt{\frac{x}{2}} + K.$$

276

$$\ln \left| \frac{(\sqrt{x+1}-1)^2}{x+2+\sqrt{x+1}} \right| - \frac{2}{\sqrt{3}} \arctan \frac{2\sqrt{x+1}+1}{\sqrt{3}} + K.$$

277

$$\frac{\sqrt{x^2-1}}{2}(x-2) + \frac{1}{2}\ln|x+\sqrt{x^2-1}| + K.$$

278

$$\ln \left| \frac{2}{\sqrt{3}}\sqrt{x^2+x+1} + \frac{2x+1}{\sqrt{3}} \right| + K.$$

También $\operatorname{arg\,senh} \dfrac{2x+1}{\sqrt{3}}$.

279

$$-\frac{1}{2}\ln|\ln x-1| + \frac{1}{6}\ln|\ln x+1| + \frac{1}{3}\ln|\ln x-2| + K.$$

280

$$\frac{1}{2}e^x\sqrt{e^{2x}-1} + \frac{1}{2}\operatorname{arg\,cosh} e^x + K.$$

☐ **Capítulo 5**

317

$p(x) = -6x^2 + 6x.$

318

21.

319

1/3.

320

$2\pi.$

321

$2\sqrt{3} - 2\pi/3.$

322

1/3.

323

$16\pi.$

324

$8\pi/81.$

■ **Capítulo 5**

325

$1 - 2e^{-1}.$

326

$F'(x) = 2x\cos x^2.$

327

$F'(x) = 4x + 8x^2.$

328

$f(0) = 2, f'(0) = -2.$

329

$y = 1 + x + x^2.$

330

Decreciente en los intervalos

$$(-\infty, -1/\sqrt[4]{2}) \quad \text{y} \quad (1/\sqrt[4]{2}, +\infty),$$

creciente en el intervalo $(-1/\sqrt[4]{2}, 1/\sqrt[4]{2})$.

331

$2\pi/3 - \sqrt{3}/2.$

332

En torno al eje de abscisas, volumen $(4/3)\pi ab^2$;

en torno al eje de ordenadas, volumen $(4/3)\pi a^2 b$.
Es mayor el segundo.

333

$2\pi^2 r^2 a$.

334

0,63.

335

0,932.

336

$\pi/2$.

337

Divergente.

338

1/3.

339

$1/3 - (1/4)\ln 3$.

340

4/3.

341

Divergente.

342

πr.

343

Divergente.

344

Convergente.

345

Convergente.

346

Convergente.

347

Convergente.

348

Divergente.

349

Convergente.

350

Divergente.

■ **Capítulo 6**

397

1/6.

398

1.

399

237/16.

402

Divergente.

403

Divergente.

404

Divergente.

405

Convergente.

406

Divergente.

407

Divergente.

408

Convergente.

409

Convergente.

410

Convergente.

411

Convergente.

412

Divergente.

413

Convergente.

414

Convergente.

415

Divergente.

416

Convergente.

417

Convergente.

418

Convergente.

419

Convergente.

420

Convergente.

421

Convergente.

422

Convergente.

423

Divergente.

424

Divergente.

425

(Absolutamente) convergente.

426

Para la primera, $n \geq 6$. Para la segunda, $n \geq 5$.

427

$n \geq 13$.

■ **Capítulo 7**

472

$P(x) = 2 + (x - 2) - \frac{1}{2}(x - 2)^2 + \frac{1}{3}(x - 2)^3$.

473

$p(x) = -5 + x - 5x^2 + x^3$.

474

$$x^2 - \frac{x^4}{3} + \frac{2x^6}{45} + \frac{x^8}{8!}(-128\cos 2c).$$

475

$$1 - \frac{3x^2}{2} + \frac{7x^4}{8} + \frac{x^6}{6!}(546\cos c\,\mathrm{sen}^2\,c - 183\cos^3 c).$$

476

2.

477

e^6.

478

0.

479

-1.

480

$1/2$.

481

$8/3$.

482

$2713/1944 \simeq 1,3956$

483

$4357/8064 \simeq 0,54030$.

484

1) $f^{(n)}(x) = (x + n - 1)e^{x+1}$.

2) $f(x) = e^2 \sum_{k=1}^{n} \frac{(x-1)^k}{(k-1)!} + \frac{(c+n)e^{c+1}}{(n+1)!}(x-a)^{n+1}$.

485

$\mathbb{R}$.

486

$[-4, 2)$.

487

$[3, 7]$.

488

$[-1/2, 1/2]$.

489

$(-2, 2]$.

490

$(-a, a)$.

491

$[-e, e)$.

492

$(-1, 1)$; $s(x) = (6x^3 - 5x^2 + 3x)/(1-x)^3$.

493

$(-1/3, 1/3)$; $s(0) = 3/2$,

$$s(x) = \frac{6x+1}{3x(1+3x)} - \frac{\ln(1+3x)}{9x^2}, \quad \text{si } x \neq 0.$$

494

$(-1, 1)$; $s(x) = \dfrac{1-x^2}{(1+x^2)^2}$.

495

1) $\mathbb{R}$; 2) $s(x) = (x+1)e^x$; 3) $2e$.

497

$$\sum_{n \geq 0} (-1)^n \left((1 + \sqrt{2})^{n+1} + (1 - \sqrt{2})^{n+1} \right) x^n.$$

Intervalo de convergencia: $(-\sqrt{2} + 1, \ \sqrt{2} - 1)$.

498

$$f(x) = \sum_{n \geq 0} \frac{2 \cdot 3^{2n}}{2n + 1} x^{2n+1}.$$

Intervalo de convergencia: $(-1/3, 1/3)$.

499

$$f(x) = \sum_{n \geq 0} \left(\frac{2}{3^{n+1}} - \frac{1}{(-2)^{n+1}} - 4(-1)^n \right) x^n.$$

Intervalo de convergencia: $(-1, 1)$.

500

$$f(x) = \sum_{n \geq 0} \frac{(-1)^n}{25^{n+1}} x^{4(n+1)}.$$

Intervalo de convergencia: $(-\sqrt{5}, \sqrt{5})$.

501

$$f(x) = 1 + \frac{1}{3}x^2 + \sum_{n \geq 2} (-1)^{n+1} \frac{1}{3^n} \frac{2 \cdot 5 \cdot 8 \cdots (3n - 4)}{n!} x^2.$$

Intervalo de convergencia: $(-1, 1)$.

502

1) $\displaystyle\sum_{n \geq 0} (-1)^n x^{4n}.$

2) $\displaystyle\sum_{n \geq 0} (-1)^n \frac{x^{4n+1}}{4n + 1},$

   radio de convergencia: 1.

3) 0,711.

Capítulo 8

554

1) 1;   2) 1;   3) 0.

555

No existe.

556

$-\infty$.

557

No existe.

558

No existe.

559

Existe y es $1/3$.

560

Existe y es 1.

561

Existe y es 0.

562

$\ell = 0$.

563

2) Es continua en todo punto de $\mathbb{R}^2$.

3) $f(K)$ es compacto.

564

$\nabla f(\mathbf{a}) = (1, 2)$.

565

1) y 2) En la figura 8.9, la circunferencia punteada corresponde a la frontera del dominio. El resto de

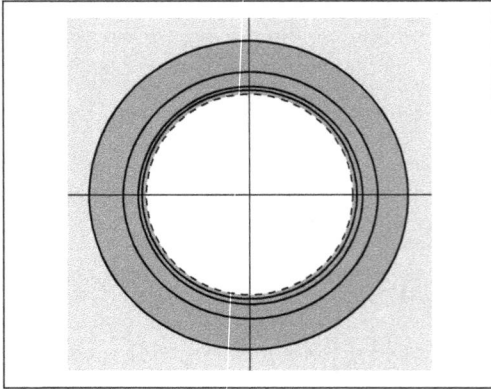

Fig. 8.9

circunferencias son, de radio menor a mayor, las curvas de niveles $-2, -1, 0, 1$. El dominio no es compacto. 3) $2\sqrt{2}/3$.

566

$(1, 1) + (1/\sqrt{52})(-6, -4) \simeq (0,17, 0,45)$.

568

ρ.

570

Es continua en $(0, 0)$. Existen las derivadas parciales $f_x(0, 0) = f_y(0, 0) = 0$. Pero f no es diferenciable en $(0, 0)$.

571

El plano tangente es $z = 1$.

572

2) Función inversa: $f^{-1}(x, y) = \left(\ln\dfrac{x + y}{2}, \ln\dfrac{x - y}{2}\right)$.

573

Están definidas en todo punto. $u_x = \cos v/e^u$, $v_x = -\text{sen } v/e^u$, $u_y = \text{sen } v/e^u$, $v_y = \cos v/e^u$.

574

1) $(1 \quad 2)$. 2) $y = -x/2$.

575

$f(-2, 3) = 3$ mínimo.

576

$f(0, 0) = 0$ punto de silla; $f(4/3, 4/3) = -32/27$, mínimo.

577

$f(1, 1) = 0$, mínimo.

578

$f(1, -1) = \sqrt{3}$, máximo.

579

$f(0, 0) = 0$ punto de silla; $f(-4, -2) = 8/e^2$ máximo.

580

Si $n = 1$, no hay extremos ni puntos de silla. Si $n \geq 2$, hay un único punto crítico en $(0, 0, 0)$, que es mínimo si n es par y punto de silla si n es impar.

582

$f(3/10, 1/5, -2/5, 1/10) = 3/10$ mínimo.

583

$(-7/3, 7/6, 17/6)$.

584

Puntos: $(11/12, -7/6, 7/4)$, $(1/4, 1/6, 13/12)$. Distancia mínima: $8/3$.

585

$(7, 7, 7)$.

586

$(\pm\sqrt{5}/2, 1/2)$.

587

$f(-1/3, -1/3) = -1/3$, mínimo.

588

$f(-1, 0) = 8$, máximo; $f(1/2, 3/2) = -13/4$, mínimo.

589

$f(0, 3) = f(0, -3) = e^9$, máximo; $f(-5, 0) = e^{-25}$, mínimo.

Bibliografía

Relacionamos, a continuación, los textos que hemos consultado con más frecuencia mientras escribíamos el libro. Entre los que incluyen teoría detallada están los siguientes:

Gerald L. Bradley, Karl J. Smith. *Cálculo de una variable*. Prentice Hall, 1998.

Gerald L. Bradley, Karl J. Smith. *Cálculo de varias variables*. Prentice Hall, 1998.

Juan de Burgos. *Cálculo infinitesimal de una variable*. McGraw-Hill, 1994.

Roland E. Larson, Robert P. Hostetler. *Cálculo y geometría analítica*. MacGraw-Hill, 1986.

Entre los libros con una intención más práctica, hemos utilizado principalmente los siguientes:

Albert A. Blank. *Problemas de cálculo y análisis matemático*. Limusa, 1971.

G. Baranenkov, B. Demidovich, V. Efimenko, S. Kogan, G. Lunts, E. Porshneva, E. Sichova, S. Frolov, R. Shostak, A. Yanpolski. (Revisado por B. Demidovich). *Problemas y ejercicios de análisis matemático*. Mir, 1967.

Alfonsa García López, Fernando García Castro, Andrés Gutiérrez Gómez, Antonio López de la Rica, Gerardo Rodríguez Sánchez, Agustín de la Villa Cuenca. *Cálculo I. Teoría y problemas de análisis matemático en una variable*. CLAGSA, 1993.

Alfonsa García López, Antonio López de la Rica, Gerardo Rodríguez Sánchex, Sixto Romero Sánchez, Agustín de la Villa Cuenca. *Cálculo II. Teoría y problemas de funciones de varias variables*. CLAGSA, 1996.

José Antonio Lubary Martínez, Antonio Magaña Nieto. *Càlcul infinitesimal. Problemes*. Edicions UPC, 1993.

Antonio Magaña Nieto. José Antonio Lubary Martínez. *Càlcul I. Problemes resolts*. Edicions UPC, 1994.

José Antonio Lubary Martínez, Antonio Magaña Nieto. *Càlcul II. Problemes resolts*. Edicions UPC, 1995.

Venancio Tomeo Perucha, Isaías Uña Juárez, Jesús San Martín Moreno. *Problemas resueltos de cálculo en una variable*. Thomson, 2005.

Murray R. Spiegel. *Teoría y problemas de cálculo superior*. MacGraw-Hill, 1969.

Hemos consultado también textos de bachillerato, pero sin duda los más utilizados han sido dos libros que son pequeñas joyas del antiguo Bachillerato Unificado Polivalente (BUP) y que, lamentablemente, ya no se comercializan.

Francisco González Maján, Joaquín Villanova Ballabriga. *Curso práctico de matemáticas de segundo de BUP*. EUNIBAR, 1981.

Francisco González Maján, Joaquín Villanova Ballabriga. *Curso práctico de matemáticas de tercero de BUP*. EDUNSA, 1987.